“十三五”普通高等教育本科规划教材

普通高等教育“十一五”国家级规划教材

（第二版）

基础工程

主　编　刘丽萍　翟聚云

编　写　闫治国　李向阳　冯志焱　张少军

主　审　韩晓雷

中国电力出版社
CHINA ELECTRIC POWER PRESS

内 容 提 要

本书为“十三五”普通高等教育本科规划教材。全书除绪论外，共分为七章，主要内容包括岩土工程勘察、天然地基上的浅基础设计原理、浅基础结构设计、桩基础和深基础、地基处理、基坑工程、特殊土地基等。本书按照国家最新的相关规范编写，遵循理论联系实际的基本原则，注重引入设计计算例题，使理论与工程实际紧密结合。叙述力求由浅入深、突出重点。

本书可作为普通高等院校土木工程专业及相近专业教材，也可作为广大工程技术人员参考用书。

图书在版编目（CIP）数据

基础工程/刘丽萍，翟聚云主编. —2版. —北京：中国电力出版社，2016.7（2019.10重印）

“十三五”普通高等教育本科规划教材 普通高等教育“十一五”国家级规划教材

ISBN 978-7-5123-9211-3

Ⅰ.①基… Ⅱ.①刘…②翟… Ⅲ.①基础（工程）—高等学校—教材 Ⅳ.①TU47

中国版本图书馆CIP数据核字（2016）第078030号

中国电力出版社出版、发行

（北京市东城区北京站西街19号 100005 http://www.cepp.sgcc.com.cn）

北京雁林吉兆印刷有限公司印刷

各地新华书店经售

*

2007年8月第一版

2016年7月第二版 2019年10月北京第九次印刷

787毫米×1092毫米 16开本 16.75印张 407千字

定价 **48.00** 元

前　言

本书为“十三五”普通高等教育本科规划教材，“十一五”期间被评为国家级规划教材。全书结合现代基础工程发展趋势，按照土木工程专业培养高级应用型人才的要求进行编写，适用于土木工程专业学生学习，也可作为土木工程技术人员参考用书。

本书遵循理论联系实际的基本原则，注重引入设计计算例题，使理论紧密与工程实际相结合，培养及提高学生的应用能力。叙述力求由浅入深、突出重点。章后思考题和习题紧扣章节内容并结合工程实际，利于对知识的消化吸收和培养读者综合应用知识的能力。本书参照我国最新颁布的相关规范和规程编写修订，便于读者了解最新规范的内容，从而更好地掌握基础工程课程的内容。

全书共七章，包括：岩土工程勘察、天然地基的浅基础设计原理、浅基础结构设计、桩基础、地基处理、基坑支护工程和特殊土地基等内容。每章后均附有思考题和习题。本书由刘丽萍、翟聚云任主编，闫治国、冯志焱、李向阳、张少军参编。具体编写分工如下：绪论、第二、三章由刘丽萍（上海应用技术大学）编写；第四章由刘丽萍、闫治国（同济大学）编写；第一、五章由翟聚云（河南城建学院）编写；第六章由李向阳（上海重远建设工程有限公司）、张少军（西安工业大学）编写；第七章由冯志焱（西安建筑科技大学）编写。

西安建筑科技大学韩晓雷教授审阅了书稿并提出了许多宝贵意见和建议，在此表示衷心感谢。

本书编写过程中参阅的相关资料和优秀教材的名称，均在参考文献中列出，在此向有关作者深表感谢。由于编者水平所限，书中难免存在不当之处，恳请读者批评指正。

编　者

2016 年 3 月

目　录

绪　论

第一节　地基、基础与基础工程

所有支承在岩土层上的结构物，包括房屋、桥梁、堤坝等都由上部结构和地基基础组成。承担建筑物荷载的地层称为地基，介于上部结构与地基之间的部分是基础，如图 0-1 所示。

地基是指支撑上部结构并受上部结构荷载影响的整个地层。因而，实际意义上的地基是指有限深度范围内的直接承载并相应产生变形的地层。如果场地基岩埋藏较深，地表覆盖土层较厚，建筑物经常建造在由土层所构成的地基上，这种地基称之为土基。如果场地基岩埋藏较浅，甚至出露于地表，建筑物经常建造在由岩层所构成的地基上，这种地基称之为岩基。

当地基为多层土时，与基础底面相接触的土层称为持力层。持力层直接承受基础底面传给它的荷载，故持力层应尽可能是工程性质好的土层。凡在持力层下面的地基土层称为下卧层。

地基可分为天然地基、人工地基。天然地基指不经过人工处理，直接用来作建筑物地基的天然岩土层；人工地基是经过人工地基处理后满足建筑物地基基础设计要求的岩土层。显然，在条件允许的情况下采用天然地基是最经济的。

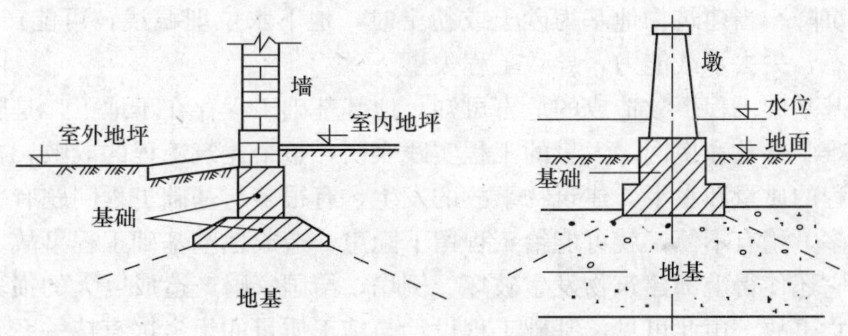

图 0-1　地基与基础

基础是指结构物最下部的构件或部分结构，其功能是将上部结构所承担的荷载传递到地基上。基础应有一定的埋置深度，使基础底面置于好的土层上。基础按埋深可分为浅基础和深基础。浅基础是相对于深基础而言的，两者差别主要在施工方法及设计原则上。浅基础的埋深通常不大，用一般的施工方法进行施工，施工条件及工艺简单。浅基础有无筋扩展基础（如毛石基础、素混凝土基础等）、钢筋混凝土扩展基础、条形基础、筏形基础和箱形基础等。深基础系指埋深较大的基础，如桩基础、沉井基础、沉箱基础和地下连续墙基础等。由于深基础埋深较大，可利用基础将上部结构的荷载向地基深部土层传递。深基础是采用特殊的结构形式、特殊的施工方法完成的基础。深基础的施工需要专门设备，且施工技术复杂，造价高、工期长。

从工程角度定义，基础工程是指采用工程措施，改变或改善基础的天然条件，使之符合设计要求的工程。从学科角度定义，基础工程是阐述建筑物设计和施工中有关地基和基础问题的学科。

随着高层建筑的发展以及大跨度、大开间结构的应用，基础工程的重要性和技术上的难度进一步增加。基础工程占工程造价的20%～30%，工期占总工期的25%～30%。因此，充分了解场地的地基情况，选择合理的基础形式，进行精心设计，有着重要的技术和经济意义。据统计，世界各地的工程事故中，以地基基础事故为最多，而且一旦此类事故发生，补救非常困难，往往要花费大量的人力、财力，严重者几乎无法修复。因此，要求充分重视地基和基础的设计、施工质量。

第二节 基础工程的重要性

大量工程实践表明危害建筑物事故的发生，许多与地基问题有关，主要反映在地基强度破坏、失稳或地基产生过大的变形。常见的地基工程事故分类如下：

（1）地基承载力不足造成工程事故。地基承载力不足主要表现在地基内形成滑裂面，引起地基滑动，从而使建筑物倒塌而造成灾难性工程事故。

（2）边坡失稳工程事故。地基土坡产生滑坡及坍塌现象，导致建筑物破坏。

（3）地基变形过大造成工程事故。地基变形超过规定的允许值时，影响了建筑物的正常使用，严重者使建筑物发生倒塌破坏。

（4）其他特殊不良地质条件引起地基失效。地下水在地基土中的渗流及水位升降导致地基变形，产生沉降；当建筑物地基为砂土或粉土时，地下水位埋藏浅，可能产生振动液化，使地基土呈液态，失去承载能力，导致工程失事。

由上述地基基础工程事故造成的危害可知，地基基础工程存在于地下，是隐蔽工程，一旦发生事故，难于补救和挽回。大量的工程实践表明，整个建筑工程的成败，在很大程度上取决于基础工程的质量和水平，建筑物事故的发生，有很多与基础工程问题有关。影响基础工程的因素很多，稍有不慎，就可能给工程留下隐患，造成地基基础工程事故。这不仅是基础工程事故，它还使得上部建筑物发生破坏、倒塌，给国家财产造成巨大的损失，甚至造成重大的人身伤亡事故。由此可见，基础工程设计与施工质量的优劣，直接关系到建筑物的安危，基础工程的重要性是显而易见的。

随着我国基本建设的发展，城市建设向多层、高层和地下建筑发展是必然趋势。加之人均土地资源有限，因此地基基础工程向着地基基础技术复杂、工程量大、工期长方向发展。基础工程造价占土建总造价的比例明显上升。大量地基基础工程事故表明，基础工程需慎重对待，要深入了解地基情况及相关勘测资料，精心设计施工，才能使基础工程既安全又经济合理，以保证工程质量。

第三节 基础工程现状与发展

随着我国经济发展及土木工程建设的需要，特别是计算机和计算技术的引入，使基础工程无论在设计理论上，还是在施工技术上，得到了迅速的发展，出现了诸如补偿式基础、桩筏基础、桩箱基础；在平面设计上，出现了三角形、十字形、扇形、双曲形等复杂异型平面。与此同时，在地基处理技术方面，出现了许多方法，如置换法、预压法、压实和夯实法、挤密法等，同时复合地基理论也得到了发展。此外还有各种土工聚合物和托换技术，都是近几十年来创造和完善的方法。这些方法在土建、水利、桥隧、道路、港口、海洋等有关工程中得到了广泛应用，并取得了较好的经济技术效果。由于深基础开挖和支护工程的需要，还出现了地下连续墙、深层搅拌水泥挡墙、锚杆支护及加筋土等支护结构形式。由于基础工程是地下隐蔽工程，再加上其影响因素众多，使得基础工程这一领域变得十分复杂，虽然目前基础工程理论及施工技术有了较大的发展，但仍然有许多问题值得深入研究和探讨。

在大量理论研究与实践经验积累的基础上，有关基础工程的各种设计与施工规范或规程也相应问世，并日趋完善。这为基础工程设计与施工方面做到技术先进、经济合理、安全适用、确保质量提供了充分的理论与实践经验的依据。

计算机的应用和试验测试技术自动化程度提高，标志着本学科进入了一个新时期。

(1) 基础工程理论研究将不断地深入。基础工程理论向着以地基变形作为控制设计理论的方向发展，同时继续研究地基、基础和上部结构相互作用的理论及计算方法、深基坑支护理论及计算方法，继续发展复合地基理论及计算方法等。由于计算机的广泛应用，许多地基及基础工程计算方法将不断地出现并得到应用，且伴随有相应的试验手段来验证计算方法，成为解决基础工程问题的有力手段。

(2) 现场原位测试技术和基础检测技术将深入发展。为了获得地基的第一手资料，尽量减少取土样以影响试验结果的质量，原位测试技术和方法将有很大的发展，同时，相应的测试数据的采集及资料的整理将不断完善，并向着标准化的方向发展。

(3) 地基基础工程的勘察、试验及地基处理的新设备增多，为地基基础工程的研究及地基加固创造了良好条件。

(4) 基础形式及施工方法将不断地发展。基础的形式和施工方法将不断地创新，特别是高层建筑物数量的增多，使得深基础类型得以发展；基础平面设计也向着复杂的异形平面发展。由于深基础的需要，深基坑的开挖及支护工程将成为基础工程的重要内容。

(5) 地基处理技术将不断发展。地基处理技术和方法将会不断完善，新技术及方法将会陆续出现。

(6) 其他方面。房屋的增层工程及基础的托换技术将得到发展及应用，对已有建筑物的地基将会进行正确的评价，使得地基加固与托换技术得以提高并广泛地应用。

第四节　课程特点及学习要求

一、基础工程课程特点

(1) 基础工程是重要的专业课程。基础埋置于地下，属于隐蔽工程。基础工程的优劣，直接关系到建筑物的安危，因此，基础工程是十分重要的工程。同样，基础工程课程是土木工程专业的重要专业课。学好这门课程，对于将来从事地基基础工程的设计、施工、检测与维护，是十分重要的。

(2) 基础工程课程内容广泛，综合性强。基础工程课程涉及诸多的土木工程专业技术基础课及专业课，又由于地基土的复杂多变决定基础工程设计的非标准性。因此，要具有综合应用土木工程各个学科理论知识的能力，同时要全面掌握和正确应用基础工程的基本原理、方法、技术来解决基础工程中的复杂多变的实际问题。

(3) 基础工程涉及的规范多，土木工程中各行业之间没有统一的地基基础设计规范，同时各行业又存在一定的差别，有许多不协调之处，因此学习时要注意区分异同点。

二、学习要求

基础工程涉及的学科很广，有工程地质、土力学、结构设计和施工等知识。由于地基土的成分、成因和构造不同，其性质是比较复杂的，加之土的性质随含水量及外力的变化而改变，使得不同建筑场地的地基性质相差很大，这就要求设计者以土力学基本理论为基础，以工程勘察结果为依据，灵活采用合适的基础形式和选用最佳的处理方案去解决基础工程问题。同样，在本课程的学习中，也应善于从基础设计和地基处理的方法中找出有关材料力学，结构力学和土力学的理论根据，加强计算能力的训练，学好这门实践性很强的专业基础课。

学习基础工程课程时，要求应用已学习过的基本知识，结合有关结构知识及施工技术知识合理分析和解决地基基础问题，注重理论联系实际，培养分析和解决地基基础工程问题的能力。学习时要注意：基础工程课程具有不同性及经验性。不同性体现在本学科中因为没有完全相同的地基，几乎找不到完全相同的工程实例。在处理基础工程问题时，必须注意不同情况进行不同的分析。经验性体现在解决地基基础问题时，注意有一定程度的经验性。因此，本课程有较多的经验公式，而且有关地基及基础方面的规范就是理论及经验的总结。学习时，除了学习全国性地基基础设计规范外，还要了解地区性的规范及规程，并注意世界各国的规范各有不同。讲究学习方法，要仔细分析各种理论及公式的基本假定及使用条件，对于公式的推导只作了解，要把注意力放在理解、应用公式上，并结合当地的基础工程实践经验加以应用。避免千篇一律地不分地区而机械套用理论公式、规范。

第一章 岩 土 工 程 勘 察

任何建筑工程都是建造在地壳表层的地基上，地基岩土的工程地质条件将直接影响建筑物安全。因此，在设计建筑物之前，必须通过各种勘察手段和测试方法进行岩土工程勘察，为设计和施工提供可靠的工程地质资料。

第一节 概 述

一、岩土工程勘察的目的

岩土工程勘察即工程地质勘查，是工程建设的先行工作，其目的就是为工程建设规划、设计、施工提供可靠的地质依据，以充分利用有利的自然地质条件，避开或改造不利的地质条件，保证建筑物安全和正常使用。

岩土工程勘察是使工程设计结合实际来进行。优良的设计方案，必须以准确的岩土工程勘察资料为依据。设计工程师应对场地是否存在不良地质现象，地基土层的分布、土的松密、压缩性高低、强度大小，尤其是均匀性，是否存在局部软硬异常的情况，以及地下水的埋深与水质，土体是否会产生液化等条件，进行全面了解和深入的分析，才能保证工程设计的合理性，防止地基事故的发生，确保工程质量。

二、岩土工程勘察的任务

岩土工程勘察的任务可归纳如下：

（1）查明与场地的稳定性和适宜性有关的不良地质现象，如强震区的重大工程场地的断裂类型，尤其是断裂的活动性及其地震效应；岩溶及其伴生土洞的发育规律和发育程度，预测其危害性；滑坡的范围、规模、稳定程度，进而预测其发展趋势和危害程度；崩塌的产生条件、范围、规模与危害性；泥石流的产生及其类型、规模、发育程度和活动规律，以及地下采空区、大面积地面沉降、河岸冲刷、沼泽相沉积等。

（2）查明场地的地层类别、成分、厚度和坡度变化等，特别是基础下持力层和软弱下卧层的工程地质性质。

（3）查明场地的水文地质条件：河流水位及其变化、地表径流条件、地下水的埋藏类型、蓄存方式、补给来源、排泄途径、水力特征、化学成分及污染程度等。

（4）提供满足设计、施工所需的土的物理性质和力学性质指标等。

（5）在地震设防区划分场地土类型和场地类别，并进行场地和地基的地震效应评价。

（6）推荐承载力和变形计算参数，提出地基基础设计和施工的建议，尤其是不良地质现象的处理对策。

岩土工程勘察工作具体内容、工作量、工作方法等应以岩土勘察等级为依据，即应根据工程重要性等级、场地复杂程度等级和地基复杂程度等级综合确定。

三、岩土工程勘察的等级

《岩土工程勘察规范》（GB 50021—2001）（2009 年版）根据工程重要性等级、场地复杂程度等级和地基复杂程度等级综合分析确定岩土工程勘察的等级。

1. 工程重要性等级

根据工程的规模和特征，以及由于岩土工程问题造成工程破坏或影响正常使用的后果，可分为三个工程重要性等级级别。对于重要工程，由于岩土工程问题造成工程破坏后果很严重即为一级工程；对于一般工程，破坏后果严重为二级工程；而次要工程，破坏后果不严重定义为三级工程。

2. 场地复杂程度等级

场地等级应根据场地的复杂程度分为三个级别：

一级场地（复杂场地）：对于建筑抗震危险的地段；不良地质现象强烈发育；地质环境已经或可能受到强烈破坏；地形地貌复杂；有影响工程的多层地下水、岩溶裂隙水或其他水文地质条件复杂，需专门研究的场地。

二级场地（中等复杂场地）：对建筑抗震不利的地段；不良地质现象一般发育；地质环境已经或可能受到一般破坏；地形地貌较复杂；基础位于地下水位以下的场地。

三级场地（简单场地）：地震设防烈度等于或小于6度，或对建筑抗震有利的地段；不良地质现象不发育；地质环境基本未受破坏；地形地貌较简单；地下水对工程无影响。

3. 地基复杂程度等级

地基等级根据地基的复杂程度分为三个等级：

一级地基（复杂地基）：岩土种类多，很不均匀，性质变化大，且需特殊处理；严重湿陷、膨胀、盐渍、污染的特殊性岩土，以及其他情况复杂，需要进行专门处理的岩土。

二级地基（中等复杂地基）：岩土种类多，不均匀，性质变化较大；除本条第一款规定以外特殊性岩土。

三级地基（简单地基）：岩土种类单一，均匀，性质变化不大；无特殊性岩土。

4. 岩土工程勘察等级

岩土工程勘察等级分为甲、乙、丙三个级别。在工程重要性、场地复杂程度和地基复杂程度等级中，有一项或多项为一级的情况为甲级；工程重要性、场地复杂程度和地基复杂程度等级均为三级的情况为丙级；除勘察等级为甲级和丙级以外的勘察项目为乙级。

根据岩土工程勘察等级、地基勘察的任务以及勘探点布置，采用相应的勘察方法，获取工程地质、水文地质资料，从而编制岩土工程勘察报告书。

第二节 勘察阶段的划分及布孔

一、岩土工程勘察的阶段划分

为了提供各设计阶段所需的岩土工程资料，勘察工作也相应地划分为选址勘察（可行性研究勘察）、初步勘察、详细勘察三个阶段。对地质条件简单，建筑物占地面积不大的场地或有建筑经验的地区，可适当简化勘察阶段。

1. 选址勘察阶段

选址勘察工作对大型工程是非常重要的环节，其目的在于从总体上判定拟建场地的工程地质条件能否适宜进行工程建设。一般通过取得几个候选场址的工程地质资料进行对比分析，对拟选场址的稳定性和适宜性作出评价。选址勘察阶段应进行下列工作：

(1) 搜集区域地质、地形地貌、地震、矿产、当地的工程地质、岩土工程和建筑经验等资料。

(2) 在充分搜集和分析已有资料的基础上，通过勘察了解场地的地层、构造、岩性、不良地质作用和地下水等工程地质条件。

(3) 当拟建场地工程地质条件复杂，已有资料不能满足要求时，应根据具体情况进行工程地质测绘和必要的勘探工作。

(4) 当有两个或两个以上拟选场地时，应进行比较分析。

在选址时，应避开下列地段：不良地质现象发育且对场地稳定性有直接危害或潜在威胁；地基土性质严重不良；对建筑抗震不利；洪水或地下水对建筑场地有严重不良影响；地下有未开采的有价值的矿藏或未稳定的地下采空区。

2. 初步勘察阶段

初步勘察应符合初步设计或扩大初步设计的要求。其主要任务是对拟建建筑地段的稳定性作出评价。根据拟建工程的有关文件、工程地质和岩土工程资料以及工程场地范围的地形图等进行下列工作：

(1) 初步查明地质构造、地层结构、岩土工程特征。

(2) 在季节性冻土地区，应调查场地土的标准冻结深度。

(3) 查明不良地质现象的成因、分布、对场地稳定性的影响及其发展趋势。

(4) 对抗震设防烈度大于或等于 6 度的场地，应评价场地和地基的地震效应；初步勘察还应调查地下水类型、补给、径流和排泄条件，实测地下水位并初步确定其变化幅度，以及判别地下水对建筑材料的腐蚀作用。

3. 详细勘察阶段

详细勘察应按单体建筑物或建筑群提出详细的岩土工程资料和设计、施工所需的岩土参数；对建筑地基做出岩土工程评价，并对地基类型、基础形式、地基处理、基坑支护、工程降水和不良地质作用的防治等提出建议。详细勘察阶段主要应进行下列工作：

(1) 搜集附有坐标和地形的建筑总平面图，场地的地面整平标高，建筑物的性质、规模、载荷、结构特点，基础形式、埋置深度、地基允许变形等资料。

(2) 查明不良地质现象的类型、成因、分布范围、发展趋势和危害程度，提出整治方案的建议。

(3) 查明建筑范围内岩土层的类型、深度、分布、工程特点，分析和评价地基的稳定性、均匀性和承载力。

(4) 对需进行沉降计算的建筑物，提供地基变形参数，预测建筑物的变形特征。

(5) 查明埋藏的河道、沟浜、墓穴、防空洞、孤石等对工程不利的埋藏物。

(6) 在季节性冻土地区，提供场地土的标准冻结深度。

(7) 判定土和水对建筑材料的腐蚀性。

二、岩土工程勘察的布孔

1. 勘探点的布置

在实施岩土工程勘察之前，需要布设勘探孔位、间距取原状土样部位标高及原位测试地点数量等。钻孔间距按地基土层分布的简单与复杂、场地的复杂程度以及建筑工程重要等级确定。房屋建筑和构筑物钻孔布设的要求见表 1-1。

表 1-1　布 孔 标 准

布孔项目		初步勘察		详细勘察
布孔位置		按建筑物平面形状沿主要承重墙和柱的轴线排列，主要建筑物四角		
间距（m）	地基复杂程度等级	线距（m）	点距（m）	点距（m）
	一级（复杂）	50～100	30～50	10～15
	二级（中等复杂）	75～150	40～100	15～30
	三级（简单）	150～300	75～200	30～50
钻孔类型	总钻孔	n		n
	取样、测试钻孔	(1/4～1/2) n		地基基础设计等级为甲级建筑物每幢≥3

注　1. 表中间距不适用于地球物理勘探；

2. 控制性勘探点宜占勘探点总数的 1/5～1/3，且每个地貌单元均应有控制性勘探点。

详细勘察的勘探点布置，还应符合下列规定：

(1) 勘探点宜按建筑物周边和角点布置，对无特殊要求的其他建筑物可按建筑物或建筑群的范围布置。

(2) 同一建筑范围内的主要受力层或有影响的下卧层起伏较大时，应加密勘探点，查明其变化。

(3) 重大设备基础应单独布置勘探点；重大的动力机械基础和高耸构筑物，勘探点不宜少于 3 个。

(4) 勘探手段宜采用钻探与触探相结合，在复杂地质条件、湿陷性土、膨胀岩土、风化岩和残积土地区，宜布置适量探井。

(5) 详细勘察的单栋高层建筑勘探点的布置，应满足对地基均匀性评价的要求，且不应少于 4 个；对密集的高层建筑群，勘探点可适当减少，但每栋建筑物至少应有 1 个控制性勘探点。

2. 勘探孔的深度

初步勘察勘探孔的深度可按表 1-2 确定。

表 1-2　初步勘察探孔深度　　m

工程重要性等级	一般性勘探孔	控制性勘探孔
一级（重要工程）	≥15	≥30
二级（一般工程）	10～15	15～30
三级（次要工程）	6～10	10～20

详细勘察的勘探深度自基础底面算起，应符合下列规定：

(1) 勘探孔深度应能控制地基土主要受力层，当基础底面宽度不大于 5m 时，勘探孔的深度对条形基础不应小于基础底面宽度的 3 倍，对单独柱基，不应小于 1.5 倍，且不应小于 5m。

(2) 对高层建筑和需作变形计算的地基，控制性勘探孔的深度应超过地基变形计算深度；高层建筑的一般性勘探孔应达到基底下 0.5～1.0 倍的基础宽度，并深入稳定分布的地层。

(3) 对仅有地下室的建筑或高层建筑的裙房，当不能满足抗浮设计要求，需设置抗浮桩或锚杆时，勘探孔深度应满足抗拔承载力评价的要求。

(4) 地基变形计算深度，对中、低压缩性土可取附加压力等于上覆土层有效自重压力20%的深度；对于高压缩性土层可取附加压力等于上覆土层有效自重压力10%的深度。

(5) 建筑总平面内的裙房或仅有地下室部分（或当基底附加压力 $p_0 \leqslant 0$ 时）的控制性勘探孔的深度可适当减小，但应深入稳定分布地层，且根据荷载和土质条件不宜少于基底下0.5～1.0倍基础宽度。

三、原状土的取样

为研究地基土的工程性质，需要从钻孔中取原状土样，送到试验室进行土的各项物理力学性质试验。试验数据的可靠性，关键是使试验土样保持原状结构、密度和含水量。

1. 取土器类型系列

(1) 软土取土器，适用于软土、饱和砂土、粉土和饱和黄土。

(2) 一般黏性土取土器，适用于软土、可塑、硬塑黏性土和老黄土。

(3) 黄土取土器，适用于湿陷性黄土和新近堆积黄土。

2. 取土器的结构特征

取土器可采用对开筒式和圆筒推出式。重大工程尽量使用活塞薄壁取土器（软土）和三重管取土器（坚硬土）。

3. 取土技术

为取到高质量的不扰动土，要采用一套正确的取土技术：①钻进方法，软土最好采用泥浆循环回转法；可塑－坚硬的黏性土，如采用冲击法时，取土前的钻进进尺不得超过0.3m。黄土取土前必须清孔；②取土方法，压入法优于击入法，击入法应用重锤少击法取样，黄土用快速压入法或重锤一击法；③包装和保存，使用镀锌铁皮衬筒装样时，两端加盖不允许压迫土柱，蜡封要全面保证质量，避免日晒，注意防冻，包装专用土样箱要卡紧、防震。对一些软土、饱和粉性土，如会产生土水分离现象时，宜进行工地试验，土样应在一周内运到试验室，三周内开土试验。

4. 土样质量等级

根据土样试验的内容与要求，将土试样的质量分为四个等级，见表1-3。

表1-3　　土试样质量等级划分

级　别	扰动程度	试验内容
Ⅰ	不扰动	土类定名、含水量、密度、强度试验、固结试验
Ⅱ	轻微扰动	土类定名、含水量、密度
Ⅲ	显著扰动	土类定名、含水量
Ⅳ	完全扰动	土类定名

注　1. 不扰动是指原位应力状态虽已改变，但土的结构、密度、含水量变化很小，能满足室内试验各项要求；

2. 如确无条件采取Ⅰ级土试样，在工程技术要求允许的情况下可以用Ⅱ级土试样代用，但宜先对土试样受扰动程度作抽样鉴定，判定用于试验的适宜性，并结合地区经验使用试验成果。

5. 取样工具或方法选择

根据不同等级的土试样的质量要求，结合场地土的名称和状态，选择相应的取样工具和方法。

取土器按壁厚可分为薄壁和厚壁两类。薄壁取土器壁厚仅 1.25～2.00mm，取样扰动小，质量高，但因壁薄，不能在硬而密实的土层中使用。我国目前大多数单位使用的是厚壁敞口，内装镀锌铁皮衬管对分式取土器。这种取土器对土样质量影响很大，只能取得Ⅱ级土样，考虑到我国目前的实际情况，薄壁取土器尚需逐步普及，允许以束节式取土器代替薄壁取土器。但只要有条件，仍以采用标准薄壁取土器为宜。

第三节 工程地质测绘和调查

工程地质测绘和调查是通过搜集资料、调查访问、地质测量、遥感解译等方法，来查明场地的工程地质要素，并绘制相应的工程地质图件的一种工程地质勘查方法。对岩土出露的地貌，地质条件复杂的场地应进行工程地质测绘，在地质条件简单的场地，可用调查代替工程地质测绘。工程地质测绘宜在可行性研究或初步勘察阶段进行。在详细勘察阶段可对某些专门地质问题作补充调查。

一、工程地质测绘和调查的主要内容

1. 工程地质测绘和调查范围

工程地质测绘和调查的范围包括场地及其附近地段。一般情况下，测绘范围应大于建筑占地面积，但也不宜过大，以解决实际问题的需要为宜。一般情况下应考虑以下因素：

（1）建筑类型。对工业与民用建筑，测绘范围应包括建筑场地及其附近地段；对于渠道和各种线路，测绘范围应包括路线及轴线两侧一定宽度范围内的地带；对于洞室工程的测绘，不仅包括洞室本身，还应包括进洞山体及其外围地段。

（2）工程地质条件复杂程度。主要考虑动力地质作用可能影响的范围。例如建筑物拟建在靠近斜坡的地段，测绘范围则应考虑到邻近斜坡可能产生不良地质现象的影响地段。

2. 工程地质测绘比例尺

（1）可行性研究勘察阶段、城市规划或工业布局时，可选用 1∶5000～1∶50 000 的小比例尺；在初步勘察阶段可选用 1∶2000～1∶10 000 的中比例尺；在详细勘察阶段可选用 1∶200～1∶2000 的大比例尺。

（2）工程地质条件复杂时，比例尺可适当放大；对工程有重要影响的地质单元体（如滑坡、断层、软弱夹层、洞穴等），必要时可采用扩大比例尺表示。

（3）建筑地基的地质界线和地质观测点的测绘精度在图上的误差不应超过 3mm。

3. 工程地质测绘的主要内容

（1）地貌条件。查明地形、地貌特征及其与地层、构造、不良地质作用的关系，并划分地貌单元。

（2）地层岩性。查明地层岩土的性质、成因、年代、厚度和分布，对岩层应确定其风化程度，对土层应区分新近沉积土和各种特殊性土。

（3）地质构造。主要研究测区内各种构造形迹的产状、分布、形态、规模及结构面的力学性质，分析所属结构体系，明确各类构造岩的工程地质特性。分析其对地貌形态，水文地质条件，岩体风化等的影响，还应注意新构造活动的特点及其与地震活动的关系。

（4）水文地质条件。包括地下水的埋藏条件、地下水位及其动态变化、地下水化学成分

及其对混凝土的腐蚀性、地下水和地表水可能产生的污染程度等。岩土工程常用的水位地质参数有：水位、流向和流速、渗透系数、孔隙水压力等。

(5) 不良地质现象。查明岩溶、土洞、滑坡、泥石流、崩塌、冲沟、断裂、地震震害、地裂缝和岸坡冲刷等不良地质现象的形成、分布、规模、发育程度及其对工程建设的影响；调查人类工程活动对场地稳定性的影响，包括人工洞穴、地下采空、大挖大填、抽水排水及水库诱发地震等；监测建筑物变形，并搜集邻近工程建筑经验。

二、工程地质测绘方法

工程地质测绘有像片成图法和实地测绘法。

1. 像片成图法

像片成图法是利用地面摄影或航空（卫星）摄影的像片，在室内根据判译标志，结合所掌握的区域地质资料，把判明的地层岩性、地质构造、地貌、水系和不良地质现象等，绘在单张像片上，并在像片上选择需要调查的若干地点的线路，然后据此做实地调查，进行核对、修正、补充。将调查的结果绘在地形图上而成工程地质图。

2. 实地测绘法

当该地区没有航测像片时，工程地质测绘主要依据野外工作的实际测绘法，常用实地测绘法有以下三种：

(1) 路线法。沿着一些选择的路线，穿越测绘场地，将沿线所测绘或调查的地层、构造、地质现象、水文地质、地质界线和地貌界线等填绘在地形图上。路线可为直线型或折线型。观测路线应选择在露头及覆盖层较薄的地方；观测线路方向大致与岩层走向、构造线方向与地貌单元垂直。

(2) 布点法。它是根据地质条件复杂程度和测绘比例尺的要求，预先在地形图上布置一定数量的观测路线和观测点。观测点一般布置在观测路线上。布点法是工程地质测绘中的基本方法，常用于大、中比例尺的工程地质测绘。

(3) 追索法。沿地层走向或某一地质构造线，或某些不良地质现象界线进行布点追索，主要目的是查明局部的工程地质问题。追索法通常是在布点法或路线法基础上进行的，它是一种辅助方法。

第四节 岩土工程勘探方法

岩土工程勘探是查明地基岩土性质和分布、采集岩土试样或进行原位测试采用的基本手段。勘探可分为钻探、井探、槽探、洞探和地球物理勘探等。

一、井探、槽探

探井、探槽主要是人力开挖，也有用机械开挖的。利用探井、探槽可直接观察地层结构的变化，取得准确的资料和采取原状土样，如图 1-1 所示。

井探一般是垂直向下掘进，浅者为探坑，深者为探井。断面一般为 1.5m×1.0m 的矩形或直径为 0.8～1.0m 的圆形。主要是查明覆盖层的厚度和性质、滑动面、断面、地下水位以及采取原状土样等。

对探井、探槽除文字描述记录外，尚应以剖面图展示图等反映井、槽、洞壁和底部的岩性、地层分界、构造特征、取样和原位试验位置，并辅以代表性部位的彩色照片。

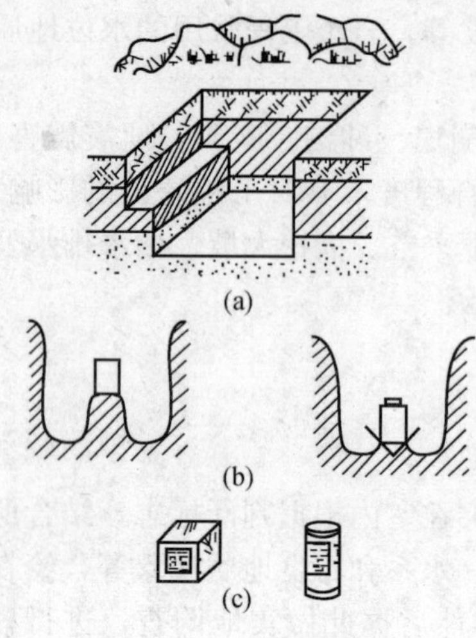

图 1-1 坑探示意图
(a) 探井；(b) 在探井中取样；(c) 取得原状土样

二、钻探

钻探是勘探方法中应用最广泛的一种，它采用钻探机具向下钻孔，用以鉴别和划分地层、测定地下水位，并采取原状土样和水样以供室内试验，确定土的物理、力学性质指标和地下水的化学成分。需要时还可以在钻孔中进行原位测试。

钻探的钻进方式分为回转式、冲击式、振动式、冲洗式四种。每种钻进方法各有特点，分别适于不同的地层，可根据地层类别及勘查要求进行选择。

在地质勘查中，对岩土层的钻探有如下具体要求：

(1) 钻进深度和岩土分层深度的量测精度，不应低于±5cm。

(2) 应严格控制非连续取芯钻进的回次进尺，使分层精度符合要求。

(3) 对鉴别地层天然湿度的钻孔，在地下水位以上应进行干钻；当必须加水或使用循环液时，应采用双层岩芯管钻进。

(4) 岩芯钻探的岩芯采取率，对完整和较完整岩体不应低于 80%，较破碎和破碎岩体不应低于 65%；对需重点查明的部位（滑动带、软弱夹层等）应采用双层岩芯管连续取芯。

(5) 当需确定岩石质量指标 RQD 时，应采用 75mm 口径（N 型）双层岩芯管和金刚石钻头。

(6) 定向钻进的钻孔应分段进行孔斜测量；倾角和方位的量测精度应分别为±0.1°和±3.0°。

各种钻探的钻孔直径与钻具的规格均应符合现行国家标准规定，尤其注意成孔直径应满足取样、测试和钻进工艺的要求。

勘探浅部地层可采用小口径麻花钻钻进（图 1-2）、小口径勺形钻钻进、洛阳铲钻进等。

钻孔的记录和编录应符合下列要求：

(1) 野外记录应由经过专业训练的人员承担；记录应真实及时，按钻进回次逐段填写，严禁事后追记。

(2) 钻探现场可采用肉眼鉴别和手触方法，有条件或勘查工作有明确要求时，可采用微型贯入仪等定量化、标准化的方法。

(3) 钻探成果可用钻孔野外柱状图或分层记录表示；岩土芯样可根据工程要求保存一定期限或长期保存，亦可拍摄岩芯、土芯彩照纳入勘查成果资料。

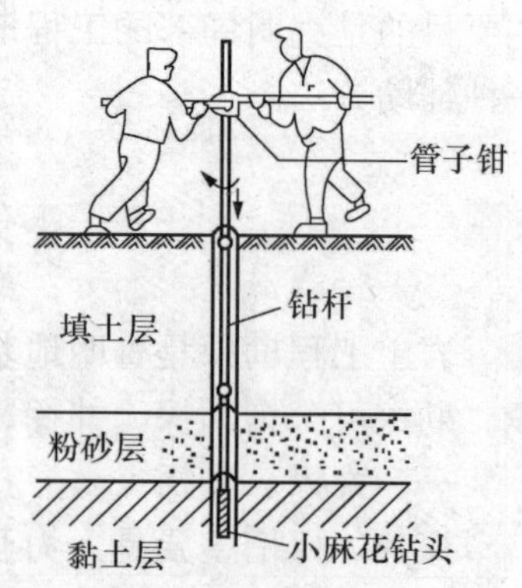

图 1-2 小麻花钻钻孔示意图

三、地球物理勘探

地球物理勘探简称为物探。它是利用仪器在地面、空中、水上测量物理场的分布情况，通过对测得的数据的分析判译，并结合有关的地质资料推断地质性状的勘探方法。各种地球物理场有电场、重力场、磁场、弹性波应力场、辐射场等。

岩土工程勘察可在下列方面采用物探：

（1）作为钻探的先行手段，了解隐蔽的地质界线、界面或异常点。

（2）作为钻探的辅助手段，在钻孔之间增加地球物理勘查点，为钻探成果的内插、外推提供依据。

（3）作为原位测试手段，测定岩土体的波速、动弹性模量、卓越周期、电阻率、放射性辐射参数、土对金属的腐蚀等参数。

应用地球物理勘探方法时，应具备下列条件：

（1）被勘测对象与周围介质之间有明显的物理性质差异。

（2）被勘测对象具有一定的埋藏深度和规模，且地球物理异常有足够的强度。

（3）能抑制干扰，区分有用信号和干扰信号。

（4）在有代表性地段进行方法的有效性试验。

近年来发展起来的物探方法主要有：瞬态多道面波法、地震CT法、电磁波CT法等。当前常用的方法有：电法、电磁法、地震波法和声波法、地球物理探井等。其中最普遍的是电法探测，常在初期的岩土工程勘察中配合工程地质测绘使用，以了解勘察地区的地下地质情况。此外，常用于古河道、暗浜、洞穴、地下管线等勘测的具体查明。

第五节 岩土工程原位测试

岩土工程原位测试是指在岩土层原来所处的位置上，基本保持其天然结构、天然含水量及天然应力状态下进行测试的技术。它与室内试验相互配合。

常用的原位测试方法有：静载荷试验、静力触探试验、标准贯入试验、十字板剪切试验、旁压试验、现场直接剪切试验等，选择原位测试方法应根据岩土条件、设计对参数的要求、地区经验和测试方法的适用性等因素综合确定。

一、载荷试验

载荷试验是在天然地基上模拟建筑物的基础荷载条件，通过承压板向地基施加竖向荷载，借以确定在承压板下应力主要影响范围内土的承载力和变形特征。载荷试验的主要设备有三部分：加荷与传压装置、变形观测系统及承压板，如图1-3所示。试验时，将试坑挖到基础的预计埋置深度、整平坑底、放置承压板，在承压板上施加荷重来进行试验。

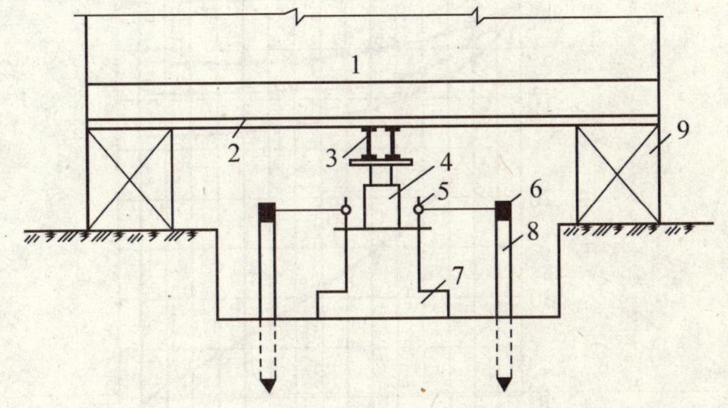

图1-3 堆载—千斤顶载荷试验示意图

1—堆载；2—排钢梁；3—钢梁；4—千斤顶；5—百分表；6—基准梁；7—承压板；8—地锚；9—支墩

载荷试验包括平板载荷试验和螺旋板载荷试验。平板载荷试验又可分为浅层平板载荷试验和深层平板载荷试验。浅层平板载荷试验适用于浅层地基土；深层平板载荷试验适用于埋深等于或大于3m和地下水位以上的地基土，螺旋板载荷试验适用于深部或地下水位以下的地层。这里仅介绍浅层平板载荷试验。

1. 浅层平板载荷试验装置和基本技术要求

浅层平板载荷试验应布置在具有代表性位置的基础底面标高处，每个场地不宜少于3个，当场地内岩土体不均匀时，应适当增加。试验基坑宽度不应小于承压板宽度或直径的3倍，深度依所需测试土层的深度而定。应保持试验土层的原状结构和天然湿度。宜在拟试压表面用粗砂或中砂层找平，其厚度不超过20mm。承压板面积一般采用0.25～0.5m²，对松软土不应小于0.5m²。

荷载应逐级增加，加荷等级宜取10～12级，并不应少于8级，荷载量测精度不应低于最大荷载的1%。对于慢速法，当试验对象为土体时，每级荷载施加后，按间隔5、5、10、10、10、15、15 min和以后的每隔半小时测读一次沉降量，当在连续两小时内，每小时的沉降量小于0.1mm时，则认为已趋稳定，可加下一级荷载。当试验对象为岩体时，间隔1、2、2、5min以后的每隔10min测读一次沉降量，当连续3次读数差小于等于0.01mm时，则认为沉降已达相对稳定，可加下一级荷载。

当出现下列情况之一时，即可终止加载：①承压板周围的土明显地侧向挤出，周边岩土出现明显隆起或径向裂缝持续发展；②本级荷载的沉降量大于前级荷载沉降量的5倍，荷载—沉降（p-s）曲线出现明显陡降段；③在某一级荷载下，24h内沉降速率不能达到相对稳定；④沉降量与承压板宽度或直径之比大于或等于0.06。当满足前三种情况之一时，其对应的前一级荷载定为极限荷载。第4种情况将沉降量与承压板宽度或直径之比大于或等于0.06所对应的荷载作为最大加载量。

2. 浅层平板载荷试验成果的应用

根据载荷试验成果分析要求，应绘制荷载（p）与沉降（s）曲线［图1-4（b）］，必要时绘制各级荷载下沉降（s）与时间（t）［图1-4（a）］或时间对数（lg$t$）曲线。应根据p-s曲线拐点，必要时结合s—lg$t$曲线特征，确定比例界限压力和极限压力。

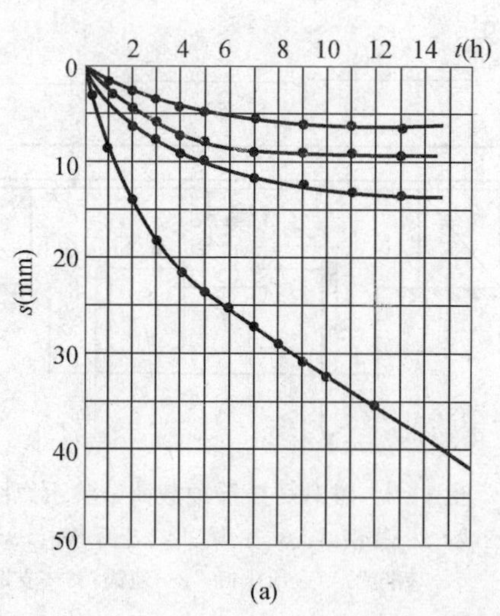

(a)

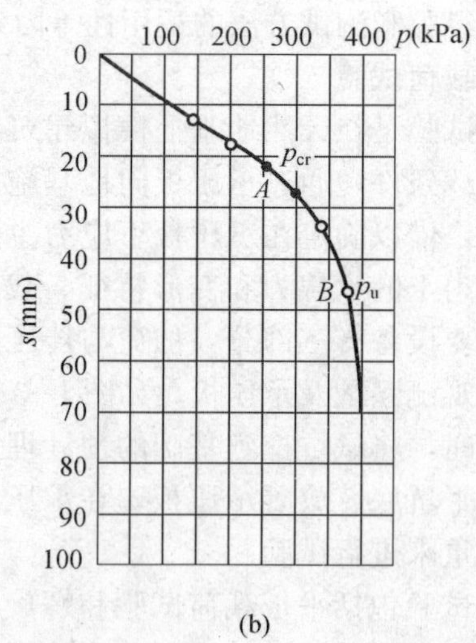

(b)

图1-4 载荷试验的沉降曲线

(a) 沉降—时间曲线；(b) 压力p—沉降s曲线

(1) 确定地基承载力特征值。

1) 当p-s曲线上有比较明显的起始直线和比例界限值时，取该比例界限所对应的荷载值；当极限荷载小于对应比例界限的荷载值的两倍时，取极限荷载值的一半。

2）当 p-s 曲线上无比较明显的转折点时，无法取得 p_{cr} 和 p_u，此时，可以从沉降观点考虑，即在 p-s 曲线中以一定容许的沉降值所对应的荷载作为地基的承载力。由于沉降量与基础（或承压板）底面尺寸、形状有关，承压板通常小于实际的基础尺寸。因此，不能直接利用基础的容许变形在 p-s 曲线上确定地基承载力。如果基础和承压板下的压力相同，且地基均匀，则沉降量与各自的宽度 b 之比值（s/b）大致相等。可取 $s/b=0.01\sim0.015$ 所对应的荷载来确定地基承载力，但其值不应大于最大荷载量的 1/2。

3）同一土层参加统计的试验点不应少于三点，当试验实测值的极差不超过其平均值的 30%时，取其平均值作为该土层的地基承载力特征值 f_{ak}。

（2）确定地基土的变形模量 E_0。根据 p-s 曲线并假定地基为均质、各向同性、半无限弹性介质，可求得承压板下有限深度内土层的平均变形模量 E_0，即

$$E_0 = I_0(1-\mu^2)\frac{p}{s}b \tag{1-1}$$

式中 I_0——刚性承压板的形状系数，圆形承压板取 0.785；方形承压板取 0.886；

μ——土的泊松比，碎石土取 0.27，砂土取 0.30，粉土取 0.35，粉质黏土取 0.38，黏土取 0.42；

b——承压板的边长或直径，m；

p，s——相应于地基承载力特征值的荷载及其所对应的沉降的特征值。

（3）估计地基土基床系数（k_s）。根据承压板边长为 30cm 的平板载荷试验的 p-s 曲线，可按下式计算出基准基床系数（k_v）。

$$k_v = \frac{p}{s} \tag{1-2}$$

式中 $\frac{p}{s}$——p-s 曲线直线段的斜率。如果 p-s 曲线无直线段，p 值可取临塑荷载 p_{cr} 的一半，s 取相对应的沉降量。

根据基准基床系数可确定地基土基床系数（k_s）：

黏性土
$$k_s = \frac{0.305}{B_f}k_v \tag{1-3}$$

砂土
$$k_s = \left(\frac{B_f+0.305}{2B_f}\right)^2 k_v \tag{1-4}$$

式中 B_f——基础的宽度，m。

二、静力触探试验

静力触探试验是通过静压力将一个内部装有传感器的触探头，以匀速压入土中，由于地层中各种土的软硬不同，探头所受阻力自然也不一样。传感器将感受到大小不同的贯入阻力，通过电信号输入到电子量测仪中。因此，通过贯入阻力变化情况，来了解土层的工程性质。

静力触探试验适用于黏性土、粉土、砂土及含少量碎石的土层。尤其是对地层性质变化较大的复杂场地，以及不宜取得原状土样的饱和砂土、高灵敏度软黏土地层的勘察，显示出其独特的优越性。但是静探不能直接识别土层，而且对碎石类土和较密实的砂土层难以贯入。所以在岩土工程勘察中，它只能作为钻探的配合手段。

静力触探设备主要由三部分组成：触探头、触探杆和记录器。其中触探头是静力触探设

备中的核心部分。它的类型很多，目前国内大多采用电阻应变式触探头。当触探杆将探头匀速压入土层时，一方面是引起锥尖以下局部土层的压缩，产生了作用于锥尖的阻力；另一方面又在孔壁周围形成一圈挤密层。产生了作用于探头侧壁的摩阻力。探头的这两种阻力是土的力学性质的综合反映。这两种阻力通过设置于探头内的应变元件转变成电信号，并由仪表（或静探微机）量测出来。

常用的静力触探探头可分为单桥探头和双桥探头两种。

单桥探头（图 1-5）测得的是包括锥尖阻力和侧壁阻力在内的总贯入阻力 P（kN），通常用比贯入阻力 p_s（kPa）表示，即

$$p_s=\frac{P}{A} \tag{1-5}$$

式中　A——探头截面积，m^2。

双桥探头（图 1-6）可以同时分别测得锥尖阻力和侧壁阻力。用 Q_c(kN) 和 P_f(kN) 分别表示锥尖总阻力和侧壁总阻力。则单位面积锥尖阻力 q_c(kPa) 和侧壁阻力 f_s(kPa) 分别为

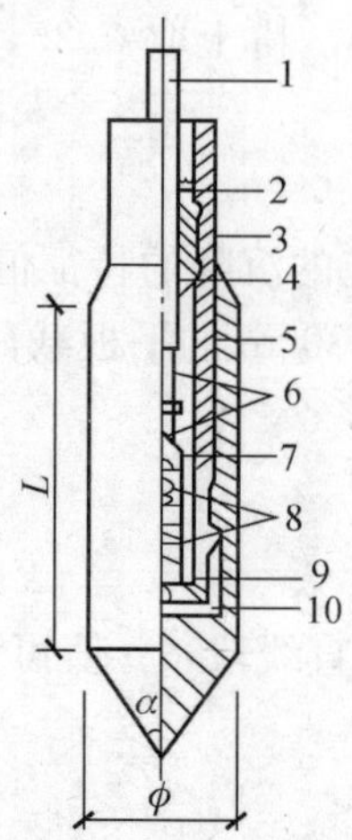

图 1-5　单桥探头结构示意图

1—四心电缆；2—密封圈；3—探头管；4—防水塞；5—外套管；6—导线；7—空心柱；8—电阻片；9—防水盘根；10—顶柱；ϕ—探头锥底直径；L—有效侧壁长度；α—探头锥角

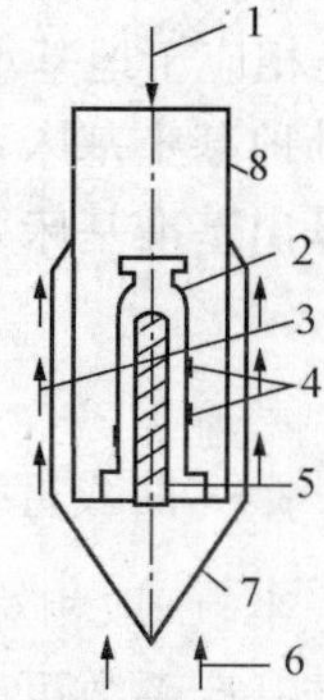

图 1-6　双桥探头工作原理示意图

1—贯入力；2—空心柱；3—侧壁摩阻力；4—电阻片；5—顶柱；6—锥尖阻力；7—探头套；8—探头管

$$q_c=\frac{Q_c}{A} \tag{1-6}$$

$$f_s=\frac{P_f}{F_S} \tag{1-7}$$

式中　F_S——外套筒的总侧面积，m^2。

根据锥尖阻力 q_c（kPa）和侧壁阻力 f_s（kPa）可以计算同一深度处的摩阻比 R_f

$$R_f=\frac{f_s}{q_c}\times 100\% \tag{1-8}$$

静力触探试验的主要成果有比贯入阻力—深度（p_s-H）关系曲线［图 1-7（a）］；锥尖阻力—深度（q_c-H）关系曲线［图 1-7（b）］；侧壁阻力—深度（f_s-H）关系曲线和摩阻

比—深度（R_f- H）[图 1-7（c）] 等。

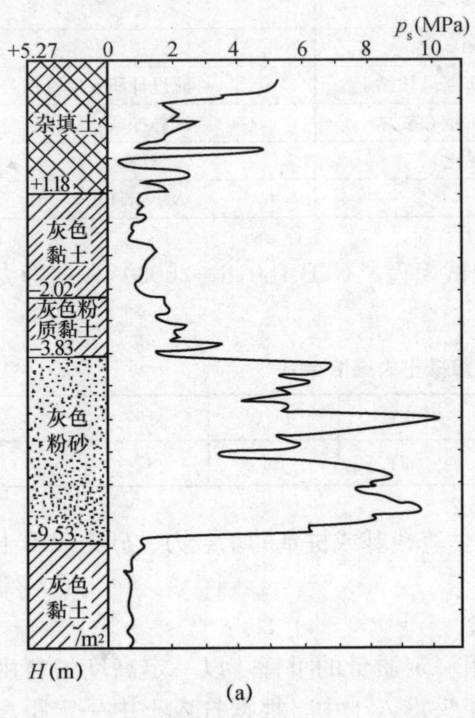

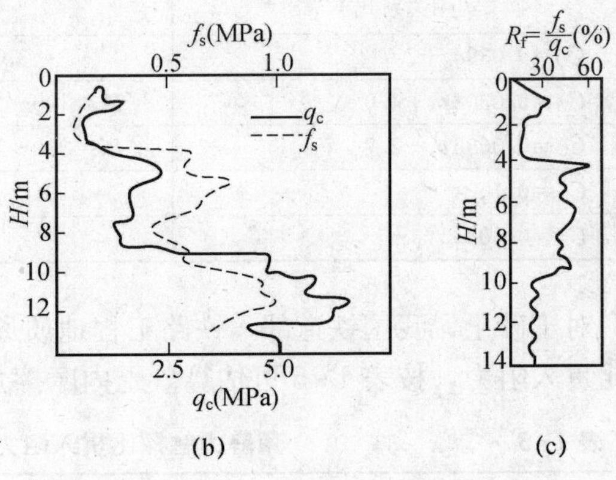

图 1-7 静力触探曲线

（a）静力触探 p_s- H 曲线；（b）静力触探 q_c- H 和 f_s- H 曲线；（c）静力触探 R_f- H 曲线

静力触探试验成果的应用主要有以下几个方面：

（1）划分土层界线。根据贯入曲线的线性特征（图 1-8），并结合相邻钻孔资料和地区经验，可以划分土层。由于地基土层特性变化的复杂性，在划分土层界线时，一般遵循如下原则：

1）上、下层贯入阻力相差不大时，取超前深度和滞后深度的中心，或中心偏向小阻力土层 5～10cm 处作为分层分界线。

2）上、下层贯入阻力相差一倍以上时，取软土层最后一个（或第一个）贯入阻力小值偏向硬土层 10cm 处作为分层界线。

3）上、下层贯入阻力无甚变化时，可结合 f_s 或 R_f 的变化确定分界线。

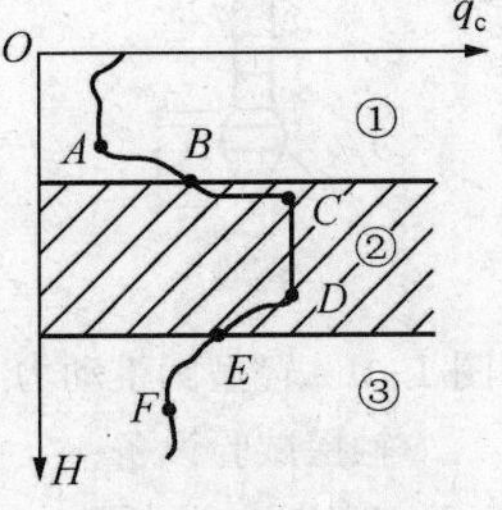

图 1-8 不同土层界线处的超前和滞后

（2）评定地基土的强度参数。对于黏性土，由于静力触探试验的贯入速度较快，因此对量测黏性土的不排水抗剪强度是一种可行的方法。经过大量试验和研究，探头锥尖阻力基本上与黏性土的不排水抗剪强度呈某种确定的函数关系，而且将大量的测试数据经数理统计分析，其相关性很理想。典型的实用关系式见表 1-4。

表 1-4　　　　用静力触探估算黏性土的不排水抗剪强度

实用关系式	适用条件	来　源
$C_U=0.071q_c+1.28$	q_c<700kPa 的滨海相软土	同济大学

续表

实用关系式	适用条件	来　源
$C_U=0.039q_c+2.7$	$q_c<800$kPa	铁道部
$C_U=0.0308p_s+4.0$	$P_s=100\sim1500$kPa 新港软黏土	一航设计研究院
$C_U=0.0696p_s-2.7$	$P_s=300\sim1200$kPa 饱和软黏土	武汉静探联合组
$C_U=0.1q_c$	$\varphi=0$ 纯黏土	日本
$C_U=0.105q_c$		MeyerHof

对于砂土，我国铁道部《铁路工程地质原位测试规程》（TB 10018—2003）根据静力触探比贯入阻力，按表 1-5 可估算砂土内摩擦角 φ。

表 1-5　　用静力触探比贯入阻力 p_s 估算砂土内摩擦角 φ

p_s（MPa）	1.0	2.0	3.0	4.0	6.0	11.0	15	30
φ（°）	29	31	32	33	34	36	37	39

此外，静力触探试验成果根据当地经验还能来估算浅基或桩基的承载力、砂土或粉土的液化。

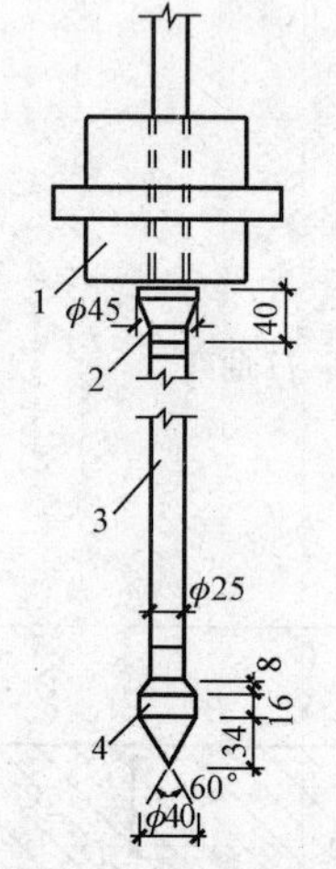

图 1-9　轻型圆锥动力触探试验设备

1—穿心锤；2—锤垫；3—触探杆；4—锥头

三、圆锥动力触探试验

圆锥动力触探试验是用一定质量的重锤，以一定高度的自由落距，将标准规格的圆锥型探头贯入土中，根据打入土中一定距离所需的锤击数，判定土力学特性。圆锥动力触探的优点是设备简单、操作方便、功效高、适应性广，并且具有连续贯入的特性。对于难以取样的砂土、粉土和碎石土等，圆锥动力触探是十分有效的探测手段。圆锥动力触探的类型可分为：轻型、重型、超重型三种触探类型。图 1-9 所示为轻型圆锥动力触探试验仪器示意图。

1. 圆锥动力触探试验技术要求

（1）采用自动落锤装置。

（2）触探杆最大偏斜度不应超过 2%，锤击贯入应连续进行；同时防止锤击偏心、钻杆倾斜和侧向晃动，保持钻杆垂直度；锤击速率宜为 15～30 击/min。

（3）每贯入 1m，宜将探杆转动一圈半；当贯入深度超过 10m，每贯入 20cm 宜将探杆转动一次。

（4）对轻型动力触探，当 $N_{10}>100$ 或贯入 15cm 锤击数超过 50 时，可停止试验；对于重型动力触探，当连续三次 $N_{63.5}>50$ 时，可停止试验或改用超重型动力触探。

2. 圆锥动力触探试验成果的应用

圆锥动力触探试验成果主要是：锤击数与贯入深度关系曲线。根据圆锥动力触探试验指标和地区经验，可进行力学分层，评定土的均匀性和物理性质（状态、密实度）、土的强度、变形参数、地基承载力、单桩承载力，查明土洞、滑动面、软硬土层界面，检测地基处理效果等。应用试验成果时是否修正或如何修正，应根据建立统计关系时的具体情况确定。

四、标准贯入试验

标准贯入试验属于动力触探类型之一，不同的是触探头不是圆锥形，而是标准规格的圆筒形探头（由两个半圆管合成的取土器），称之为贯入器。因此，标准贯入试验是用63.5kg的穿心锤，以76cm的落距，将标准规格的贯入器，自钻孔底部预打15cm，记录再打入30cm的锤击数，判定土的力学特性。

标准贯入试验仪器由：触探头、触探杆和穿心锤组成，如图1-10所示。

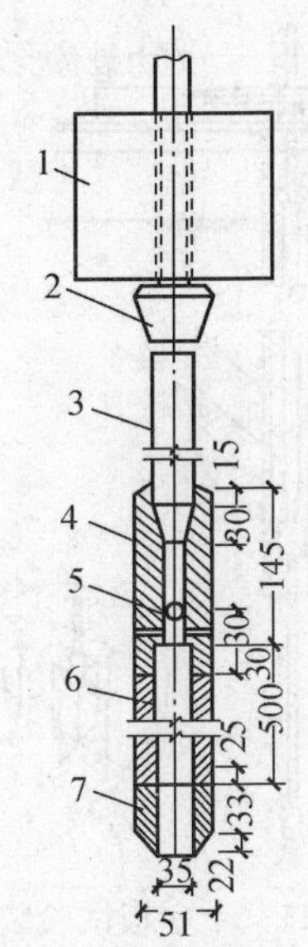

图1-10　标准贯入试验设备

1—穿心锤；2—锤垫；3—钻杆；4—贯入器头；5—出水孔；6—由两半圆形管并合而成的贯入器身；7—贯入器靴

标准贯入试验适用于砂土、粉土和一般黏性土。标准贯入试验设备简单，适用性广，而且通过贯入器可以采取扰动土样，对土进行直观鉴别描述和有关的室内土工试验。

标准贯入试验的技术要求应符合下列规定：

(1) 标准贯入试验孔宜采用回转钻进，并保持孔内水位略高于地下水位。当孔壁不稳定时，可用泥浆护壁，钻至试验标高以上15cm处，清除孔底残土后再进行试验。

(2) 采用自动脱钩的自由落锤进行锤击，并减小导向杆与锤间的摩阻力，避免锤击时的偏心和侧向晃动，保持贯入器、探杆、导向杆联结后的垂直度，锤击速率应小于30击/min。

(3) 贯入器打入土中15cm后，开始记录每打入10cm的锤击数，累计打入30cm的锤击数为标准贯入试验的锤击数N。当锤击数已达50击，而贯入度未达30cm时，可记录50击的实际贯入深度，按下式换算成相当于30cm的标准贯入试验锤击数N，并终止试验，即

$$N = 30 \times \frac{50}{\Delta S} \tag{1-9}$$

式中　ΔS——50击的贯入度，cm。

(4) 标准贯入试验的锤击数N可直接标在工程地质剖面图上，也可绘制单孔标准贯入试验的锤击数N与深度关系曲线或直方图。统计分层标贯击数平均值时，应剔除异常值。

(5) 根据标准贯入试验的锤击数，可以评价砂土的密实程度，结合地区经验可以确定地基土承载力，判定黏性土的物理状态，对土的强度、变形参数、单桩承载力、砂土和粉土的液化、成桩的可能性等做出评价。应用N时是否修正和如何修正，应根据建立统计关系的具体情况确定。

五、十字板剪切试验

十字板剪切仪是一种使用方便的原位测试仪器，通常用以测定饱和黏性土的原位不排水强度，特别适用于均匀饱和软黏土中。因为这种土常因取样操作过程中不可避免地受到扰动而破坏其天然结构，致使室内试验测得的强度值明显低于原位土的强度。

十字板剪切仪由板头、加力装置和测量装置组成，如图1-11所示，板头是两片正交的

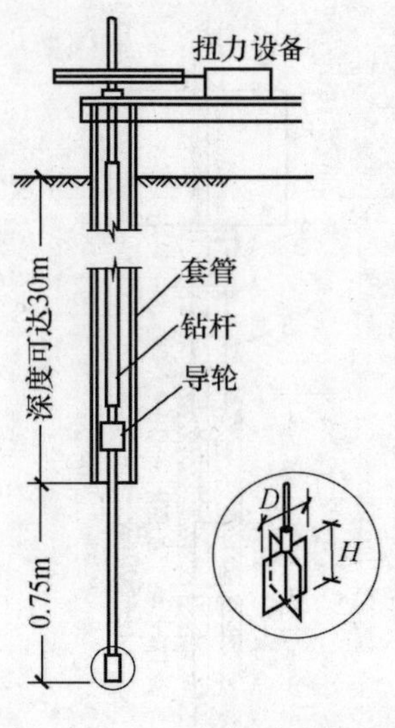

图 1-11　十字板试验装置

金属板，厚 2～3mm，刃口成 60°，常用尺寸为 D（宽）×H（高）=50mm×100mm。

试验通常在钻孔内进行，先将钻孔钻至要求测试的深度以上 75cm 左右。清理孔底后，将十字板头压入土中至测试的深度。然后通过安装在地面上的施加扭力装置，旋转钻杆以扭转十字板头，这时十字板周围的土体内形成一个直径为 D，高度为 H 的圆柱形剪切面。剪切面上的剪应力随扭矩的增加而增加，直到最大扭矩 M_{max} 时，土体沿圆柱面破坏，剪应力达到土的抗剪强度 τ_f。

分析土的抗剪强度与扭矩的关系。抗扭力矩是由 M_1 和 M_2 两部分所构成，即

$$M_{max}=M_1+M_2 \tag{1-10}$$

$$M_1=2\left(\frac{\pi D^2}{4}L\tau_{fh}\right) \tag{1-11}$$

$$M_2=\pi DH\frac{D}{2}\tau_{fv} \tag{1-12}$$

式中　M_1、M_2——分别为土柱体上下面的抗剪强度对圆心所产生的抗扭力矩和圆柱面上的剪应力对圆心所产生的抗扭力矩，kN·m；

L——上、下面剪应力对圆心的平均力臂，m，取 $L=\frac{2}{3}\times\left(\frac{D}{2}\right)=\frac{D}{3}$；

τ_{fh}——水平面上的抗剪强度，kPa；

τ_{fv}——垂直面上的抗剪强度，kPa。

假定土体为各向同性体，即 $\tau_{fh}=\tau_{fv}$，则

$$M_{max}=M_1+M_2=\frac{\pi D^2}{2}\times\frac{D}{3}\tau_f+\frac{1}{2}\pi D^2H\tau_f$$

$$\tau_f=\frac{M_{max}}{\frac{\pi D^2}{2}\left(\frac{D}{3}+H\right)} \tag{1-13}$$

通常认为在不排水条件下，饱和软黏土的内摩擦角 $\varphi_u=0$，因此测得的抗剪强度也就相当于土的不排水强度或无侧限抗压强度 q_u 的一半。实际工程中，根据土层条件和地区经验，对实测的十字板不排水抗剪强度进行修正。

试验时，当扭矩达到 M_{max} 时，土体剪切破坏，这时土所发挥的抗剪强度 τ_f 也就是峰值剪应力 τ_p。剪切破坏后，扭矩即不断减小，剪切面上的剪应力不断下降，最后趋于稳定，稳定时的剪应力称为剩余剪应力 τ_r。剩余剪应力代表土的结构彻底破坏后的抗剪强度，所以 τ_p/τ_f 也可以表示土的灵敏度。

十字板剪切试验因为直接在原位进行试验，不必取土样，故地基土体所受的扰动较小，认为是比较能反映土体原位强度的测试方法。十字板剪切试验成果可按地区经验，确定地基承载力、单桩承载力，计算边坡稳定，判定软黏土的固结历史。

第六节　现场检验与监测

现场检验是指在施工阶段根据施工揭露的地质情况，对工程勘察成果和评价建议等进行

的检查校核。现场检验的目的是使设计、施工符合场地岩土工程地质实际情况，以确保工程质量、并总结勘察经验，提高勘察水平。现场监测是指对施工过程中及完成后由于施工运营的影响而引起岩土性状和周围环境条件发生变化进行的各种观测工作。现场监测的目的是了解由于施工引起的影响程度以及监视其变化和发展规律，以便及时在设计、施工上采取相应的防治措施。在施工阶段的检验与监测工作中，如发现场地或地基土条件与预期条件有较大差别时，应修改岩土工程设计或采取相应的处理措施。

一、地基基础检验和监测

1. 天然地基基坑检验

天然地基基坑（基槽）检验又称验槽，是岩土工程中必须做的常规工作，也是勘察工作的最后一个环节。当基槽开挖完毕后，由勘察、设计、施工和使用单位四个方面的技术负责人，共同到施工现场进行验槽。

验槽的目的是检验有限的钻孔与实际开挖的地基是否一致，勘察报告的结论与建议是否准确，并根据基槽开挖实际情况，研究解决新发现的问题和勘察报告遗留的问题。

验槽的基本内容包括核对验槽开挖平面位置和槽底标高是否与勘察、设计要求相符；检验槽底持力层土质与勘探是否相符；当基槽土质显著不均匀或局部有古井、墓穴时，可用铁钎探查明平面范围与深度；研究决定地基基础方案是否有必要修改或作局部处理。

验槽方法以肉眼观察或使用袖珍贯入仪等简便易行的方法为主，必要时可辅以夯、拍或轻便触探。

(1) 观察验槽。重点注意柱基、墙脚、承重墙下受力较大的部位。仔细观察基底土的结构、孔隙、湿度、含有物等，并与设计勘察资料相比较，确定是否已挖到设计的土层，对于可疑之处应局部下挖检查。

(2) 夯、拍验槽。用木夯、蛙式打夯机或其他施工工具对干燥的基坑进行夯、拍，从夯、拍声音判断土中是否存在土洞或墓穴。对可疑迹象应用轻便勘察仪进一步调查。

(3) 轻便勘察验槽。用钎探、轻便动力触探、手持式螺旋钻、洛阳铲等对地基主要受力层范围的土层进行勘探，或对上述观察、夯或拍验槽时发现的异常情况进行检查。

钎探是用 ϕ22～25mm 的钢筋作钢钎。钎尖呈 60°锥状，长度 1.8～2.0m，每 300mm 作一刻度。钎探时，用质量为 4～5kg 的穿心锤将钎杆打入土中，落锤高 500～700mm，记录每打入 300mm 的锤击数，据此可判断土质的软硬情况。

验槽时应注意事项：

(1) 应验看新鲜土面，清除回填虚土，冬季冻结表土或夏季日晒干土都是虚假状态，应将其清除至新鲜土面进行验看。

(2) 槽底在地下水位以下不深时，可挖至水面验槽，验完后再挖至设计标高。

(3) 验槽要抓紧时间。基槽挖好后立即组织验槽，以免下雨泡槽、冬季冰冻等不良影响。

(4) 验槽前一般需要作槽底普遍打钎工作，以供验槽时参考。

(5) 当持力层下埋藏有下卧砂层而承压水头高于槽底时，不宜进行钎探，以免造成涌砂。

2. 基坑工程监测

为了保证工程安全，监测是非常必要的。通过对监测数据的分析，必要时可调整施工顺序，修改支护设计。遇有紧急情况时，应及时发出警报，以便采取应急措施。

基坑监测应包括以下内容：

（1）支护结构的变形。

（2）基坑周边的地面变形。

（3）邻近工程和地下设施的变形。

（4）渗漏、冒水、冲刷、管涌等情况。

3. 沉降观测

建筑物沉降观测能反映地基的实际变形对建筑物的影响程度，是分析地基事故及判别施工质量的主要依据，也是检验勘察资料的可靠性，验证理论计算正确性的重要资料。对于地基基础设计等级为甲级的；复合地基或软弱地基上的乙级建筑物；加层、接建、邻近开挖或受场地地下水等环境因素变化影响的建筑物；需要积累建筑经验或进行设计反分析的工程应在建筑物施工期间及使用期间进行变形观测。

二、不良地质作用和地质灾害的监测

不良地质作用和地质灾害的监测，应根据场地及其附近的地质条件和工程实际需要编制监测纲要，按纲要进行。纲要内容包括：监测目的和要求、监测项目、测点布置、观测时间间隔和期限、观测仪器、方法和精度、应提交的数据、图件等。并及时提出灾害预报和采取措施的建议。

对下列情况应进行不良地质作用和地质灾害的监测：

（1）场地及其附近有不良地质作用和地质灾害，并可能危及工程的安全或正常使用时。

（2）工程建设和运行，可能加速不良地质作用的发展或引发地质灾害时。

（3）工程建设和运行，对附近环境可能产生显著不良影响时。

土洞和塌陷的发生和发展与地下水的运动密切相关，特别是人工抽吸地下水，使地下水位急剧下降，常引发大面积的地面塌陷。

岩溶土洞发育区应着重监测下列内容：

（1）地面变形。

（2）地下水的动态变化。

（3）场区及其附近的抽水情况。

（4）地下水位变化对土洞发育和塌陷发生的影响。

滑坡监测应包括下列内容：

（1）滑坡体的位移。

（2）滑面位置及错动。

（3）滑坡裂缝的发生和发展。

（4）滑坡体内外地下水位、流向、泉水流量和滑动带孔隙水压力。

（5）支挡结构及其他工程设施的位移、变形、裂缝的发生和发展。

三、地下水的监测

地下水的动态变化包括水位的季节变化和年变化，人为因素造成的地下水的变化，水中化学成分的运移等。对工程的安全和环境的保护，地下水的监测常常是最关键的因素。因此，对地下水进行监测有重要的实际意义。下列情况应进行地下水监测。

（1）地下水位升降影响岩土稳定时。

（2）地下水位上升产生浮托力对地下室或地下构筑物的防潮、防水或稳定性产生较大影响时。

(3) 施工降水对拟建工程或相邻工程有较大影响时。

(4) 施工或环境改变，造成孔隙水压力、地下水压力变化，对工程设计或施工有较大影响时。

(5) 地下水位的下降造成区域性地面沉降时。

(6) 地下水位升降可能使岩土产生软化、湿陷、胀缩时。

(7) 需要进行污染物运移对环境影响的评价时。

地下水的监测一般可设置专门的地下水位观测孔，或利用水井、地下水天然露头进行。孔隙水压力和地下水压力的监测应特别注意设备的埋设和保护，建立长期良好而稳定的工作状态。水质监测每年不少于4次，原则上可以每季度一次。

第七节 地基土的野外鉴别与描述

一、地基土野外鉴别

在钻探过程中，必须随时做好钻孔记录，这是一项极重要的工作。从钻机定位到终孔为止，记录每一钻的深度，鉴别与描述每一钻取出的土样，进行定名，并立刻写在记录表中，作为绘制地质剖面图的原始依据。

规范要求，野外记录应由经过专业训练的人员来承担，记录应真实及时，按钻进回次逐段填写，严禁事后追忆。

野外鉴别地基土要求快速，又无仪器设备，主要凭感觉和经验。对碎石土和砂土的鉴别方法，利用日常熟悉的食品如绿豆、小米、砂糖、玉米面的颗粒作为标准，进行对比鉴别，详见表1-6。对黏性土和粉土的鉴别方法，根据手搓滑腻感或砂粒感等感觉，加以区分和鉴别，详见表1-7。新近沉积黏性土的野外鉴别方法见表1-8。

表1-6　　碎石土和砂土的鉴别

土类	土名（鉴别方法）	观察颗粒粗细	干土状态	湿土状态	湿润时用手拍击
碎石土	卵石（碎石）	一半以上（重量）颗粒接近或超过干枣大小（约20mm）	完全分散	无黏着感	表面无变化
	圆砾（角砾）	一半以上颗粒接近或超过绿豆大小（约2mm）	同上	同上	同上
砂土	砾砂	四分之一以上颗粒接近或超过绿豆大小	同上	同上	同上
	粗砂	一半以上颗粒接近或超过小米粒大小	同上	同上	同上
	中砂	一半以上颗粒接近或超过砂糖	基本分散	同上	表面偶有水印
	细砂	颗粒粗细类似粗玉米面	同上	偶有轻微黏着感	接近饱和时，表面有水印
	粉砂	颗粒粗细类似细白糖	颗粒部分分散，部分轻微胶结	同上	接近饱和时，表面翻浆

表 1-7 **黏性土和粉土的野外鉴别**

土名 \ 鉴别方法	干土状态	手搓时感觉	湿土状态	湿土手搓感觉	小刀切削湿土
黏土	坚硬、用锤才能打碎	极细的均质土块	可塑，滑腻，黏着性大	易搓成 $D<0.5$mm 长条，易滚成小土球	切面光滑不见砂粒
粉质黏土	手压土块可碎散	无均质感，有颗粒感	可塑，略滑腻，有黏性	能搓成 $D\approx1$mm 土条，能滚成小土球	切面平整感有砂粒
粉土	手压土块散成粉末	土质不均可见砂粒	稍可塑，不滑腻，黏性弱	难搓成 $D<2$mm 细条，滚成土球易裂	切面粗糙

表 1-8 **新近沉积黏性土的野外鉴别**

沉积环境	颜　色	结构性	含有物
河滩及部分山前洪冲积扇的表层，古河道及已填塞的湖塘沟谷及河道泛滥处	深而暗，呈褐色、暗黄或灰色，含有机质较多时呈黑色	结构性能差，用手扰动原状土样，显然变软，粉性土有振动液化现象	无自身形成的粒状结核体，但可含有一定磨圆度的外来钙质结核及贝壳等。在城镇附近可能含有少量碎砖、瓦片等人类活动的遗物

二、土的野外描述

钻探法的钻孔记录中，除了记录钻孔的孔口高程、鉴定各土层的名称和埋藏深度以及初见水位和稳定水位以外，还需要对每一土层进行详细描述，作为评价各土层工程性质好坏的重要依据，描述的内容如下：

1. 颜色

土的颜色取决于组成该土的矿物成分和含有的其他成分，描述时从色在前，主色在后。例如：黄褐色，以褐色为主，带黄色；若土中含氧化铁，则土呈红色或棕色；土中含有大量有机质，则土呈黑色，表明此土层不良；土中含较多的碳酸钙、高岭土，则土呈白色。

2. 密度

土层的密度是鉴定土质优劣的重要方面。在野外描述时可根据钻进的速度和难易来判别土的密实程度。同时可在钻头提起后，在钻侧面窗口部位用刀切出一个新鲜面来观察，并用大拇指加压的感觉来判定松密。在钻孔记录表上注明每一层土属于密实、中密或稍密状态。碎石土密实度野外鉴别按表 1-9 来判别。

表 1-9 **碎石土密实度野外鉴别方法**

密实度	骨架颗粒含量和排列	可挖性	可钻性
密实	骨架颗粒含量大于总质量的 70%，呈交错排列，连续接触	锹镐挖掘困难，用撬棍方能松动；井壁一般较稳定	钻进极困难；冲击钻探时，钻杆、吊锤跳动剧烈；孔壁较稳定
中密	骨架颗粒含量等于总质量的 60%～70%，呈交错排列，大部分接触	锹镐可挖掘；井壁有掉块现象，从井壁取出大颗粒处，保持凹面形状	钻进较困难；冲击钻探时，钻杆、吊锤跳动不剧烈；孔壁有坍塌现象
稍密	骨架颗粒含量等于总重的 55%～60%，排列混乱，大部分不接触	锹可以挖掘，井壁易坍塌，从井壁取出大颗粒后，砂土立即坍落	钻进较容易，冲击钻探时，钻杆稍有跳动，孔壁易坍塌

续表

密实度	骨架颗粒含量和排列	可挖性	可钻性
松散	骨架颗粒含量小于总重的55%，排列十分混乱，绝大部分不接触	锹易挖掘，井壁极易坍塌	钻进很容易，冲击钻探时，钻杆无跳动，孔壁极易坍塌

注 碎石土的密实度应按表列各项要求综合确定。

3. 湿度

土的湿度分为干的、稍湿的、湿的与饱和的4种。通常如地下水位埋藏深，在旱季地表土层往往是干的；接近地下水位的黏性土或粉土因毛细水上升，往往是湿的；在地下水位以下，一般是饱和的。具体鉴别按表1-10进行。

表1-10 土湿度的野外鉴别

土的湿度	鉴别方法
稍湿的	经过扰动的土，不易捏成团，易碎成粉末。放在手中不湿手，但感觉冷而且觉得是湿土
湿的	经过扰动的土，能捏成各种形状。放在手中会湿手，在土面上滴水能慢慢渗入土中
饱和的	滴水不能渗入土中，可看到孔隙中的水发亮

4. 黏性土的稠度

黏性土的稠度是决定该土工程性质好坏的一个重要指标，分为坚硬、硬塑、可塑、软塑、流塑5种。描述方法可根据表1-11来进行。如有轻型圆锥动力触探值，可参用图1-12鉴定。

表1-11 黏性土的稠度的野外鉴别

土的稠度	鉴别特征
坚硬	手钻很费力，难以钻进，钻头取出土样用手捏不动，加力土不变形，只能碎裂
硬塑	手钻较费力，钻头取出土样用手捏时，要用较大的力土才略有变形，并即碎散
可塑	钻头取出的土样，手指用力不大就能按入土中，土可捏成各种形状
软塑	钻头取出的土样还能成形，手指按入土中毫不费力，土可捏成各种形状
流塑	钻进很容易，钻头不易取出土样，取出的土已不能成形，放在手中不易成块

图1-12 轻型圆锥动力触探与稠度的关系

5. 含有物

土中含有非本层土成分的其他物质称为含有物，例如：碎砖、炉碴、植物根、有机物、贝壳、氧化铁等。有些地区粉质黏土或粉土中含坚硬的姜石，海滨或古池塘往往含贝壳。记录表中应注明含有物的大小和数量。

6. 其他

碎石土与砂土应描述级配、砾石含量、最大粒径、主要矿物成分。黏性土应描述断面形状、孔隙大小、粗糙程度、是否有层理等。土中若有特殊气味，如海滨有鱼腥味等，亦应加以注明。临近设施对土质的影响，如管道漏水则使黏性土稠度变软、地下水位抬高。

第八节 室内土工试验岩土参数的分析与选取

为使试验资料可靠和适用，应进行正确的数据分析和整理。整理时对试验资料中明显不合理的数据，应通过研究，分析原因（试样是否具有代表性、试验过程中是否出现异常情况等）；有条件时，进行一定的补充试验后，可决定对可疑数据的取舍或改正。

取舍试验数据时，应根据误差分析或概率的概念，按三倍标准差（即$\pm 3s$）作为舍弃标准，即在资料分析中应舍弃那些在$\overline{x}\pm 3s$（$\overline{x}$为算术平均值）范围以外的测定值，然后重新计算整理。

土工试验测得的土性指标，可按其在工程设计中的实际作用分为一般特性指标和主要计算指标。前者如土的天然密度、天然含水量、土粒比重、颗粒组成、液限、塑限、有机质、水溶盐等，是指作为对土分类定名和阐述其物理化学特性的土性指标；后者如土的黏聚力、内摩擦角、压缩系数、压缩模量、渗透系数等，是指在设计计算中直接用以确定土体的强度、变形和稳定性等力学性质土性指标。

一、一般特性指标的成果整理

对一般特性指标的成果整理，通常可用多次测定，每层土不应少于6组，计算x_i的算术平均值$\overline{x}$，并计算出相应的标准差s和变异系数c_v，以反映实际测定值对算术平均值的变化程度，从而判别其采用算术平均值的可靠性。

（1）算术平均值$\overline{x}$按下式计算

$$\overline{x}=\frac{1}{n}\sum_{i=1}^{n}x_i \tag{1-14}$$

式中 $\sum_{i=1}^{n}x_i$——指标测定值的总和；

n——指标测定的总次数。

（2）标准差s按下式计算

$$s=\sqrt{\frac{1}{n-1}\sum_{i=1}^{n}(x_i-\overline{x})^2} \tag{1-15}$$

（3）变异系数c_v按下式计算，并按表1-12评价变异系数。

$$c_v=\frac{s}{\overline{x}} \tag{1-16}$$

表1-12 变异系数评价

变异系数	$c_v<0.1$	$0.1\leqslant c_v<0.2$	$0.2\leqslant c_v<0.3$	$0.3\leqslant c_v<0.4$	$\geqslant 0.4$
变异性	很小	小	中等	大	很大

二、主要计算指标的成果整理

对于主要计算指标的成果整理，如果测定的组数较多，此时指标的最佳值接近于诸测值的算术平均值，仍可按一般特性指标的方法确定其设计计算值，即采用算术平均值。但通常由于试验的数据较少，考虑到测定误差、土体本身不均匀性和施工质量的影响等，为安全考虑，对初步设计和次要建筑物宜采用标准差平均值，即对算术平均值加（或减）一个标准差的绝对值（$\overline{x}\pm|s|$）。

对不同应力条件下测得的某种指标（如抗剪强度）应经过综合整理求解取值。在有些情况下，尚需求出不同土体单元综合使用时的计算指标。这种综合性的土性指标，一般采用图解法或最小二乘方分析法确定。

（1）图解法：将不同应力条件下测得的指标值（如抗剪强度）求得算术平均值，然后以不同应力为横坐标，指标平均值为纵坐标作图，并求得关系曲线，确定其参数（如土的黏聚力和内摩擦角）。

（2）最小二乘方分析法：根据各测定值同关系曲线的偏差的平方和为最小的原理求取参数值。

（3）当设计计算几个土体单元土性参数的综合值时，可按土体单元在设计计算中的实际影响，采用加权平均值，即

$$\overline{x}=\frac{\sum\omega_i x_i}{\sum\omega_i} \tag{1-17}$$

式中 x_i——不同土体单元的计算指标；

ω_i——不同土体单元的对应权。

三、试验报告的编写和审核

试验报告的编写和审核应符合以下要求：

（1）试验报告所提供的数据应包括建筑物的设计和施工所要的全部土性指标。

（2）试验报告的内容应包括：试验方案的简要说明（工程概况，所需解决的问题以及由此对试样的采制，试验项目和试验条件提出的要求），试验数据和基本结论。

（3）试验报告中一律采用国家颁布的法定计量单位。

（4）试验报告应按以下方面审查：

1）检查试验项目是否齐全。

2）检查试验项目是否按照《土工试验方法标准》（GB/T 50123—1999）进行。

3）综合分析检查各指标间的关系是否合理。

4）对需要进行数据统计分析的试验报告应检查选用的方法是否合理，结果是否正确。

5）检查土的定义是否与相关规范标准相符。

第九节 岩土工程勘察报告

当现场勘察工作（如调查、勘探、测试等）和室内试验完成后，应对各种原始资料进行整理、检查、分析、鉴定，然后编制成工程地质勘察报告书，提供给设计和施工单位。

一、岩土工程勘察报告的基本内容

1. 文字部分

工程地质勘察报告的内容，应根据任务要求、勘察阶段、地质条件、工程特点等具体情况确定，并应包括下列内容：

（1）勘察目的、任务要求和依据的技术标准。

（2）拟建工程概况。

（3）勘察方法和勘察工作布置。

（4）场地地形、地貌、地层、地质构造、岩土性质及其均匀性。

（5）各种岩土性质指标、强度参数、变形参数、地基承载力的试验值及建议值。

(6) 地下水埋藏情况、类型、水位及其变化。

(7) 土和水对建筑材料的腐蚀性。

(8) 可能影响工程稳定的不良地质作用的描述和对工程危害的评价。

(9) 场地稳定性和适宜性的评价。

(10) 利用、整治和改造的方案进行分析论证，提出建议。

(11) 对工程施工和使用期间可能发生的岩土工程问题进行预测，提出监控和预防措施的建议。

(12) 提出对岩土的利用、整治和改造的建议，宜进行不同方案的技术经济论证，并提出对设计、施工和现场检测要求的建议。

任务需要时，可提交下列专题报告：

(1) 岩土工程测试报告。

(2) 岩土工程检验或监测报告。

(3) 岩土工程事故调查与分析报告。

(4) 岩土利用、整治或改造方案报告。

(5) 专门岩土工程问题的技术咨询报告。

勘察报告的文字、术语、代号、符号、数字、计量单位、标点，均应符合国家有关标准的规定。

对丙级岩土工程勘察报告可适当简化，采用以图表为主，辅以必要的文字说明；对甲级岩土工程勘察报告除应符合上述要求外，尚可对专门性的岩土工程问题提交专门的试验报告、研究报告或监测报告。

2. 图表部分

勘察成果表及常用所附图件有：勘探点平面布置图、工程地质柱状图、工程地质剖面图、原位测试成果图、室内试验成果图表。当需要时，可附综合工程地质图、综合地质柱状图、地下水等水位线图、素描、照片、综合分析图以及岩土利用、整治和改造方案的有关图表、岩土工程计算简图及计算成果图表等。

以下简述常用图表的编制方法：

(1) 勘探点平面布置图（图 1-13）勘探点平面布置图是在建筑场地地形图上，把建筑物的位置、各类勘探及测试点的位置、编号用不同的图例表示出来，并注明各勘探、测试点的标高、深度、剖面线及其编号等。

(2) 钻孔柱状图（图 1-14）钻孔柱状图是根据钻孔的现场记录整理出来的。记录中除注明钻进的工具、方法和具体事项外，其主要内容是关于地基土层的分布（层面深度、分层厚度）和地层的名称及特征的描述。绘制柱状图时，应从上而下对地层进行编号和描述，并用一定比例尺、图例和符号表示。在柱状图中还应标出取土深度、地下水位高度等资料。

(3) 工程地质剖面图（图 1-15）柱状图只反映场地一般勘探点处地层的竖向分布情况，工程地质剖面图则反映某一勘探线上地层沿竖向和水平向的分布情况。由于勘探点的布置常与主要地貌单元或地质构造轴线垂直，或与建筑物的轴线相一致，所以工程地质剖面图能最有效地标示场地工程地质条件。

工程地质剖面图绘制时，首先将勘探线的地形剖面线画出，标出勘探线上各钻孔中的地层层面，然后在钻孔的两侧分别标出层面的高程和深度，再将相邻钻孔中相同土层分界点以直线相连。当某地层在邻近钻孔中缺失时，该层可假定于相邻两孔间尖灭。剖面图中垂直距离和水平距离可采用不同的比例尺。

在柱状图和剖面图上也可以同时附上土的主要物理力学性质指标及某些试验曲线，如静力触探、动力触探或标准贯入试验曲线等。

二、岩土勘察报告的阅读与使用

工程勘察报告是工程勘察阶段工作的成果，是基本建设的重要技术文件，为后续工作提供有关工程场地的工程地质条件的资料，可供城市规划、工程选址可行性研究、工程设计和施工阶段方案确定、设计计算、技术措施采取的依据，充分利用工程勘察报告所提供的信息，了解工程场地的工程地质、水文地质特点，获得岩土工程性质的各种技术参数，对场地利用的适宜性和可能产生的问题作出分析判断，这样才能做好规划、建筑设计、结构设计、施工组织设计和信息化施工的管理工作。

岩土勘察报告常由三部分组成：

（1）岩土工程资料。包括室内试验、野外勘探工作的方法和工作量；

（2）岩土工程资料的评价。应评价岩土参数的变异性、可靠性和适用性。对不同测试手段所得的成果应进行比较分析，应指出不合格的、不相关的、不充分的或不准确的数据，凡有矛盾的测试结果均应仔细分析，以便确定是错误的还是反映真实情况的。

（3）结论和建议。包括对岩土工程主要问题的评述；地层变化情况以及岩土工程参数的选择；最简便和最经济的基础方案的建议；对施工时预期可能出现的问题的预防或解决措施的建议。

三、岩土勘察报告实例

1. 工程概况

×公司拟在×市×区修建滨江综合大市场，拟建层数为2～5层，1层为商铺，2～5层为商住楼，采用砖混结构。占地100亩，总建筑面积11万m^2，共34栋。受建设方委托对拟建场地进行岩土工程勘察。

本次勘察的任务主要是查明场地地形地貌、地层结构、岩土性质、地下水情况，以及场地内有无土洞、塌陷等不良地质现象；对场地的稳定性和适宜性作出评价；推荐适宜的持力层和基础方案。

2. 勘察工作量及依据

本次勘察于2003年8月21日组织人员进入场地，并着手野外工作，至2003年9月1日野外工作结束。勘察时运用的设备：一台SH-30型钻机、一台GY-50型钻机、一台静力触探仪及一台轻便动力触探仪。完成工作量如下：

（1）完成勘探孔133个，总进尺419.20m。

（2）取原状土样6件，并在室内进行了常规物理力学试验。

（3）作标准贯入试验25次，重型动力触探试验44次，轻型动探试验4次。

（4）取地下水样两件，并对地下水水质进行了监测，对场地内地下水情况进行了简易观测。

（5）用水准仪对孔口高程进行了测量。

（6）对所获资料进行了分析计算，编写了岩土工程勘察报告。

勘察依据包括：勘察合同、《岩土工程勘察规范》（GB 50021—2001）、《建筑地基基础设计规范》（GB 50007—2011）、《建筑桩基技术规范》（JGJ 94—2008）、《土工试验方法标准》（GB/T 50123—1999）。

3. 岩土工程地质及水文地质特征

（1）场地位置及地形地貌。拟建场地位于×市×区荔江河畔，南临滨江大道，北临宝塔二号转盘，原地势低洼，现经人工堆填，已基本整平，场地地形开阔。

（2）地层。在勘探深度范围内，场地上覆第四系地层依次为杂填土、耕土、粉质黏土、细砂及卵石层，下伏基岩为白云质灰岩。现将各地层自上而下分述如下：

杂填土①：黄褐色，湿，上部约 0.50m 厚推填时反复碾压较紧密，下部松散，以砂、砾石为主，土质不均匀堆填时间不足半年，未固结，属新填土。厚 3.80～0.30m。

耕土②：灰色，湿，含粉细砂及有机质，厚 0.5～0.20m，场地内均匀分布。

粉质黏土③：黄色，很湿至饱和，可塑，局部硬塑，具中等偏低压缩性，含粉细砂，且其含量沿纵向自上而下逐渐增大。在本土层中做标准贯入试验 21 次，实测击数 6～12 击，平均值 7.8 击，标准差 1.7 击，标准值 5 击；静力触探试验比贯入阻力 1.40～2.50MPa；从土工试验结果看，土层具较低含水量（17.0%～20.1%）、低孔隙比（0.52～0.61）等特性。土层厚度 4.80～0.40m，主要分布在场地北侧。

细砂④：灰色，很湿至饱和，稍密，夹黏粒，局部夹少量卵石。土层厚 6.90～0.30m，无论在横向上，还是在纵向上，土层分布都很不均匀，且分布呈现出无规律性。

卵石⑤：灰色，饱和，中密至密实，顶部稍密。因场地内该地层中卵石含量高，且含漂石，冲击很困难，故在场地内布置了 12 个探井，以揭示土层结构、性质及厚度情况。通过对所挖探井的土层鉴别，场地内卵石层中卵石及漂石总含量 70%～90%，其中漂石含量 10%～20%，局部高达 50%左右，漂石最大直径 40～60cm。骨粒大部分交错排列，连续接触，少量砂砾充填。骨粒成分以灰岩、石灰岩等组成，磨圆度好，分选性较好，局部较差。在本土层做重型动力触探试验 43 次，实测锤击数大都在 20～36 击，部分因试验部位在土层顶部，锤击数 8～19 击。层顶埋深 5.80～1.0m，层顶高程 101.93～97.55m。

第③层粉质黏土至第⑤层卵石层属第四系全新统冲积（Q_4^{al}）。

基岩⑥：灰白色白云质灰岩，粗晶质结构，块状结构，中等风化。属较硬岩石，层顶高程 98.43～97.55m。

（3）地下水简述。场地内地下水主要为细砂层及卵石层中的孔隙水，与南侧的荔江存在水系联系，受季节性影响大。本次勘察取两件地下水样，根据分析结果，地下水质对混凝土无腐蚀性。稳定水位高程在 101.53～99.24m。

4. 地层承载力特征值

杂填土①、耕土②：因土质不均匀，承载力低，不能用作持力层，故不提承载力特征值。

粉质黏土③：由标贯试验统计结果 $N_k=5$ 击，承载力特征值 145kPa；由静探试验值，提供承载力特征值 200kPa；由土工试验 c、φ 值计算得地层承载力特征值 230kPa；综合确定地层承载力特征值 160～200kPa。

细砂④：由土层密实度确定地层承载力特征值为 120kPa。

卵石⑤：根据动力触探试验结果，并结合野外对土质的鉴别，提供地层承载力特征值为 500～700kPa。

5. 地基评价与建议

(1) 通过勘察，未发现土洞、塌陷等不良地质现象，属稳定场地，可修建该综合楼。

(2) 杂填土、耕土层不能做持力层；细砂层厚度很不均匀，仅局部分布，不宜作持力层；粉质黏土、卵石及基岩均可作持力层。

(3) 持力层及基础类型（建议）见表1-13。

表1-13 持力层及基础类型

拟建楼编号	建筑物层数	可供选择的持力层及基础形式	备注
(1)	5	粉质黏土或卵石，浅基础	粉质黏土 f_{ak}按170kPa考虑
(2)	5	卵石，挖孔桩	
(3)(4)(5)(6)	5	粉质黏土或卵石，浅基础或挖孔桩	粉质黏土 f_{ak}按180kPa考虑，采用挖孔桩时以卵石作持力层
(7)(8)(9)	5	粉质黏土或卵石，浅基础或挖孔桩	粉质黏土 f_{ak}按170kPa考虑，其中卵石层可采用两种基础形式
(11)	5	粉质黏土或卵石，浅基础	粉质黏土 f_{ak}按180kPa考虑，若以粉质黏土作为持力层，因较薄，应局部处理
(12)	5	粉质黏土或卵石，浅基础或挖孔桩	粉质黏土 f_{ak}按160kPa考虑，若以卵石作为持力层，基础形式为挖孔桩
(13)	5	卵石，挖孔桩	卵石层不宜挖除太多
(10)	5	卵石（局部基岩），浅基础或挖孔桩	
(17)(18)	4	粉质黏土或卵石，浅基础或挖孔桩	粉质黏土 f_{ak}按180kPa考虑，其中卵石层可采用两种基础形式
(14)～(16) (19)～(34)	2～5	卵石，浅基础或挖孔桩	

采用挖孔桩基础时，桩的有关指标值如下：

桩的极限端阻力标准值：2000kPa（卵石）

5000kPa（基岩）

桩的极限侧阻力标准值：f_1、f_2 忽略不计，f_3 取45kPa，f_4 取35kPa，f_5 取90kPa。

(4) 若以粉质黏土作持力层，因粉质黏土含砂量较大，易扰动，且扰动后承载力显著下降，因此，基础施工时应尽量减少扰动。

6. 附表、附图

附表1：勘探点主要数据一览表（略）；包括勘探点编号、类型、坐标位置、高程、孔深、地下水稳定水位深度和高程；

附表2：土的基本性质试验成果总表（略）；

附表3：标贯试验成果表（略）；

附表4：重型动力触探试验成果表（略）；

附表5：水分分析报告单（略）；

附图1：勘探点平面位置图（如图1-13所示）；

附图2：工程地质剖面图（如图1-14所示）；

附图3：综合柱状图（如图1-15、图1-16所示）。

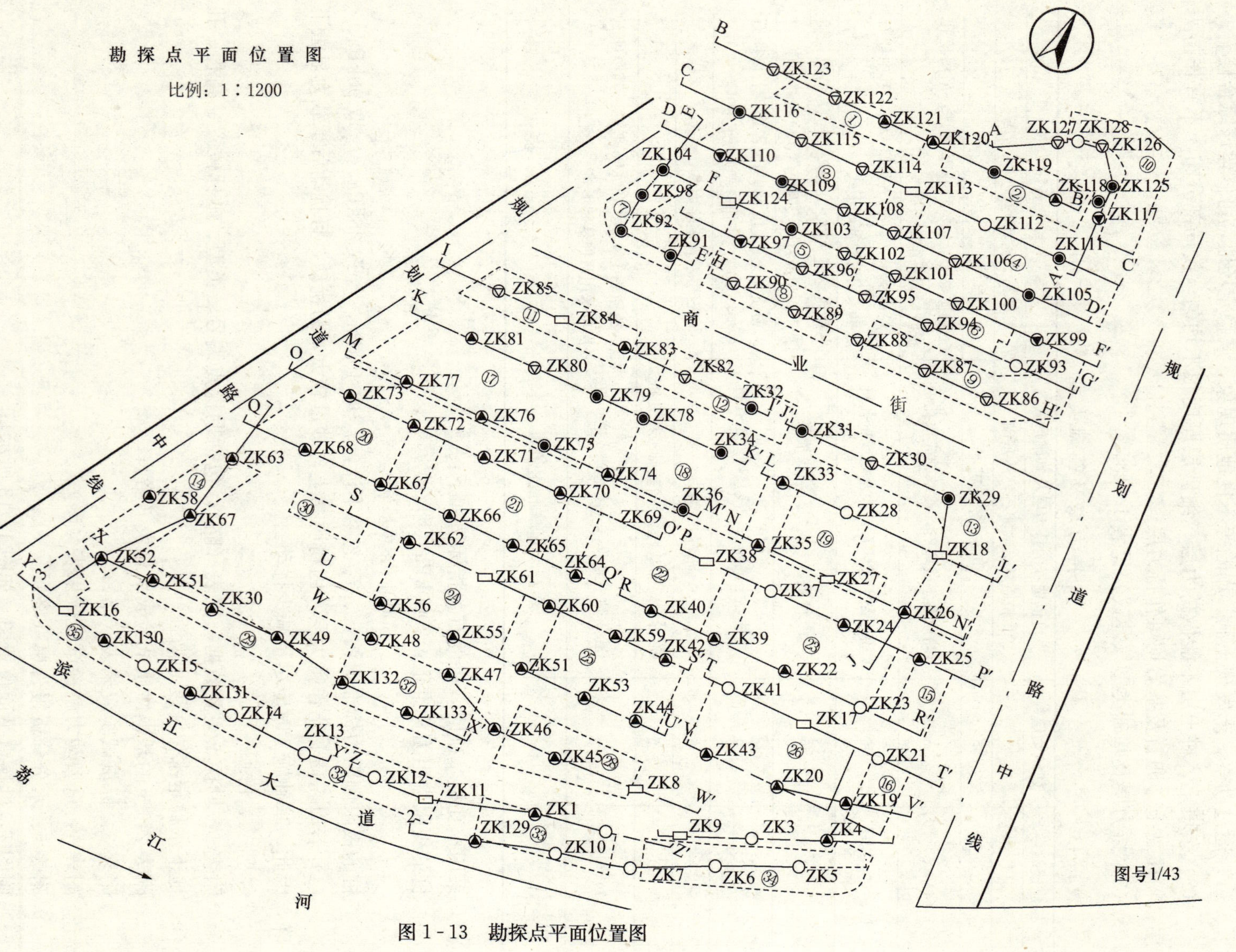

图 1-13 勘探点平面位置图

工程地质剖面图F-F′

比例尺：横：1∶450 纵：1∶50

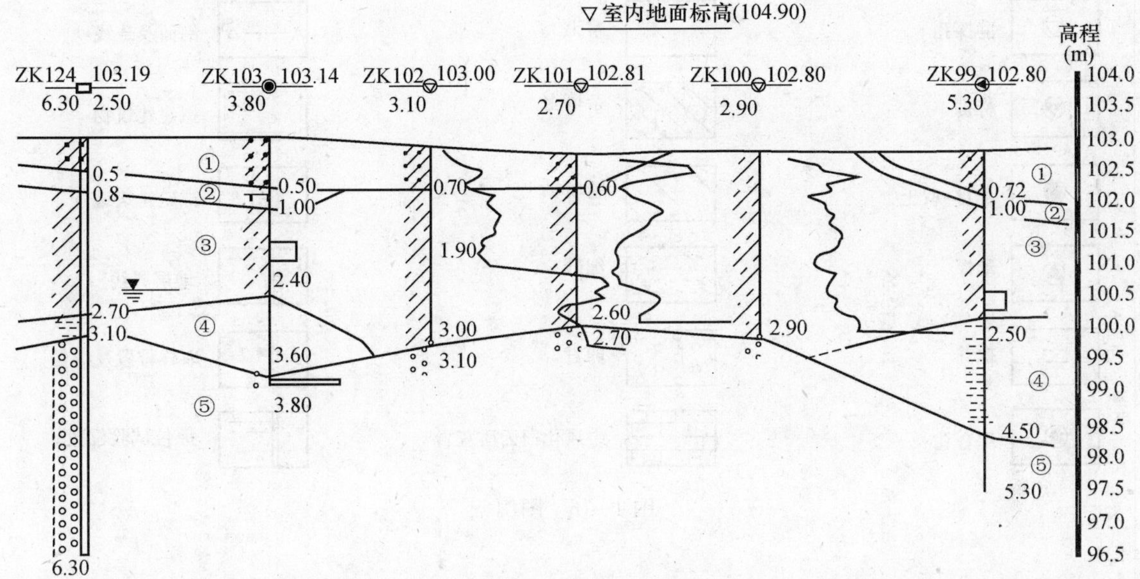

图 1-14 工程地质剖面图

工程名称	某综合大市场			工程编号	2003-54	钻孔编号	2K84	孔口高程(m)	103.08
探孔深度(m)	4.80	X坐标(m)	1813.20	Y坐标(m)	810.60	开孔日期		终孔日期	
出始水位(m)		稳定水位(m)		承压水位(m)					
地层编号	地层名称	高程(m)	深度(m)	厚度(m)	柱状图图例 1∶50	地层描述	TCR	RQD	取样编号
①	杂填土	102.68	0.40	0.40		杂填土、黄褐色，以粗砂角砾为主，松散，属新填土，上部约50cm土质较紧密			
②	耕土	102.38	0.70	0.30		耕土，灰色，可塑至软塑，很湿~饱和，夹植物根系及有机质			
③	粉质黏土	101.68	1.40	0.70		粉质黏土：黄色，可塑~硬塑，很湿~饱和具中等压缩性，含粉细砂。属冲积物			
④	细砂	101.38	1.70	0.30		细砂：黄褐色，稍密，饱和，含黏粒，属冲积物			
⑤	卵石	98.28	4.80	3.10		卵石：灰色，中密，饱和，卵石含量85%左右，含少量漂石，漂石最大粒径40cm，砂砾充填，卵石及漂石成分以灰岩，石英岩及石英砂岩为主，磨圆度及分选性好			

图 1-15 综合柱状图

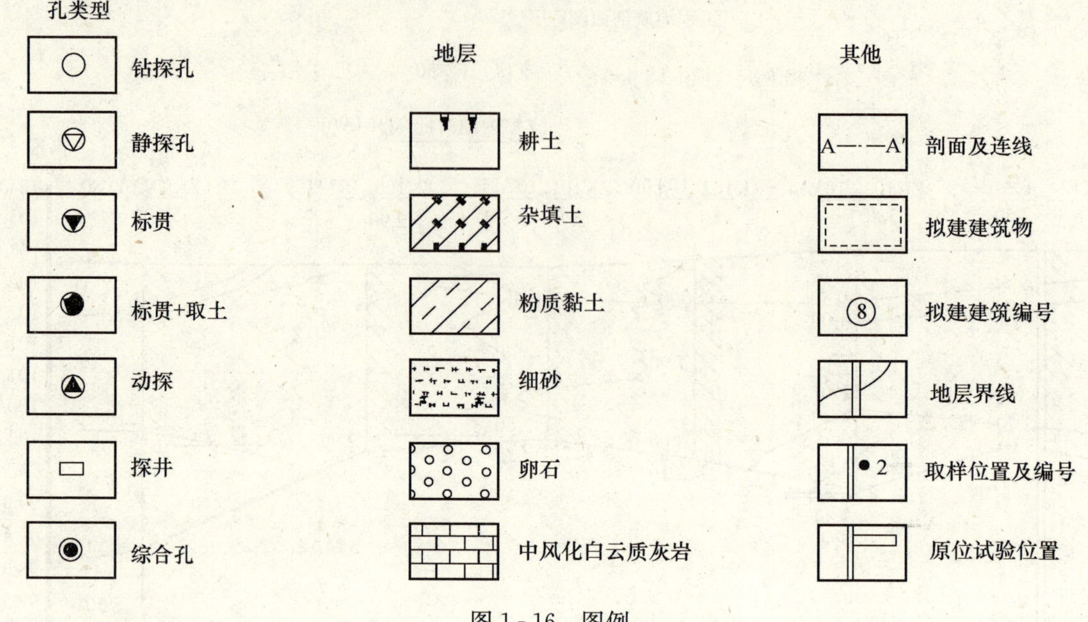

图 1-16 图例

思考题

1-1 简述勘察工作的目的和任务。

1-2 岩土工程勘察的等级是怎样划分的？

1-3 岩土工程勘察分为几个阶段？

1-4 土试样的质量等级是怎样划分的？

1-5 岩土工程中常用的原位测试手段有哪些？能提供哪些参数？

1-6 利用平板载荷试验成果怎样确定地基承载力的特征值？

1-7 动力触探和静力触探有何不同？试说明两种方法的适用条件。标准贯入试验与圆锥动力触探有何不同？

1-8 完成岩土工程勘察成果报告后，为何还要验槽？验槽包括哪些内容？应注意些什么问题？

1-9 什么情况下应进行地下水的监测？

1-10 野外鉴别黏性土用什么方法？如何区分黏土与粉质黏土？如何区分粉土与粉砂？

1-11 岩土工程勘察报告包括哪些内容？

习 题

1-1 某单位计划修建一幢 6 层职工住宅，建筑物长 85m、宽 12m，采用砖混结构，条形基础，复杂场地。试布置钻孔数量、间距、深度和类别。

1-2 某厂职工住宅，东西长 39m，南北宽 10m，高 11.2m，采用天然浅基，条形基础。试设计勘探工作量。

1-3 某高层住宅东西长 30m，南北宽 21m，地上 18 层，地下 2 层，平面大致为矩形。试设计勘探工作量。

1-4 某办公楼东西向长度 50.10m，南北向宽度 14m，总高 15.50m，为 4 层框架结构。按常规在楼房 4 角与长边中点各布置一个钻孔，地基各土层的厚度见表 1-14。绘制工程地质剖面图。

表 1-14 办公楼土层及性质

钻孔编号	1	2	3	4	5	6	e	ω (%)	I_L	N	N_{10}
地面高程（m）	48.62	48.75	48.50	48.80	48.72	48.29					
①杂填土厚（m）	0.30	0.25	0.20	0.30	0.30	0.30					
②粉土厚（m）	0.60	0.80	1.20	0.90	1.00	0.40	0.80	20		7	23
③粉细砂厚（m）	2.50	2.30	1.70	2.10	2.30	2.50	0.69	10.7		13	59
④黏性土厚（m）	2.30	2.10	2.10	2.10	1.60	2.40	0.9	23.3	0.62	7	24
⑤粉质黏土厚（m）	2.70	>1.80	>2.00	>1.90	>2.10	2.70	0.8	23.7	0.75	8	27
⑥粉土厚（m）	>1.50					>1.40	0.7	22		9	34
地下水位（m）	44.78	45.05	44.95	45.10	44.85	44.89					

第二章 天然地基上的浅基础设计原理

第一节 概 述

地基基础设计必须根据建筑物的用途和安全等级、建筑布置和上部结构类型，充分考虑建筑场地和地基岩土条件，结合施工条件以及工期、造价等方面要求，合理选择地基基础方案，因地制宜、精心设计，以保证建筑物的安全和正常使用。

地基基础的设计和计算应该满足下列三项基本原则：

（1）对防止地基土体剪切破坏和丧失稳定性方面，应具有足够的安全度。

（2）应控制地基的特征变形量，使之不超过建筑物的地基特征变形允许值，以免引起基础和上部结构的损坏或影响建筑物的使用功能和外观。

（3）基础的形式、构造和尺寸，除应能适应上部结构、符合使用需要、满足地基承载力（稳定性）和变形要求外，还应满足对基础结构的强度、刚度和耐久性的要求。

如果地基土中有良好的土层，应尽量选该土层作为直接承受基础荷载的持力层，即采用天然地基。一般将天然地基上，埋置深度小于5m的基础及埋置深度虽超过5m但小于基础宽度的基础统称为天然地基上的浅基础。

当天然地基土层较软弱或具有特殊工程性质，如软土、湿陷性黄土、膨胀土等，不适于做天然地基时，可对上部地基土进行加固处理，从而形成人工地基。另外，还可采用桩基础等深基础形式，将荷载向深部土层传递。

在选择地基基础方案时，通常优先考虑天然地基上的浅基础，因为这类基础具有施工简便，用料省，工期短等优点。当这类基础难以适应较差的地基条件或上部结构的荷载、构造及使用要求时，才考虑采用人工地基上的浅基础或深基础。

天然地基上浅基础设计内容与步骤：

（1）根据上部结构形式，荷载大小选择基础的结构形式、材料并进行平面布置。

（2）确定基础的埋置深度。

（3）确定地基承载力特征值。

（4）根据基础顶面荷载值及持力层地基承载力，初步计算基础底面尺寸。

（5）若地基持力层下部存在软弱土层，则需验算软弱下卧层的承载力。

（6）甲级、乙级建筑物及部分丙级建筑物应进行地基变形验算。

（7）基础剖面及结构设计。

（8）绘制施工图。

第（6）步以前如有不满足要求的情况，可对基础设计进行调整，如改变基础埋深、加大基础底面尺寸或改变基础方案，直至满足要求为止。

第二节 浅基础类型

一、无筋扩展基础

无筋扩展基础通常由砖、石、素混凝土、灰土和三合土等材料建成。这些材料都具有较好的抗压性能，但抗拉，抗剪强度却不高，因此，设计时必须保证基础内的拉应力和剪应力不超过材料强度的设计值。通常通过对基础构造的限制来实现这一目标，要求基础的外伸宽度与基础高度的比值，即无筋扩展基础台阶宽高比小于基础的台阶宽高比的允许值（图 2－1）。这样，基础的相对高度都比较大，几乎不发生挠曲变形，所以此类基础常称为刚性基础或刚性扩展（大）基础。基础形式有墙下条形基础和柱下独立基础。

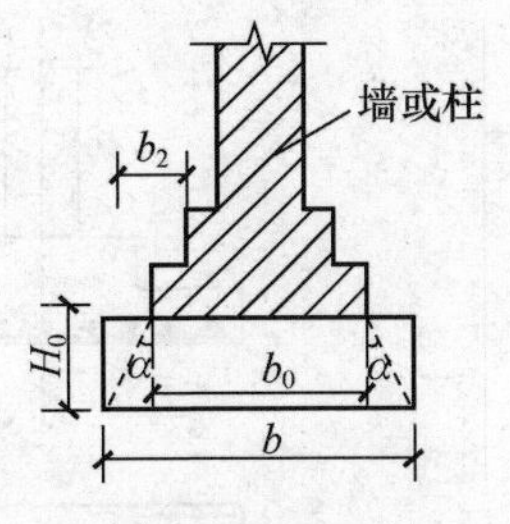

图 2－1　无筋扩展基础构造示意图

无筋扩展基础因材料特性不同而有不同的适用性。用砖、石及素混凝土砌筑的基础一般可用于 6 层及 6 层以下的民用建筑和砌体承重的厂房。在我国华北和西北环境比较干燥的地区，灰土基础广泛用于 5 层及 5 层以下的民用房屋。在南方常用的三合土及四合土（水泥、石灰、砂、骨料按 1∶1∶5∶10 或 1∶1∶6∶12 配比）一般用于不超过 4 层的民用建筑。另外，石材及素混凝土常是中小型桥梁和挡土墙的刚性扩展基础的材料。

二、钢筋混凝土基础

钢筋混凝土基础具有较强的抗弯、抗剪能力，适合于荷载大，且有力矩荷载的情况或地下水位以下的基础，常做成扩展基础，条形基础，筏形基础，箱形基础等形式。由于钢筋混凝土基础有很好的抗弯能力，因此也称为柔性基础。这种基础能发挥钢筋的抗拉性能及混凝土抗压性能，适用范围十分宽广。

根据上部结构特点，荷载大小和地质条件，钢筋混凝土基础可构成如下结构形式。

1. 扩展基础

钢筋混凝土扩展基础一般指钢筋混凝土墙下条形基础和钢筋混凝土柱下独立基础。扩展基础的抗弯和抗剪性能良好，可在竖向荷载较大、地基承载力不高以及承受水平力和力矩荷载等情况下使用。由于这类基础的高度不受台阶宽高比的限制，适宜需要“宽基浅埋”的场合下采有。例如当软土地基表层具有一定厚度的所谓“硬壳层”，并拟采用该层作为持力层时，可考虑采用这类基础形式。墙下条形扩展基础的构造如图 2－2 所示。如地基不均匀，为增强基础的整体性和抗弯能力，可以采用有肋的墙下条形基础［图 2－2（b）］，肋部配置足够的纵向钢筋和箍筋。为避免地基土变形对墙体的影响，或当建筑物较轻，作用在墙上的荷载不大，基础又需要做在较深的持力层上时，作条形基础也不经济，可采用墙下短柱独立基础，将墙体砌筑在基础梁上，如图 2－3 所示。柱下独立基础的构造如图 2－4 所示，图2－4（a）、（b）所示为现浇柱基础，图 2－4（c）所示为预制柱基础。

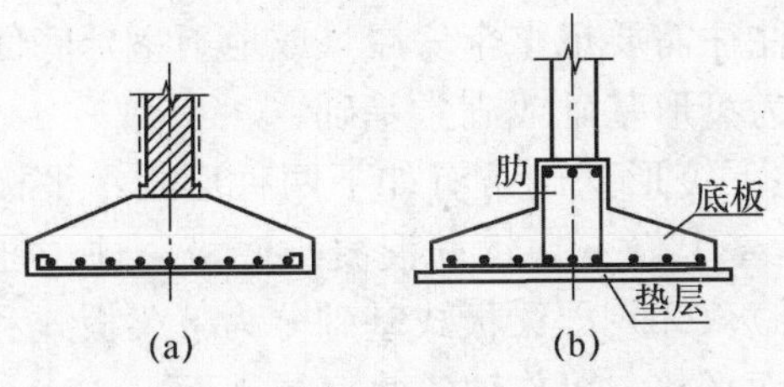

图 2－2　墙下扩展条形基础

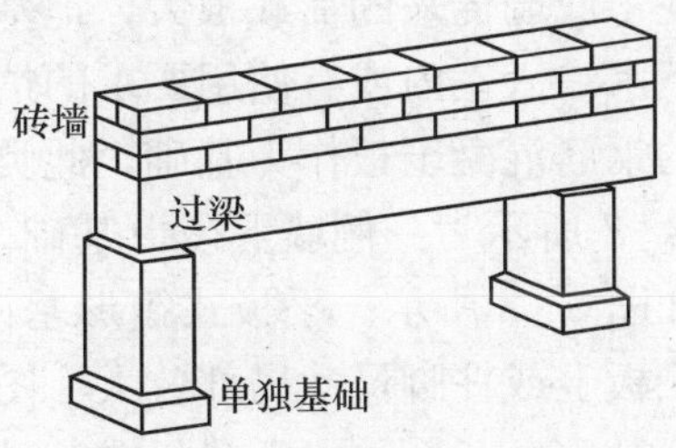

图 2－3　墙下独立基础

2. 柱下条形基础及十字交叉基础

如果柱子的荷载较大而土层的承载力较低，若采用柱下独立基础，基底面积必然较大，在

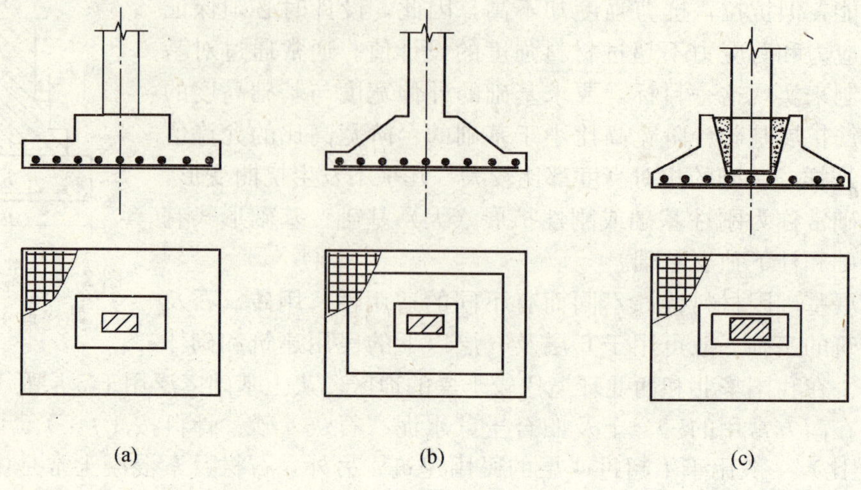

图 2-4 柱下独立基础

这种情况下可采用柱下单向条形基础（图 2-5）。如果单向条形基础的底面积已能满足地基承载力要求，只需减少基础之间的沉降差，则可在另一方向加设联梁，形成联梁式条形基础。

如果柱网下的基础软弱，土的压缩性或柱荷载的分布沿两个柱列方向都很不均匀，一方面需要进一步扩大基础底面积，另一方面又要求基础具有较大的整体刚度以调整不均匀沉降，可沿纵横柱列设置条形基础而形成十字交叉条形基础，如图 2-6 所示。十字交叉条形基础具有较大的整体刚度，在多层厂房、荷载较大的多层及高层框架中常被采用。

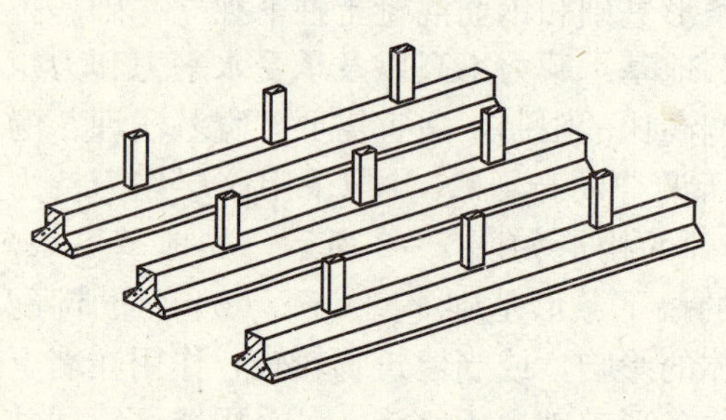

图 2-5 柱下单向条形基础

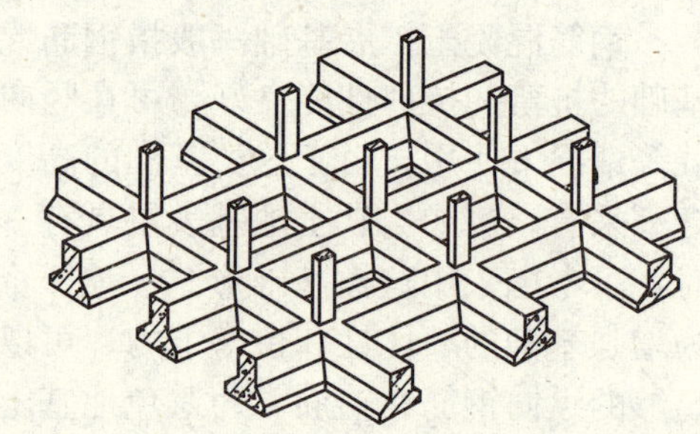

图 2-6 十字交叉条形基础

3. 筏形基础

当柱子或墙传来的荷载很大，地基土较软，或者地下水常年在地下室的地坪以上，为了防止地下水渗入室内或有使用要求的情况下，往往需要把整个房屋（或地下室）底面做成一片连续的钢筋混凝土板作为基础，此类基础称为筏形基础或满堂基础。

图 2-7 所示为一例墙下筏形基础。对于柱下筏形基础常有如下两种形式：平板式和梁板式，如图 2-8 所示。平板式筏形基础是在地基上做一块钢筋混凝土底板，柱子通过柱脚支承在底板上或柱脚尺寸局部放大［图 2-8（a）、（b）］。梁板式基础分为下梁板式和上梁板式［图 2-8（c）、（d）］，下梁板式基础底板顶面平整，可作建筑物底层地面。

筏形基础，特别是梁板式筏形基础整体刚度较大，能很好地调整不均匀沉降。对于有地下室的房屋、高层建筑或本身需要可靠防渗底板的贮液结构物（如水池、油库）等，是理想的基础形式。

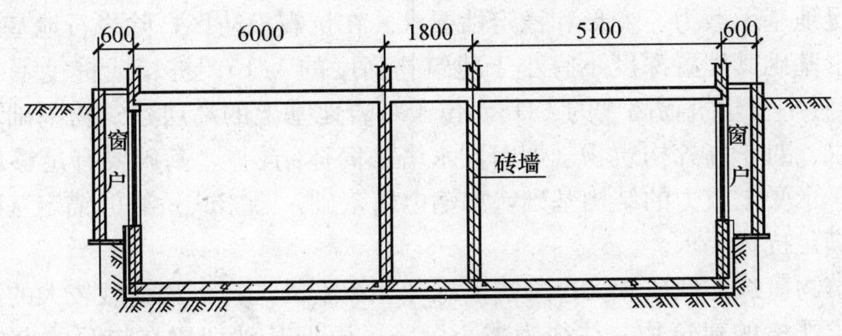

图 2-7　墙下筏形基础

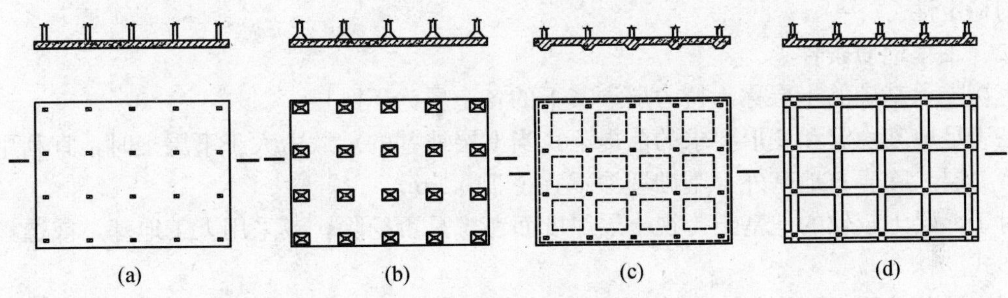

图 2-8　柱下筏形基础

4. 箱形基础

箱形基础是由钢筋混凝土顶板，底板，纵横隔墙构成的，具有一定高度的整体性结构(图 2-9)。箱形基础具有较大的基础底面，较深的埋置深度和中空的结构形式，使开挖卸去的土抵偿了上部结构传来的部分荷载在地基中引起的附加应力（补偿效应），所以，与一般实体基础（扩展基础和柱下条形基础）相比，它能显著减小基础沉降量。

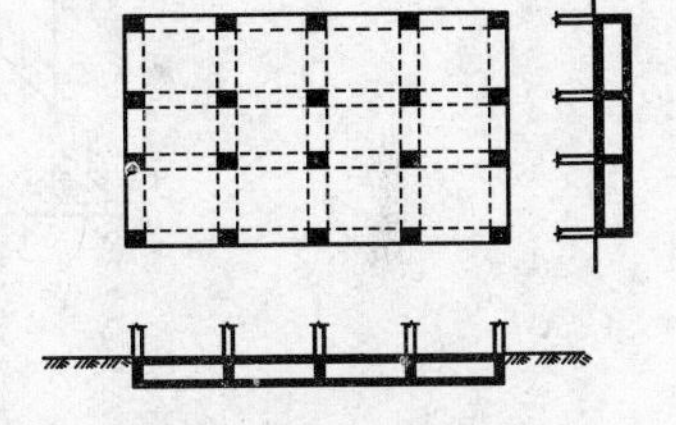

图 2-9　箱形基础

由顶、底板和纵、横墙形成的结构整体性使箱基具有比筏形基础更大的空间刚度，可抵抗地基或荷载分布不均匀引起的差异沉降和架越不太大的地下洞穴。此外，箱基的抗震性能较好。箱基形成的地下室可以提供多种使用功能。冷藏库和高温炉体下的箱基具有隔断热传导的作用，可防地基土的冻胀和干缩；高层建筑的箱基可作为商店、库房、设备层和人防之用。

第三节　基础的埋置深度

基础埋置深度是指基础底面距地面的距离。在满足地基稳定和变形的条件下，基础应尽量浅埋。确定基础埋深时应综合考虑如下因素，但对一单项工程来说，往往只是其中一两个因素起决定作用。

一、与建筑物有关的一些要求

基础埋置深度首先决定于建筑物的用途，有无地下室、设备基础和地下设施，以及基础的形式和构造，因而基础埋深要结合建筑设计标高的要求确定；高层建筑筏形和箱形基础的埋置深度应满足地基承载力、变形和稳定性要求。在抗震设防区，除岩石地基外，天然地基上的箱形和筏形基础其埋置深度不宜小于建筑物高度的1/15；桩箱或桩筏基础的埋置深度（不计桩长）不宜小于建筑物高度的1/18。位于基岩地基上的高层建筑物基础埋置深度，还要满足抗滑要求。对于高耸构筑物（烟囱，水塔，筒体结构），基础要有足够埋深以满足稳定性要求；对于承受上拔力的结构基础，如输电塔基础，悬索式桥梁的锚定基础，也要求有较大的埋深以满足抗拔要求。

另外，建筑物荷载的性质和大小影响基础埋置深度的选择，如荷载较大的高层建筑和对不均匀沉降要求严格的建筑物，往往为减小沉降，而把基础埋置在较深的良好土层上，这样，基础埋置深度相应较大。此外，承受水平荷载较大的基础，应有足够大的埋深，以保证地基的稳定性。

二、工程地质条件

直接支承基础的土层称为持力层，其下的各土层为下卧层。

在满足地基稳定和变形要求的前提下，当上层地基的承载力大于下层土时，宜利用上层土作持力层。除岩石地基外，基础埋深不宜小于0.5m。

对于上层土较软的地基土，视土层厚度而考虑是否挖除，或采用人工地基，或选择其他基础形式。

当土层分布明显不均匀，或建筑物各部分荷载差别较大时，同一建筑物可采用不同的埋深来调整不均匀沉降。对于持力层顶面倾斜的墙下条形基础可做成台阶状，如图2-10所示。

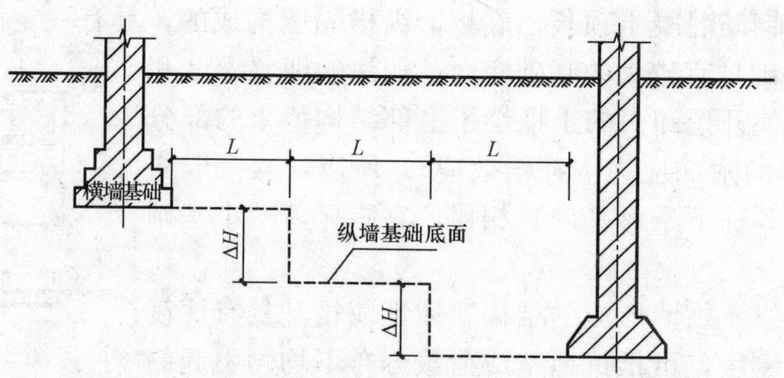

图2-10 埋置深度不同的基础及墙下台阶条形基础

位于稳定土坡坡顶上的建筑，当垂直于坡顶边缘线的基础底面边长小于或等于3m时，其基础底面外边缘线至坡顶的水平距离（图2-11）应符合下式要求，但不得小于2.5m。

条形基础

$$a \geqslant 3.5b - \frac{d}{\tan\beta} \tag{2-1}$$

矩形基础

$$a \geqslant 2.5b - \frac{d}{\tan\beta} \tag{2-2}$$

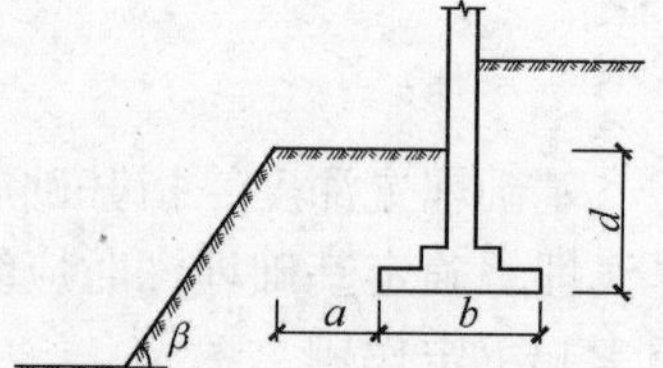

图2-11 基础底面外边缘距坡顶的水平距离示意

式中 a——基础底面外边缘线至坡顶的水平距离，m；

b——垂直于坡顶边缘线的基础底面边长，m；

d——基础埋置深度，m；

β——边坡坡角。

当基础底面外边缘线至坡顶的水平距离不满足式（2-1）、式（2-2）的要求时，根据稳定性验算方法圆弧滑动面法确定基础距坡顶边缘的距离和基础埋深。

当边坡坡角大于45°、坡高大于8m时，还应进行坡体稳定性验算。

三、水文地质条件

有潜水存在时，基础底面应尽量埋置在潜水位以上。若基础底面必须埋置在水位以下时，除应考虑施工时的基坑排水，坑壁围护和地基土扰动等问题，还应考虑地下水对混凝土的腐蚀性，地下水的防渗以及地下水对基础底板的上浮作用。

对埋藏有承压含水层的地基，选择基础埋深时，需防止基底因挖土卸载而隆起开裂（图2-12）。必须控制基坑开挖深度，使承压含水层顶部的静水压力 u 与总覆盖压力 σ 的比值 $u/\sigma<1$，否则应降低地下承压水水头。静水压力 $u=\gamma_w h$，h 为承压含水层顶部压力水头高；总覆盖压力 $\sigma=\gamma_1 z_1+\gamma_2 z_2$，式中 γ_1、γ_2 分别为各土层的重度，水位下取饱和重度。

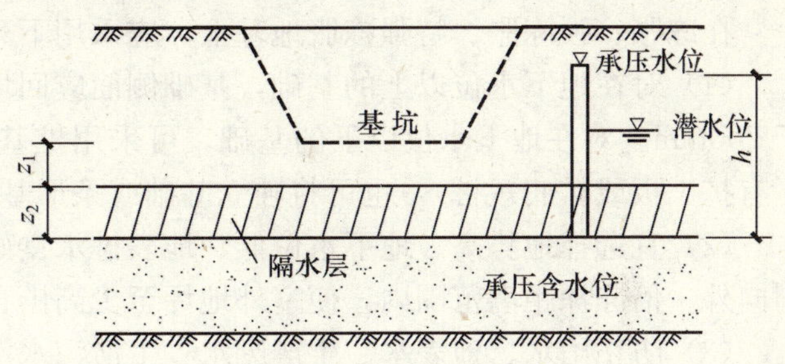

图2-12　基坑下有承压水含水层

四、地基冻融条件

季节性冻土是冬季冻结、天暖解冻的土层。土体中水冻结后发生体积膨胀，而产生冻胀。位于冻胀区的基础在受到大于基底压力的冻胀力作用下会被上抬；而冻土层解冻土体强度降低产生融陷，建筑物随之下沉。冻胀和融陷是不均匀的，往往造成建筑物的开裂损坏。因此为避开冻胀区土层的影响，将基础底面宜设置在冻结线以下。《建筑地基基础设计规范》（GB 50007—2011）规定，基础的最小埋深为

$$d_{min}=z_d-h_{max} \tag{2-3}$$

式中　z_d——设计冻深，m；

h_{max}——基底下允许残留冻土层最大厚度，m，可根据基底压力的大小、基础形状、地基土的冻胀性和采暖情况按规范确定。

季节性冻土地区基础设计冻深由下式确定

$$z_d=z_0\psi_{zs}\psi_{zw}\psi_{ze} \tag{2-4}$$

式中　z_0——标准冻深，采用地表在平坦、裸露、城市之外的空旷场地中不少于10年实测最大冻深的平均值，m；

ψ_{zs}——土的类别对冻深的影响系数，取值见表2-1；

ψ_{zw}——土的冻胀性对冻深的影响系数，取值见表2-2；

ψ_{ze}——环境对冻深的影响系数，取值见表2-3。

表2-1　土的类别对冻深的影响系数

土的类别	黏性土	细砂、粉砂、粉土	中、粗、砾砂	碎石土
影响系数 ψ_{zs}	1.0	1.2	1.3	1.4

表 2-2 土的冻胀性对冻深的影响系数

土的冻胀性	不冻胀	弱冻胀	冻胀	强冻胀	特强冻胀
影响系数 ψ_{zw}	1.00	0.95	0.90	0.85	0.80

表 2-3 环境对冻深的影响系数

周围环境	村、镇、旷野	城市近郊	城市市区
影响系数 ψ_{ze}	1.00	0.95	0.90

在冻胀、强冻胀、特强冻胀地基上，应采用下列防冻害措施：

（1）对在地下水位以上的基础，基础侧面应回填非冻胀性的中砂或粗砂，其厚度不应小于200mm。对在地下水位以下的基础，可采用桩基础，保温性基础，自锚式基础（冻土层下有扩大板或扩底短桩），也可将独立基础或条形基础做成正梯形的斜面基础。

（2）宜选择地势高、地下水位低、地表排水良好的建筑场地。对低洼场地，宜在建筑四周向外一倍冻深距离范围内，使室外地坪至少高出自然地面300～500mm。

（3）防止雨水、地表水、生产废水、生活污水浸入建筑地基，应设置排水设施。在山区应设截水沟或在建筑物下设置暗沟，以排走地表水和潜水流。

（4）在强冻胀性和特强冻胀性地基上，其基础结构应设置钢筋混凝土圈梁和基础梁，并控制上部建筑的长高比，增强房屋的整体刚度。

（5）当独立基础联系梁下或桩基础承台下有冻土时，应在梁或承台下留有相当于该土层冻胀量的空隙，以防止因土的冻胀将梁或承台拱裂。

（6）外门斗、室外台阶和散水坡等部位宜与主体结构断开，散水坡分段不宜超过1.5m，坡度不宜小于3%，其下宜填入非冻胀性材料。

（7）对跨年度施工的建筑，入冬前应对地基采取相应的防护措施；按采暖设计的建筑物，当冬季不能正常采暖，也应对地基采取保温措施。

五、场地环境条件

气候变化或树木生长导致的地基土胀缩、以及其他生物活动有可能危害基础的安全，因而基础底面应到达一定的深度，除岩石地基外，不宜小于0.5m。为了保护基础，一般要求基础顶面低于设计地面至少0.1m。

对靠近原有建筑物基础修建的新基础，其埋深不宜超过原有基础的底面，否则新、旧基础间应保留一定的净距，其值应根据原有基础荷载大小、基础形式和土质情况确定。不能满足上述要求时，应采取分段施工，设临时加固支撑，打板桩，地下连续墙等施工措施，或加固原有建筑物地基，以保证邻近原有建筑物的安全。

如果基础邻近有管道或沟、坑等设施时，基础底面一般应低于这些设施的底面。临水建筑物，为防流水或波浪的冲刷，其基础底面应位于冲刷线以下。

第四节 地基承载力的确定

地基基础设计首先应保证在上部结构荷载作用下，地基土不至于发生剪切破坏而失效。

因而，要求基底压力不大于地基承载力特征值，即基底尺寸应满足地基强度条件。

地基承载力特征值的确定方法可归纳为三类：①根据土的抗剪强度指标以理论公式计算；②按现场载荷试验的 p-s 曲线确定；③其他原位测试。这些方法各有长短，互为补充，可结合起来综合确定。

一、按土的抗剪强度指标以理论公式确定

土力学中介绍的地基临塑荷载 p_{cr}、临界荷载 $p_{1/4}$ 以及极限荷载 p_u 均可用来衡量地基承载力。对于给定的基础，地基从开始出现塑性区到整体破坏，相应的基础荷载有一个相当大的变化范围。实践证明，地基中出现小范围的塑性区对安全并无妨碍，而且相应的荷载与极限荷载 p_u 相比，一般仍有足够的安全度。因此，《建筑地基基础设计规范》（GB 50007—2011）采用以临界荷载 $p_{1/4}$ 为基础的理论公式结合经验给出计算地基承载力特征值的公式为

$$f_a = M_b \gamma b + M_d \gamma_m d + M_c c_k \tag{2-5}$$

式中　f_a——由土的抗剪强度指标确定的地基承载力特征值，kPa；

M_b、M_d、M_c——承载力系数，按表 2-4 确定；

b——基础底面宽度，m；大于 6m 时按 6m 取值，对于砂土，小于 3m 时按 3m 取值；

c_k——基底下一倍宽深度内土的黏聚力标准值，kPa。

表 2-4　承载力系数 M_b、M_d、M_c

土的内摩擦角标准值 φ_k（°）	M_b	M_d	M_c
0	0	1.00	3.14
2	0.03	1.12	3.32
4	0.06	1.25	3.51
6	0.10	1.39	3.71
8	0.14	1.55	3.93
10	0.18	1.73	4.17
12	0.23	1.94	4.42
14	0.29	2.17	4.69
16	0.36	2.43	5.00
18	0.43	2.72	5.31
20	0.51	3.06	5.66
22	0.61	3.44	6.04
24	0.80	3.87	6.45
26	1.10	4.37	6.90
28	1.40	4.93	7.40
30	1.90	5.59	7.95
32	2.60	6.35	8.55
34	3.40	7.21	9.22

续表

土的内摩擦角标准值 φ_k（°）	M_b	M_d	M_c
36	4.20	8.25	9.97
38	5.00	9.44	10.80
40	5.80	10.84	11.73

注 φ_k——基底下一倍短边宽深度内土的内摩擦角标准值。

式中的 f_a 与 $p_{1/4}$ 不同的是，当 $\varphi_k \geqslant 24°$ 时的 M_b 值是从砂土静载荷试验资料中取定的经验数值，它比理论值大得多，以便合理发挥砂土的承载力。此外，$p_{1/4}$ 计算公式是按均布条形荷载推导得出的，所以《建筑地基基础设计规范》（GB 50007—2011）规定，采用式（2-5）确定地基承载力设计值时，要求基础偏心距 $e \leqslant b/30$，式中 b 为偏心方向基础边长。

二、按载荷试验确定地基的承载力

测定地基承载力最可靠的方法是在拟建场地进行载荷试验。载荷试验是工程地质勘察工作中的一项原位测试，分为浅层和深层平板载荷试验。深层平板载荷试验适用于深部土层及大直径桩桩端土层的承载力测定。浅层平板载荷试验可适用于确定浅层地基承压板影响范围内土层承载力。

载荷试验测试的岩土力学性质，包括地基变形模量、地基承载力以及黄土的湿陷性等。试验装置一般由加荷稳压装置、反力装置及观测装置三部分组成。加荷稳压装置包括承压板、立柱、加荷千斤顶及稳压器；反力装置包括地锚系统或堆重系统；观测装置包括百分表及固定支架等。

现行《建筑地基基础设计规范》（GB 50007—2011）规定承压板的面积宜为 0.25～0.5m^2，对软土不应小于 0.5m^2（正方形边长 0.707m×0.707m 或圆形直径 0.798m）。为模拟半空间地基表面的局部荷载，基坑宽度不应小于承压板宽度或直径的三倍；应保持试验土层的原状结构和天然湿度；宜在拟试压表面用粗砂或中砂找平，其厚度不超过 20mm；加荷等级不应少于 8 级，最大加载量不应少于荷载设计值的两倍。

载荷试验的观测标准：

（1）每级加荷后，按间隔 10、10、10、15、15min，以后为每隔半小时读一次沉降，当在连续两小时内，每小时的沉降量小于 0.1mm 时，则认为已趋稳定，可加下一级荷载。

（2）当出现下列情况之一时，即可终止加载：①承压板的周围的土有明显的侧向挤出（砂土）或发生裂纹（黏性土或粉土）；②沉降 s 急骤增大，荷载—沉降（p-s）曲线出现陡降段；③在某一荷载下，24h 内沉降速率不能达到稳定标准；④$s/b \geqslant 0.06$（b 为承压板宽度或直径）。满足终止加载前三种情况之一者，其对应的前一级荷载定为极限荷载。

根据各级荷载及其相应的稳定沉降的观测数值，即可采用适当比例尺绘制荷载 p 与稳定沉降 s 的关系曲线（p-s 曲线），必要时还可绘制各级荷载下的沉降与时间（s-t）的关系曲线，由 p-s 曲线可确定承载力特征值。

对于密实砂土、硬塑黏土等低压缩性土，其 p-s 曲线通常有比较明显的起始直线段和陡降段，即可得到极限荷载，如图 2-13（a）所示。考虑到低压缩性土的承载力特征值一般由强度安全控制，故《建筑地基基础设计规范》（GB 50007—2011）规定取图中的 p_1（比例界限荷载）作为承载力特征值。此时，地基的沉降量很小，但是对于少数呈“脆性”破坏的土，p_1 与极限荷载 p_u 很接近，当 $p_u < 2p_1$ 时，取 $p_u/2$ 作为承载力特征值。

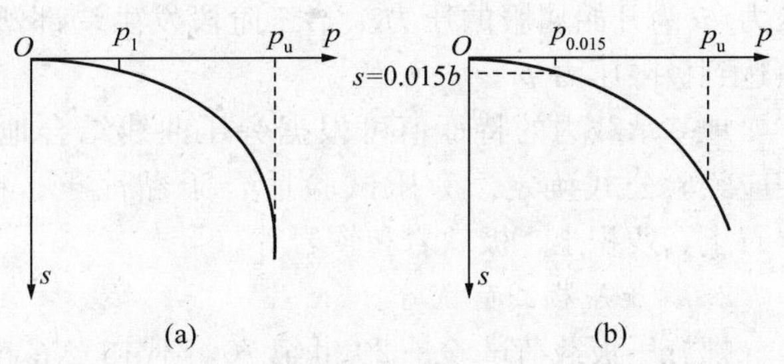

图 2-13　荷载—沉降（p-s）曲线

对于有一定强度的中、高压缩性土，如松砂、填土、可塑黏土等，p-s 曲线无明显转折点，但是曲线的斜率随荷载的增加而逐渐增大，最后稳定在某个最大值，即呈渐进破坏的“缓变型”，如图 2-13（b）所示。此时，极限荷载 p_u 可取曲线斜率开始到达最大值时所对应的压力。不过，要取得 p_u 值，必须把载荷试验进行到有很大的沉降才行。而实践中往往因受加荷设备的限制，或出于安全考虑，不能将试验进行到这种地步，因而无法取得 p_u 值。此外，土的压缩性较大，通过极限荷载确定的地基承载力未必能满足对地基沉降的限制。

事实上，中、高压缩性土的地基承载力，往往由沉降量控制。由于沉降量与基础（或载荷板）底面尺寸、形状有关，而试验采用的载荷板通常总是小于实际基础的底面尺寸，为此，不能直接以基础的允许沉降值在 p-s 曲线上定出地基承载力。由变形计算原理得知，如果载荷板和基础下的基底压力相同，且地基土是均匀的，则它们的沉降值与各自宽度 b 的比值（s/b）大致相等。规范总结了许多实测资料，当压板面积为 0.25～0.50m^2 时，规定取 $s=(0.010\sim0.015)b$ 所对应的压力作为承载力特征值，但其值不应大于最大加载量的一半。

对同一土层，试验点数不应少于三个，如所得试验值的极差不超过平均值 30%，则取该平均值作为地基承载力特征值 f_{ak}，然后再按本节式（2-6）考虑实际基础的宽度 b 和埋深 d，得到修正后得地基承载力特征值 f_a。

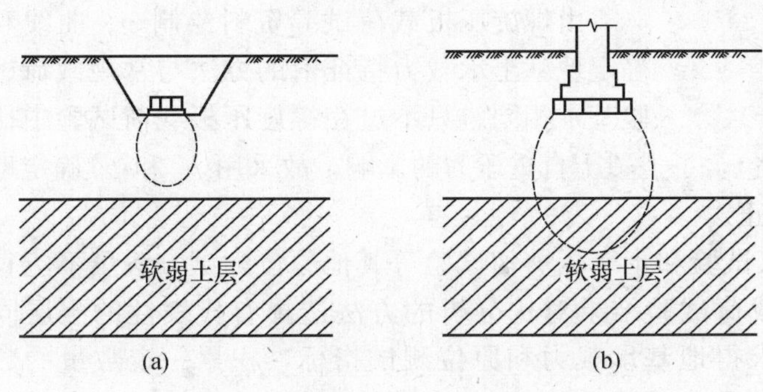

图 2-14　基础宽度对附加应力的影响
（a）载荷试验；（b）实际基础

载荷板的尺寸一般比实际基础小，影响深度较小，试验只反映这个范围内土层的承载力。如果载荷板影响深度之下存在软弱下卧层，而该层又处于基础的主要受力层内，如图 2-14 所示的情况，此时除非采用大尺寸载荷板做试验，否则载荷试验不能真实地揭示下卧层地基土承载力情况。

三、按其他原位测试方法确定

1. 旁压试验方法确定地基承载力

旁压试验又称横压试验，它的原理是通过旁压器，在竖直的孔内使旁压模膨胀并由该膜（或护套）将压力传给周围土体，使土体产生变形直至破坏，从而得到压力 p 与钻孔体积增量 V（或径向位移）之间的关系曲线，称为 p-V 曲线（或 p-s 曲线）又称旁压曲线，如图2-15 所示。该曲线可分为三个阶段，第一阶段为橡皮膜膨胀与孔壁接触阶段，最后与孔壁完全贴紧，贴紧时的压力为 p_0，相当于原位总的水平应力。第二阶段为相当于弹性变形阶段，

压力 p_f 为开始屈服的压力。第三阶段发生局部塑性流动，最后达到极限压力 p_l。

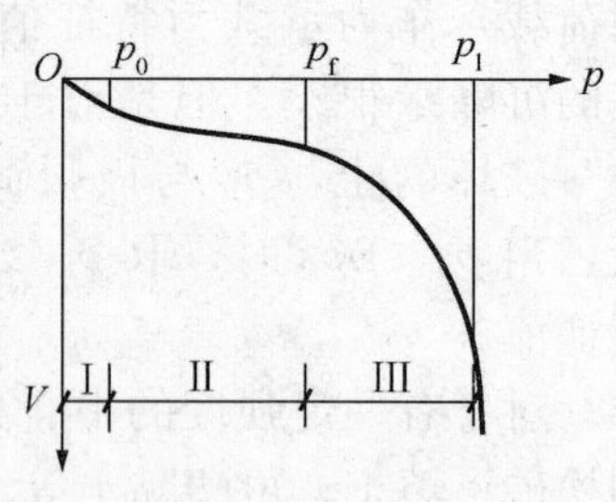

图 2-15 压力 p 与钻孔体积增量 V 关系曲线

地基承载力的特征值可根据旁压曲线结合地区经验采用相应经验公式确定。旁压试验适合于黏性土、粉土、砂土、碎石土、残积土、极软岩和软岩等。

2. 螺旋压板载荷试验

螺旋压板载荷试验是20世纪70年代初发展起来的一种原位测试技术。它是借助人力或机械力将螺旋板作为承压板旋入地下预定深度，用千斤顶通过传力杆向螺旋板施加压力，反力由螺旋地锚提供。施加的压力由位于螺旋板上端的电测传感器测定，同时量测承压板的沉降。螺旋压板载荷试验装置示意图如图 2-16 所示。

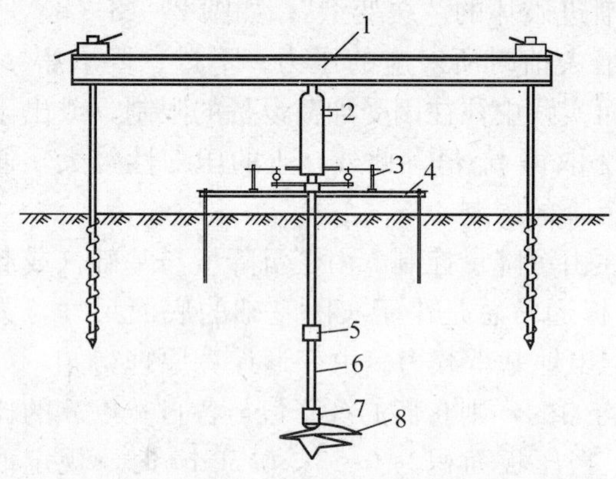

图 2-16 螺旋压板载荷试验装置示意图

1—反力装置；2—油压千斤顶；3—百分表；4—横梁；5—传力杆接头；6—传力杆；7—测力传感器；8—螺旋承压板

在某一深度的试验完成后，将螺旋板旋钻到下一个预定的试验深度，继续进行试验。螺旋压板载荷试验适用于一定深度处（特别是地下水位以下）的砂土、粉土和黏性土层。它可以在不同深度处的原位应力条件下进行试验，扰动较小，能较好地反映地基土的性状。

由螺旋压板载荷试验资料绘制 p-s 曲线和确定地基土承载力特征值的方法与常规载荷试验基本相同。只不过在螺旋压板载荷试验中比例界限荷载 p_1 和极限荷载 p_u 中均已包含了上覆土自重压力的影响，故采用 p_1 和 p_u 确定地基土的承载力时，不必再进行深度修正。

另外，静力触探试验、标准贯入试验和十字板剪切试验等其他原位测试方法虽不能直接测定地基承载力，但可以采用与载荷试验结果对比分析的方法选择有代表性的土层同时进行载荷试验和原位测试，分别求得地基承载力和原位测试指标，积累一定数量的数据组，用回归分析的方法建立回归方程，间接地确定地基承载力。由于这些方法比较经济、简便快速，能在较短的时间内获得大量承载力资料，因而在工程建设中得到大力推广。

我国幅员辽阔，土层分布的特点具有很强的地域性，各地区和各部门在使用各种测试仪器的过程中积累了很多地区性或行业性的经验，建立了许多地基承载力和原位测试指标之间的经验公式。因而地基承载力的确定可结合当地或部门经验综合确定。

四、地基承载力特征值的修正

理论分析和工程实践均以证明，基础的埋深、基础底面尺寸影响地基的承载能力。而上述原位测试中，地基承载力测定都是在一定条件下进行的。因此，必须考虑这两个因素影响。通常采用经验修正的方法来考虑实际基础的埋置深度和基础宽度对地基承载力的有利影响。《建筑地基基础设计规范》（GB 50007—2011）规定采用如下公式

进行计算

$$f_a = f_{ak} + \eta_b \gamma (b-3) + \eta_d \gamma_m (d-0.5) \tag{2-6}$$

式中　f_a——修正后的地基承载力特征值，kPa；

f_{ak}——地基承载力特征值可由载荷试验或其他原位测试、公式计算，并结合工程实践经验等方法综合确定，kPa；

η_b、η_d——基础宽度和埋深的地基承载力修正系数，按表 2-5 查取；

γ——基础底面以下土的重度，水位以下取有效重度，kN/m^3；

b——基础底面宽度，m，当基宽小于 3m 按 3m 取值，大于 6m 按 6m 取值；

γ_m——基础底面以上土的加权平均重度，水位以下取有效重度，kN/m^3；

d——基础埋置深度，m，一般自室外地面标高算起。在填方整平地区，可自填土地面标高算起，但填土在上部结构施工后完成时，应从天然地面标高算起。对于地下室，如采用箱形基础或筏基时，基础埋置深度自室外地面标高算起；当采用独立基础或条形基础时，应从室内地面标高算起。

表 2-5　承载力修正系数

土的类别		η_b	η_d
淤泥和淤泥质土		0	1.0
人工填土 e 或 I_L 大于等于 0.85 的黏性土		0	1.0
红黏土	含水比 $\alpha_w > 0.8$	0	1.2
	含水比 $\alpha_w \leqslant 0.8$	0.15	1.4
大面积压实填土	压实系数大于 0.95、黏粒含量 $\rho_c \geqslant 10\%$ 的粉土	0	1.5
	最大干密度大于 $2.1t/m^3$ 的级配砂石	0	2.0
粉土	黏粒含量 $\rho_c \geqslant 10\%$ 的粉土	0.3	1.5
	黏粒含量 $\rho_c < 10\%$ 的粉土	0.5	2.0
e 及 I_L 小于 0.85 的黏性土		0.3	1.6
粉砂、细砂（不包括很湿与饱和时的稍密状态）		2.0	3.0
中砂、粗砂、砾砂和碎石土		3.0	4.4

注　1. 强风化和全风化的岩石，可参照所风化的相应土类取值，其他状态下的岩石不修正。

2. 地基承载力特征值按深层平板载荷试验确定时 η_d 取 0。

对于主楼和群楼一体的结构，主体结构地基承载力深度修正时，宜将基础底面以上范围内的荷载，按基础两侧的超载考虑，当超载宽度大于基础宽度两倍时，可将超载折算成土层厚度作为基础埋深，基础两侧超载不等时，取小值。

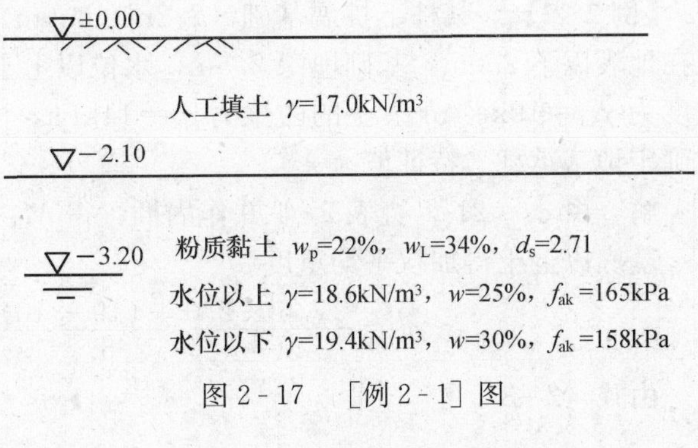

±0.00

人工填土 γ=17.0kN/m³

−2.10

−3.20

粉质黏土 w_p=22%，w_L=34%，d_s=2.71

水位以上 γ=18.6kN/m³，w=25%，f_{ak}=165kPa

水位以下 γ=19.4kN/m³，w=30%，f_{ak}=158kPa

图 2-17　［例 2-1］图

【例 2-1】　某场地土层分布及各项物理力学指标如图 2-17 所示，若在该场地拟建下列基础：①柱下扩展基础，底面尺寸为 2.6m×4.8m，基础底面设置于粉质黏土层顶面；②高层箱形基础，底面尺寸 12m×45m，基础埋深为 4.2m。试确定这两种情况下持力层承载力修正特征值。

解 （1）柱下扩展基础。

$b=2.6\text{m}<3\text{m}$ 按 3m 考虑，$d=2.1\text{m}$

粉质黏土层水位以上 $I_L=\frac{w-w_p}{w_L-w_p}=\frac{25-22}{34-22}=0.25$

$$e=\frac{d_s(1+w)\gamma_w}{\gamma}-1=\frac{2.71\times(1+0.25)\times10}{18.6}-1=0.82$$

查表 2-5 得 $\eta_b=0.3$，$\eta_d=1.6$

将各指标值代入式（2-6）中得

$$\begin{aligned}f_a&=f_{ak}+\eta_b\gamma(b-3)+\eta_d\gamma_m(d-0.5)\\&=165+0+1.6\times17\times(2.1-0.5)\\&=208.5\text{kPa}\end{aligned}$$

（2）箱形基础。

$b=6\text{m}>6\text{m}$ 按 6m 考虑，$d=4.2\text{m}$

基础底面位于水位以下

$$I_L=\frac{w-w_p}{w_L-w_p}=\frac{30-22}{34-22}=0.67$$

$$e=\frac{d_s(1+w)\gamma_w}{\gamma}-1=\frac{2.71\times(1+0.30)\times10}{19.4}-1=0.82$$

查表 2-5 得 $\eta_b=0.3$，$\eta_d=1.6$

水位以下有效重度

$$\gamma'=\frac{d_s-1}{1+e}\gamma_w=\frac{(2.71-1)\times10}{1+0.82}=9.4\text{kN/m}^3$$

或

$$\gamma'=\gamma_{sat}-\gamma_w=9.4\text{kN/m}^3$$

基底以上土的加权平均重度为

$$\gamma_m=\frac{17\times2.1+18.6\times1.1+9.4\times1}{4.2}=15.6\text{kN/m}^3$$

将各指标代入式（2-6）得

$$\begin{aligned}f_a&=158+0.3\times9.4\times(6-3)+1.6\times15.6\times(4.2-0.5)\\&=258.8\text{kPa}\end{aligned}$$

【例 2-2】 某柱下扩展基础（2.2m×3.0m），承受中心荷载作用，场地土为粉土，水位在地表以下 2.0m，基础埋深 2.5m，水位以上土的重度为 $\gamma=17.6\text{kN/m}^3$，水位以下饱和重度为 $\gamma_{sat}=19\text{kN/m}^3$。土的内聚力 $c_k=14\text{kPa}$，内摩擦角 $\varphi_k=21°$，试按规范推荐的理论公式确定地基承载力特征值。

解 由 $\varphi_k=21°$，查表 2-4 并作内插，得 $M_b=0.56$、$M_d=3.25$、$M_c=5.85$

基底以上土得加权平均重度

$$\gamma_m=\frac{17.6\times2.0+(19-10)\times0.5}{2.5}=15.9\text{kN/m}^3$$

由式（2-3）得

$$
\begin{aligned}
f_a &= M_b\gamma b + M_d\gamma_m d + M_c c_k \\
&= 0.56\times(19-10)\times 2.2 + 3.25\times 15.9\times 2.5 + 5.85\times 14 \\
&= 222.2\text{kPa}
\end{aligned}
$$

第五节　基础底面尺寸的确定

一、按持力层承载力初步确定基础底面尺寸

在设计浅基础时，一般先确定基础的埋置深度，选定地基持力层并求出地基承载力特征值 f_a，然后根据上部荷载，或根据构造要求确定基础底面尺寸，要求基底压力满足下列条件

$$p_k \leqslant f_a \tag{2-7}$$

当有偏心荷载作用时，除应满足式（2-7）要求外，还需满足下式

$$p_{kmax} \leqslant 1.2 f_a \tag{2-8}$$

式中　p_k——相应于荷载效应标准组合时的基底平均压力，kPa；

p_{kmax}——相应于荷载效应标准组合时基底边缘最大压力值，kPa；

f_a——修正后的地基持力层承载力特征值，kPa，可按本章第四节介绍的方法确定。若 f_a 采用考虑了偏心荷载影响的汉森公式，对于偏心荷载作用时只要求满足式（2-7）。

1. 中心荷载作用下基础底面尺寸确定

中心荷载作用下，基础通常对称布置，基底压力假定均匀分布，按下列公式计算

$$p_k = \frac{F_k + G_k}{A} = \frac{F_k}{A} + \gamma_G \bar{d} \tag{2-9}$$

式中　F_k——相应于荷载效应标准组合时，上部结构传至基础顶面处的竖向力，kN；

G_k——基础自重和基础上土重，kN；

A——基础底面面积，m；

γ_G——基础和基础上覆土的平均重度，kN/m^3；

$\bar{d}$——基础埋深，取基础底面距离基础两侧设计地面的平均值，m。

由式（2-7）持力层承载力的要求，得

$$\frac{F_k}{A} + \gamma_G \bar{d} \leqslant f_a$$

由此可得矩形基础底面面积为

$$A \geqslant \frac{F_k}{f_a - \gamma_G \bar{d}} \tag{2-10}$$

对于条形基础，可沿基础长度的方向取单位长度进行计算，荷载同样是单位长度上的荷载，则基础宽度为

$$b \geqslant \frac{F_k}{f_a - \gamma_G \bar{d}} \tag{2-11}$$

式（2-10）和式（2-11）中的地基承载力特征值，在基础底面未确定以前可先只考虑深度修正，初步确定基底尺寸以后，再将宽度修正项加上，重新确定承载力特征值。直至设计出最佳基础底面尺寸。

2. 偏心荷载作用下的基础底面尺寸确定

对于偏心荷载作用下的基础底面尺寸常采用试算法确定。计算方法如下：

（1）先按中心荷载作用条件，利用式（2-10）或式（2-11）初步估算基础底面尺寸。

（2）根据偏心程度，将基础底面积扩大10%～40%，并以适当的比例确定矩形基础的长 l 和宽 b，一般取 $l/b=1\sim2$。

（3）计算基底最大压力，计算基底平均压力，并使其满足式（2-7）和式（2-8）。

这一计算过程可能要经过几次试算方能确定合适的基础底面尺寸。另外为避免基础底面由于偏心过大而与地基土脱开，箱形基础还要求基底边缘最小压力值满足下式

$$p_{kmin} \geqslant 0 \tag{2-12}$$

或

$$e = \frac{M_k}{F_k + G_k} \leqslant b/6 \tag{2-13}$$

式中 e——偏心距，m；

M_k——相应于荷载效应标准组合时，作用于基础底面的力矩值，kN·m；

F_k、G_k——相应于荷载效应标准组合时，上部结构传至基础顶面的竖向力值、基础自重和基础上的土重，kN；

b——偏心方向的边长，m。

若持力层下有相对软弱的下卧土层，还须对软弱下卧层进行强度验算。如果建筑物有变形验算要求，应进行变形验算。承受水平力较大的高层建筑和不利于稳定的地基上的结构还须进行稳定性验算。

二、软弱下卧层承载力验算

当地基受力范围内持力层下存在承载力明显低于持力层承载力的高压缩性土，如沿海沿江一些地区，地表存在一层“硬壳层”，其下一般为很厚的软土层，其承载力明显低于上部“硬壳层”承载力。若以“硬壳层”为持力层，按持力层的承载力计算出基础底面尺寸后，还必须对软弱下卧层的承载力进行验算。要求作用在软弱下卧层顶面处的附加应力和自重应力之和，不超过它的承载力特征值，即

$$\sigma_z + \sigma_{cz} \leqslant f_{az} \tag{2-14}$$

式中 σ_z——相应于荷载效应标准组合时软弱下卧层顶面处的附加应力值，kPa；

σ_{cz}——软弱下卧层顶面处的自重应力值，kPa；

f_{az}——软弱下卧层顶面处经深度修正后的地基承载力特征值，kPa。

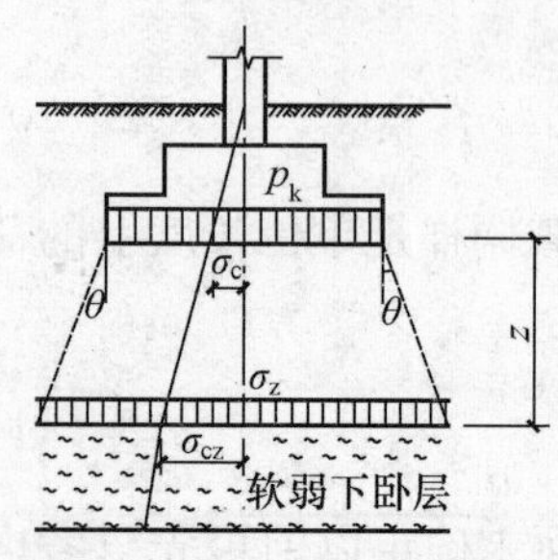

图 2-18 软弱下卧层顶面处的附加压力计算

关于附加应力 σ_z 的计算，《建筑地基基础设计规范》（GB 50007—2011）采用应力扩散简化计算方法。当持力层与下卧层的压缩模量比值 $E_{s1}/E_{s2} \geqslant 3$ 时，对于矩形或条形基础，可按应力扩散角的概念计算。如图2-18所示，假设基底附加压力（$p_{0k}=p_k-p_c$）按某一角度 θ 向下传递。根据基底与扩散面积上的附加压力合力相等的条件可得软弱下卧层顶面处的附加应力：

矩形基础

$$\sigma_z = \frac{lb(p_k - \sigma_c)}{(b + 2z\tan\theta)(l + 2z\tan\theta)} \tag{2-15}$$

条形基础仅考虑宽度方向的扩散，并沿基础纵向取单位长度为计算单元，于是可得

$$\sigma_z = \frac{b(p_k - \sigma_c)}{b + 2z\tan\theta} \tag{2-16}$$

式中 l、b——分别为基础底面的长度和宽度，m；

σ_c——基础底面处土自重应力，kPa；

z——基础底面到软弱下卧层顶面的距离，m；

θ——地基附加应力扩散线与垂直线的夹角，可按表 2-6 采用。

表 2-6　地基附加应力扩散角 θ 值

E_{s1}/E_{s2}	z/b	
	0.25	0.5
3	6°	23°
5	10°	25°
10	20°	30°

注 1. E_{s1} 为上层土压缩模量；E_{s2} 为下层土压缩模量；

2. $z/b<0.25$ 时取 $\theta=0°$，必要时，宜由试验确定；$z/b>0.50$ 时 θ 值不变。

【例 2-3】 扩展基础的底面尺寸确定

某框架柱截面尺寸为 400mm×300mm，传至室内外平均标高位置处竖向力标准值为 $F_k=700$kN，力矩标准值 $M_k=80$kN·m，水平剪力标准值 $V_k=13$kN；基础底面距室外地坪为 $d=1.0$m，基底以上填土重度 $\gamma=17.5$kN/m^3，持力层为黏性土，重度 $\gamma=18.5$kN/m^3，孔隙比 $e=0.7$，液性指数 $I_L=0.78$，地基承载力特征值 $f_{ak}=226$kPa，持力层下为淤泥土（图 2-19），试确定柱基础的底面尺寸。

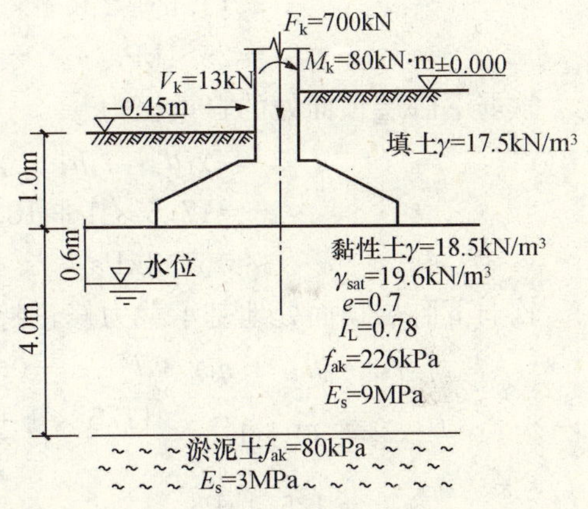

图 2-19 ［例 2-3］图

解 1. 确定地基持力层承载力特征值

先不考虑承载力宽度修正项，由 $e=0.7$，$I_L=0.78$ 查表 2-5 得承载力修正系数 $\eta_b=0.3$、$\eta_d=1.6$，则

$$\begin{aligned} f_a &= f_{ak} + \eta_d\gamma_m(d-0.5) \\ &= 226 + 1.6\times17.5\times(1.0-0.5) \\ &= 240\text{kPa} \end{aligned}$$

2. 试算法确定基底尺寸

（1）先不考虑偏心荷载，按中心荷载作用计算。

$$A_0 = \frac{F_k}{f_a - \gamma_G \overline{d}} = \frac{700}{240 - 20\times1.225} = 3.25\text{m}^2$$

（2）考虑偏心荷载时，面积扩大为 $A=1.2A_0=1.2\times3.25=3.90$m^2

取基础长度 l 和基础宽度 b 之比为 $l/b=1.5$，取 $b=1.6$m，$l=2.4$m，$l\times b=3.84$m^2。这里偏心荷载作用于长边方向。

（3）验算持力层承载力。

因 $b=1.6\text{m}<3\text{m}$，不考虑宽度修正，f_a 值不变

基底压力平均值

$$p_k=\frac{F_k}{lb}+\gamma_G\bar{d}=\frac{700}{1.6\times 2.4}+20\times 1.225=206.8\text{kPa}$$

基底压力最大值为

$$p_{max}=p_k+\frac{M_k}{W}=206.8+\frac{(80+13\times 1.225)\times 6}{2.4^2\times 1.6}=206.8+62.5=269.3\text{kPa}$$

$$1.2f_a=288\text{kPa}$$

由结果可知 $p_k<f_a$，$p_{kmax}<1.2f_a$ 满足要求。

3. 软弱下卧层承载力验算

由 $E_{s1}/E_{s2}=3$，$z/b=4/1.6=2.5>0.5$，查表 2-6 得 $\theta=23°$；由表 2-5 可知，淤泥地基承载力修正系数 $\eta_b=0$、$\eta_d=1.0$。

软弱下卧层顶面处的附加压力

$$\begin{aligned}\sigma_z&=\frac{lb(p_k-\sigma_c)}{(b+2z\tan\theta)(l+2z\tan\theta)}\\&=\frac{2.4\times 1.6\times(206.8-17.5\times 1.0)}{(1.6+2\times 4\times\tan 23°)(2.4+2\times 4\times\tan 23°)}\\&=25.1\text{kPa}\end{aligned}$$

软弱下卧层顶面处的自重压力

$$\begin{aligned}\sigma_{cz}&=\gamma_1 d+\gamma_2 h_1+\gamma' h_2\\&=17.5\times 1+18.5\times 0.6+(19.6-10)\times 3.4\\&=61.2\text{kPa}\end{aligned}$$

软弱下卧层顶面处地基承载力修正特征值为

$$\begin{aligned}f_{az}&=f_{akz}+\eta_d\gamma_m(d+z-0.5)\\&=80+1.0\times\frac{17.5\times 1+18.5\times 0.6+9.6\times 3.4}{5}\times(5-0.5)\\&=135.1\text{kPa}\end{aligned}$$

由计算结果可得 $\sigma_{cz}+\sigma_z=86.3\text{kPa}<f_{az}$满足要求。

三、地基变形验算

按地基承载力选择了基础底面尺寸之后，一般情况下已保证建筑物防止地基剪切破坏方面具有足够的安全度。但为了防止建筑物因地基变形或不均匀沉降过大造成建筑物的开裂与损坏，从而保证建筑物正常使用，还应对地基变形，特别是不均匀变形加以控制。

在常规设计中，一般都针对各类建筑物的结构特点、整体刚度和使用要求的不同，计算地基变形的某一特征值 Δ，验算其是否小于变形允许值 [Δ]，即要求满足下列条件

$$\Delta\leqslant[\Delta] \tag{2-17}$$

式中 Δ——特征变形值，为预估值，对应于荷载准永久组合值，按土力学的相关公式计算。

1. 要求验算地基特征变形的建筑物范围

(1) 设计等级为甲级、乙级的建筑物，均应按地基变形设计。

(2) 表 2-7 所列范围外，设计等级为丙级的建筑物。

(3) 表 2-7 所列范围内，设计等级为丙级的建筑物可不作变形验算，如有下列情况之一时，仍应作变形验算：

1）地基承载力特征值小于 130kPa，且体型复杂的建筑。

2）在基础上及其附近有地面堆载或相邻基础荷载差异较大，可能引起地基产生过大的不均匀沉降时。

3）软弱地基上的建筑物存在偏心荷载时。

4）相邻建筑距离过近，可能发生倾斜时。

5）地基内有厚度较大或厚薄不均的填土，其自重固结尚未完成时。

表 2-7　可不作地基变形计算设计等级为丙级的建筑物范围

<table>
<tr><td rowspan="2">地基主要受力层情况</td><td colspan="3">地基承载力特征值 f_{ak}（kPa）</td><td>60≤f_{ak}<80</td><td>80≤f_{ak}<100</td><td>100≤f_{ak}<130</td><td>130≤f_{ak}<160</td><td>160≤f_{ak}<200</td><td>200≤f_{ak}<300</td></tr>
<tr><td colspan="3">各土层坡度（%）</td><td>≤5</td><td>≤5</td><td>≤10</td><td>≤10</td><td>≤10</td><td>≤10</td></tr>
<tr><td rowspan="9">建筑类型</td><td colspan="3">砌体承重结构、框架结构（层数）</td><td>≤5</td><td>≤5</td><td>≤5</td><td>≤6</td><td>≤6</td><td>≤7</td></tr>
<tr><td rowspan="4">单层排架结构（6m柱距）</td><td rowspan="2">单跨</td><td>吊车额定起重量（t）</td><td>5～10</td><td>10～15</td><td>15～20</td><td>20～30</td><td>30～50</td><td>50～100</td></tr>
<tr><td>厂房跨度（m）</td><td>≤12</td><td>≤18</td><td>≤24</td><td>≤30</td><td>≤30</td><td>≤30</td></tr>
<tr><td rowspan="2">多跨</td><td>吊车额定起重量（t）</td><td>3～5</td><td>5～10</td><td>10～15</td><td>15～20</td><td>20～30</td><td>30～75</td></tr>
<tr><td>厂房跨度（m）</td><td>≤12</td><td>≤18</td><td>≤24</td><td>≤30</td><td>≤30</td><td>≤30</td></tr>
<tr><td colspan="2">烟囱</td><td>高度（m）</td><td>≤30</td><td>≤40</td><td>≤50</td><td colspan="2">≤75</td><td>≤100</td></tr>
<tr><td colspan="2" rowspan="2">水塔</td><td>高度（m）</td><td>≤15</td><td>≤20</td><td>≤30</td><td colspan="2">≤30</td><td>≤30</td></tr>
<tr><td>容积（m^3）</td><td>≤50</td><td>50～100</td><td>100～200</td><td>200～300</td><td>300～500</td><td>500～1000</td></tr>
</table>

注　1. 地基主要受力层系指条形基础底面下深度为 $3b$（b 为基础底面宽度），独立基础下为 $1.5b$，且厚度均不小于 5m 范围（二层以下一般的民用建筑除外）；

2. 地基主要受力层中如有承载力特征值小于 130kPa 的土层时，表中砌体承重结构的设计，应符合《建筑地基基础设计规范》(GB 50007—2011) 第七章的有关要求；

3. 表中砌体承重结构和框架结构均指民用建筑，对于工业建筑可按厂房高度、荷载情况折合成与其相当的民用建筑层数；

4. 表中吊车额定起重量、烟囱高度和水塔容积的数值系指最大值。

2. 地基变形特征

具体建筑物所需验算的地基变形特征取决于建筑物的结构类型、整体刚度和使用要求。地基变形特征一般分为：

沉降量——基础某点的沉降值；

沉降差——基础两点或相邻柱基中点的沉降量之差；

倾斜——基础倾斜方向两端点的沉降差与其距离的比值；

局部倾斜——砌体承重结构沿纵向 6～10m 内基础两点的沉降差与其距离的比值。

建筑物的地基变形允许值可按表 2-8 规定采用。对表中未包括的其他建筑物的地基变形允许值，可根据上部结构对地基变形的适应能力和使用上的要求确定。

表 2-8　　建筑物的地基变形允许值

<table>
<tr><th colspan="2" rowspan="2">地基变形特征</th><th colspan="2">地基土类别</th></tr>
<tr><th>中低压缩性土</th><th>高压缩性土</th></tr>
<tr><td colspan="2">砌体承重结构基础的局部倾斜</td><td>0.002</td><td>0.003</td></tr>
<tr><td colspan="2">工业与民用建筑相邻柱基沉降差</td><td></td><td></td></tr>
<tr><td colspan="2">（1）框架结构</td><td>0.002l</td><td>0.003l</td></tr>
<tr><td colspan="2">（2）砌体墙填充的边排柱</td><td>0.0007l</td><td>0.001l</td></tr>
<tr><td colspan="2">（3）当基础不均匀沉降时不产生附加应力的结构</td><td>0.005l</td><td>0.005l</td></tr>
<tr><td colspan="2">单层排架结构（柱距为 6m）柱基的沉降量（mm）</td><td>120</td><td>200</td></tr>
<tr><td colspan="2">桥式吊车轨面的倾斜（按不调整轨道考虑）</td><td colspan="2"></td></tr>
<tr><td colspan="2">纵向</td><td colspan="2">0.004</td></tr>
<tr><td colspan="2">横向</td><td colspan="2">0.003</td></tr>
<tr><td rowspan="4">多层和高层建筑的整体倾斜</td><td>$H_g\leqslant24$</td><td colspan="2">0.004</td></tr>
<tr><td>$24<H_g\leqslant60$</td><td colspan="2">0.003</td></tr>
<tr><td>$60<H_g\leqslant100$</td><td colspan="2">0.0025</td></tr>
<tr><td>$H_g>100$</td><td colspan="2">0.002</td></tr>
<tr><td colspan="2">体形简单的高层建筑基础的平均沉降量（mm）</td><td colspan="2">200</td></tr>
<tr><td rowspan="6">高耸结构基础的倾斜</td><td>$H_g\leqslant20$</td><td colspan="2">0.008</td></tr>
<tr><td>$20<H_g\leqslant50$</td><td colspan="2">0.006</td></tr>
<tr><td>$50<H_g\leqslant100$</td><td colspan="2">0.005</td></tr>
<tr><td>$100<H_g\leqslant150$</td><td colspan="2">0.004</td></tr>
<tr><td>$150<H_g\leqslant200$</td><td colspan="2">0.003</td></tr>
<tr><td>$200<H_g\leqslant250$</td><td colspan="2">0.002</td></tr>
<tr><td rowspan="3">高耸结构基础的沉降量（mm）</td><td>$H_g\leqslant100$</td><td colspan="2">400</td></tr>
<tr><td>$100<H_g\leqslant200$</td><td colspan="2">300</td></tr>
<tr><td>$200<H_g\leqslant250$</td><td colspan="2">200</td></tr>
</table>

注　1. 本表数值为建筑物地基实际最终变形允许值；

2. 有括号者仅适用于中压缩性土；

3. l 为相邻柱基的中心距离（mm）；H_g 为自室外地面起算的建筑物高度（m）。

一般砌体承重结构房屋的长高比太大（图 2-20），以局部倾斜为主，应以局部倾斜作为地基的主要特征变形，如图 2-21 所示。

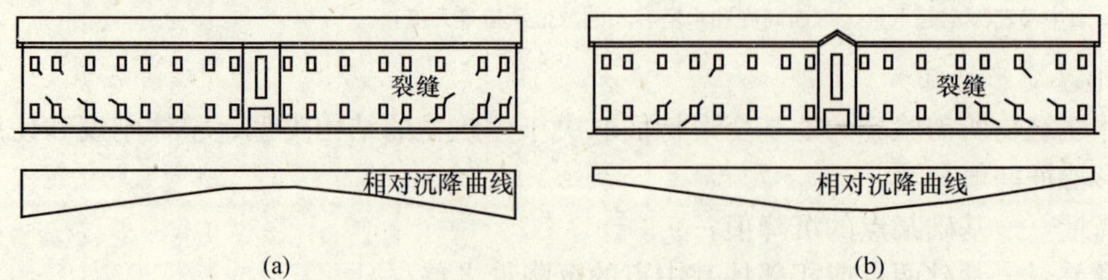

图 2-20　砌体承重结构不均匀沉降

对于框架结构和砌体墙填充的边排柱，主要是由于相邻柱基的沉降差使构件受剪扭曲而损坏，所以设计计算应由沉降差来控制（图 2-22）。

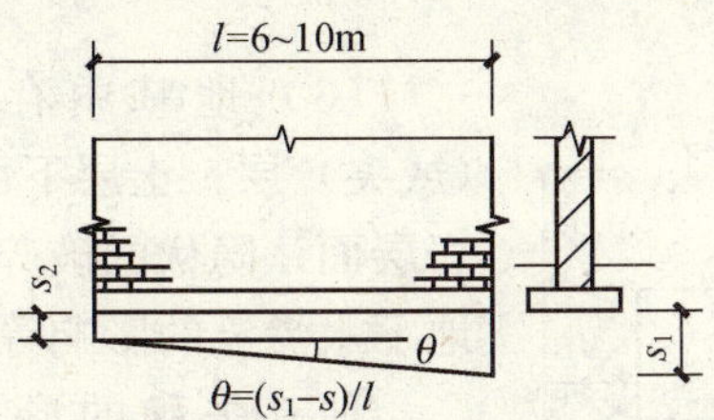

图 2-21　砌体承重结构局部倾斜

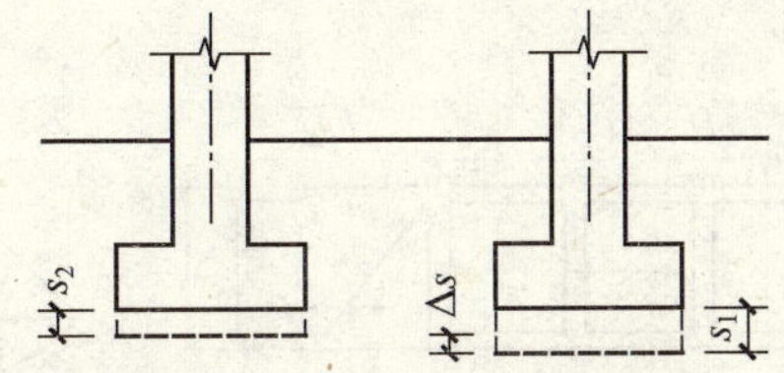

图 2-22　相邻柱基的沉降差

以屋架、柱和基础为主体的木结构和排架结构，在低压缩性地基上一般不因沉降而损坏，但在中、高压缩性地基上就应限制单层排架结构柱基的沉降量，尤其是多跨排架中受荷较大的中排柱基的下沉，以免支承于其上的相邻屋架发生对倾而使端部相碰。

相邻柱基的沉降差所形成的桥式吊车轨面沿纵向或横向的倾斜，会导致吊车滑行或卡轨。

对于高耸结构以及长高比很小的高层建筑，应控制基础的倾斜（图 2-23）。地基土层的不均匀以及邻近建筑物的影响是高耸结构物产生倾斜的重要原因。这类结构物的重心高，基础倾斜使重心侧向移动引起偏心力矩荷载，不仅使其基底边缘压力增加而影响倾覆稳定性，还会导致高烟囱等筒体的附加弯矩。因此高层、高耸结构基础的倾斜允许值随结构高度的增加而递减。

如果地基的压缩性比较均匀，且无邻近荷载影响，对高耸建筑物及体形简单的高层建筑，只验算基础中心沉降量，可不作倾斜验算。

高层高耸结构物倾斜（图 2-23）主要取决于人们视觉的敏感程度，倾斜值达到明显可见的程度大致为 1/250，结构破坏则大致在倾斜值达到 1/150 时开始。为了使基础倾斜控制在合适的范围内，以减小结构物附加弯矩，通过分析得出倾斜允许值 $[\theta]$ 为

$$[\theta]=\frac{b}{120H_0} \tag{2-18}$$

式中　H_0——建筑物高度，m；

　　　b——基础宽度，m。

表 2-8 中倾斜允许值分别为 b/H_0 取为特定值而得，如高层倾斜允许值是令 $b/H_0=1/2$，1/3，1/4，1/5 而得到。

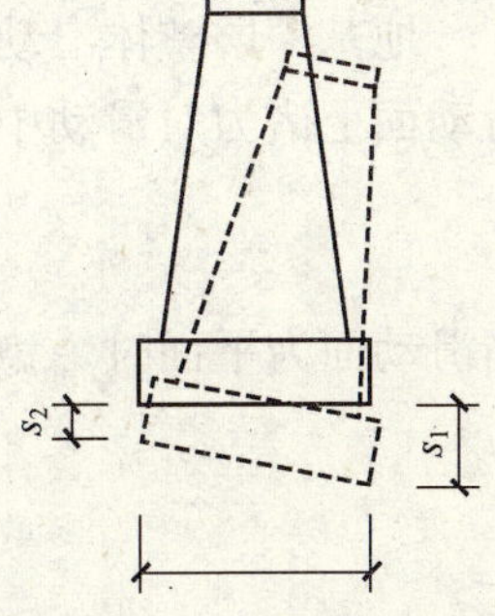

图 2-23　高耸结构物倾斜

另外，在必要情况下，需要分别预估建筑物在施工期间和使用期间的地基变形值，以便预留建筑物有关部分之间的净空，考虑连接方法和施工顺序。一般多层建筑物在施工期间完成的沉降量，对于砂土可认为其最终沉降量已基本完成，对于低压缩黏性土可认为已完成最终沉降量的 50%～80%，对于中压缩黏性土可认为已完成 20%～50%，对于高压缩黏性土可认为已完成 5%～20%。

四、地基稳定验算

可能发生地基稳定性破坏情况：

（1）承受很大的水平力或倾覆力矩的建（构）筑物，如受风力或地震力作用的高层建筑或高耸构筑物；承受拉力的高压线塔架基础等；承受水压力或土压力的挡土墙、水坝、堤坝

和桥台等；

（2）位于斜坡顶上的建（构）筑物，由于在荷载作用和环境因素的影响下，造成部分或整个边坡失稳；

（3）地基中存在软弱土（或夹）层；土层下面有倾斜的岩层面；隐伏的破碎或断裂带；地下水渗流的影响等。

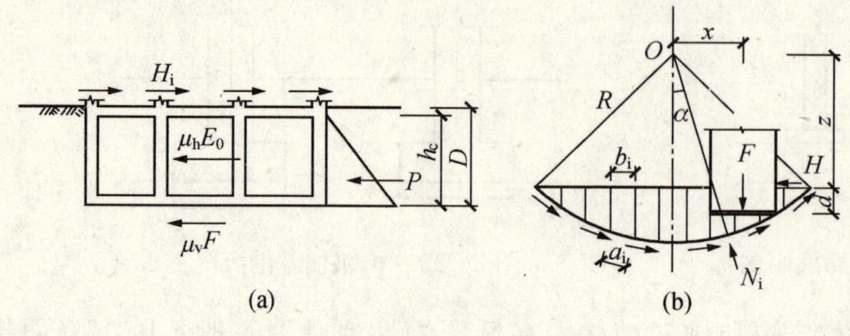

图 2-24　地基失稳的形式

地基失稳的形式有两种：一种是沿基底产生表层滑动［图 2-24（a）］；另一种是地基深层整体滑动破坏，如图 2-24（b）所示。

表层滑动稳定安全系数 K_s 用基础底面与土之间的摩阻力的合力与作用于基底的水平力的合力之比来表示，即

$$K_s = \frac{\mu_v \sum F_i + 2\mu_h E_0 + P}{\sum H_i} \geqslant (1.2 \sim 1.4) \tag{2-19}$$

式中　F_i——作用于基底的竖向力，kN；

E_0——作用于基础两侧的静止土压力，kN；

P——作用于基础一侧的被动土压力，kN；

H_i——作用于基底的水平力，kN；

μ_v、μ_h——基础与土的摩擦系数。

地基深层整体滑动稳定问题可用圆弧滑动法进行验算。稳定安全系数指作用于最危险的滑动面上诸力对滑动中心所产生的抗滑力矩 M_R 与滑动力矩 M_S 的比值，即

$$K_s = \frac{M_R}{M_S} \geqslant 1.2 \tag{2-20}$$

当滑动面为平面时，稳定安全系数应提高到 1.3。

第六节　减小不均匀沉降危害的措施

地基的不均匀变形有可能使建筑物损坏或影响其使用功能。特别是高压缩性土、膨胀土、湿陷性黄土以及软硬不均等不良地基上的建筑物，如果考虑欠周，就更易因不均匀沉降而开裂损坏。因此如何防止或减轻不均匀沉降造成的损害，是设计中必须考虑的问题。通常的办法有：

（1）采用柱下条形基础、筏板和箱形基础等连续基础。

（2）采用各种地基处理方法。

（3）采用桩基或其他深基础。

（4）从地基、基础、上部结构相互作用的观点，在建筑、结构或施工方面采取措施。对于中小型建筑物，宜同时考虑几种措施，以期取得较好的结果。

本节将介绍减小不均匀沉降危害的建筑、结构及施工等措施。

一、建筑措施

1. 建筑物的体型应力求简单

建筑物平面和立面上的轮廓形状，构成了建筑物的体型。复杂的体型常常是削弱建筑物整体刚度和加剧不均匀沉降的重要因素。因此，地基条件不好时，在满足使用要求的条件下，应尽量采用简单的建筑体型，如长高比小的“一”字形建筑物。

平面形状复杂（如“L”、“T”、“Ⅱ”、“Ⅲ”等）的建筑物，纵、横单元交叉处基础密集，地基中附加应力互相重叠，必然产生较大的沉降。加之这类建筑物的整体性差，各部分的刚度不对称，很容易遭受地基不均匀沉降的损害。

建筑物高低（或轻重）变化太大，地基各部分所受的荷载不同，也易出现过量的不均匀沉降。据调查，软土地基上紧接高差超过一层的砌体承重结构房屋，低者很易开裂（图 2-25）。因此，当高度差异或荷载差异较大时，可将两者隔开一定距离，当拉开距离后的两个单元必须连接时，应采取能自由沉降的连接构造。

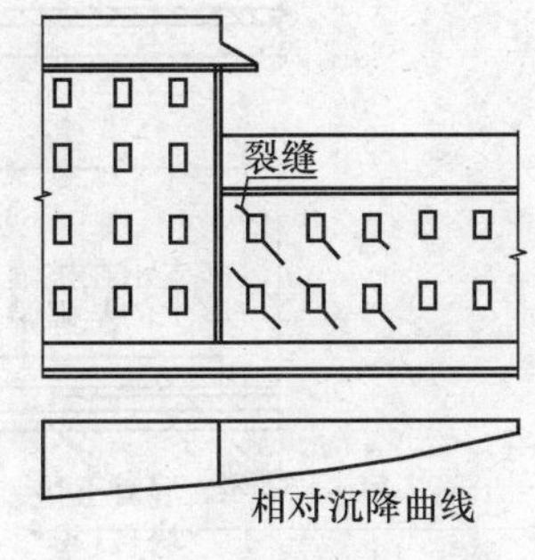

图 2-25　相邻建筑物高差大而开裂

2. 控制长高比及合理布置墙体

长高比大的砌体承重房屋，其整体刚度差，纵墙很容易因挠曲过度而开裂。根据调查认为，2 层以上的砌体承重房屋，当预估的最大沉降量超过 120mm 时，长高比不宜大于 2.5；对于平面简单、内外墙贯通，横墙间隔较小的房屋，长高比的控制可适当放宽，但一般不大于 3.0。不符合上述要求时，一般要设置沉降缝。

合理布置纵、横墙，是增强砌体承重结构房屋整体刚度的重要措施之一。一般房屋的纵向刚度较弱，故地基不均匀沉降的损害主要表现为纵墙的挠曲破坏。内外纵墙的中断、转折，都会削弱建筑物的纵向刚度。地基不良时，应尽量使内、外纵墙都贯通。纵横墙的联结形成了空间刚度，缩小横墙的间距，可有效地改善房屋的整体性，从而增强了调整不均匀沉降的能力。

3. 设置沉降缝

用沉降缝将建筑物（包括基础）分割为两个或多个独立的沉降单元，可有效地防止不均匀沉降发生。分割出的沉降单元，原则上要求满足体型简单、长高比小以及地基比较均匀等条件。为此，沉降缝的位置通常选择在下列部位上：

（1）建筑物平面转折部位。

（2）长高比过大的砌体承重结构或钢筋混凝土框架结构的适当部位。

（3）地基土的压缩性有显著变化处。

（4）建筑物的高度或荷载有很大差异处。

（5）建筑物结构或基础类型不同处。

（6）分期建造房屋的交界处。

沉降缝应有足够的宽度，以防止缝两侧的结构相向倾斜而互相挤压。缝内一般不得填塞，但寒冷地区为了防寒，可填塞松散材料。沉降缝的常用宽度为：2、3 层房屋缝宽 50～80mm，4、5 层房屋 80～120mm，5 层以上应不小于 120mm。沉降缝的一些构造形式，如图 2-26 所示。

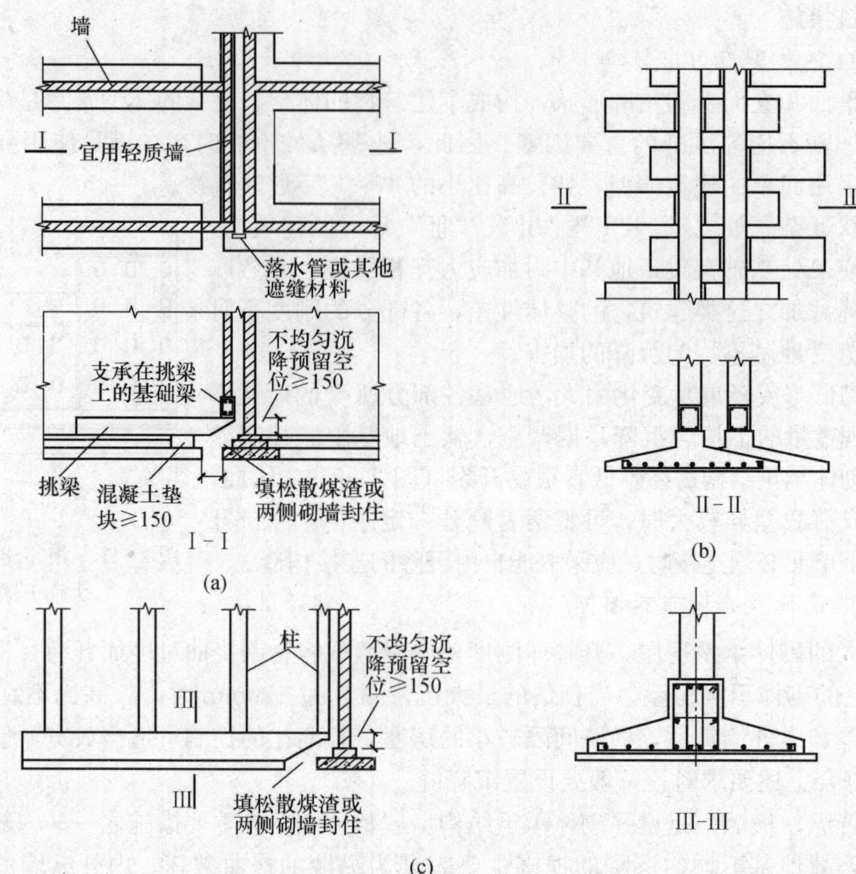

图 2-26 沉降缝构造图

4. 相邻建筑物基础间的净距要求

由地基中附加应力分布规律可知：作用在地基上的荷载，会使土中的一定宽度和一定深度范围内产生附加应力，从而地基发生变形。在此范围之外，荷载对相邻建筑物的影响可忽略。如果建筑物之间的距离太近，同期修建会相互影响，特别是建筑物轻重差别太大时，轻者受重者的影响；非同期修建，新建重型建筑物或高层建筑物会对原有建筑物产生影响。而使被影响建筑产生不均匀沉降而开裂。

相邻建筑物基础的净距按表 2-9 选用。由该表可见，决定相邻建筑物的净距的主要因素是被影响建筑的长高比（即建筑物的刚度）以及影响建筑的预估沉降量值。

表 2-9　　相邻建筑物基础间的净距　　m

影响建筑的预估沉降量 s（mm）＼被影响建筑的长高比	$2.0\leqslant\frac{L}{H_f}<3.0$	$3.0\leqslant\frac{L}{H_f}<5.0$
70～150	2～3	3～6
160～250	3～6	6～9
260～400	6～9	9～12
＞400	9～12	≥12

5. 调整建筑设计标高

建筑物的沉降会改变原有的设计标高，严重时将影响建筑物的使用功能。因而可以采取下列措施进行调整：

(1) 根据预估的沉降量，适当提高室内地坪和地下设施的标高。

(2) 将有联系的建筑物或设备中，沉降较大者的标高适当提高。

(3) 建筑物与设备之间留有足够的净空。

(4) 当有管道穿过建筑物时，应预留足够的尺寸的孔洞，或采用柔性管道接头等。

二、结构措施

1. 减轻建筑物的自重

在基底压力中，建筑物的自重占很大比例。据估计，工业建筑占50%左右；民用建筑占60%左右。因此，软土地基上的建筑物，常采用下列一些措施减轻自重，以减小沉降量。

(1) 采用轻质材料，如各种空心砌块、多孔砖以及其他轻质材料以减少墙重。

(2) 选用轻型结构，如预应力钢筋混凝土结构、轻钢结构及各种轻型空间结构等。

(3) 减少基础和回填的重量，可选用自重轻、回填少的基础形式；设置架空地板代替室内回填土。

2. 减少或调整基底附加压力

(1) 设置地下室或半地下室。利用挖出的土重去抵消（补偿）一部分甚至全部的建筑物重量，以达到减小沉降的目的。如果在建筑物的某一高、重部分设置地下室（或半地下室），便可减少与较轻部分的沉降差。

(2) 改变基础底面尺寸。采用较大的基础底面积，减小基底附加压力，一般可以减小沉降量。荷载大的基础宜采用较大的底面尺寸，以减小基底附加压力，使沉降均匀。不过，应针对具体的情况，做到既有效又经济合理。

3. 设置圈梁

对于砌体承重结构，不均匀沉降的损害突出表现为墙体的开裂。因此实践中常在墙内设置圈梁来增强其承受挠曲变形的能力。这是防止出现开裂及阻止裂缝开展的一项有效措施。

当墙体挠曲时，圈梁的作用犹如钢筋混凝土梁内的受拉钢筋，主要承受拉应力，弥补了砌体抗拉强度不足的弱点。当墙体正向挠曲时，下方圈梁起作用，反向挠曲时，上方圈梁起作用。而墙体发生什么方式的挠曲变形往往不容易估计，故通常在上下方都设置圈梁。另外，圈梁必须与砌体结合为整体，否则便不能发挥应有的作用。

圈梁的布置，在多层房屋的基础和顶层处宜各设置一道圈梁，其他各层可隔层设置，必要时可层层设置。单层工业厂房、仓库，可结合基础梁、联系梁、过梁等酌情设置。

圈梁应设置在外墙、内纵墙和主要内横墙上，并宜在平面内连成封闭系统。如在墙体转角及适当部位，设置现浇钢筋混凝土构造柱（用锚筋与墙体拉结），与圈梁共同作用，可更有效地提高房屋的整体刚度。另外，墙体上开洞时，也宜在开洞部位配筋或采用构造柱及圈梁加强。

4. 采用连续基础

对于建筑体型复杂、荷载差异较大的框架结构，可采用箱基、桩基、筏基等加强基础整体刚度，减少不均匀沉降。

三、施工措施

在软弱地基上开挖基坑和修建基础时，合理安排施工顺序，采用合适的施工方法，以确保工程质量的同时减小不均匀沉降的危害。

对于高低、轻重悬殊的建筑部位或单体建筑，在施工进度和条件允许的情况下，一般应按照先重后轻、先高后低的顺序进行施工，或在高、重部位竣工并间歇一段时间后再修建轻、低部位。

带有地下室和裙房的高层建筑，为减小高层部位与裙房间的不均匀沉降，施工时应采用后浇带断开，待高层部分主体结构完成时再连接成整体。如采用桩基，可根据沉降情况，在高层部分主体结构未全部完成时连接成整体。

在软土地基上开挖基坑时，要尽量不扰动土的原状结构，通常可在基坑底保留大约200mm厚的原土层，待施工垫层时才临时挖除。如发现坑底软土已被扰动，可挖除扰动部分土体，用砂石回填处理。

在新建基础、建筑物侧边不宜堆放大量的建筑材料或弃土等重物，以免地面堆载引起建筑物产生附加沉降。在进行降低地下水的场地，应密切注意降水对邻近建筑物可能产生的不利影响。

第七节　地基、基础与上部结构相互作用的概念

一、基本概念

上部结构、基础及地基在传递荷载的过程中是共同受力，协调变形的，因为三者构成一个整体。三者传递荷载的过程不但要满足静力平衡条件，还应满足衔接位置的变形协调条件。因而，合理的建筑结构设计方法应考虑上部结构，基础与地基的共同作用。

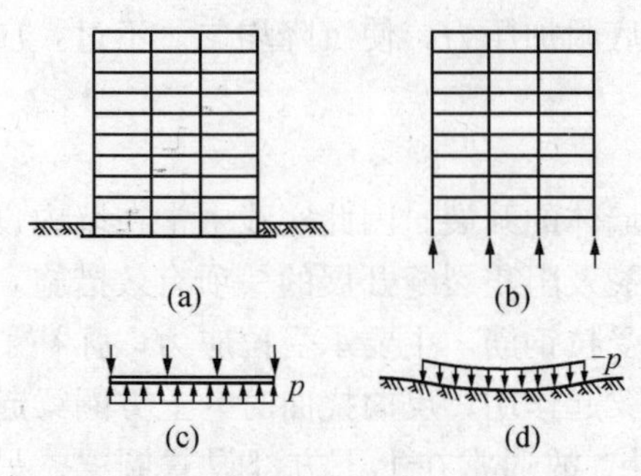

图 2-27　地基、基础、上部结构常规分析简图

通常，建筑结构设计是将上部结构，基础与地基三者作为彼此独立的结构单元进行力学分析，称为常规设计法。此方法是在满足静力平衡条件下将上部结构底部固定，求出结构内力及支座反力。再将求得的支座反力的反作用力作为基础荷载，并按直线分布假设计算基底反力，从而对基础进行内力分析。进行地基计算时，则将基底反力反向施加于地基，并作为柔性荷载来验算地基承载力和沉降（图 2-27），这种常规设计法用于刚性基础以及扩展基础设计时，由于建筑物规模较小，结构较简单，而引起的计算误差一般不至于影响结构的安全，因此为工程界所接受。然而这一简化对于条形，筏形和箱形等规模较大、荷载性质或上部结构复杂的基础，将上部结构，基础和地基离散，仅满足静力平衡条件而不考虑变形协调，常会引起较大误差。因此，此类基础设计应基于相互作用分析更为合理。

下面将分别分析地基、基础及上部结构，如何通过各自的刚度在整个受力体系的共同工作中发挥作用。

二、地基和基础相互作用

在上部结构、基础和地基三者相互作用分析中，地基的刚度起主导作用。若地基为完全刚性，即不可压缩，那么基础不会产生挠曲变形，上部结构也不会因不均匀沉降而产生附加内力，实际三者几乎没有相互作用影响，完全可以将三者分开，分别进行计算，如岩石地基

及坚硬的卵（碎）石地基即属于这种情况。

通常情况下，地基土都具有一定的压缩性，在先不考虑上部结构刚度的情况下，地基土愈软弱，基础的相对挠曲和内力就越大，从而引起上部结构的次应力也较大。另外，地基土层的非均质也会影响基础挠度和内力。图 2-28 表示地基压缩性不均匀的两种情况，两基础的柱荷载相同，但基础挠曲变形情况却相反。

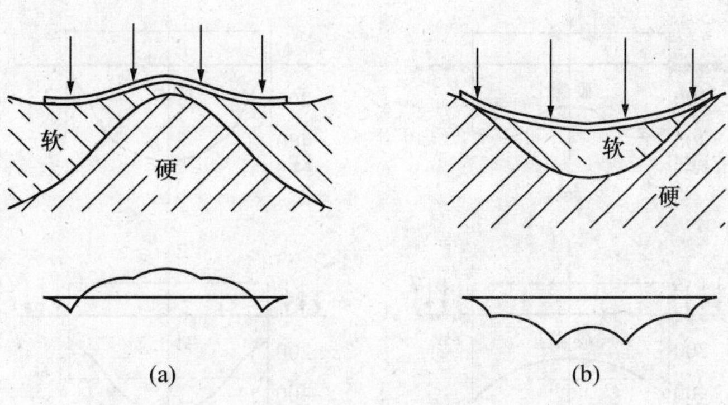

图 2-28 不均匀地基上的基础变形与弯矩图

基础将上部结构的荷载传递给地基，在这一荷载传递过程中，通过自身刚度，可调整上部结构荷载，并约束地基变形。因而基础相对于地基土的刚度大小，直接影响地基基础相互作用的强弱。以两种极端情况为例说明，基础刚度对地基反力分布的影响。

（1）完全柔性基础。由于柔性基础本身刚度很小，基础将随荷载作用而变形，无力调整荷载的分布，则作用于基础上的荷载 $q(x, y)$ 将直接传到地基上，产生与荷载分布相同，大小相等的地基反力 $p(x, y)$。当荷载均匀分布，而地基变形不均匀，呈现中间大两侧小的凹曲变形，如图 2-29（a）所示。要使基础沉降均匀，则荷载与地基反力必须按中间小两侧大的抛物线形分布，如图 2-29（b）所示。

（2）绝对刚性基础。受荷后基础不挠曲，如荷载作用于基础形心，基础在荷载作用下均匀下沉，由柔性基础均匀下沉的地基反力分布形式可知，基底压力必须两边大中间小，才能保证地基均匀变形。如图 2-30 所示。由此可见刚性基础能使上部荷载由中部向边缘转移，这一现象称为刚性基础的“架越作用”。实际上刚性基础基底压力与荷载分布形式无关，只与合力作用点位置有关。这与柔性基础截然不同。

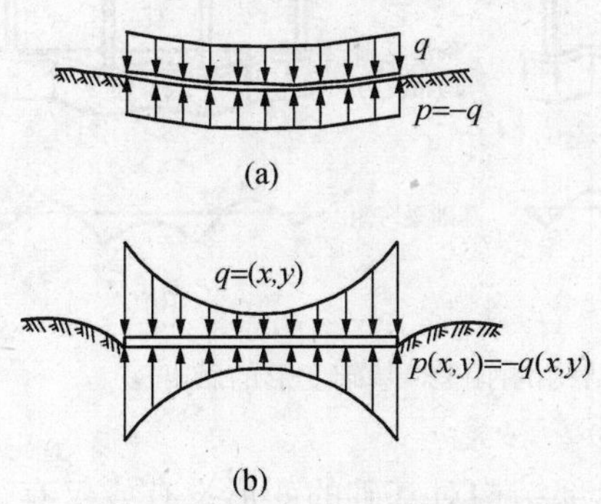

图 2-29 柔性基础地基反力及沉降

（a）荷载不均匀而沉降均匀；（b）荷载均匀而沉降不均匀

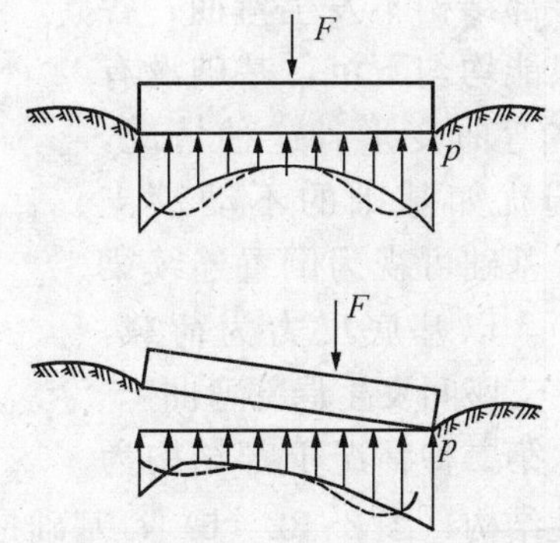

图 2-30 刚性基础地基反力及沉降

黏性土地基上相对刚度很大的基础，由于基础边缘应力很大，边缘处土体发生塑性变形以至破坏，部分应力将向中间转移，而形成如图 2-31（a）所示马鞍形的基底压力。对于无黏性土，由于没有黏聚力，且基础埋深较浅时，基础边缘很快破坏而不能承受荷载，从而出现图 2-31（b）所示的抛物线形地基反力。当基础有一定埋置深度或两边有超载时，可限制

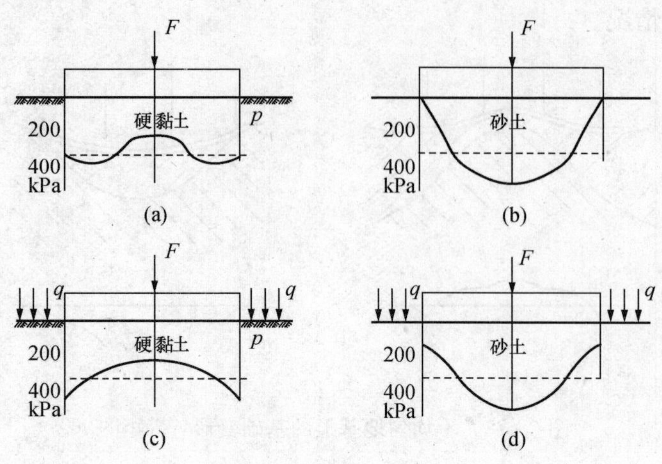

图 2-31　圆形刚性基础模型基底反力分布图

塑性区的发展，基础边缘处地基能承受更大的压力，硬黏土地基反力呈反抛物线形，无黏性土基础边缘处地基反力不为零［图 2-31（c），（d）］。

实际上，基础本身的刚度一般介于上述两种情况之间，在荷载作用下，基底压力的实际分布取决于基础与地基的相对刚度、土的压缩性以及基底下塑性区的大小。基础刚度较大而地基土较软，则架越作用就强，而随着荷载的增大，塑性区的发展，基底压力趋向于均匀近乎直线分布，而岩石或低压缩性地基上基础，基底压力则与荷载分布相一致。

常规设计法地基反力假设为直线分布，以静力分析的方法进行计算，只有当基础的刚度很大，地基土相对软弱时才比较符合实际。所以常规设计又称为“刚性设计”。

三、上部结构刚度的影响

上部结构的刚度，指的是整个上部结构对基础不均匀沉降或挠曲变形的抵抗能力。据此，按两种理想化的结构体系来说明上部结构的刚度在三者共同工作中的作用。先不考虑地基的影响，认为基底地基反力均匀分布。

第一种情况上部结构为绝对刚性体［图 2-32（a）］，基础为刚度较小的条形或筏形基础，当地基变形时，由于上部结构不发生弯曲，各柱只能均匀下沉，基础没有总体弯曲变形。这种情况，柱端犹如基础的不动铰支座，基础可视为倒置连续梁（板），以基底反力为荷载，仅在支座间发生局部弯曲。

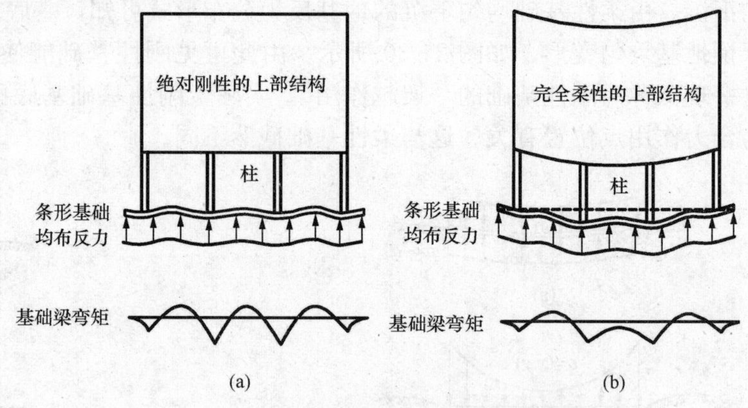

图 2-32　上部结构的刚度对基础变形的影响

第二种情况上部结构为柔性结构［图 2-32（b）］，基础是条、筏基础，这时上部结构对基础的变形没有或仅有很小的约束作用。因而基础不仅要随结构的变形而产生整体弯曲，同时跨间还受地基反力和柱支座的约束而产生局部弯曲，基础的变形和内力将是两者叠加的结果。

实际上，上部结构刚度常介于上述两种极端情况之间，在地基、基础和荷载条件不变的情况下，显然，随着上部结构刚度的增加，基础挠曲和内力将减小，与此同时，上部结构因柱端的位移而产生次应力。进一步分析，若基础也具有一定的刚度，则上部结构与基础的变形和内力必定受两者的刚度影响，这种影响可以通过节点处内力分配来进行分析。

思考题

2-1　简述地基基础设计的基本原则和一般步骤。

2-2　浅基础有哪些类型和特点？

2-3　确定基础埋深要考虑哪些因素？

2-4　地基承载力与哪些因素有关？

2-5　对于有偏心荷载作用的情况，如何根据持力层承载力确定基础底面尺寸？

2-6　什么情况下应进行软弱下卧层承载力验算？如何验算？

2-7　为减小建筑物不均匀沉降危害，应考虑采取哪些措施？

2-8　简述地基基础和上部结构相互作用的概念。你认为哪些主要问题有待研究解决？

习　题

2-1　已知某条形基础底面宽度为 $b=2.5\text{m}$，埋深 $d=1.5\text{m}$，荷载偏心距 $e=0.04\text{m}$；地基为粉质黏土，内聚力 $c_k=12\text{kPa}$，内摩擦角 $\varphi_k=30°$；地下水位距地表 1.1m，地下水位以上土的重度 $\gamma=18.2\text{kN/m}^3$，地下水位以下土的重度 $\gamma_{sat}=19.0\text{kN/m}^3$。用《建筑地基基础设计规范》（GB 50007—2011）推荐的理论公式，确定地基的承载力特征值。

2-2　某筏形基础底面宽度 $b=15\text{m}$，长度 $l=38\text{m}$，埋深 $d=2.5\text{m}$；地下水位在地表下 5.0m，场地土为均质粉土，黏粒含量 $\rho_c=14\%$，载荷试验得到的地基承载力特征值 $f_{ak}=160\text{kPa}$，地下水位以上土的重度 $\gamma=18.5\text{kN/m}^3$，地下水位以下土的重度 $\gamma_{sat}=19.0\text{kN/m}^3$。按《建筑地基基础设计规范》（GB 50007—2011）地基承载力修正特征值公式，计算地基承载力修正特征值。

2-3　已知某承重外墙，墙体传至室内外设计地坪平均标高处的荷载 $F_k=160\text{kN/m}$，力矩标准值 $M_k=16\text{kN}\cdot\text{m}$。基础埋置深度 $d=1.0\text{m}$，基础宽度为 1.3m，地基土层情况如图 2-33 所示。试验算基础宽度是否满足承载力要求。

2-4　某框架柱截面尺寸为 600mm×400mm，传至地面的竖向力标准值 $F_k=1200\text{kN}$，力矩标准值 $M_k=40\text{kN}\cdot\text{m}$，基础底面距室外地坪 $d=1.5\text{m}$，基底以上为填土重度 $\gamma=17.5\text{kN/m}^3$，持力层为黏性土，重度 $\gamma=18.5\text{kN/m}^3$，孔隙比 $e=0.67$，液性指数 $I_L=0.78$，地基承载力特征值 $f_{ak}=240\text{kPa}$（见图 2-34）。试确定柱基础的底面尺寸。

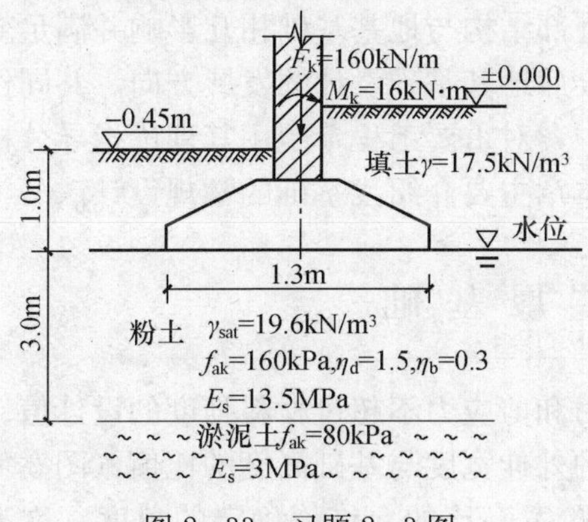

图 2-33　习题 2-3 图

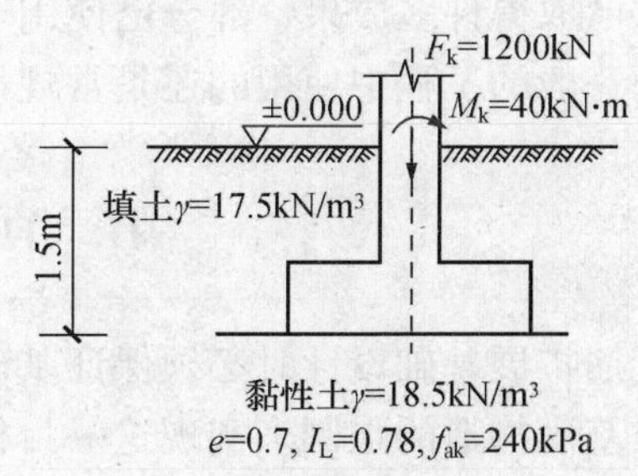

图 2-34　习题 2-4 图

第三章　浅基础结构设计

第一节　概　　述

基础是一个承上启下的结构物，其上为上部结构，其下为支承基础的岩土层即地基，上部结构的荷载通过基础传递至地基。基础除受到来自上部结构的荷载作用外，同时还受到地基反力的作用，其截面内力是这两种荷载共同作用的结果。

根据基础的建造材料不同，其结构设计的内容也有所不同。由砖、石、素混凝土等材料建造的无筋扩展基础，因其截面抗压强度高而抗拉、抗剪强度低，在进行设计时采用控制基础宽高比的方法使基础主要承受压应力，并保证基础内产生的拉应力和剪应力都不超过材料强度值。由钢筋混凝土材料建造的扩展基础，其截面的抗拉、抗剪强度较高，基础的形状布置也比较灵活，截面设计验算的内容主要包括基础底面尺寸、截面高度和截面配筋等。

荷载效应选取及地基反力计算时应注意，在确定基础底面尺寸，应考虑设计地面以下基础及其上覆土重力的作用，取荷载效应标准值计算；计算基础沉降时，取荷载效应准永久组合值。而在进行基础截面设计时，取荷载效应基本组合值，并不计基础与上覆土重力作用，计算地基净反力。

地基反力分布的假设是基础内力计算的前提，应根据基础形式和地基条件等正确确定。对墙下条形基础和柱下独立基础，地基反力通常采用直线分布。对柱下条形基础和筏板基础等，当地基持力层土质均匀，上部结构刚度较好，各柱距相差不大，柱荷载分布较均匀时，地基反力可认为符合直线分布，基础梁的内力可按简化的直线分布法计算。当不满足上述条件时，宜按弹性地基梁法计算。

在目前工程设计中，通常把上部结构与地基基础分离开来进行计算，即视上部结构底端为固定支座或固定铰支座，不考虑荷载作用下各墙、柱端部的相对位移，并按此进行内力分析，这种分析与设计方法称为常规设计法。实际上地基、基础和上部结构之间是互相影响、互相制约的，基础内力和地基变形除与基础刚度、地基土性质等有关外，还与上部结构的荷载和刚度有关。它们在荷载作用下一般满足变形协调条件，即墙、柱底端的位移与该处基础的变位及地基表面的沉降三者相一致。这种考虑上部结构与地基基础相互影响并满足变形协调条件的设计方法称为共同作用设计方法，它是今后地基基础设计的发展方向。共同作用设计方法已取得许多成果，部分已使用于工程设计中，对重要工程希望用其理论指导分析和设计，而一般的工程中使用的还是常规设计法，故本章主要介绍浅基础的常规设计法。

第二节　无筋扩展基础

无筋扩展基础设计时必须保证基础内的拉应力和剪应力不超过材料强度的设计值。通常通过对基础构造的限制来实现这一目标，即基础的外伸宽度与基础高度的比值（图3-1）小于等于无筋扩展基础台阶宽高比的允许值。由台阶宽高比的允许值确定的角度 α 称为刚性角。按刚性角设计的基础相对高度都比较大，几乎不发生挠曲变形。基础截面可做成台阶形式，有时也可做成梯形。基础形式有墙下条形基础和柱下独立基础。

根据无筋扩展基础台阶的允许宽高比，在确定基础底面尺寸后，应使其满足下式

$$\frac{b-b_0}{2H_0}\leqslant[\tan\alpha] \quad (3-1)$$

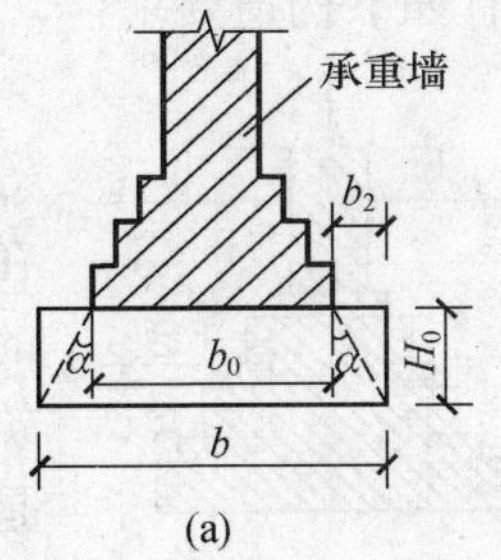

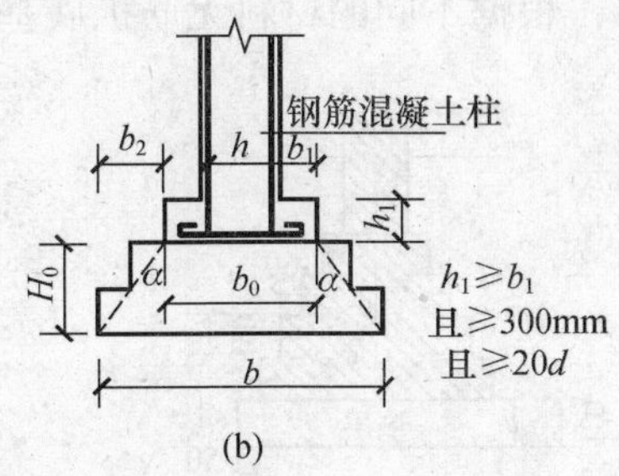

图 3-1 无筋扩展基础构造示意
d—柱中纵向钢筋直径

则基础的高度为

$$H_0\geqslant\frac{b-b_0}{2[\tan\alpha]} \quad (3-2)$$

式中 H_0——基础的高度；

$[\tan\alpha]$——基础台阶的允许宽高比，α 称之为刚性角，$[\tan\alpha]=\left[\frac{b_2}{H_0}\right]$，可按表 3-1 选取。

表 3-1 无筋扩展基础台阶宽高比的允许值

基础材料	质量要求	台阶宽高比的允许值		
		$p_k\leqslant100$	$100<p_k\leqslant200$	$200<p_k\leqslant300$
混凝土基础	C15 混凝土	1∶1.00	1∶1.00	1∶1.25
毛石混凝土基础	C15 混凝土	1∶1.00	1∶1.25	1∶1.50
砖基础	砖不低于 MU10、砂浆不低于 M5	1∶1.50	1∶1.50	1∶1.50
毛石基础	砂浆不低于 M5	1∶1.25	1∶1.50	—
灰土基础	体积比为 3∶7 或 2∶8 的灰土，其最小干密度：粉土 1.55t/m^3，粉质黏土 1.50t/m^3，黏土 1.45t/m^3	1∶1.25	1∶1.50	—
三合土基础	体积比为 1∶2∶4～1∶3∶6（石灰：砂：骨料），每层约虚铺 220mm，夯至 150mm	1∶1.50	1∶2.00	—

注 1. p_k 为荷载效应标准组合时基础底面处的平均压力值（kPa）；
2. 阶梯形毛石基础的每阶伸出的宽度，不宜大于 200mm；
3. 当基础由不同材料叠合组成时，应对接触部分做抗压验算；
4. 基础底面处的平均压力值超过 300kPa 的混凝土基础，尚应进行抗剪验算。

采用无筋扩展基础的钢筋混凝土柱，其柱脚高度 h_1 不得小于 b_1 [图 3-1 (b)]，并不应小于 300mm 且不小于 $20d$（d 为柱中的纵向受力钢筋的最大直径）。当柱纵向钢筋在柱脚内的竖向锚固长度不满足锚固要求时，可沿水平方向弯折，弯折后的水平锚固长度不应小于 $10d$ 也不应大于 $20d$。

若不满足上式时，可增加基础高度，或选择允许宽高比值较大的材料。如仍不满足，则需改用钢筋混凝土扩展基础。在同样荷载和基础尺寸的条件下，钢筋混凝土基础构造高度较小，适宜“宽基浅埋”的情况。

根据不同的材料无筋扩展基础有如下构造要求：

60
120
100
垫层
50
(a)
120
60
120
(b)

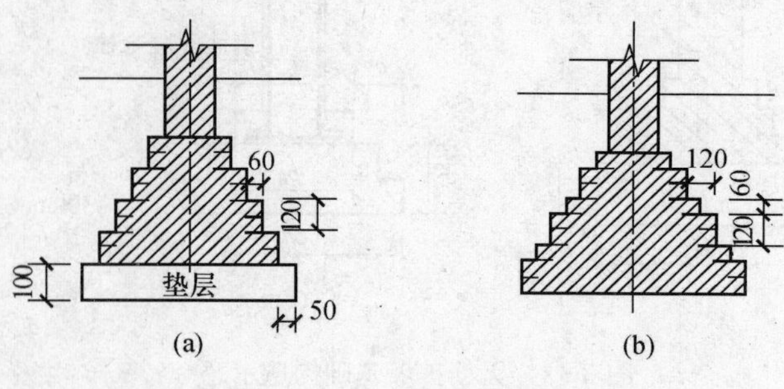

图 3-2 砖基础构造形式

（1）砖基础。砖基础所用砖强度等级不低于 MU10，砂浆不低于 M5。在砌筑基础前，一般应先做 100mm 厚的 C10 的素混凝土垫层。砖基础常砌筑成大放脚形式，砌法有两种，一种是“两皮一收”砌法如图 3-2（a）所示，一种是“二一隔收”砌法如图 3-2（b）所示，台阶宽高比分别为 1/2和 1/1.5 均满足要求。

（2）石料基础。料石（经过加工，形状规则的石块），毛石和大漂石有很高的强度和抗冻性，是基础的良好材料。特别在山区，石料可以就地取材，应该充分利用。做基础的石料要选用质地坚硬，不易风化的岩石。石块的厚度不宜小 15cm。石料基础一般不宜用于地下水位以下。

（3）灰土基础。灰土是用石灰和土料配制而成的，在我国已有一千多年的使用历史。石灰以块状为宜，经熟化 1～2 天后用 5～10mm 筛子过筛立即使用。土料宜用塑性指数较低的粉土和黏性土，并过筛使用，粒径不得大于 15mm。石灰与土料按体积配合比 3∶7 或 2∶8 拌和均匀后，在基槽内分层夯实（每层虚铺 220～250mm，夯实至 150mm，称为一步灰土）。灰土基础宜在比较干燥的土层中使用，其本身具有一定抗冻性。

（4）三合土基础。石灰、砂和骨料（炉渣、碎砖或碎石）加水混合而成。施工时石灰、砂、骨料按体积配合比 1∶2∶4 和 1∶3∶6 拌和均匀再分层夯实。南方有的地区习惯使用水泥，石灰、砂、骨料的四合土作为基础。所用材料体积配合比分别为 1∶1∶5∶10 或1∶1∶6∶12。

（5）混凝土基础。不设钢筋的混凝土基础常称为素混凝土基础。混凝土的耐久性，抗冻性都比较好，强度较高，因此，同样的基础宽度，用混凝土时，基础高度可以小一些。但混凝土造价稍高，耗水泥量较大，较多用于地下水位以下的基础或垫层。混凝土基础强度等级一般为采用 C15，为节约水泥用量，可以在混凝土中掺入 20%～30%的毛石，形成毛石混凝土。

【例 3-1】 柱下无筋扩展基础设计

某厂房柱断面 600mm×400mm。基础受竖向荷载标准值 $F_k=780$kN，力矩标准值 120kN·m，水平荷载标准值 $H=40$kN，作用点位置在±0.000 处。地基土层剖面如图 3-3 所示。基础埋置深度 1.8m，试设计柱下无筋扩展基础。

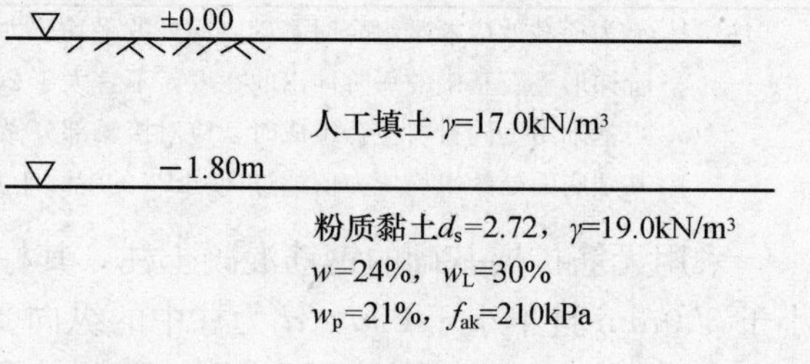

±0.00
人工填土 γ=17.0kN/m³
−1.80m
粉质黏土d_s=2.72，γ=19.0kN/m³
w=24%，w_L=30%
w_p=21%，f_{ak}=210kPa

图 3-3 ［例 3-1］图 1 土层剖面示意图

解 1. 持力层承载力特征值深度修正

持力层为粉质黏土层

$$I_L=\frac{w-w_p}{w_L-w_p}=\frac{24-21}{30-21}=0.33$$

$$e = \frac{d_s(1+w)\gamma_w}{\gamma} - 1 = \frac{2.72 \times (1+0.24) \times 10}{19.0} - 1 = 0.775$$

查表 2-6 得知 $\eta_b=0.3$、$\eta_d=1.6$，先考虑深度修正

$$\begin{aligned} f_a &= f_{ak} + \eta_d \gamma_m (d-0.5) \\ &= 210 + 1.6 \times 17.0 \times (1.8-0.5) \\ &= 245\text{kPa} \end{aligned}$$

2. 先按中心荷载作用计算基础底面积

$$A_0 = \frac{F_k}{f_a - \gamma_G d} = \frac{780}{245 - 20 \times 1.8} = 3.73\text{m}^2$$

扩大至 $A=1.3$，$A_0=4.85\text{m}^2$

取 $l=1.5b$，则

$$b = \sqrt{\frac{A}{1.5}} = \sqrt{\frac{4.85}{1.5}} = 1.8\text{m}$$

$$l = 2.7\text{m}$$

3. 地基承载力验算

基础宽度小于 3m，不必再进行宽度修正。

基底压力平均值

$$p_k = \frac{F_k}{lb} + \gamma_G d = \frac{780}{2.7 \times 1.8} + 20 \times 1.8 = 196\text{kPa}$$

基底压力最大值为

$$p_{\text{kmin}}^{\text{kmax}} = p_k \pm \frac{M_k}{W} = 196 + \frac{(120+40\times 1.8)\times 6}{2.7^2 \times 1.8} = 196 \pm 88 = {}^{284}_{108}\text{kPa}$$

$$1.2 f_a = 294\text{kPa}$$

由结果可知 $p_k < f_a$，$p_{\text{kmax}} < 1.2 f_a$ 满足要求。

4. 基础剖面设计

基础材料选用 C15 混凝土，查表 3-1 得台阶宽、高比允许值为 1∶1.0，则基础高度

$$\begin{aligned} h &= (l - l_0)/2 \\ &= (2.7-0.6)/2 \\ &= 1.05\text{m} \end{aligned}$$

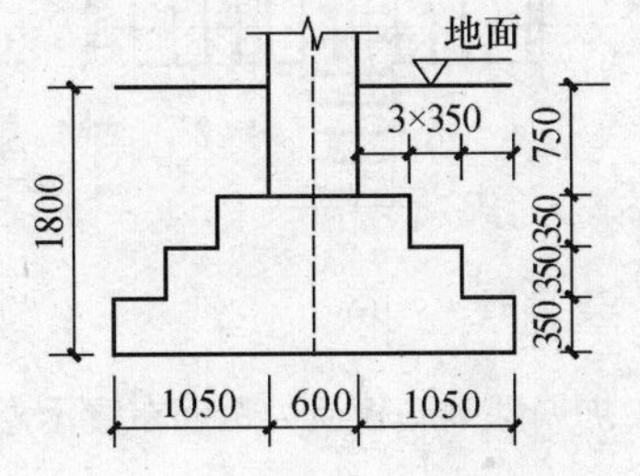

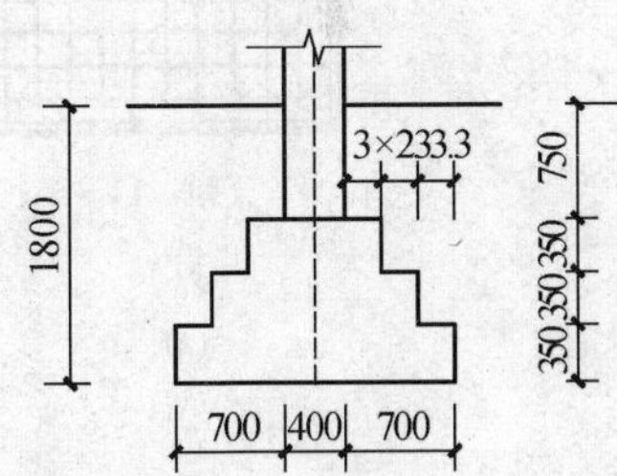

图 3-4 ［例 3-1］图 2 基础剖面尺寸示意图

做成三个台阶，长度方向每阶宽 350mm，宽度方向取每阶宽 233.3mm，基础剖面尺寸如图 3-4 所示。

第三节 钢筋混凝土扩展基础

钢筋混凝土扩展基础包括钢筋混凝土柱下独立基础和墙下钢筋混凝土条形基础。这种基础不受刚性角的限制，基础高度可以较小，用钢筋承受弯曲所产生的拉应力，但需要满足抗弯、抗剪和抗冲切破坏的要求。

一、钢筋混凝土扩展基础构造要求

1. 一般规定

（1）锥形基础的边缘高度不宜小于200mm，且两个方向的坡度不宜大于1∶3；阶梯形基础的每阶高度，宜为300～500mm。

（2）垫层的厚度不宜小于70mm；垫层混凝土强度等级应为C10。

（3）扩展基础受力钢筋最小配筋率不应小于0.15%，底板受力钢筋的最小直径不宜小于10mm，间距不宜大于200mm，也不宜小于100mm。墙下钢筋混凝土条形基础纵向分布钢筋的直径不小于8mm；间距不大于300mm；每延米分布钢筋的面积应不小于受力钢筋面积的15%。当有垫层时钢筋保护层的厚度不应小于40mm；无垫层时不应小于70mm。

（4）混凝土强度等级不应低于C20。

（5）柱下钢筋混凝土独立基础的边长和墙下钢筋混凝土条形基础的宽度大于或等于2.5m时，底板受力钢筋的长度可取边长或宽度的0.9，并宜交错布置［图3-5（a）］。

（6）钢筋混凝土条形基础底板在T形及十字形交接处，底板横向受力钢筋仅沿一个主要受力方向通长布置，另一方向的横向受力钢筋可布置到主要受力方向底板宽度1/4处［图3-5（b）］，在拐角处底板横向受力钢筋应沿两个方向布置［图3-5（c）］。

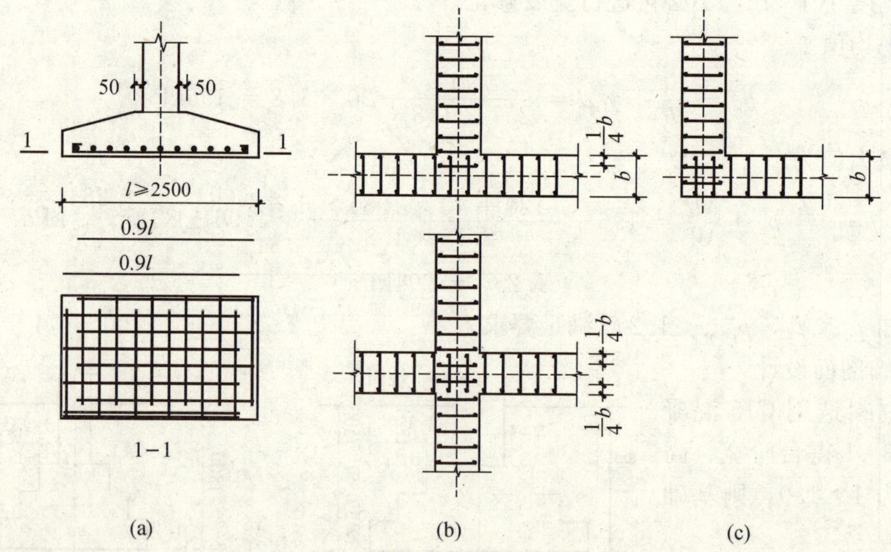

图3-5 扩展基础底板受力钢筋布置示意图

2. 钢筋混凝土现浇柱基础与柱的连接

（1）钢筋混凝土柱和剪力墙纵向受力钢筋在基础内的锚固长度 l_a 应根据钢筋在基础内的最小保护层厚度按现行《混凝土结构设计规范》（GB 50010—2011）有关规定确定：抗震设防烈度为6～9度地区的建筑工程，纵向受力钢筋的最小锚固长度 l_{aE} 应按下式计算：

一、二级抗震等级

$$l_{aE}=1.15l_a$$

三级抗震等级

$$l_{aE}=1.05l_a$$

四级抗震等级

$$l_{aE} = l_a$$

式中　l_a——纵向受拉钢筋的锚长度，m。

（2）现浇柱的基础，其插筋的数量、直径以及钢筋种类应与柱内纵向受力钢筋相同。插筋的锚固长度应满足第（1）条的要求，插筋与柱的纵向受力钢筋的连接方法，应符合现行《混凝土结构设计规范》（GB 50010—2010）的规定。插筋的下端宜作成直钩放在基础底板钢筋网上。当符合下列条件之一时，可仅将四角的插筋伸至底板钢筋网上，其插筋锚固在基础顶面下 l_a 或 l_{aE}（有抗震设计要求时）处（图 3-6）。

柱为轴心受压或小偏心受压，基础高度大于等于 1200mm；柱为大偏心受压，基础高度大于等于 1400mm。

3. 预制钢筋混凝土柱杯口基础的构造要求

预制钢筋混凝土柱与杯口基础的连接，应符合下列要求（图 3-7）

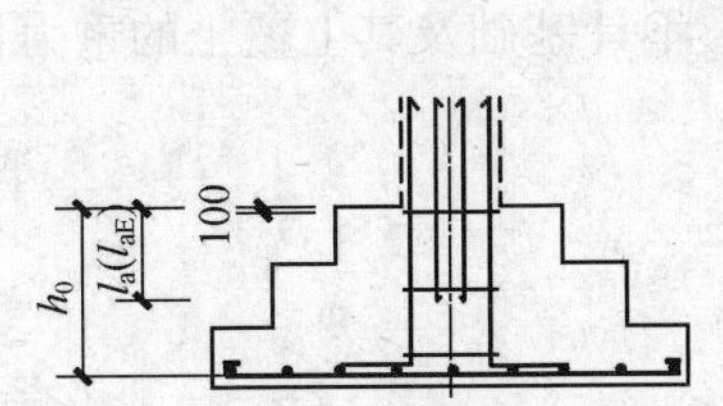

图 3-6　现浇柱的基础中插筋构造示意

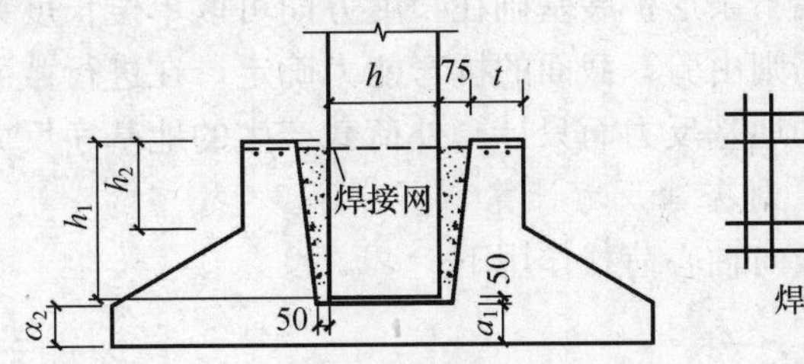

图 3-7　预制钢筋混凝土柱独立基础示意

（1）柱的插入深度，可按表 3-2 选用，并应满足钢筋锚固长度的要求及吊装时柱的稳定性。

表 3-2　　**柱的插入深度**　　mm

矩形或工字形柱				双肢柱
$h<500$	$500\leqslant h<800$	$800\leqslant h\leqslant 1000$	$h>1000$	
$h\sim 1.2h$	h	$0.9h$ 且$\geqslant 800$	$0.8h$ 且$\geqslant 1000$	$(1/3\sim 2/3)\ h_a$ $(1.5\sim 1.8)\ h_b$

注　1. h 为柱截面长边尺寸；h_a 为双肢柱全截面长边尺寸；h_b 为双肢柱全截面短边尺寸；
2. 柱轴心受压或小偏心受压时，h_1 可适当减小，偏心距大于 2h 时，h_1 应适当加大。

（2）基础的杯底厚度和杯壁厚度，可按表 3-3 选用。

表 3-3　　**基础的杯底厚度和杯壁厚度**

柱截面长边尺寸 h（mm）	杯底厚度 a_1（mm）	杯壁厚度 t（mm）
$h<500$	$\geqslant 150$	150～200
$500\leqslant h<800$	$\geqslant 200$	$\geqslant 200$
$800\leqslant h<1000$	$\geqslant 200$	$\geqslant 300$
$1000\leqslant h<1500$	$\geqslant 250$	$\geqslant 350$
$1500\leqslant h<2000$	$\geqslant 300$	$\geqslant 400$

注　1. 双肢柱的杯底厚度值，可适当加大；
2. 当有基础梁时，基础梁下的杯壁厚度，应满足其支承宽度的要求；
3. 柱子插入杯口部分的表面应凿毛，柱子与杯口之间的空隙，应用比基础混凝土强度等级高一级的细石混凝土充填密实，当达到材料设计强度的 70%以上时，方能进行上部吊装。

（3）柱为轴心受压或小偏心受压且 $t/h_2 \geqslant 0.65$ 时，或大偏心受压且 $t/h_2 \geqslant 0.75$ 时，杯壁可不配筋；当柱为轴心受压或小偏心受压且 $0.5 \leqslant t/h_2 < 0.65$ 时，杯壁可按表 3-4 构造配筋；其他情况下，应按计算配筋。

表 3-4 杯壁构造配筋

柱截面长边尺寸（mm）	$h<1000$	$1000 \leqslant h < 1500$	$1500 \leqslant h \leqslant 2000$
钢筋直径（mm）	8～10	10～12	12～16

注 表中钢筋置于杯口顶部，每边两根（图 3-7）。

（4）预制钢筋混凝土柱与高杯口基础的连接及构造要求参见《建筑地基基础设计规范》（GB 50007—2011）中的 8.2.6 条的有关规定。

二、墙下钢筋混凝土条形基础

墙下条形扩展基础在长度方向可取单位长度计算。基础宽度由地基承载力确定，基础底板配筋则由验算截面的抗弯能力确定。在进行截面计算时，不计基础及其上覆土的重力作用产生的地基反力而只计算外荷载产生的地基净反力。

1. 地基净反力计算

竖向轴心荷载作用下

$$p_j = \frac{F}{b} \tag{3-3a}$$

偏心荷载作用下

$$p_{\substack{jmax \\ jmin}} = \frac{F}{b} \pm \frac{6M}{b^2} \tag{3-3b}$$

式中 F, M——分别为基础单位长度上荷载效应基本组合值，单位分别为，kN/m，kN·m/m；

b——墙下钢筋混凝土条形基础宽度，m。

2. 基础高度的确定

墙下条形基础高度应满足墙与基础交接处的基础受剪承载力要求。

墙下条形基础在基底净反力 p_j 的作用下，受力情况如同一倒置的悬臂板，在根部（截面Ⅰ-Ⅰ位置）内力最大，沿基础方向取 1m 为计算单元，则：

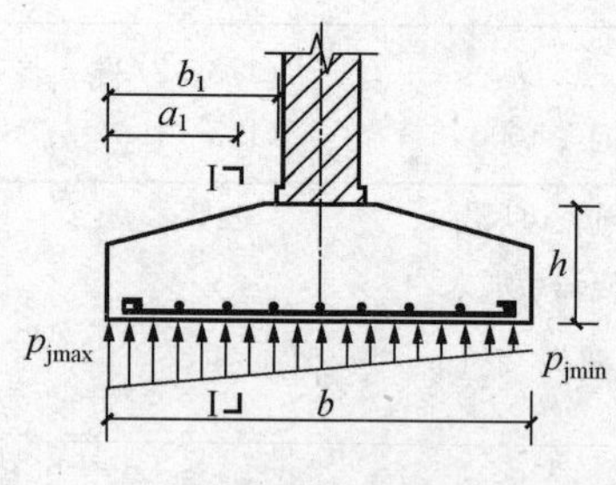

图 3-8 墙下条形基础计算示意图

基础验算截面处剪力设计值（图 3-8）为

$$V_{sⅠ} = \frac{a_1}{2b}[(2b - a_1)p_{jmax} + a_1 p_{jmin}] \tag{3-4}$$

根据《混凝土结构设计规范》中关于不配置箍筋和弯起筋的一般板类受弯构件的斜截面受剪承载力验算要求，基础高度应满足如下条件

$$V_{sⅠ} \leqslant 0.7\beta_{hs} f_t A_0 \tag{3-5}$$

$$\beta_h = (800/h_0)^{1/4}$$

式中 p_{jmax}、p_{jmin}——相应于荷载效应基本组合时的基础底面边缘最大和最小地基净反力设计值，kPa；

a_1——弯矩最大截面位置距底面边缘最大地基反力处的距离；当墙体材料为混凝土时，取 $a_1 = b_1$，如为砖墙且放角不大于 1/4 砖长时，取 $a_1 = b_1 + 1/4$ 砖长，m；

h_0——基础有效高度，m；

f_t——混凝土轴心抗拉强度设计值，MPa。

β_{hs}——截面高度影响系数：当 $h_0<800$mm 时，取 $h_0=800$mm，当 $h_0>2000$mm 时，取 $h_0=2000$mm。

A_0——验算截面处基础底板的单位长度垂直截面的有效面积。

3. 底板配筋计算

基础验算截面Ⅰ处弯矩设计值（图 3-8），即：

竖向轴心荷载作用下

$$M_{\mathrm{I}} = \frac{1}{2} p_{\mathrm{j}} a_1^2 \tag{3-6a}$$

偏心荷载作用下

$$M_{\mathrm{I}} = \frac{1}{6}(2p_{\mathrm{jmax}} + p_{\mathrm{jI}}) {a_1}^2 \tag{3-6b}$$

式中　p_{jI}——相应于荷载效应基本组合时的基础验算截面Ⅰ-Ⅰ处地基净反力设计值，kPa。

每延米墙长的受力钢筋的截面面积为

$$A_s = \frac{M_{\mathrm{I}}}{0.9 f_y h_0} \tag{3-7}$$

式中　A_s——钢筋面积，m^2；

f_y——钢筋抗拉强度，MPa。

【例 3-2】　钢筋混凝土墙下条形基础设计

某办公楼为砖混承重结构，拟采用钢筋混凝土墙下条形基础。外墙厚为 370mm，上部结构传至±0.000 处的荷载标准值为 $F_k=220$kN/m，$M_k=45$kN·m/m，荷载基本值为 $F=250$kN/m，$M=63$kN·m/m，基础埋深 1.92m（从室内地面算起），地基持力层承载力修正特征值 $f_a=158$kPa。混凝土强度等级为 C20（$f_t=1.1\mathrm{N/mm^2}$），钢筋采用 HPB300 级钢筋（$f_y=270\mathrm{N/mm^2}$）。试设计该外墙基础。

解　(1) 求基础底面宽度 b。

基础平均埋深　$\bar{d}=(1.92\times2-0.45)/2=1.7$m

基础底面宽度　$b=\dfrac{F_k}{f-\gamma_G \bar{d}}=\dfrac{220}{158-20\times1.7}=1.77$m

初选　$b=1.3\times1.77=2.3$m

地基承载力验算

$$p_{\mathrm{kmax}} = \frac{F_k + G_k}{b} + \frac{6M_k}{b^2} = \frac{220 + 20\times1.7\times2.3}{2.3} + \frac{6\times45}{2.3^2}$$

$$= 129.7 + 51.0$$

$$= 180.7\text{kPa} < 1.2 f_a = 189.6\text{kPa 满足要求}$$

(2) 地基净反力计算

$$p_{\mathrm{jmax}} = \frac{F}{b} + \frac{6M}{b^2} = \frac{250}{2.3} + \frac{6\times63}{2.3^2} = 108.7 + 71.5 = 180.2\text{kPa}$$

$$p_{\mathrm{jmin}} = \frac{F}{b} - \frac{6M}{b^2} = \frac{250}{2.3} - \frac{6\times63}{2.3^2} = 108.7 - 71.5 = 37.2\text{kPa}$$

（3）基础高度及配筋计算。

选基础高度 h=350mm，边缘厚取 200mm（基础高度验算略）。采用 C10，100mm 厚的混凝土垫层，基础保护层厚度取 40mm，则基础有效高度 h_0=310mm。

计算截面选在墙边缘，则

$$a_1=(2.3-0.37)/2=0.965\text{m}$$

该截面处的地基净反力

$$p_{j1}=180.2-(180.2-37.2)\times0.965/2.3=120.2\text{kPa}$$

按式（3-4）和式（3-5）验算基础高度，即

$$V_{s1}=\frac{a_1}{2b}\times[(2b-a_1)p_{jmax}+a_1p_{jmin}]$$

$$=\frac{0.97}{2\times2.3}\times[(2\times2.3-0.97)\times180.2+0.97\times37.2]$$

$$=145.5\text{kN/m}$$

$$0.7\beta_{hs}f_tA_0=0.7\times(800/800)^{1/4}\times1.1\times10^3\times0.31$$

$$=238.7\text{kN/m}$$

$V_{s1}<0.7\beta_{hs}f_tA_0$，基础高度满足要求。

计算底板最大弯矩

$$M_{max}=\frac{1}{6}(2p_{jmax}+p_{j1})a_1{}^2$$

$$=\frac{1}{6}\times(2\times180.2+120.2)\times0.965^2$$

$$=74.59\text{kN}\cdot\text{m/m}$$

计算底板配筋

$$\frac{M_{max}}{0.9h_0f_y}=\frac{74.59\times10^6}{0.9\times310\times270}=1000\text{mm}^2$$

选用Φ 12@110mm（A_s=1028mm²），根据构造要求纵向分布筋选取Φ 8@250mm（A_s=201.0mm²）。

基础剖面如图 3-9 所示。

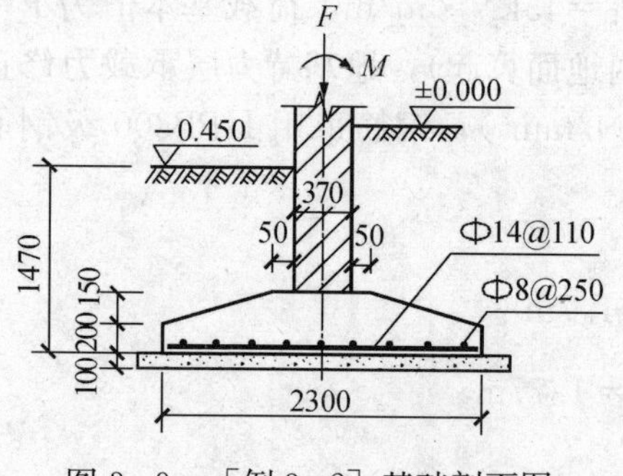

图 3-9 ［例 3-2］基础剖面图

三、柱下钢筋混凝土独立基础

柱下钢筋混凝土独立基础的基础底面积由地基承载力确定之后，应进行基础的截面设计。基础截面设计包括基础高度和配筋计算。

当基础承受柱子传来的荷载时，若柱子周边处基础的高度不够，就会发生冲切破坏或剪切破坏，因此，钢筋混凝土柱下独立基础的高度确定应验算抗冲切或抗剪切承载力。

基础底板在地基反力作用下还会产生向上的弯曲，当弯曲应力超过基础抗弯强度时，基础底板将发生弯曲破坏，如图 3-11 所示。因此，基础底板应配置足够的钢筋以抵抗弯曲变形。

1. 基础高度抗冲切验算

对于底面短边尺寸大于柱宽加两倍基础有效高度的柱下独立基础，当基础承受柱子传来的荷载时，基础有可能发生从柱子周边起沿 45°斜面拉裂的破坏，称之为冲切破坏。冲切破

坏形成的锥体会落在基础底面以内，此时，钢筋混凝土柱下独立基础的高度由抗冲切验算确定。而基础变阶处也可以发生同样的破坏，因此，基础台阶的高度也要进行冲切验算。

（1）竖向轴心荷载作用。为保证基础不发生冲切破坏，在基础冲切锥范围以外，由地基净反力 p_j 在破坏锥面上引起的冲切力 F_l 应小于基础可能冲切面上的混凝土抗冲切强度，由此来确定基础高度。因此基础高度须满足下式

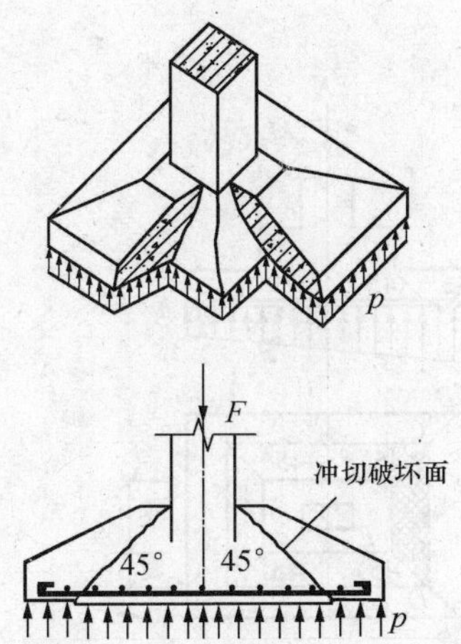

图 3-10　中心荷载作用下的柱基础冲切破坏

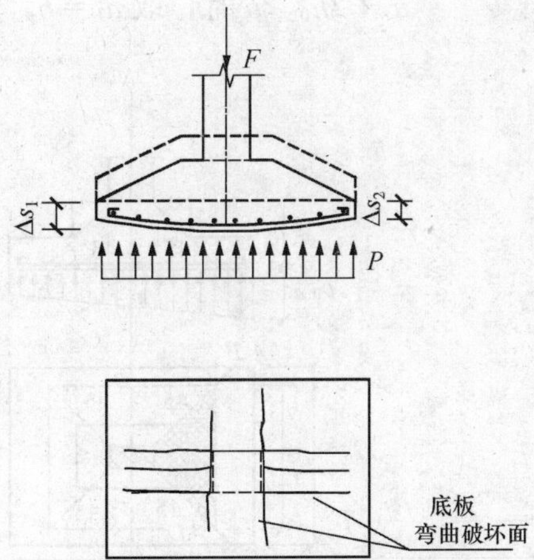

图 3-11　柱基础底板弯曲破坏

$$F_l \leqslant 0.7\beta_{hp} f_t A_1 \tag{3-8}$$

$$F_l = p_j A_2 \tag{3-9}$$

式中　p_j——扣除基础自重及其上土重后相应于荷载效应基本组合时的地基土单位面积净反力，对偏心受压基础可取基底边缘处最大净反力，kPa；

β_{hp}——受冲切承载力截面高度影响系数，当 h 不大于 800mm 时，取 1.0；当 h 大于等于 2000mm 时，取 0.9，其间按线性内插法取用；

f_t——混凝土轴心抗拉强度设计值，kPa；

A_1，A_2——冲切锥破坏面水平投影面面积和冲切锥破范围以外基础底面的面积，m^2。

图 3-12 表示基础底面尺寸为 $l \times b$ 的锥形扩展基础受竖向轴心荷载 F_k 作用而产生冲切破坏，冲切锥以外的基底面积如阴影所示，即

$$A_1 = 2(l_0 + b_0 + 2h_0)h_0$$

$$A_2 = A_{abcd} - A_{efgh}$$

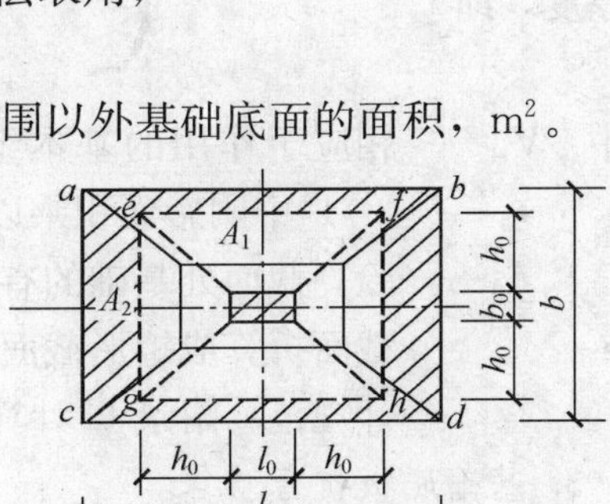

图 3-12　中心荷载作用下基础冲切计算

（2）偏心荷载作用。偏心荷载作用基底净反力为梯形。冲切破坏斜面位于基底净反力 p_{jmax} 的一侧。作用在这一斜面上的冲切荷载应满足式（3-10），即

$$F_l \leqslant 0.7\beta_{hp} f_t a_m h_0 \tag{3-10}$$

$$F_l = p_j A_l \tag{3-11}$$

式中　A_l——计算冲切荷载时取用的多边形面积［图 3-13（a）、（b）中多边形 $ABCDEF$］，m；

a_m——冲切破坏锥体最不利一侧计算长度，$a_m=(a_t+a_b)/2$，m；

a_t——冲切破坏锥体最不利一侧斜截面的上边长，当计算柱与基础交接处的受冲切承载力时，取柱宽；当计算基础变阶处的受冲切承载力时，取上阶宽，m；

a_b——冲切破坏锥体最不利一侧斜截面与基础底面的交线，冲切破坏锥体位于基础底面范围内时，$a_b=a_t+2h_0$，冲切破坏锥体位于基础底面范围以外时，即 $a_t+2h_0\geqslant b$ 时，取 $a_b=b$，m。

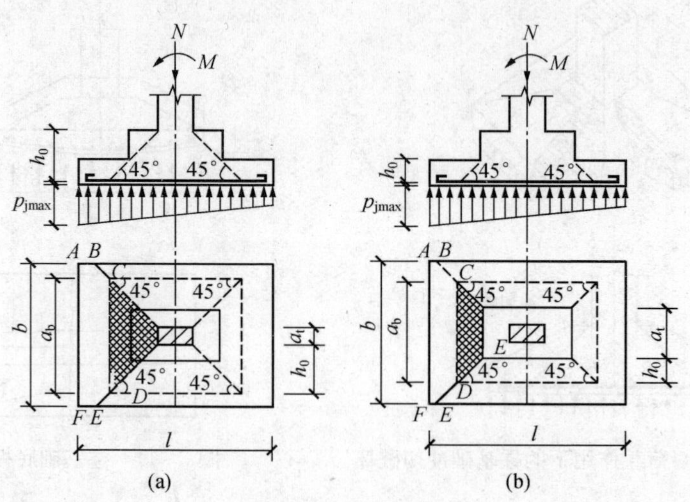

图 3-13　偏心荷载作用柱基础冲切计算简图

（a）柱与基础交接处；（b）基础变阶处

当式（3-8）或式（3-10）不满足时，可适当增加基础高度再验算直至满足要求为止。

2. 基础高度抗剪验算

当基础底面短边尺寸小于或等于柱宽加两倍基础有效高度时，应按式（3-5）验算基础的厚度，即

$$V_{sI}\leqslant 0.7\beta_{hs}f_tA_0$$

式中　V_{sI}——相应于作用的基本组合时，柱与基础或基础变阶处的剪力设计值，kN，图3-14中阴影面积乘以基底平均净反力；

A_0——验算截面处基础的有效截面面积，m^2，当验算截面为阶形或锥形时，可将其截面折算成矩形截面，截面折算宽度和截面的有效高度按《建筑地基基础设计规范》附录U计算。

3. 基础底板抗弯验算

柱下扩展基础受基底反力的作用下，产生双向弯曲。分析时可将基底按对角线分成四个区域（图 3-15）。对于中心荷载作用或偏心作用而偏心距小于或等于 1/6 倍基础宽度的情况，当台阶的宽高比小于或等于 2.5 时，任意截面的弯矩可按下列公式计算

$$M_{\mathrm{I}}=\frac{1}{12}a_1{}^2[(2b+b')(p_{jmax}+p_{jI})+(P_{jmax}-p_{jI})b] \tag{3-12}$$

$$M_{\mathrm{II}}=\frac{1}{48}(b-b')^2(2l+a')(p_{jmax}+p_{jmin}) \tag{3-13}$$

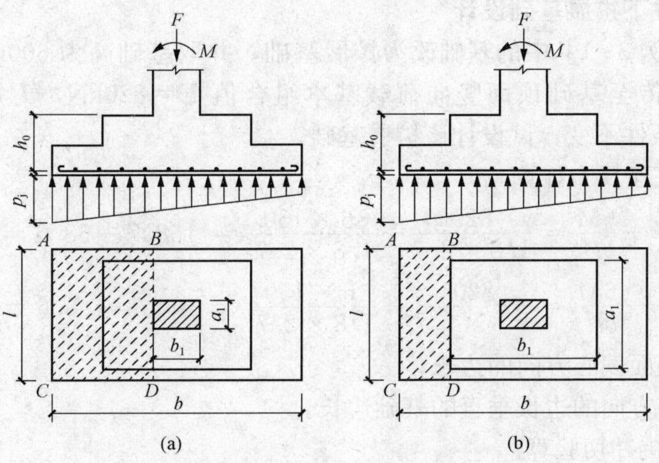

图 3-14　验算阶形基础受剪切承载力示意图

(a) 柱与基础交接处；(b) 基础变阶处

式中　M_{I}、M_{II}——任意截面Ⅰ-Ⅰ，Ⅱ-Ⅱ处的弯矩设计值，验算截面选取在弯矩最大的截面处或基础变阶处，kN·m；

a_1——任意截面Ⅰ-Ⅰ至基底边缘最大反力处的距离，m；

l——基础底面偏心方向的边长，m；

b——与偏心方向垂直的基础边长，m；

p_{jmax}、p_{jmin}——相应于荷载效应基本组合时的基础底面边缘最大和最小地基净反力设计值，对于竖向轴心荷载作用时，$p_{\text{jmax}}=p_{\text{jmin}}=p_{\text{j}}$，kPa；

p_{jI}——相应于荷载效应基本组合时在任意截面Ⅰ-Ⅰ处基础底面地基净反力设计值，kPa。

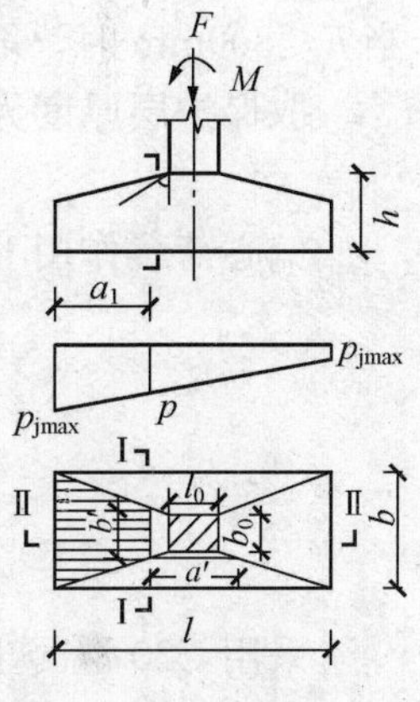

图 3-15　基础底板抗弯验算截面

底板纵横向受力钢筋面积按下式计算

$$\left.\begin{aligned} A_{\text{sI}} &\geqslant \frac{M_{\text{I}}}{0.9 f_y h_0} \\ A_{\text{sII}} &\geqslant \frac{M_{\text{II}}}{0.9 f_y (h_0 - d_{\text{I}})} \end{aligned}\right\} \tag{3-14}$$

式中　d_{I}——纵向钢筋直径，mm。

当柱下独立柱基底面长短边之比 $2\leqslant\omega\leqslant3$ 时，基础底板短向钢筋应按下述方法布置：将短向全部钢筋面积乘以 λ 后求得的钢筋，均匀分布在与柱中心线重合的宽度等于基础短边的中间带宽范围内，其余的短向钢筋则均匀分布在中间带宽的两侧。长向配筋应均匀分布在基础全宽范围内（见图 3-16）。λ 按下式计算

$$\lambda = 1 - \frac{\omega}{6}$$

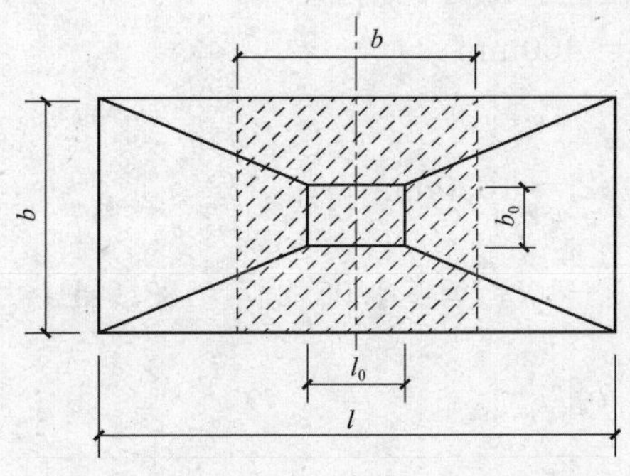

图 3-16　$2<l/b<3$ 时基础底板短向钢筋布置示意图

【例 3-3】　柱下扩展基础设计

若将第二节［例 3-1］中的基础改为扩展基础，并取基础高为 600mm，基础底面尺寸为 2.7m×1.8m，传至基础顶面竖向荷载基本组合值 $F=820\text{kN}$，力矩基本组合值 $M=150\text{kN}\cdot\text{m}$，其余条件不变，试设计该扩展基础。

解　（1）基底净反力计算

$$p_{\text{jmax}}=\frac{F}{lb}+\frac{6M}{bl^2}=\frac{820}{1.8\times2.7}+\frac{6\times150}{1.8\times2.7^2}=168.7+68.6=237.3\text{kPa}$$

$$p_{\text{jmin}}=\frac{F}{lb}-\frac{6M}{bl^2}=\frac{820}{1.8\times2.7}-\frac{6\times150}{1.8\times2.7^2}=168.7-68.6=100.1\text{kPa}$$

式中　l——基础底面偏心方向的边长；

b——与偏心方向的边长垂直的基础边长。

（2）基础厚度抗冲切验算。

由冲切破坏体极限平衡条件得

$$F_l\leqslant0.7\beta_{\text{hp}}f_{\text{t}}a_{\text{m}}h_0$$

$$F_l=p_{\text{jmax}}A_l$$

当 $h\leqslant800\text{mm}$ 时，取 $\beta_{\text{hp}}=1.0$

取保护层厚度为 80mm，则

$$h_0=600-80=520\text{mm}$$

偏心荷载作用下，冲切破坏发生于最大基底反力一侧，由图 3-13（a）所示得

$$\begin{aligned}A_l&=\left(\frac{l-l_0}{2}-h_0\right)b-\left(\frac{b-b_0}{2}-h_0\right)^2\\&=[(2.7-0.6)/2-0.52]\times1.8-[(1.8-0.4)/2-0.52]^2\\&=0.922\text{m}^2\end{aligned}$$

$$F_l=p_{\text{jmax}}A_l=237.3\times0.922=218.8\text{kPa}$$

采用 C20 混凝土，其抗拉强度设计值 $f_{\text{t}}=1.1\text{MPa}$

$$a_{\text{m}}=b_0+h_0=400+520=920\text{mm}$$

$$0.7\beta_{\text{hp}}f_{\text{t}}a_{\text{m}}h_0=0.7\times1.0\times1.1\times10^3\times0.92\times0.52=368\text{kN}>F_l$$

基础高度满足要求。选用锥形基础，基础剖面如图 3-16 所示。

（3）基础底板配筋计算。

如图 3-15 所示，验算截面Ⅰ-Ⅰ，Ⅱ-Ⅱ均应选在柱边缘处，则

$$a'=l_0=600\text{mm},b'=b_0=400\text{mm}$$

截面Ⅰ-Ⅰ至基底边缘最大反力处的距离

$$a_1=\frac{1}{2}(l-l_0)=(2700-600)/2=1050\text{mm}$$

Ⅰ-Ⅰ截面处　$p_{\text{jI}}=p_{\text{jmax}}-\dfrac{p_{\text{jmax}}-p_{\text{jmin}}}{l}a_1=237.3-(237.3-100.1)\times1.05/2.7=183.9\text{kPa}$

$$\begin{aligned}M_{\text{I}}&=\frac{1}{12}a_1{}^2[(2b+b')(p_{\text{jmax}}+p_{\text{jI}})+(p_{\text{jmax}}-p_{\text{jI}})b]\\&=\frac{1}{12}\times1.05^2\times[(2\times1.8+0.4)\times(237.3+183.9)+(237.3-183.9)\times1.8]\\&=163.6\text{kN}\cdot\text{m}\end{aligned}$$

Ⅱ-Ⅱ截面处　$M_{Ⅱ}=\frac{1}{48}(b-b')^2(2l+a')(p_{jmax}+p_{jmin})$

$=\frac{1}{48}\times(1.8-0.4)^2\times(2\times2.7+0.6)\times(237.3+100.1)$

$=82.7\text{kN}\cdot\text{m}$

选取钢筋等级为 HPB235 级，则 $f_y=210\text{MPa}$

$$A_{sⅠ}=\frac{163.6\times10^6}{0.9\times210\times520}=1664.6\text{mm}^2$$

则基础长边方向选取 11Φ14（$A_{sⅠ}=1692.9\text{mm}^2$）

$$A_{sⅡ}=\frac{82.7\times10^6}{0.9\times210\times(520-14)}=865\text{mm}^2$$

基础短边方向由构造要求选取Φ10@200mm（$A_{sⅡ}=1099\text{mm}$），钢筋布置如图 3-17 所示。

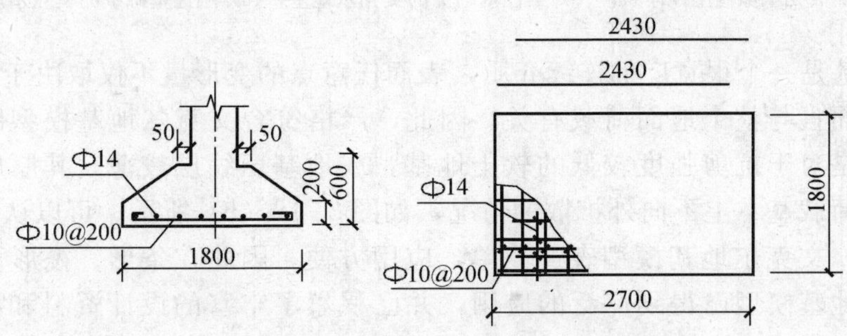

图 3-17　［例 3-3］图基础剖面及配筋

第四节　地　基　模　型

对于连续基础如果考虑地基和基础共同工作，就需要确定基底反力与地基变形之间的关系。这就需要建立某种地基模型，使之既能较好地反映地基特性又能较准确地模拟不同条件下地基与基础相互作用所表现的主要力学性状。随着人们认识的深入，目前这类地基计算模型很多，但由于问题的复杂性，无论哪一种模型都难以完全反映地基实际工作性状，都具有一定的局限性。根据其对地基土变形特性的描述可分为三大类：线性弹性地基模型，非线性弹性地基模型和弹塑性地基模型。本节简要介绍较简单、常用的线性弹性地基模型。

一、文克尔地基模型

1867 年，捷克工程师 E. 文克尔（Winkler）就提出了如下的假设：地基任一点所受的压力强度 p 与该点的地基沉降量 s 成正比，即

$$p=ks \tag{3-15}$$

式中　k——地基抗力系数，也称基床系数，kN/m^3。

根据这一假设，地基上各点的沉降仅与作用在该点上的压力有关，与其他点上的压力无关。实际上是将地基视为在刚性基座上由一系列侧面无摩擦的土柱组成的体系。这样可以用一系列独立的弹簧来模拟，如图 3-18（a）所示。其特征是地基仅在荷载作用区域下发生与压力成正比例的变形，在区域外的变形为零。基底反力分布图形与地基表面的竖向位移图形

相似。显然当基础的刚度很大、受力后不发生挠曲，则按照文克尔地基的假定，基底反力成直线分布，如图 3-18（c）所示。受中心荷载时，则为均匀分布。

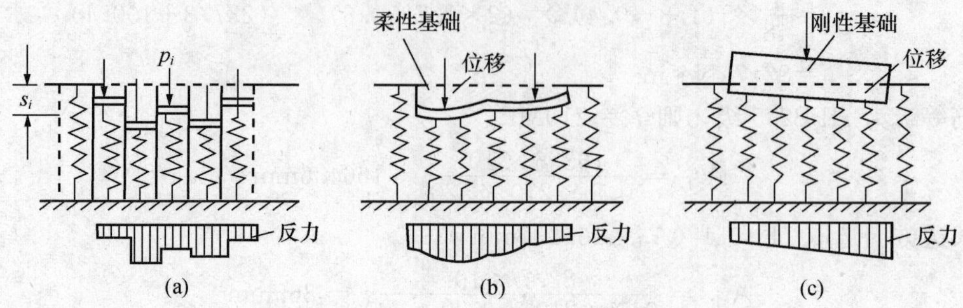

图 3-18　文克尔地基模型示意图

（a）侧面无摩擦的土柱体系；（b）柔性基础下的文克尔地基；（c）刚性基础下的文克尔地基

实际上地基是一个很宽广的连续介质，表面任意点的变形量不仅取决于直接作用在该点上的荷载，而且与整个地面荷载有关。因此，严格符合文克尔地基模型的实际地基是不存在的。但是对于抗剪强度较低的软土地基，或地基压缩层较薄，其厚度不超过基础短边的一半，荷载基本上不向外扩散的情况，如图 3-18（b）所示。可以认为比较符合文克尔地基模型。文克尔地基模型表述简单，应用方便，因此在条形、筏形和箱形基础的设计中，这一地基模型已得到广泛的应用，并已积累了丰富的设计资料和经验，可供设计时参考。

二、弹性半无限空间地基模型

假设地基是个均质、连续、各向同性的半无限空间弹性体。按布辛内斯克（J. Boussinesq, 1685 年）课题的解答，弹性半空间表面上作用一竖向集中力 P.［图 3-19（a）］，则半空间表面上离作用点半径为 r 处的地表变形值 s 为

$$s=\frac{1-\nu^2}{\pi E}\times\frac{P}{r} \tag{3-16}$$

式中　E——地基的弹性模量，MPa；

　　　ν——泊松比。

对于任意有限面积上作用分布荷载的情况，可通过对基本解进行积分求得地基表面的各点的变形。如图 3-19（b）所示，M（x，y）点沉降为

$$s(x,y)=\iint_A\frac{1-\nu^2}{\pi E}\frac{p(\xi,\eta)\mathrm{d}\xi\mathrm{d}\eta}{\sqrt{(x-\xi)^2+(y-\eta)^2}} \tag{3-17}$$

式中　p（ξ，y）——作用于点（ξ，y）处分布荷载强度，kPa。

由于弹性半空间上的基础的解析计算相当繁杂，因而常通过各种数值方法求解，这样就需要将地基和基础进行离散。作用于地基表面的任意分布荷载如图 3-20 所示，把面积划分为 n 个 $a_i\times b_i$ 的微元。作用在第 j 个微元上的等效集中力为 $P_j=p_j\times a_jb_j$，它将对 i 节点产生影响并引起 i 点的沉降为

$$\Delta s_{ij}=\frac{1-\nu^2}{\pi E}\times\frac{p_j\times a_jb_j}{\sqrt{(x_i-x_j)^2+(y_i-y_j)^2}}=\frac{1-\nu^2}{\pi E}\times\frac{1}{\sqrt{(x_i-x_j)^2+(y_i-y_j)^2}}P_j$$

式中　x_i，y_i——节点 i，j 的坐标，m；

p_j——作用于网格 j 内的均布荷载，kPa。

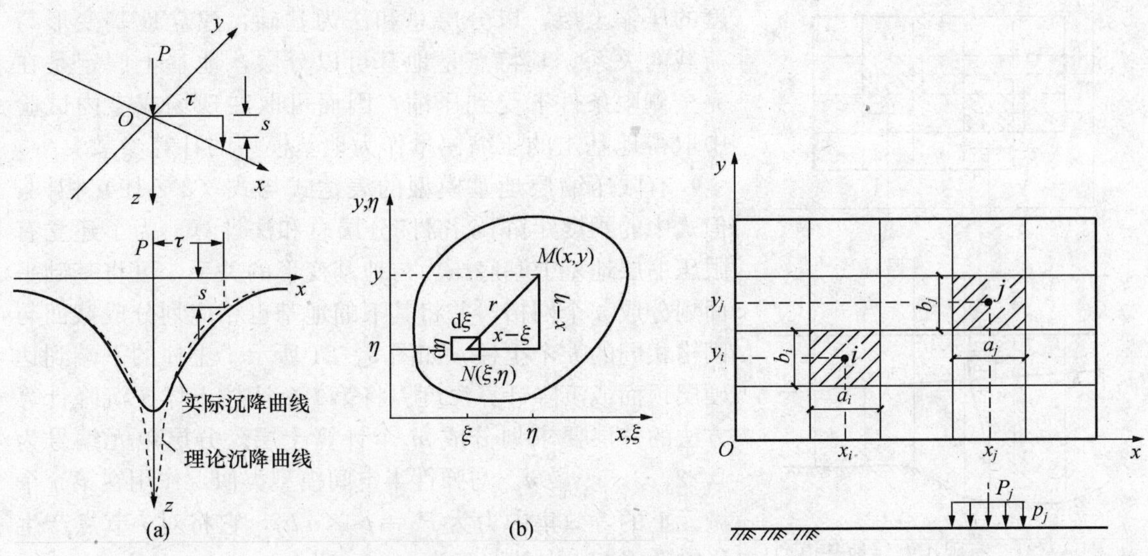

图 3-19　弹性地基模型

(a) 集中荷载作用任意点沉降；(b) 有限面积上作用分布荷载

图 3-20　弹性半空间地基模型的离散

设 $\delta_{ij}=\dfrac{1-\nu^2}{\pi E}\times\dfrac{1}{\sqrt{(x_i-x_j)^2+(y_i-y_j)^2}}$为地基的柔度系数，表示 j 节点上单位集中力 $P_j=1$ 在节点 i 引起的变形，则

$$\Delta s_{ij}=\delta_{ij}P_j \tag{3-18}$$

将各节点的等效集中力及变形的关系写成矩阵形式

$$\begin{Bmatrix} s_1 \\ s_2 \\ \vdots \\ s_n \end{Bmatrix}=\begin{bmatrix} \delta_{11} & \delta_{12} & \cdots & \delta_{1n} \\ \delta_{21} & \delta_{22} & \cdots & \delta_{2n} \\ \vdots & \vdots & \vdots & \vdots \\ \delta_{n2} & \delta_{n3} & \cdots & \delta_{nn} \end{bmatrix}\begin{Bmatrix} P_1 \\ P_2 \\ \vdots \\ P_n \end{Bmatrix} \tag{3-19}$$

可简写为

$$\{s\}=[\delta]\{P\} \tag{3-20}$$

式（3-18）就是用矩阵表示的弹性半空间地基模型中地基反力与地基变形的关系式。它清楚表明，与文克尔地基模型假定不同，地基表面一点的变形量不仅取决于作用在该点上的荷载，而且与全部地面荷载有关。对于常见情况，基础宽度比地基土层厚度小得多，土也并非十分软弱，较之文克尔地基，弹性半空间地基模型更接近实际情况。但是应该指出，半空间模型假定 E，ν 是常数，同时深度无限延伸，而实际上地基压缩土层都有一定的厚度，且变形模量 E 随深度而增加。因此，如果说文克尔地基模型因为没有考虑计算点以外荷载对计算点变形的影响，从而导致变形量偏小的话，则半空间地基模型夸大了地基的深度和土的压缩性而导致计算的变形量偏大。

三、有限压缩层地基模型

自然界中地基土常常是成层分布的，用文克勒地基模型或弹性半空间地基模型均较难模拟。这时采用有限压缩层地基模型就比较合适。

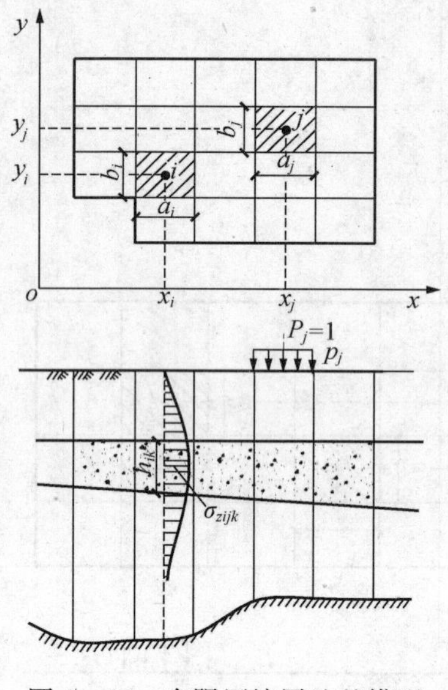

图 3-21　有限压缩层地基模型

有限压缩层地基模型把地基当成侧限条件下有限深度的压缩土层，以分层总和法为基础，建立地基变形与荷载的关系。其特点是地基可以分层，地基土假定是在完全侧限条件下受到压缩，因而可取在现场或室内试验中取得地基土的压缩模量作为地基模型的计算参数。

有限压缩层地基模型的表达式与式（3-19）相同，但式中的柔度矩阵[δ]需按分层总和法计算。为了建立有限压缩层地基上基底压力与地基变形的关系，可将基础平面划分成 n 个网格，并将其下的地基也相应划分成截面与网格相同的 n 个土柱，如图 3-21 所示。土柱的下端到达硬层顶面或沉降计算深度。将第 i 个棱柱土体按沉降计算方法的分层要求划分成 m 个计算土层。分层单元编号为 1，2，3，…，m。与弹性半空间模型类似，作用在第 j 个微元上的等效集中力为 $P_j=p_j\times a_jb_j$，它将对 i 节点产生影响并引起 i 点的沉降为

$$\Delta s_{ij}=\delta_{ij}P_j \tag{3-21}$$

$$\delta_{ij}=\sum_{k=1}^{m}\frac{\sigma_{zijk}h_{ik}}{E_{sik}} \tag{3-22}$$

式中　h_{ik}、E_{sik}——分别为第 i 个棱柱体中第 k 分层的厚度（m）和压缩模量（MPa）；

m——第 i 个棱柱体的分层数；

σ_{zijk}——第 i 个棱柱体中第 k 分层由 $P_j=1$ 引起的竖向附加应力平均值，可用该层中点处的附加应力值来代替，kPa。

有限压缩层地基模型原理简明，适应性也较好，但具有分层总和法的优缺点，尤其是计算工作烦琐，计算量大而制约了其推广使用。

第五节　柱下条形基础及十字交叉基础

一、柱下条形基础构造要求

（1）柱下条形基础梁的高度宜为柱距的 1/4～1/8。翼板厚度不应小于 200mm。当翼板厚度大于 250mm 时，宜采用变厚度翼板，其坡度宜小于或等于 1∶3。

（2）条形基础端部宜向外伸出，其长度宜为第一跨距的 0.25。

（3）现浇柱与条形基础梁的交接处，其平面尺寸不应小于图 3-22 的规定。

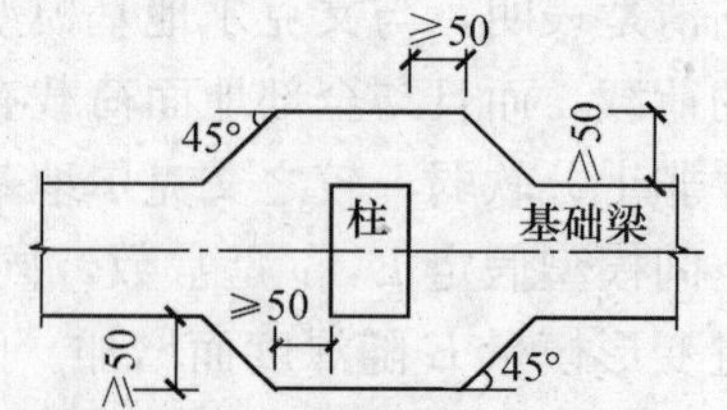

图 3-22　现浇柱与条形基础梁交接处构造

（4）条形基础梁顶部和底部的纵向受力钢筋除满足计算要求外，顶部钢筋按计算配筋全部贯通，底部通长钢筋不应少于底部受力钢筋截面总面积的 1/3。

（5）柱下条形基础的混凝土强度等级，不应低于 C20。

二、柱下条形基础计算步骤

柱下条形基础一般计算步骤如下：

（1）确定基础梁长度及宽度。确定条形基础长度时，应尽量调整基础底面形心与荷载合力重心重合，以消除偏心作用。为此，可通过调整基础梁外伸尺寸来实现。首先应确定荷载合力重心。

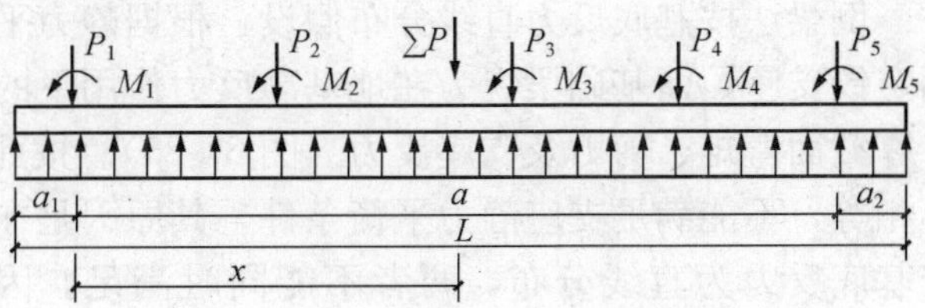

图 3-23 柱下条形基础梁长度确定计算简图

荷载分布如图 3-23 所示，合力作用点距离竖向力 P_1 作用点距离为

$$x=\frac{\sum P_i x_i+\sum M_i}{\sum P_i} \tag{3-23}$$

根据构造要求选定基础梁左边伸出轴线外长度 a_1，则基础长度及右边伸出轴线外长度 a_2 分别为

$$\begin{aligned} L &= 2x+2a_1 \\ a_2 &= L-a-a_1 \end{aligned} \tag{3-24}$$

根据第五节基础底面尺寸确定方法，确定出条形基础面积 A，则基础宽度由 $b=A/L$ 而得到。如果无法实现基础底面形心与荷载合力重心重合，则基底压力按梯形分布计算。

（2）确定基础梁剖面尺寸及横向钢筋的配筋。基础梁剖面尺寸可按构造要求设置；横向钢筋可根据墙下条形基础受弯计算方法计算。

（3）基础梁纵向内力计算。

（4）纵向受力钢筋配置和柱边缘处基础梁受剪验算。

（5）施工图绘制。

下面将着重介绍基础梁纵向内力计算。

三、柱下条形基础纵向内力计算

柱下条形基础纵向内力计算方法一般有两种：地基反力直线分布简化计算法和弹性地基梁法。比较均匀的地基上，上部结构刚度较好，荷载分布较均匀，且条形基础梁的高度不小于1/6 柱距时，地基反力可按直线分布，条形基础梁的内力可按连续梁计算，此时边跨跨中弯矩及第一内支座的弯矩值宜乘以 1.2 的系数。不满足上述要求时，宜按弹性地基梁计算。

1. 简化计算法

根据上部结构刚度与基础自身刚度情况，有静定分析法和倒梁法。

静定分析法是按静力平衡条件求得地基净反力（略去基础及其上覆土自重，因自重与其产生的反力平衡，不产生内力），并将其与柱荷载一起作用于基础梁，按静定梁计算各截面内力，如图 3-24所示。静定分析法不考虑与上部结构相互作用，因而在柱荷载与基底反力作用下发生整体弯曲。

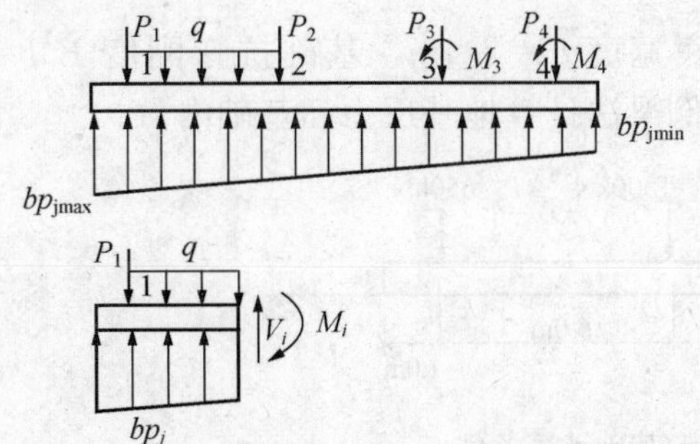

图 3-24 静定分析法计算柱下条形基础内力

倒梁法按基底反力直线分布假设，根据静力平衡条件求得地基净反力之后，将柱脚视为固定铰支座，而基础梁视为在地基净反力作用下的倒置的梁，采用弯矩分配法或弯矩系数法计算截面弯矩、剪力及支座反力（图 3-25）。按此方法求得的支座反力 R_i 一般与柱荷载 P_i 不相等，不能满足支座静力平衡条件，其原因是在计算中假设柱脚为不动铰支座，同时又规定基底反力为直线分布，两者不能同时满足。因而，对不平衡力需进行调整消除。方法如下：

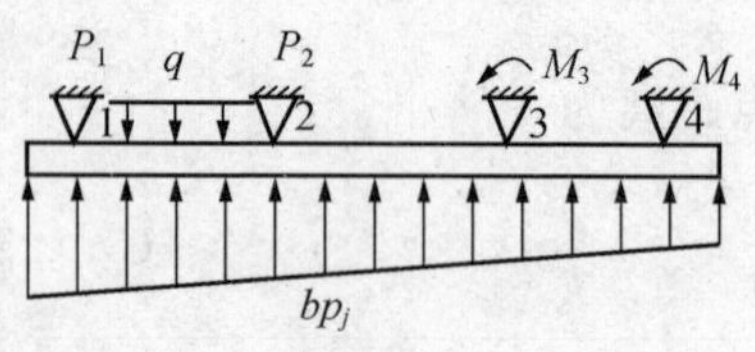

图 3-25　倒梁法计算简图

（1）首先根据支座处的柱荷载 P_i 和支座反力 R_i 求出不平衡力 ΔR_i

$$\Delta R_i = P_i - R_i \tag{3-25}$$

（2）将支座不平衡力的差值折算成分布荷载 Δq，均匀分布在支座相邻两跨间，分布范围为：

对边跨支座

$$\Delta q_i = \frac{\Delta R_i}{l_0 + \dfrac{l_i}{3}} \tag{3-26}$$

对中间跨支座

$$\Delta q_i = \frac{\Delta R_i}{\dfrac{l_{i-1}}{3} + \dfrac{l_i}{3}} \tag{3-27}$$

式中　Δq_i——不平衡力折算的均布荷载，kN/m^2；

l_0——边跨外伸长度，m；

l_{i-1}、l_i——支座左右跨长度，m。

（3）将折算的分布荷载作用于连续梁，再次用弯矩分配法计算梁的内力，以及支座处的弯矩 ΔM_i 与剪力 ΔV_i，并求出调整分布荷载引起的支座反力并将其叠加到原支座反力 R_i 上求得新的支座反力 R'_i。

（4）重复步骤（1）～（3），直至不平衡力在计算允许精度范围内，一般取不超过柱荷载 P_i 的 20%。

倒梁法按基底反力线性分布假定，并将柱端视为不动铰支座，忽略了梁的整体弯曲所产生的内力以及柱脚不均匀沉降引起上部结构的次应力，计算结果与实际情况常有明显差异，且偏于不安全，因此只有在比较均匀的地基上，上部结构刚度较好，荷载分布均匀，且基础梁接近于刚性梁（梁的高度大于柱距的 1/6）才可以应用。

【例 3-4】　倒梁法计算基础梁内力

某柱下钢筋混凝土条形基础，总长 20m，基底宽度 $b=2.4$m，基础抗弯刚度 $E_cI=3.8\times10^6 kN\cdot m^2$，其他条件如图 3-26 所示，试用倒梁法计算地基反力和基础内力。

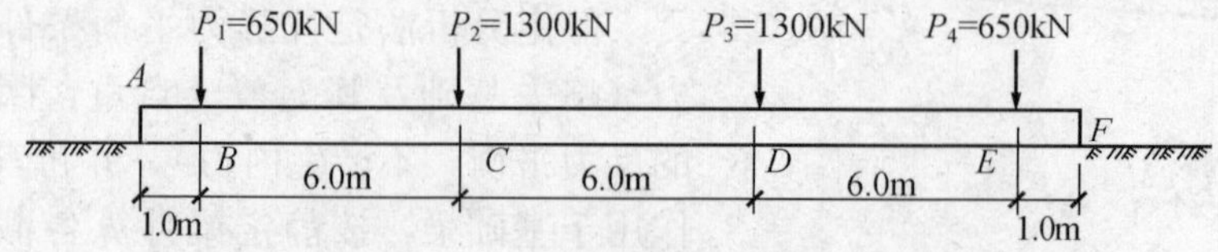

图 3-26　［例 3-4］图 1 条形基础计算条件

解　（1）计算地基的净反力。假定基底反力均匀分布，如图 3-27 所示，基底反力值为

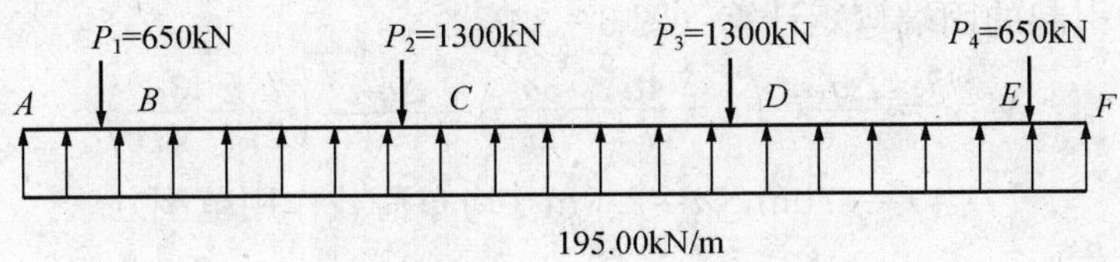

图 3-27　[例 3-4] 图 2 基底反力均布图

$$p=\frac{\sum P}{l}=\frac{2\times(650+1300)}{20}$$

$$=195\text{kN/m}$$

(2) 把基础梁当成以柱端为铰支座的三跨连续梁，在基础底面作用以均布反力为 $p=$ 195kN/m 时，用弯矩分配法计算各支座反力为

$$R_B=R_E=679.22\text{kN}$$

$$R_C=R_D=1270.78\text{kN}$$

均布的地基净反力作用在三跨连续梁内产生的弯矩如图 3-28 所示。

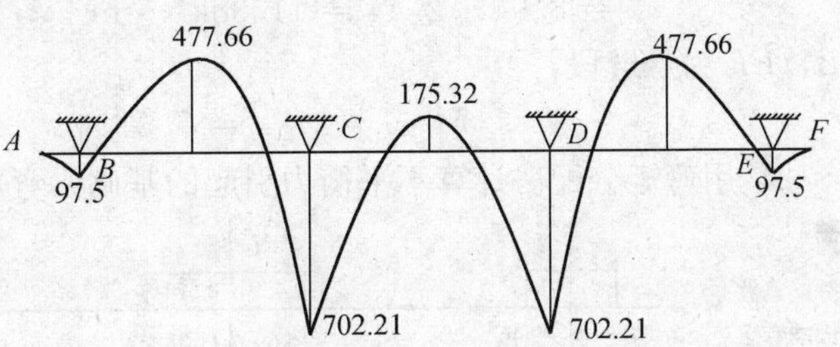

图 3-28　[例 3-4] 图 3 均布地基净反力产生的弯矩 (kN·m)

(3) 由于支座反力与柱荷载不相等，在支座处存在不平衡力。各支座的不平衡力为

$$\Delta R_B=\Delta R_E=650-679.22$$

$$=-29.22\text{kN}$$

$$\Delta R_C=\Delta R_D=1300-1270.78$$

$$=29.22\text{kN}$$

把支座不平衡力均匀分布于支座两侧各 1/3 跨度范围对 B、E 支座有

$$\Delta q_B=\Delta q_E=\frac{1}{1+\frac{l}{3}}\Delta R_B=\frac{1}{1+2}\times(-29.22)=-9.74\text{kN/m}$$

C、D 支座有

$$\Delta q_C=\Delta q_D=\frac{1}{\frac{l}{3}+\frac{l}{3}}\Delta R_C$$

$$=\frac{1}{2+2}\times 29.22=7.31\text{kN/m}$$

把均布不平衡力 Δq 作用于连续梁上，如图 3-29 所示。计算支座反力 $\Delta R'_B$、$\Delta R'_C$、$\Delta R'_D$、$\Delta R'_E$。

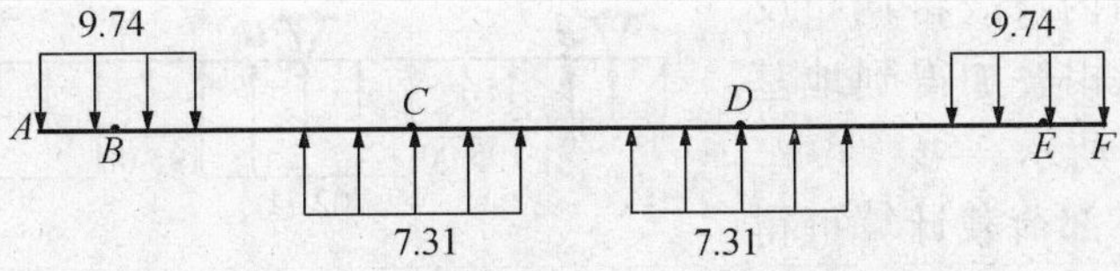

图 3-29　[例 3-4] 图 4 不平衡力折算的均布荷载 (kN/m)

1）不平衡力引起的固端弯矩计算（图 3 - 30）

$$M_{AB}=\frac{\Delta q_1 a^2}{6}\left(3-\frac{4a}{l}+\frac{3a^2}{2l^2}\right)+\frac{\Delta q_2 a^2}{3}\left(\frac{a}{l}-\frac{3a^2}{4l^2}\right)$$

当 $l=6.0\mathrm{m}$，$a=2.0\mathrm{m}$（均布荷载作用范围）

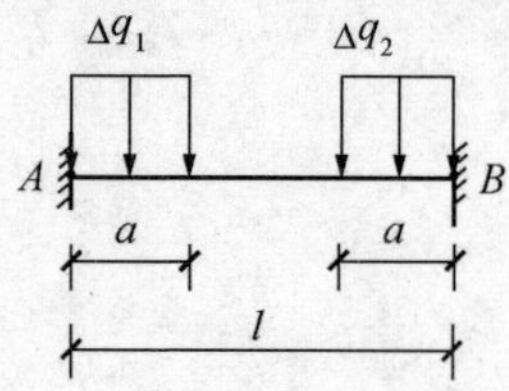

图 3 - 30 ［例 3 - 4］图 5 固端弯矩计算简图

$$M_{BC}=-\frac{9.74\times2^2}{6}\times\left(3-\frac{4\times2}{6}+\frac{3\times2^2}{2\times6^2}\right)+\frac{7.31\times2^2}{3}\times\left(\frac{2}{6}-\frac{3\times2^2}{4\times6^2}\right)$$

$$=-11.90+2.44=-9.46\mathrm{kN\cdot m}$$

$$M_{CB}=\frac{7.31}{9.74}\times(-11.9)+\frac{9.74}{7.31}\times2.44$$

$$=-8.93+3.25=-5.68\mathrm{kN\cdot m}$$

$$M_{CD}=\frac{7.31\times2^2}{6}\times\left(3-\frac{4\times2}{6}+\frac{3\times2^2}{2\times6^2}\right)+\frac{7.31\times2^2}{3}\times\left(\frac{2}{6}-\frac{3\times2^2}{4\times6^2}\right)$$

$$=8.94+2.44=11.38\mathrm{kN\cdot m}$$

AB，EF 为悬臂段，

$$M_{B左}=M_{E右}=7.31\times1^2/2=4.87\mathrm{kN\cdot m}$$

2）用弯矩分配法计算不平衡力引起的基础梁弯矩：

	A / B左	B右	C左	C右	D左	D右	E左	E右 / F
分配系数	0	1	0.429	0.571	0.571	0.429	1	0
固端弯矩		−9.46	−5.69	11.38	−11.38	5.69	9.46	
B、E点分配传递弯矩		9.46	4.73			−4.73	−9.46	
C、D点分配传递弯矩			−4.47	−5.95	5.95	4.47		
				2.98	−2.98			
C、D点二次分配			−1.28	−1.70	1.70	1.28		
杆端最终弯矩	−4.87	4.87	−6.71	6.71	−6.71	6.71	−4.87	4.87

3）不平衡力引起基础梁支座反力为

$$\Delta R'_B=\Delta R'_E=\frac{-9.74\times3\times5.5+7.31\times2\times1-6.71}{6}=-25.5\mathrm{kN}$$

$$\Delta R'_C=\Delta R'_D=\frac{2\times(-9.74)\times3+7.31\times4\times2-2\times(-25.5)}{2}=25.5\mathrm{kN}$$

将均布反力 p 和不平衡力 Δq 所引起的支座反力叠加，得一次调整后的支座反力为

$$R'_B=R'_E=R_B+\Delta R'_B=653.72\mathrm{kN}$$

$$R'_C=R'_D=R_C+\Delta R'_C=1295.78\mathrm{kN}$$

比较调整后的支座反力和柱荷载，差值在容许范围内，故将均布反力 p 与不平衡力 Δq 相叠加得到地基反力分布如图 3 - 31 所示。

由地基反力及外部荷载计算可得基础梁内力。内力图如图 3 - 32 所示。

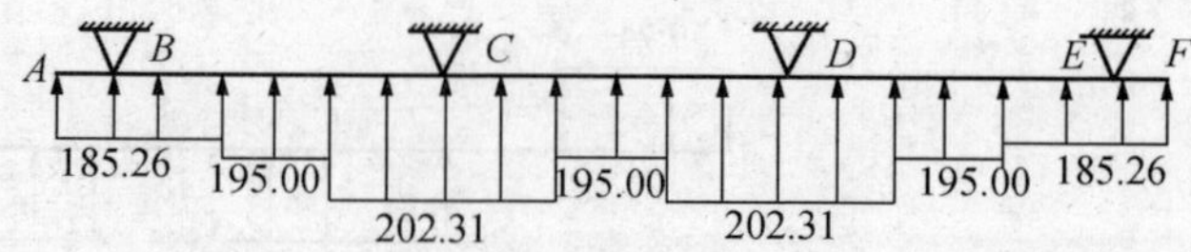

图 3 - 31 ［例 3 - 4］图 6 地基反力分布图

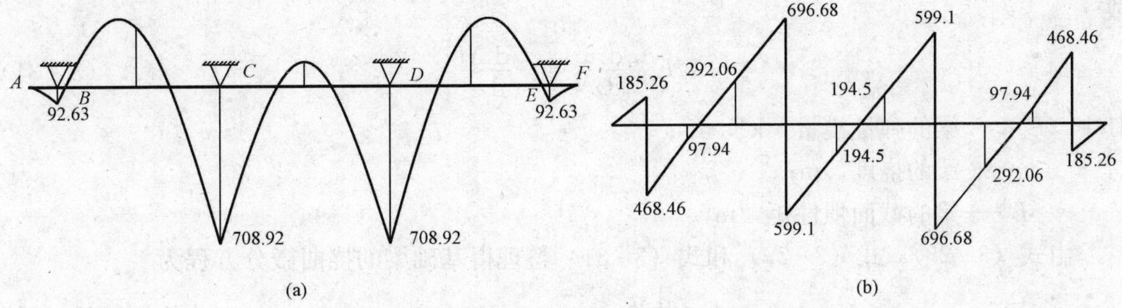

图 3-32　[例 3-4] 图 7 基础内力图

(a) 基础梁弯矩图 (kN·m)；(b) 基础梁剪力图 (kN)

在不满足简化计算条件时，宜按弹性地基梁方法来计算柱下条形基础内力。弹性地基梁法与简化计算法的根本区别在于不对地基反力作线性假定，考虑基础梁与地基的协调变形，将条形基础视为放置于弹性地基上的梁。在上部结构荷载作用下，梁的内力与变形受弹性地基变形特性的影响，实际上是考虑了基础与地基的共同工作。因而需引入弹性地基模型，来模拟实际地基土变形。常用的弹性地基模型有文克尔地基模型、弹性半空间地基模型和有限压缩层地基模型等。

2. 文克尔地基上梁的计算

(1) 基础梁的挠曲微分方程及其基本解答。在放置在弹性地基上的基础梁上取任意微段（图 3-33），由单元体的静力平衡条件可得

$$\sum M=0 \quad \Rightarrow \quad \frac{\mathrm{d}M}{\mathrm{d}x}=V \tag{3-28}$$

$$\sum V=0 \quad \Rightarrow \quad \frac{\mathrm{d}V}{\mathrm{d}x}=bp(x)-q(x) \tag{3-29}$$

式中　$q(x)$、$p(x)$ ——基础梁上的分布荷载，kN/m；地基的反力，kPa；

M、V——基础梁截面弯矩和剪力，kN·m，kN；

b——基础梁宽，m。

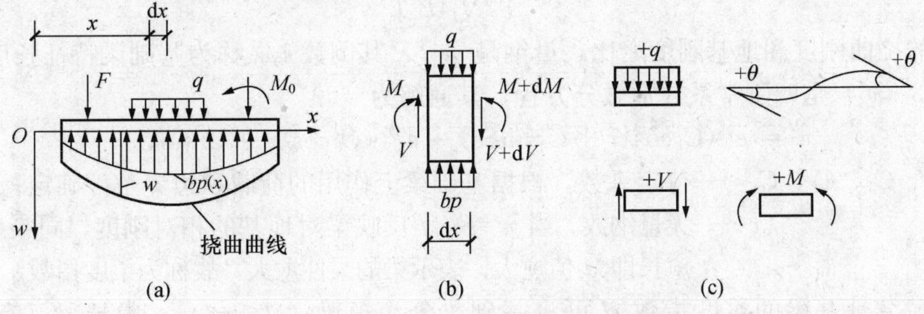

图 3-33　文克尔地基上基础梁的计算图示

(a) 梁的荷载和挠曲；(b) 梁微元；(c) 正负号规定

在材料力学中，梁的挠曲微分方程为

$$E_{\mathrm{c}}I\,\frac{\mathrm{d}^2w}{\mathrm{d}x^2}=-M \tag{3-30}$$

或

$$E_c I \frac{d^4 w}{dx^4} = -\frac{d^2 M}{dx^2} \tag{3-31}$$

其中 E_c——梁的弹性模量，kN/m^2；

w——梁的挠度，m；

I——梁的截面惯性矩，m^4。

由式（3-28）、式（3-29）和式（3-31）整理得基础梁的挠曲微分方程为

$$E_c I \frac{d^4 w}{dx^4} = q(x) - bp(x) \tag{3-32}$$

若梁上无荷载（$q=0$），则式（3-32）变为

$$E_c I \frac{d^4 w}{dx^4} = -bp(x) \tag{3-33}$$

式（3-33）即为弹性地基上基础梁的挠曲微分方程，对哪一种地基模型都适用。要求解这一微分方程，需要引入地基模型，以确定地基反力与地基变形之间的关系。下面介绍文克尔地基上梁的解答。

按文克尔地基的假定，地基表面任意点所受的压力 p 与该点沉降 s 成正比，即

$$p = ks \tag{3-34}$$

式中 k——地基抗力系数，kN/m^3。

由地基与基础的变形协调条件，梁的挠度等于地基的变形，即 $s=w$，则式（3-34）变为 $p=kw$，将其代入式（3-33），即得文克尔地基上梁的挠曲微分方程

$$E_c I \frac{d^4 w}{dx^4} + bkw = 0 \tag{3-35}$$

整理得

$$\frac{d^4 w}{dx^4} + 4\lambda^4 w = 0 \tag{3-36}$$

其中

$$\lambda = \sqrt[4]{\frac{kb}{4E_c I}} \tag{3-37}$$

λ 反映梁的挠曲刚度和地基刚度之比，量纲是 m^{-1}，其倒数 $1/\lambda$ 称为基础梁特征长度。

式（3-36）是四阶常系数常微分方程，其通解为

$$w = e^{\lambda x}(C_1 \cos\lambda x + C_2 \sin\lambda x) + e^{-\lambda x}(C_3 \cos\lambda x + C_4 \sin\lambda x) \tag{3-38}$$

式中 C_1、C_2、C_3、C_4——待定系数，根据基础梁上作用的荷载和边界条件确定；

λx——无量纲数。当 $x=l$，λl 反映梁对地基的相对刚度，同一地基上，l 愈长即 λl 值愈大，表示梁的柔性愈大，故称为柔度指数。

按文克尔地基梁的柔度指数 λl 可将基础梁分为短梁（$\lambda l \leqslant \pi/4$）；中长梁（有限长梁）（$\pi/4 < \lambda l \leqslant \pi$）；长梁（$\lambda l > \pi$）。这里 l 为基础梁长度（m）；短梁也称为刚性梁，基底压力为直线分布。无限长梁及有限长梁变形与内力，需按文克尔地基上梁的挠曲微分方程结合边界条件求解。

（2）集中荷载作用下的文克尔地基上无限长梁。作用于无限长梁上的竖向集中力 P_0。取 P_0 的作用点为坐标原点 O。离 O 点无限远处梁的挠度应为零，即当 $x \to \infty$ 时，$w \to 0$。将此边界条件

代入式（3 - 38），得 $C_1=C_2=0$。于是，对梁的右半部，式（3 - 38）成为

$$w = e^{-\lambda x}(C_3\cos\lambda x + C_4\sin\lambda x) \tag{3-39}$$

在竖向集中力作用下，无限长梁的挠曲曲线和弯矩图是关于原点对称的。因此，在 $x=0$ 处，$\frac{dw}{dx}=0$，代入式（3 - 39）得 $C_3-C_4=0$。令 $C_3=C_4=C$，则梁的挠度为

$$w = Ce^{-\lambda x}(\cos\lambda x + \sin\lambda x) \tag{3-40}$$

再根据对称性，在 $x=0$ 处 $V_{x=0\pm}=\mp\frac{P_0}{2}$。由式（3 - 28）可得梁截面上的剪力为

$$V = \frac{dM}{dx} = -E_c I\frac{d^3w}{dx^3} \tag{3-41}$$

考虑 $x=0$ 处的边界条件即得

$$C = \frac{P_0\lambda}{2kb} \tag{3-42}$$

将式（3 - 42）代入式（3 - 40）得梁的挠曲微分方程的解为

$$w = \frac{P_0\lambda}{2kb}e^{-\lambda x}(\cos\lambda x + \sin\lambda x) \tag{3-43}$$

将上式对 x 依次取一阶、二阶和三阶导数，就可以求得梁截面的转角 $\theta=dw/dx$、弯矩和剪力，将所得公式归纳如下

$$w = \frac{P_0\lambda}{2kb}A_x, \theta = \mp\frac{P_0\lambda^2}{kb}B_x, M = \frac{P_0}{4\lambda}C_x, V = \mp\frac{P_0}{2}D_x \tag{3-44}$$

式中 $A_x=e^{-\lambda x}(\cos\lambda x+\sin\lambda x)$，$B_x=e^{-\lambda x}\sin\lambda x$，$C_x=e^{-\lambda x}(\cos\lambda x-\sin\lambda x)$，$D_x=e^{-\lambda x}\cos\lambda x$。

将 A_x，B_x，C_x，D_x 制成表格，见表 3 - 5。需要说明的是表中的数值是 x 取正值求得的，对于 x 负向应取 x 的绝对值查表。

表 3 - 5 **A_x，B_x，C_x，D_x，E_x，F_x 函数表**

λx	A_x	B_x	C_x	D_x	E_x	F_x
0	1	0	1	1	∞	−∞
0.02	0.999 61	0.019 60	0.960 40	0.980 00	3821 56	−382 105
0.04	0.998 44	0.038 42	0.921 60	0.960 02	48 802.6	−48 776.6
0.06	0.996 54	0.056 47	0.883 60	0.940 07	14 851.3	−14 738.0
0.08	0.993 93	0.073 77	0.846 39	0.920 16	6354.30	−6340.76
0.10	0.990 65	0.090 33	0.809 98	0.900 32	3321.06	−3310.01
0.12	0.986 72	0.106 18	0.774 37	0.880 54	1962.18	−1952.78
0.14	0.98217	0.121 31	0.739 54	0.860 85	1261.70	−1253.48
0.16	0.977 02	0.135 76	0.705 50	0.841 26	863.174	−855.840
0.18	0.971 31	0.149 54	0.672 24	0.821 78	619.176	−612.524
0.20	0.965 07	0.162 66	0.639 75	0.802 41	461.078	−454.971
0.22	0.958 31	0.175 13	0.608 04	0.783 18	353.904	−348.240
0.24	0.951 06	0.186 98	0.577 10	0.764 08	278.526	−273.229
0.26	0.943 36	0.198 22	0.546 91	0.745 14	223.862	−218.874
0.28	0.935 22	0.208 87	0.517 48	0.726 35	183.183	−178.457
0.30	0.926 66	0.218 93	0.488 80	0.707 73	152.233	−147.733

续表

λx	A_x	B_x	C_x	D_x	E_x	F_x
0.35	0.903 60	0.241 64	0.420 33	0.661 96	101.318	−97.264 6
0.40	0.878 44	0.261 03	0.356 37	0.617 40	71.7915	−68.062 8
0.45	0.851 50	0.277 35	0.296 80	0.574 15	53.3711	−49.887 1
0.50	0.823 07	0.290 79	0.241 49	0.532 28	41.2142	−37.918 5
0.55	0.793 43	0.301 56	0.190 30	0.491 86	32.8243	−29.675 4
0.60	0.762 84	0.309 88	0.143 07	0.452 95	26.820 1	−23.786 5
0.65	0.731 53	0.315 94	0.099 66	0.415 59	22.392 2	−19.449 6
0.70	0.699 72	0.319 91	0.059 90	0.379 81	19.043 5	−16.172 4
0.75	0.66761	0.321 98	0.023 64	0.345 63	16.456 2	−13.640 9
$\pi/4$	0.644 79	0.322 40	0	0.322 40	14.967 2	−12.183 4
0.80	0.635 38	0.322 33	−0.009 28	0.313 05	14.420 2	−11.647 7
0.85	0.603 20	0.321 11	−0.039 02	0.282 09	12.792 4	−10.051 8
0.90	0.571 20	0.318 48	−0.065 74	0.252 73	11.472 9	−8.754 911
0.95	0.539 54	0.314 58	−0.089 62	0.224 96	10.390 5	−7.687 05
1.00	0.508 33	0.309 56	−0.110 79	0.198 77	9.493 05	−6.797 24
1.05	0.477 66	0.303 54	−0.129 43	0.174 12	8.742 07	−6.047 80
1.10	0.447 65	0.296 66	−0.145 67	0.150 99	8.108 50	−5.410 38
1.15	0.418 36	0.289 01	−0.159 67	0.129 34	7.570 13	−4.863 35
1.20	0.389 86	0.280 72	−0.171 58	0.109 14	7.109 76	−4.390 02
1.25	0.362 23	0.271 89	−0.181 55	0.090 34	6.713 90	−3.977 35
1.30	0.335 50	0.262 60	−0.189 70	0.072 90	6.371 86	−3.615 00
1.35	0.309 72	0.252 95	−0.196 17	0.056 78	6.075 08	−3.294 77
1.40	0.284 92	0.243 01	−0.201 10	0.041 91	5.816 64	−3.010 03
1.45	0.261 13	0.232 86	−0.204 59	0.028 27	5.590 88	−2.755 41
1.50	0.238 35	0.222 57	−0.206 79	0.015 78	5.393 17	−2.526 52
1.55	0.216 62	0.212 20	−0.207 79	0.004 41	5.219 65	−2.319 74
$\pi/2$	0.207 88	0.207 88	−0.207 88	0	5.153 82	−2.239 53
1.60	0.195 92	0.201 81	−0.207 71	−0.005 90	5.067 11	−2.132 10
1.65	0.176 25	0.191 44	−0.206 64	−0.015 20	4.932 83	−1.961 09
1.70	0.157 62	0.181 16	−0.204 70	−0.023 54	4.814 54	−1.804 64
1.75	0.140 02	0.170 99	−0.201 97	−0.030 97	4.710 26	−1.660 98
1.80	0.123 42	0.160 98	−0.198 53	−0.037 56	4.618 34	−1.528 65
1.85	0.107 82	0.151 15	−0.194 48	−0.043 33	4.537 32	−1.406 38
1.90	0.093 18	0.141 54	−0.189 89	−0.048 35	4.465 96	−1.293 12
1.95	0.079 50	0.132 17	−0.184 83	−0.052 67	4.403 14	−1.187 95
2.00	0.066 74	0.123 06	−0.179 38	−0.056 32	4.347 92	−1.090 08
2.05	0.054 83	0.114 23	−0.173 59	−0.059 36	4.299 46	−0.998 85
2.10	0.043 83	0.105 71	−0.167 53	−0.061 82	4.257 00	−0.913 68
2.15	0.033 73	0.097 49	−0.161 24	−0.063 76	4.219 88	−0.834 07
2.20	0.024 33	0.089 58	−0.154 79	−0.065 21	4.187 51	−0.759 59
2.25	0.015 80	0.082 00	−0.148 21	−0.066 21	4.159 36	−0.689 87
2.30	0.007 96	0.074 76	−0.141 56	−0.066 80	4.134 95	−0.624 57

续表

λx	A_x	B_x	C_x	D_x	E_x	F_x
2.35	0.000 84	0.067 85	−0.134 87	−0.067 02	4.113 87	−0.563 40
$3\pi/4$	0	0.067 02	−0.134 04	−0.067 02	4.111 47	−0.556 10
2.40	−0.005 62	0.061 28	−0.128 17	−0.066 89	4.095 73	−0.506 11
2.45	−0.011 43	0.055 03	−0.121 50	−0.066 47	4.080 19	−0.452 48
2.50	−0.016 63	0.049 13	−0.114 89	−0.065 76	4.066 92	−0.402 29
2.55	−0.021 27	0.043 54	−0.108 36	−0.064 81	4.055 68	−0.355 37
2.60	−0.025 36	0.038 29	−0.101 93	−0.063 64	4.046 18	−0.311 56
2.65	−0.028 94	0.033 35	−0.095 63	−0.062 28	4.038 21	−0.270 70
2.70	−0.032 04	0.028 72	−0.089 48	−0.060 76	4.031 57	−0.232 64
2.75	−0.034 69	0.024 40	−0.083 48	−0.059 09	4.026 08	−0.197 27
2.80	−0.036 93	0.020 37	−0.077 67	−0.057 30	4.021 57	−0.164 45
2.85	−0.038 77	0.016 63	−0.072 03	−0.055 40	4.017 90	−0.134 08
2.90	−0.040 26	0.013 16	−0.066 59	−0.053 43	4.014 95	−0.106 03
2.95	−0.041 42	0.009 97	−0.061 34	−0.051 38	4.012 59	−0.080 20
3.00	−0.042 26	0.007 03	−0.056 31	−0.049 29	4.010 74	−0.056 50
3.10	−0.043 14	0.001 87	−0.046 88	−0.045 01	4.008 19	−0.015 05
π	−0.043 21	0	−0.043 21	−0.043 21	4.007 48	0
3.20	−0.043 07	−0.002 38	−0.038 31	−0.040 69	4.006 75	0.019 10
3.40	−0.040 79	−0.008 53	−0.023 74	−0.032 27	4.005 63	0.068 40
3.60	−0.036 59	−0.012 09	−0.012 41	−0.024 50	4.005 33	0.096 93
3.80	−0.031 38	−0.013 69	−0.004 00	−0.017 69	4.005 01	0.109 69
4.00	−0.025 83	−0.013 86	−0.001 89	−0.011 97	4.004 42	0.111 05
4.20	−0.020 42	−0.013 07	0.005 72	−0.007 35	4.003 64	0.104 68
4.40	−0.015 46	−0.011 68	0.007 91	−0.003 77	4.002 79	0.093 54
4.60	−0.011 12	−0.009 99	0.008 86	−0.001 13	4.002 00	0.079 96
$3\pi/2$	−0.008 98	−0.008 98	0.008 98	0	4.001 61	0.071 90
4.80	−0.007 48	−0.008 20	0.008 92	0.000 72	4.001 34	0.065 61
5.00	−0.004 55	−0.006 46	0.008 37	0.001 91	4.000 85	0.051 70
5.50	0.000 01	−0.002 88	0.005 78	0.002 90	4.000 20	0.023 07
6.00	0.001 69	−0.000 69	0.003 07	0.000 60	4.000 03	0.005 54
2π	0.001 87	0	0.001 87	0.001 87	4.000 01	0
6.50	0.001 79	0.000 32	0.001 14	0.001 47	4.000 01	−0.002 59
7.00	0.001 29	0.000 60	0.000 09	0.000 69	4.000 01	−0.004 79
$9\pi/4$	0.001 20	0.000 60	0	0.000 60	4.000 01	−0.004 82
7.50	0.000 71	0.000 52	0.000 33	0.000 29	4.000 01	−0.004 15
$5\pi/2$	0.000 39	0.000 39	0.000 39	0	4.000 00	−0.003 11
8.0	0.000 28	0.000 33	0.000 38	−0.000 05	4.000 00	−0.002 66

同理可求出集中力偶 M_0 作用下无限长梁的挠度、转角、弯矩和剪力如下

$$\left.\begin{aligned}w&=\pm\frac{M_0\lambda^2}{kb}B_x,\theta=\frac{M_0\lambda^3}{kb}C_x\\M&=\pm\frac{M_0}{2}D_x,V=-\frac{M_0\lambda}{2}A_x\end{aligned}\right\}\tag{3-45}$$

集中力 P_0 和集中力偶 M_0 作用下无限长梁的挠度、转角、弯矩、剪力分布见图 3-34。

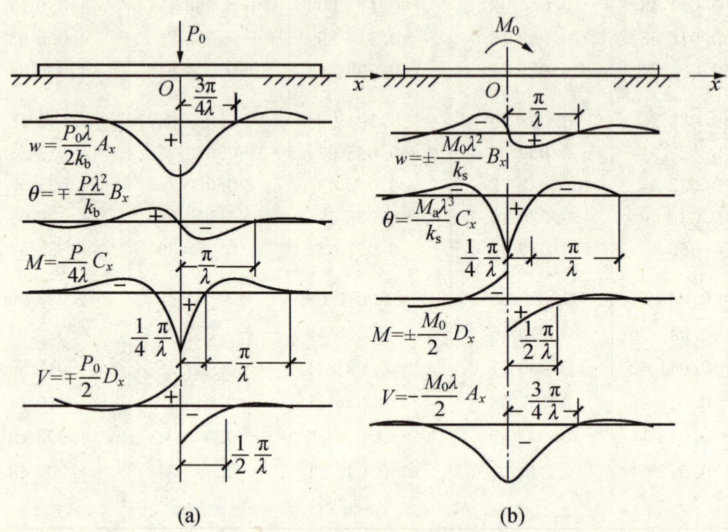

图 3-34 文克尔地基无限长梁的挠度和内力

(a) 集中力作用；(b) 集中力偶作用

对于受多种荷载作用的无限长梁可分别求解，然后将求得的内力叠加即可。

半无限长梁是指梁的一端在荷载作用下产生挠曲和位移，随着离开荷载作用点的距离加大位移减小，直至无限远端位移为零。半无限长梁的柔度指数 $\lambda l>\pi$。与无限长梁的求解类似可以求出基础的挠度、转角、弯矩、剪力。计算结果见表 3-6。

表 3-6 无限长梁和半无限长梁内力计算

	无限长梁		半无限长梁	
计算图	P_0 O x 受集中力 P	M_0 O x 受集中力偶 M	P_0 O x 梁端受集中力 P	M_0 O x 梁端受集中力偶 M
挠度 w	$\frac{P_0\lambda}{2kb}A_x$	$\pm\frac{M_0\lambda^2}{kb}B_x$	$\frac{2P_0\lambda}{kb}D_x$	$-\frac{2M_0\lambda^2}{kb}C_x$
转角 θ	$\mp\frac{P_0\lambda^2}{kb}B_x$	$\frac{M_0\lambda^3}{kb}C_x$	$-\frac{2P_0\lambda}{kb}A_x$	$\frac{4M_0\lambda^3}{kb}D_x$
弯矩 M	$\frac{P_0}{4\lambda}C_x$	$\pm\frac{M_0}{2}D_x$	$-\frac{P_0}{\lambda}B_x$	M_0A_x
剪力 V	$\mp\frac{P_0}{2}D_x$	$-\frac{M_0\lambda}{2}A_x$	$-P_0C_x$	$-2M_0\lambda B_x$

（3）文克尔地基上有限长梁计算。实际工程中的条形基础不存在真正的无限长梁和半无限长梁，都是有限长梁。对于有限长梁的内力、变形可利用无限长梁与半无限长梁的解答，

运用叠加原理而得。如图 3-35 所示有限长梁，可按如下方法计算：

1）将有限长梁Ⅰ两端延长为无限长梁Ⅱ，按无限长梁计算 A、B 两点及 AB 段内的内力和挠度。

2）将无限长梁Ⅲ的 A、B 两点处作用两对边界条件力 P_A、M_A 和 P_B、M_B，使它们在 A、B 两点产生的内力 M_a、V_a、M_b、V_b 与梁ⅡA、B 两点处的相应内力大小相等方向相反。消除梁Ⅰ延长为梁Ⅱ在梁端产生的附加内力。

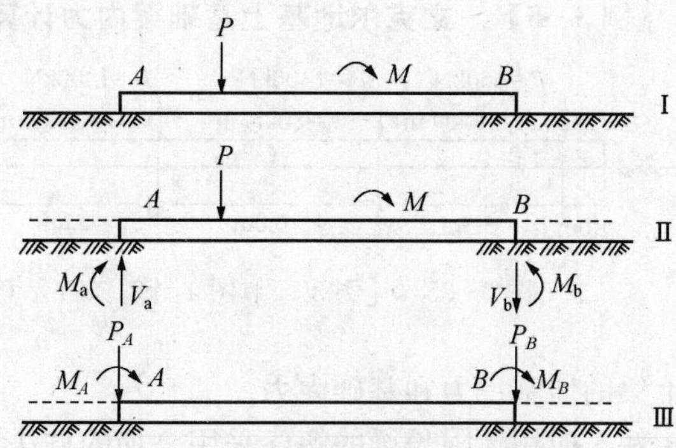

图 3-35 有限长梁叠加法计算简图

3）将梁Ⅱ与梁Ⅲ内力、挠度叠加即得梁Ⅰ的解。

根据如上的步骤，梁Ⅲ的 A，B 点施加的假想边界条件力 P_A、M_A 和 P_B、M_B 在 A、B 两点产生的内力与梁ⅡA、B 两点处的相应内力大小相等方向相反，再利用 $x=0$ 时，表 3-5中系数 $A_x|_{x=0}=C_x|_{x=0}=D_x|_{x=0}=1$ 条件，得如下方程组

$$\left.\begin{aligned}
&\frac{P_A}{4\lambda}+\frac{P_B}{4\lambda}C_l+\frac{M_A}{2}-\frac{M_B}{2}D_l=-M_a\\
&-\frac{P_A}{2}+\frac{P_B}{2}D_l-\frac{\lambda M_A}{2}-\frac{\lambda M_B}{2}A_l=-V_a\\
&\frac{P_A}{4\lambda}C_l+\frac{P_B}{4\lambda}+\frac{M_A}{2}D_l-\frac{M_B}{2}=-M_b\\
&-\frac{P_A}{2}D_l+\frac{P_B}{2}-\frac{\lambda M_A}{2}A_l-\frac{\lambda M_B}{2}=-V_b
\end{aligned}\right\}\tag{3-46}$$

解方程组得

$$\left.\begin{aligned}
P_A&=(E_l+F_lD_l)V_a+\lambda(E_l-F_lA_l)M_a-(F_l+E_lD_l)V_b+\lambda(F_l-E_lA_l)M_b\\
M_A&=-(E_l+F_lC_l)\frac{V_a}{2\lambda}-(E_l-F_lD_l)M_a+(F_l+E_lC_l)\frac{V_b}{2\lambda}-(F_l-E_lD_l)M_b\\
P_B&=(F_l+E_lD_l)V_a+\lambda(F_l-E_lA_l)M_a-(E_l+F_lD_l)V_b+\lambda(E_l-F_lA_l)M_b\\
M_B&=(F_l+E_lC_l)\frac{V_a}{2\lambda}+(F_l-E_lD_l)M_a-(E_l+F_lC_l)\frac{V_b}{2\lambda}+(E_l-F_lD_l)M_b
\end{aligned}\right\}\tag{3-47}$$

对于梁及荷载对称的情况，利用对称性有 $M_a=M_b$，$V_a=-V_b$，假想边界条件力计算公式如下

$$P_A=P_B=(E_l+F_l)[(1+D_l)V_a+\lambda(1-A_l)M_a]\tag{3-48}$$

$$M_A=-M_B=-(E_l+F_l)\left[(1+C_l)\frac{V_a}{2\lambda}+(1-D_l)M_a\right]\tag{3-49}$$

式中 $A_l=e^{-\lambda l}(\cos\lambda l+\sin\lambda l)$，$C_l=e^{-\lambda l}(\cos\lambda l-\sin\lambda l)$，$D_l=e^{-\lambda l}\cos\lambda l$，$E_l=\dfrac{2e^{\lambda l}\,\mathrm{sh}\lambda l}{\mathrm{sh}^2\lambda l-\sin^2\lambda l}$，

$F_l=\dfrac{2e^{\lambda l}\sin\lambda l}{\sin^2\lambda l-\mathrm{sh}^2\lambda l}$，也可以通过查表 3-5 计算。

计算了边界条件力，即可执行第三步将梁Ⅱ与梁Ⅲ内力、挠度叠加，得到有限长梁Ⅰ的近似解答。

【例 3-5】 文克尔地基上基础梁内力计算

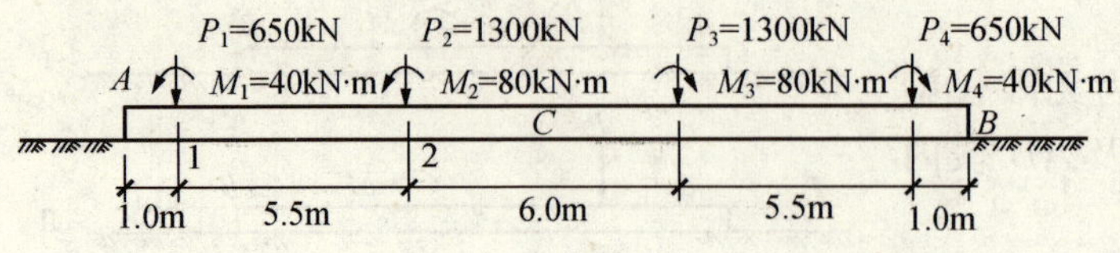

图 3-36 ［例 3-5］图 1 计算条件示意图

钢筋混凝土条形基础长$l=19\text{m}$，宽 $b=2.4\text{m}$，基础抗弯刚度 $E_cI=3.8\times10^6\text{kN}\cdot\text{m}^2$，地基为黏性土，基床系数 $k=5.2\times10^3\text{kN/m}^3$，其他条件如图 3-36 所示。计算文克尔地基上梁的地基反力和基础内力。

解 应用无限长梁的解，采用叠加的方法计算有限长梁的地基反力和基础内力。

（1）基础梁相对刚度计算

$$k_s=kb=5.2\times10^3\times2.4=12\ 480\text{kN/m}^2$$

$$\lambda=\sqrt[4]{\frac{kb}{4E_cI}}=\sqrt[4]{\frac{5.2\times10^3\times2.4}{4\times3.8\times10^6}}=0.1693\text{m}^{-1}$$

（2）计算方法及计算简图。

1）将有限长梁Ⅰ两端延长为无限长梁Ⅱ，按无限长梁计算 A、B 两点 V_a、M_a 和 V_b、M_b，如图 3-37 所示。

2）将无限长梁Ⅲ的 A、B 两点处作用两对边界条件力 P_A、M_A 和 P_B、M_B，使它们在 A、B 两点产生的内力与梁Ⅱ的 A、B 两点处相应内力大小相等方向相反，以消除梁Ⅰ延长为梁Ⅱ在梁端产生的附加内力。

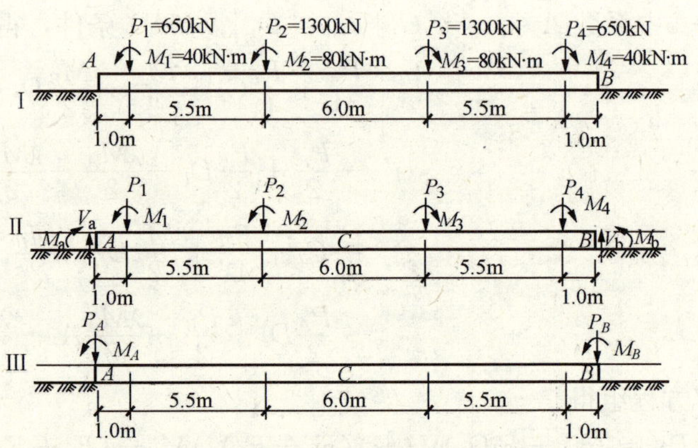

图 3-37 ［例 3-5］图 2 叠加法计算简图

3）计算梁Ⅱ与梁Ⅲ的 AB 段的内力、挠度，并叠加即得到梁Ⅰ的解。计算无限长梁ⅡA、B 两点的内力 V_a、M_a 和 V_b、M_b。

各截面内力、挠度及地基反力计算公式如下

$$M=\sum_{i=1}^{n}\frac{C_{xi}}{4\lambda}P_i+\sum_{i=1}^{n}\frac{\pm D_{xi}}{2}M_i$$

$$V=\sum_{i=1}^{n}\frac{\mp D_{xi}}{2}P_i+\sum_{i=1}^{n}\frac{-\lambda A_{xi}}{2}M_i$$

$$w=\sum_{i=1}^{n}\frac{\lambda A_{xi}}{2kb}P_i+\sum_{i=1}^{n}\frac{\pm\lambda^2B_{xi}}{kb}M_i$$

$$p=k_sw$$

（3）计算无限长梁ⅡA、B 截面的内力 M_a、V_a、M_b、V_b。

根据各荷载作用点到 A 点的距离，计算系数 A_x、C_x、D_x 及荷载产生的内力，计算过程见表 3-7。

表 3-7 无限长梁ⅡA、B截面的内力M_a、V_a计算

荷载位置	1	2	3	4	合计
距A点距离x (m)	1	6.5	12.5	18	—
λ_x	0.169 3	1.100 5	2.116 3	3.047 4	—
A_x	0.974 44	0.447 35	0.040 48	−0.042 81	—
C_x	0.689 93	−0.145 82	−0.165 5	−0.051 74	—
D_x	0.832 19	0.150 77	−0.062 51	−0.047 27	—
P_i	650	1300	1300	650	—
$\frac{C_{xi}}{4\lambda}P_i$	662.22	−279.92	−317.71	−49.66	14.93
$\frac{-D_{xi}}{2}P_i$	−270.46	−97.997	40.631	15.363	312.46
M_i	−40	−80	80	40	—
$\frac{-D_{xi}}{2}M_i$	16.64	6.03	2.5	0.96	26.13
$\frac{-\lambda A_{xi}}{2}M_i$	3.299 4	3.029 5	−0.274 15	0.144 94	6.20

$$M_a=\sum_{i=1}^{n}\frac{C_{xi}}{4\lambda}P_i+\sum_{i=1}^{n}\frac{-D_{xi}}{2}M_i=14.93+26.13=41.06(\text{kN}\cdot\text{m})$$

$$V_a=\sum_{i=1}^{n}\frac{-D_{xi}}{2}P_i+\sum_{i=1}^{n}\frac{-\lambda A_{xi}}{2}M_i=312.46+6.20=318.66(\text{kN})$$

利用对称性有 $M_b=M_a$，$V_b=-V_a$。

(4) 梁Ⅲ假想边界条件力 P_A、M_A 和 P_B、M_B 的计算。

利用梁和荷载的对称性 $P_A=P_B$、$M_A=-M_B$，由 $\lambda l=0.169\ 3\times19=3.216\ 7$计算得

$$A_l=-0.042\ 98, B_l=-0.036\ 966, C_l=-0.036\ 97,$$
$$D_l=-0.039\ 97, E_l=4.006\ 60, F_l=0.024\ 14$$

代入式 (3-48)、式 (3-49) 得

$$P_A=P_B$$
$$=(4.006\ 60+0.024\ 14)\times[(1-0.039\ 97)\times318.66+0.169\ 3\times(1+0.042\ 98)\times41.06]$$
$$=1262.32\text{kN}$$

$$M_A=-M_B$$
$$=-(4.006\ 60+0.024\ 14)\times\left[(1-0.036\ 97)\times\frac{318.66}{2\times0.169\ 3}+(1-0.039\ 97)\times41.06\right]$$
$$=-3812.02\text{kN}\cdot\text{m}$$

(5) 计算基础梁各截面的内力及挠度。

将梁Ⅱ与梁Ⅲ叠加，边界条件力和荷载作用叠加就近似得到梁Ⅰ的解答。利用结构及荷载的对称性，故仅计算基础梁左半部分 A、1、2 及中点 C 处的内力及挠度。

(1) 截面 A：梁Ⅱ与梁Ⅲ叠加后，消除了梁端内力，即 $M=0$，$V=0$，仅需计算挠度 w_A 及基底反力 p_A。相关系数及计算过程见表 3-8。

表 3-8 **截面 A 挠度计算**

荷载位置	A	1	2	3	4	B	合计
距 A 点距离 x（m）	0	1	6.5	12.5	18	19	—
λ_x	0	0.169 3	1.100 4	2.116 3	3.047 4	3.216 7	—
A_x	1	0.974 44	0.447 35	0.040 48	−0.042 81	−0.042 98	—
B_x	0	0.142 25	0.296 58	0.102 99	0.004 47	−0.003 01	
P_i（kN）	1262.32	650	1300	1300	650	1262.32	—
$\frac{\lambda A_{xi}}{2kb}P_i$	0.008 562 1	0.004 296 1	0.003 944 6	0.000 356 96	−0.000 188 72	−0.000 368 02	0.016 6
M_i（kN·m）	−3812.02	−40	−80	80	40	3812.02	—
$\frac{-\lambda^2 B_{xi}}{kb}M_i$	0	0.000 013 07	0.000 054 49	−0.000 018 92	−0.000 000 41	0.000 026 34	0.000 074 57

$$w_A=\sum_{i=1}^{n}\frac{\lambda A_{xi}}{2kb}P_i+\sum_{i=1}^{n}\frac{-\lambda^2 B_{xi}}{kb}M_i=0.016\,6+0.000\,074\,57=0.0167\text{m}=1.67\text{cm}$$

地基反力 p_A 为

$$p_A=k_s w_A=12\,480\times0.0167=208.4\text{kN/m}$$

（2）截面 1 的内力、挠度和对应点处的地基反力计算。

截面 1 系数 A_x、B_x、C_x、D_x 及各个外荷载在 1 截面产生的内力值见表 3-9。

表 3-9 **截面 1 内力及挠度计算**

荷载位置	A	1	2	3	4	B	合计
距 1 点距离 x（m）	1	0	5.5	11.5	17	18	—
λ_x	0.169 3	0	0.931 2	1.947	2.878 1	3.047 4	—
A_x	0.974 44	1	0.551 4	0.080 29	−0.039 65	−0.042 81	—
B_x	0.142 25	0	0.316 19	0.132 72	0.014 65	0.004 47	—
C_x	0.689 93	1	−0.080 97	−0.185 15	−0.068 95	−0.051 74	—
D_x	0.832 19	1	0.235 22	−0.052 43	−0.054 3	−0.047 27	—
P_i（kN）	1262.32	650	1300	1300	650	1262.32	—
$\frac{C_{xi}}{4\lambda}P_i$	1286.1	959.83	−155.44	−355.43	−66.179	−96.44	1572.44
$\frac{\mp D_{xi}}{2}P_i$	−525.24	∓325	152.89	−34.078	−17.648	−29.836	−778.91 −128.91
$\frac{\lambda A_{xi}}{2kb}P_i$	0.008 343 2	0.004 408 9	0.004 862 1	0.000 708 01	−0.000 174 82	−0.000 366 51	0.017 78
M_i（kN·m）	−3812.02	−40	−80	80	40	3812.02	—

续表

荷载位置	A	1	2	3	4	B	合计
$\frac{\pm D_{xi}}{2}M_i$	−1586.2	∓20	9.408 6	2.097 1	1.086	90.1	−1503.51 −1463.51
$\frac{-\lambda A_{xi}}{2}M_i$	314.44	3.386	3.734 1	−0.543 75	0.134 26	13.813	334.96
$\frac{\pm\lambda^2 B_{xi}}{kb}M_i$	−0.001 245 4	0	0.000 058 1	−0.000 024 4	−0.000 001 3	−0.000 039 1	−0.001 25

截面 1 的内力、挠度和对应点处的地基反力为

$$M_1=\sum_{i=1}^{n}\frac{C_{xi}}{4\lambda}P_i+\sum_{i=1}^{n}\frac{\pm D_{xi}}{2}M_i=1572.44+\begin{cases}-1503.51\\-1463.51\end{cases}=\begin{cases}68.93(\text{kN}\cdot\text{m}) & (\text{右})\\108.93(\text{kN}\cdot\text{m}) & (\text{左})\end{cases}$$

$$V_1=\sum_{i=1}^{n}\frac{\mp D_{xi}}{2}P_i+\sum_{i=1}^{n}\frac{-\lambda A_{xi}}{2}M_i=\begin{cases}-778.91\\-128.91\end{cases}+334.96=\begin{cases}-443.95(\text{kN}) & (\text{右})\\206.05(\text{kN}) & (\text{左})\end{cases}$$

$$w_1=\sum_{i=1}^{n}\frac{\lambda A_{xi}}{2kb}P_i+\sum_{i=1}^{n}\frac{\pm\lambda^2 B_{xi}}{kb}M_i=0.017\,78-0.001\,25=0.016\,5\text{m}=1.65\text{cm}$$

$$p_1=k_s w_1=12\,480\times0.016\,5=205.9\text{kN/m}$$

（3）截面 2 的内力、挠度和对应点处的地基反力。

截面 2 系数 A_x、B_x、C_x、D_x 及各个外荷载在 2 截面产生的内力值见表 3 - 10。

表 3 - 10　截面 2 内力及挠度计算

荷载位置	A	1	2	3	4	B	合计
距 2 点距离 x（m）	6.5	5.5	0	6.0	11.5	12.5	—
λ_x	1.100 4	0.931 15	0	1.015 8	1.947	2.116 3	—
A_x	0.447 38	0.551 43	1	0.498 57	0.080 308	0.040 493	—
B_x	0.296 59	0.316 19	0	0.307 76	0.132 73	0.103	—
C_x	−0.145 8	−0.080 946	1	−0.116 95	−0.185 15	−0.165 51	—
D_x	0.150 79	0.235 24	1	0.190 81	−0.052 423	−0.062 507	—
P_i（kN）	1262.32	650	1300	1300	650	1262.32	—
$\frac{C_{xi}}{4\lambda}P_i$	−271.78	−77.70	1919.70	−224.50	−177.72	−308.51	859.50
$\frac{\mp D_{xi}}{2}P_i$	−95.17	−76.45	∓650.00	124.03	−17.04	−39.45	−754.09 545.92
$\frac{\lambda A_{xi}}{2kb}P_i$	0.003 830 5	0.002 431 2	0.008 817 7	0.004 396 3	0.000 354 06	0.000 346 7	0.020 18
M_i（kN·m）	−3812.02	−40	−80	80	40	3812.02	—
$\frac{\pm D_{xi}}{2}M_i$	−287.40	−4.71	∓40.00	−7.63	1.05	119.14	−219.55 −139.55

续表

荷载位置	A	1	2	3	4	B	合计
$\frac{-\lambda A_{xi}}{2}M_i$	144.36	1.87	6.77	−3.38	−0.27	−13.07	136.29
$\frac{\pm\lambda^2 B_{xi}}{kb}M_i$	−0.002 597	−0.000 029	0	−0.000 057	−0.000 012	−0.000 902	−0.00 360

截面 2 的内力、挠度和对应点处的地基反力为

$$M_2=\sum_{i=1}^{n}\frac{C_{xi}}{4\lambda}P_i+\sum_{i=1}^{n}\frac{\pm D_{xi}}{2}M_i=859.5+\begin{cases}-219.55\\-139.55\end{cases}=\begin{cases}639.95(\text{kN}\cdot\text{m})\quad(\text{右})\\719.95(\text{kN}\cdot\text{m})\quad(\text{左})\end{cases}$$

$$V_2=\sum_{i=1}^{n}\frac{\mp D_{xi}}{2}P_i+\sum_{i=1}^{n}\frac{-\lambda A_{xi}}{2}M_i=\begin{cases}-754.09\\545.92\end{cases}+136.29=\begin{cases}-617.80(\text{kN})\quad(\text{右})\\682.21(\text{kN})\quad(\text{左})\end{cases}$$

$$w_2=\sum_{i=1}^{n}\frac{\lambda A_{xi}}{2kb}P_i+\sum_{i=1}^{n}\frac{\pm\lambda^2 B_{xi}}{kb}M_i=0.020\,18-0.003\,60=0.016\,58\text{m}=1.66\text{cm}$$

$$p_2=k_s w_2=124\,80\times0.01\,658=206.9\text{kN/m}$$

（4）梁中点截面 C 处的内力和挠度。

利用结构及荷载的对称性，仅计算基础梁半部分荷载产生的弯矩和挠度，然后将其结果乘 2 即可，截面剪力为零。计算结果见表 3 - 11。

表 3 - 11　　截面 C 内力及挠度计算

荷载位置	A	1	2	合计
距 C 点距离 x（m）	9.5	8.5	3	—
λ_x	1.608 4	1.439	0.507 9	—
A_x	0.192 56	0.266 25	0.818 46	—
B_x	0.200 08	0.235 1	0.292 66	—
C_x	−0.207 59	−0.203 94	0.233 14	—
D_x	−0.007 517 1	0.031 154	0.525 8	—
P_i（kN）	1262.32	650	1300	—
$\frac{C_{xi}}{4\lambda}P_i$	−386.96	−195.75	447.54	−135.17
$\frac{\lambda A_{xi}}{2kb}P_i$	0.001 648 7	0.001 173 9	0.007 216 9	0.010 04
M_i（kN·m）	−3812.02	−40	−80	—
$\frac{D_{xi}}{2}M_i$	14.328	−0.623 07	−21.032	−7.33
$\frac{\lambda^2 B_{xi}}{kb}M_i$	−0.001 751 7	−0.000 021 6	−0.000 053 8	−0.001 83

$$M_C=2\left(\sum_{i=1}^{n}\frac{C_{xi}}{4\lambda}P_i+\sum_{i=1}^{n}\frac{D_{xi}}{2}M_i\right)=2\times(-135.17-7.33)=285.00\text{kN}\cdot\text{m}$$

$$w_C = 2\left(\sum_{i=1}^{n}\frac{\lambda A_{xi}}{2kb}P_i + \sum_{i=1}^{n}\frac{\lambda^2 B_{xi}}{kb}M_i\right) = 2\times(0.010\,04 - 0.001\,83) = 0.0164\text{m} = 1.64\text{cm}$$

$$p_C = k_s w_C = 12\,480\times 0.016\,4 = 204.9\text{kN/m}$$

（5）根据计算结果绘制基础梁反力及内力图（图 3-38）。

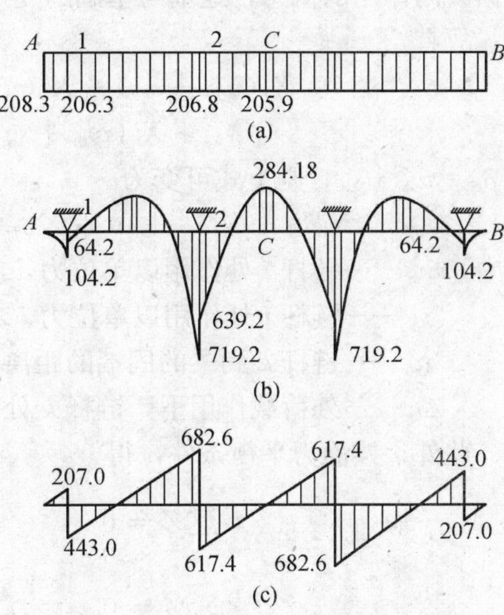

图 3-38　［例 3-5］图 3 基础内力图

（a）地基反力分布图；（b）基础梁弯矩图（kN·m）；（c）基础梁剪力图（kN）

3．弹性半空间地基上梁简化计算——链杆法

由于弹性半空间地基表面上任一点的变形，不仅决定于该点上的压力，还与其他点压力有关，因而弹性半空间地基表面上梁的计算比文克尔地基上的梁的解法要复杂得多。因此，通常采用简化的方法求解，如采用数值法（有限元法或有限差分法）和简化计算图示一链杆法计算。

链杆法基本思路是：将连续支承于地基上的梁简化为用有限个链杆支承于地基上的梁（图 3-39）：即将无穷个支点的超静定问题转化为支承在若干个支座上的连续梁，采用结构力学力法求解。链杆起联系基础与地基的作用，通过链杆传递竖向力。每根刚性链杆的作用力，代表一段接触面积上地基反力的合力，因此连续分布的地基反力简化为阶梯形分布的反力。为了保证简化的连续梁的稳定性，在梁的一端再加上一根水平链杆，如果梁上无水平力作用，该水平链杆的内力实际上等于零。只要求出各链杆内力，就可以求得地基反力以及梁的弯矩和剪力。手算一般取 6～10 个链杆。

现选取常用的混合法，以悬臂梁作为基本体系。由于梁端增加两个约束，故相应增加两个位移未知量。设固定端未知竖向变位为 s_0，角变位为 φ_0。切开链杆，在梁和地基相应于链杆的位置加上链杆力 X_1、X_1，…，X_{n-1}、X_n。以上共有未知变量 $n+2$ 个，如图 3-40 (b)所示。切开 n 个链杆可列出 n 个变形协调方程，再加上两个静力平衡方程，方程数也是 $n+2$，显然可以求解。

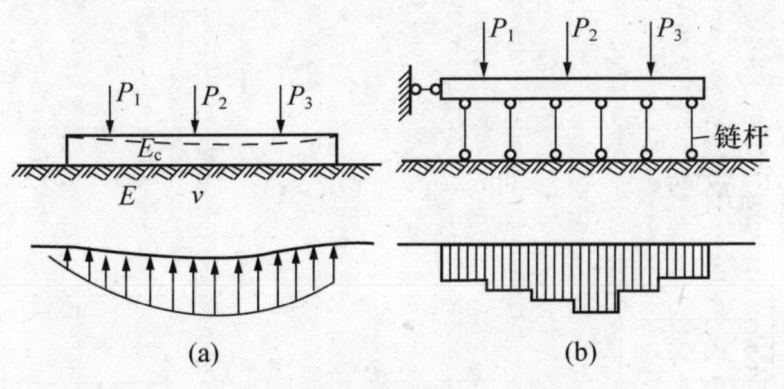

图 3-39　链杆法示意图

（a）实际受荷情况；（b）计算简图

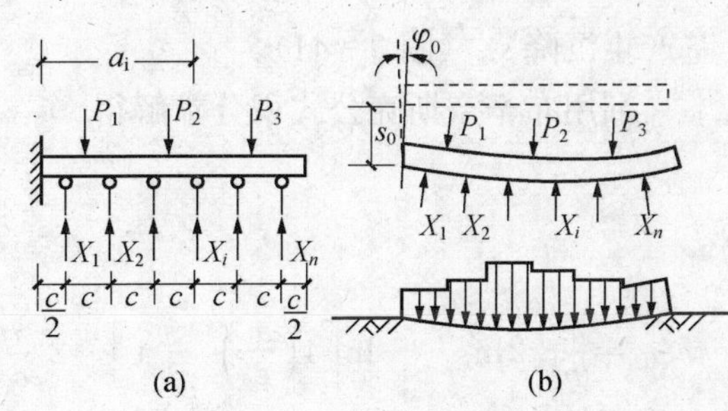

图 3-40　链杆法计算基本体系

第 k 根链杆处梁的挠度为

$$\Delta_{bk} = -X_1 w_{k1} - X_2 w_{k2} - \cdots - X_i w_{ki} - \cdots - X_n w_{kn} + s_0 + a_k\tan\varphi_0 + \Delta_{kp} \quad (3-50)$$

相应点处地基的变形为

$$\Delta_{sk}=X_1 s_{k1}+X_2 s_{k2}+\cdots+X_i s_{ki}+\cdots+X_n s_{kn}$$

根据共同作用的概念，地基与基础的变形应相协调，即 $\Delta_{bk}=\Delta_{sk}$

故有

$$X_1(w_{k1}+s_{k1})+X_2(w_{k2}+s_{k2})+\cdots+X_i(w_{ki}+s_{ki})+\cdots+X_n(w_{kn}+s_{kn})-s_0-a_k\tan\varphi_0-\Delta_{kp}=0 \quad (3-51)$$

设 $\delta_{ki}=w_{ki}+s_{ki}$，则上式可变为

$$X_1\delta_{k1}+X_2\delta_{k2}+\cdots+X_i\delta_{ki}+\cdots+X_n\delta_{kn}-s_0-a_k\tan\varphi_0-\Delta_{kp}=0 \quad (3-52)$$

式中 w_{ki}——链杆 i 处作用以单位力，在链杆 k 处引起梁的挠度，m；

s_{ki}——链杆 i 处作用以单位力，在链杆 k 处引起地基表面的竖向变形，m；

a_k——链杆 k 到梁的固端的距离，m；

Δ_{kp}——外荷载作用下，链杆 k 处的挠度，m。

此外，按静力平衡条件，得

$$\sum Z=0 \qquad -\sum_{i=1}^{n}X_i+\sum_{j=1}^{m}P_j=0 \quad (3-53)$$

$$\sum M=0 \qquad -\sum_{i=1}^{n}X_i a_i+\sum M_P=0 \quad (3-54)$$

式中 $\sum_{j=1}^{m}P_j$——全部外荷载竖向投影之和，kN；

$\sum M_P$——全部外荷载对固端力矩之和，kN·m；

a_i——第 i 根链杆至固端的距离，m。

以上取得与超静定未知数相等的方程组，可以利用此方程组解出全部 $n+2$ 个未知数，而这里求解方程组的关键是求出式（3-52）中的系数 δ_{ki}，即需要求出 w_{ki} 和 s_{ki}。

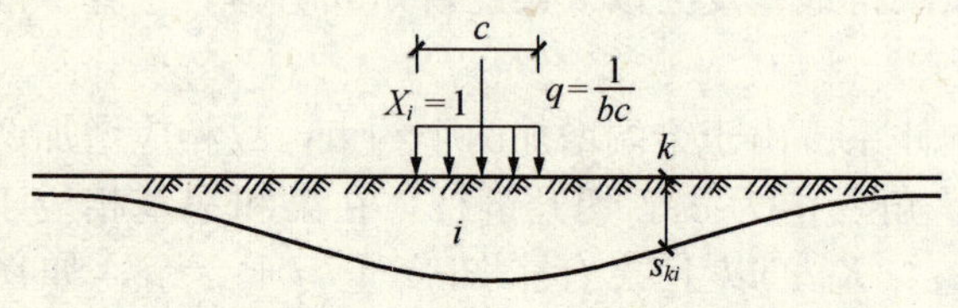

图 3-41 i 点单位力引起地基的变位

设梁宽为 b，链杆间距为 c，将第 i 根链杆力 $X_i=1$ 均匀分布在面积为 $b\times c$ 的地基表面，将使距离荷载中心 x 处的 k 点地基产生沉降 s_{ki}（图 3-41）。

利用布辛奈斯克公式积分求解得

$$s_{ki}=\frac{1-\nu^2}{\pi Ec}\xi_{ki} \quad (3-55)$$

$$\xi_{ki}=\frac{c}{b}\left\{2\ln\frac{b}{c}-\ln\left[4\left(\frac{x}{c}\right)^2-1\right]-2\frac{x}{c}\ln\left(\frac{2\frac{x}{c}+1}{2\frac{x}{c}-1}\right)\right.$$

$$\left.+\frac{b}{c}\ln\left[\frac{2\frac{x}{c}+1+\sqrt{\left(2\frac{x}{c}+1\right)^2+\left(\frac{b}{c}\right)^2}}{2\frac{x}{c}-1+\sqrt{\left(2\frac{x}{c}-1\right)^2+\left(\frac{b}{c}\right)^2}}\right]+2\frac{x}{c}\ln\left[\frac{\frac{b}{c}+\sqrt{\left(2\frac{x}{c}+1\right)^2+\left(\frac{b}{c}\right)^2}}{\frac{b}{c}+\sqrt{\left(2\frac{x}{c}-1\right)^2+\left(\frac{b}{c}\right)^2}}\right]\right.$$

$$+\ln\left[1+\sqrt{\left(2\frac{x}{c}\cdot\frac{c}{b}+\frac{c}{b}\right)^2+1}\right]\left[1+\sqrt{\left(2\frac{x}{c}\cdot\frac{c}{b}-\frac{c}{b}\right)^2+1}\right]\Bigg\} \tag{3-56}$$

对于荷载中心 $x=0$ 处，即 $k=i$ 时有

$$\xi_{ii}=2\frac{c}{b}\left\{\ln\frac{b}{c}+\frac{b}{c}\ln\left[\frac{c}{b}+\sqrt{\left(\frac{c}{b}\right)^2+1}\right]+\ln\left[1+\sqrt{\left(\frac{c}{b}\right)^2+1}\right]\right\} \tag{3-57}$$

式中　ξ_{ki}——空间沉降系数，是关于（x/c，b/c）的函数，将其制成表格，见表 3-12（表 3-12 中 x 为 i 点和 k 点之间的距离）。

表 3-12　　**空间沉降系数 ξ_{ki}**

x/c	b/c					
	2/3	1	2	3	4	5
0	4.265 0	3.525 5	2.406 1	1.867 2	1.542 3	1.322 4
1	1.068 8	1.038 0	0.929 5	0.829 1	0.746 0	0.677 9
2	0.508 2	0.505 1	0.489 8	0.469 1	0.446 3	0.423 6
3	0.335 8	0.334 9	0.330 3	0.323 3	0.314 8	0.305 3
4	0.251 0	0.250 6	0.248 7	0.245 6	0.241 7	0.237 0
5	0.200 5	0.200 3	0.199 3	0.197 7	0.195 6	0.193 0
6	0.167 0	0.166 9	0.166 3	0.165 3	0.164 1	0.162 5
7	0.143 0	0.143 0	0.142 6	0.142 0	0.141 2	0.140 2
8	0.125 1	0.125 1	0.124 8	0.124 4	0.123 9	0.123 2
9	0.111 2	0.111 2	0.111 0	0.110 7	0.110 3	0.109 8
10	0.100 1	0.100 0	0.099 9	0.099 7	0.099 4	0.099 1
11	0.091 0	0.090 9	0.090 8	0.090 7	0.090 5	0.090 2
12	0.083 4	0.083 4	0.083 3	0.083 2	0.083 0	0.082 8
13	0.077 0	0.076 9	0.076 9	0.076 8	0.076 7	0.076 5
14	0.071 5	0.071 4	0.071 4	0.071 3	0.071 2	0.071 1
15	0.066 7	0.066 7	0.066 6	0.066 6	0.066 5	0.066 4
16	0.062 5	0.062 5	0.062 5	0.062 4	0.062 4	0.062 3
17	0.058 8	0.058 8	0.058 8	0.058 8	0.058 7	0.058 6
18	0.055 6	0.055 6	0.055 5	0.055 5	0.055 5	0.055 4
19	0.052 6	0.052 6	0.052 6	0.052 6	0.052 5	0.052 5
20	0.050 0	0.050 0	0.050 0	0.050 0	0.049 9	0.049 9

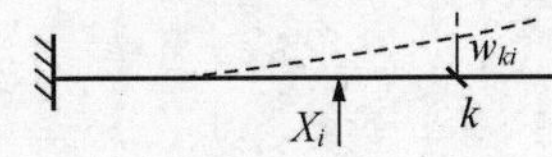

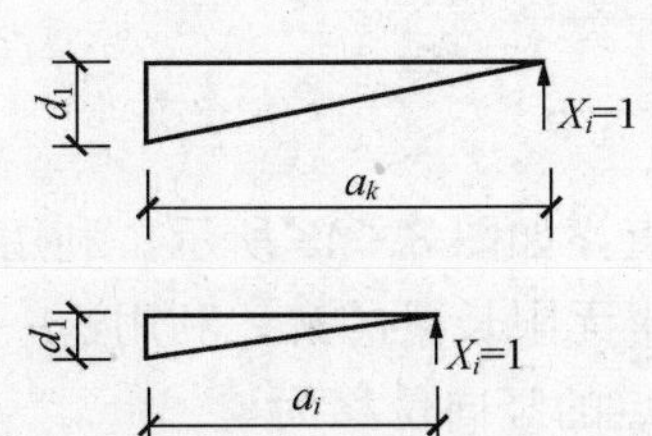

图 3-42　图乘法计算梁位移示意图

如图 3-42 所示的静定梁，i 点作用以单位力在 k 点引起的挠度可用结构力学的图乘法计算。

$$w_{ki}=\frac{c^3}{6E_cI}\eta_{ki} \tag{3-58}$$

$$\eta_{ki}=\left[3\left(\frac{a_i}{c}\right)^2\left(\frac{a_k}{c}\right)-\left(\frac{a_i}{c}\right)^3\right]\quad(x_i\leqslant x_k) \tag{3-59}$$

$$\eta_{ki}=\left[3\left(\frac{a_k}{c}\right)^2\left(\frac{a_i}{c}\right)-\left(\frac{a_k}{c}\right)^3\right]\quad(x_i>x_k) \tag{3-60}$$

式中　E_c——梁的弹性模量，kPa；

I——梁的截面惯性矩，m^4；

a_i，a_k——i 点和 k 点到固端的距离，m。

由式（3-55）和式（3-58）可得

$$\delta_{ki}=s_{ki}+w_{ki}=\frac{1-\nu^2}{\pi Ec}\xi_{ki}+\frac{c^3}{6E_cI}\eta_{ki} \tag{3-61}$$

联合式（3-52）~式（3-54）并将式（3-61）代入整理可得方程组为

$$\left(\frac{1-\nu^2}{\pi Ec}\begin{bmatrix}\xi_{11} & \xi_{12} & \cdots & \xi_{1n}\\ \xi_{21} & \xi_{22} & \cdots & \xi_{2n}\\ \vdots & \vdots & \ddots & \vdots\\ \xi_{n1} & \xi_{n2} & \cdots & \xi_{nn}\end{bmatrix}+\frac{c^3}{6E_cI}\begin{bmatrix}\eta_{11} & \eta_{12} & \cdots & \eta_{1n}\\ \eta_{21} & \eta_{22} & \cdots & \eta_{2n}\\ \vdots & \vdots & \ddots & \vdots\\ \eta_{n1} & \eta_{n2} & \cdots & \eta_{nn}\end{bmatrix}\right)\begin{Bmatrix}X_1\\ X_2\\ \vdots\\ X_n\end{Bmatrix}=s_0+\varphi_0\begin{Bmatrix}a_1\\ a_2\\ \vdots\\ a_n\end{Bmatrix}+\begin{Bmatrix}\Delta_{1p}\\ \Delta_{2p}\\ \vdots\\ \Delta_{np}\end{Bmatrix} \tag{3-62}$$

求解方程组，可得到 X_i 及 s_0 和 φ_0。将 X_i 除以相应区段的面积即可得该区段单位面积上的地基反力值 $p_i=X_i/bc$。

四、交叉条形基础的荷载分配

当上部荷载较大以致沿柱列的一个方向上设置柱下条形基础已不再能满足地基承载力要求和地基变形要求时，可考虑沿纵、横柱列的两个方向都设置条形基础，形成十字交叉基础，以增大基础底面积及基础刚度，减小基底附加压力和基础不均匀沉降。

对于这种空间结构，常用简化计算方法。将柱子传来的竖向荷载在两个方向上进行分配，然后将纵横向基础梁按前述计算条形基础内力的方法分别计算。荷载分配方法有两种：一种是按基础梁自身线刚度进行荷载分配，该方法满足柱节点处静力平衡条件，但不满足基础与地基的变形协调条件；另一种方法要求柱节点处不但满足静力平衡条件，还要满足基础与地基的变形协调条件。常采用文克尔地基上梁的挠度计算方法进行荷载分配，要求满足的条件：

1）静力平衡条件：在节点处分配给两个方向条形基础的荷载之和等于柱荷载，即

$$P_i=P_{ix}+P_{iy} \tag{3-63}$$

式中　P_i——任意节点 i 上柱传来的竖向荷载，kN；

P_{ix}，P_{iy}——分配于 x 方向和 y 方向上的荷载，kN。

2）变形协调条件，即纵横基础梁在节点 i 处的竖向位移和转角应相同，且要与该处地基的变形相协调。为简化计算，假设在交叉点处纵、横梁之间为铰接，即一个方向的条形基础有转角时，在另一个方向的条形基础内不引起内力，节点上两个方向的力矩分别由相应的纵梁和横梁承担。因此，只考虑节点处的竖向位移协调条件，即

$$w_{ix}=w_{iy}=s \tag{3-64}$$

式中　w_{ix}——x 方向条形基础 i 节点的挠度，m；

w_{iy}——y 方向条形基础 i 节点的挠度，m；

s——i 节点地基的沉降。

十字交叉基础节点有三种类型：中间节点，边节点，角节点，如图 3-43 所示。利用文克尔地基上无限长梁的解答，采用叠加的方法可得到有外伸的半无限长梁的解。利用这一解答来进行荷载分配。如图 3-44 所示，有外伸的半无限长梁 O 点的竖向位移为

$$\begin{aligned}w_O&=\frac{P}{2kbS}[1+e^{-2\lambda x}(1+2\cos^2\lambda x-2\cos\lambda x\sin\lambda x)]\\&=\frac{P}{2kbS}Z_x\end{aligned} \tag{3-65}$$

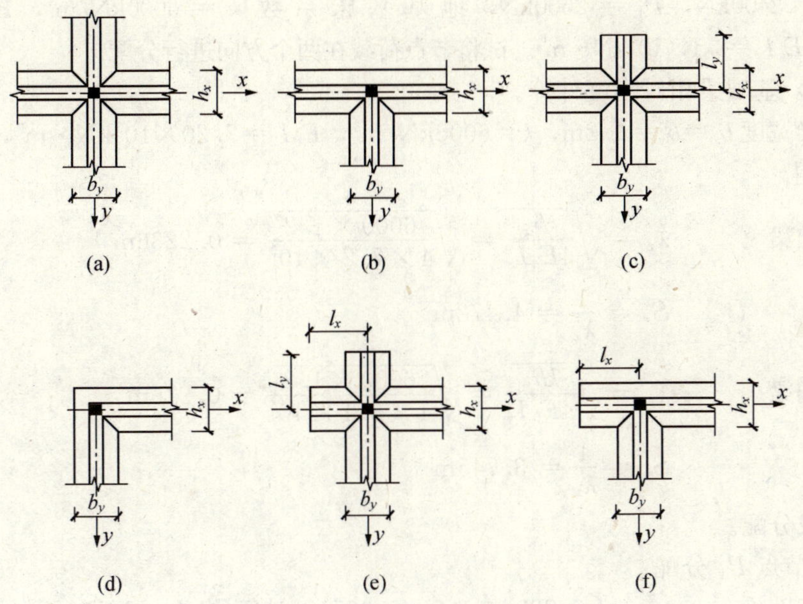

图 3-43　交叉基础节点类型

(a) 中间节点；(b)、(c) 边节点；(d)、(e)、(f) 角节点

$$S=\frac{1}{\lambda}$$

当 $x=0$ 时，为半无限长梁，$Z_x=4$；当 $x\to\infty$ 时，为无限长梁 $Z_x=1$。对于 x，y 方向均有外伸的角节点 i［图 3-43 (e)］，两个方向的基础梁均可看成是有外伸的半无限长梁。由位移协调条件 $w_{ix}=w_{iy}=s$ 得

$$\frac{P_{ix}}{2kb_xS_x}Z_x=\frac{P_{iy}}{2kb_yS_y}Z_y \tag{3-66}$$

又由节点的静力平衡条件 $P_i=P_{ix}+P_{iy}$ 可得

$$P_{ix}=\frac{z_yb_xS_x}{Z_yb_xS_x+Z_xb_yS_y},P_{iy}=P_i-P_{ix} \tag{3-67}$$

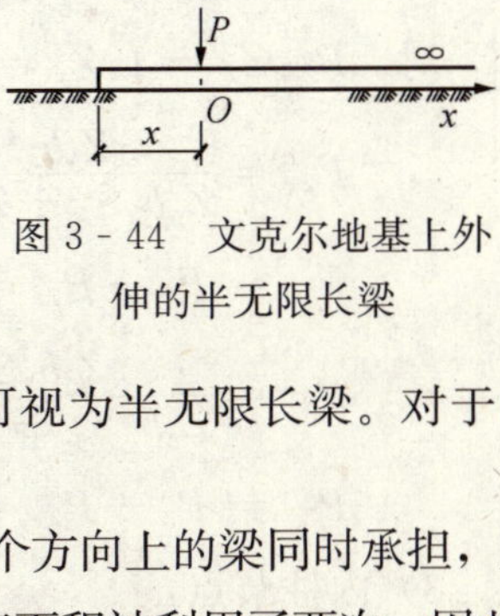

图 3-44　文克尔地基上外伸的半无限长梁

对于边节点，边基础梁可视为无限长梁，与之垂直的基础梁可视为半无限长梁。对于内节点，可将两个方向均视为无限长梁。

按照上述方法进行柱荷载分配时，是假定荷载由纵向和横向两个方向上的梁同时承担，梁交叉处的基底面积被利用了两次。因此，人为地扩大了承载面积。有时交叉处的基底面积之和可能在基底总面积中占有很大比例，甚至达到 20%，计算结果可能有较大误差，并偏于不安全，故在节点荷载分配后还需进行调整。

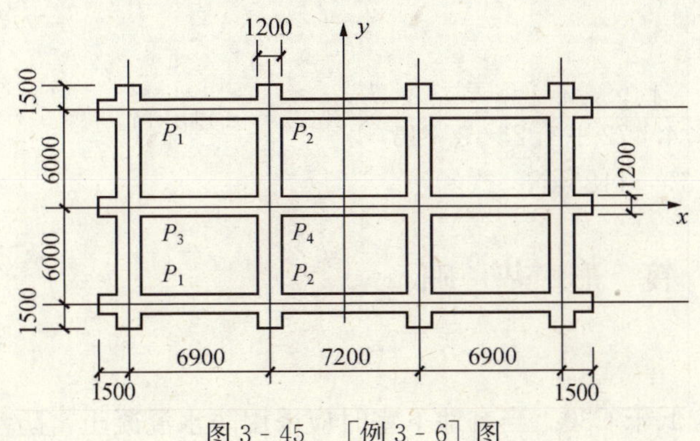

图 3-45　［例 3-6］图

【例 3-6】　十字交叉基础荷载分配

在如图 3-45 所示的交叉梁基础上，已知节点集中荷载 $P_1=1200\text{kN}$，$P_2=$

2200kN，$P_3=2400\text{kN}$，$P_4=2600\text{kN}$，地基基床系数 $k=6000\text{kN/m}^3$，$E_cI_x=7.20\times10^5\ \text{kN}\cdot\text{m}^2$，$E_cI_y=3.1\times10^5\text{kN}\cdot\text{m}^2$。试将节点荷载在两个方向进行分配。

解 （1）基础梁相对刚度计算。

由基础梁宽度 $b_x=b_y=1.2\text{m}$，$k=6000\text{kN/m}^3$，$E_cI_x=7.20\times10^5\text{kN}\cdot\text{m}^2$，$E_cI_y=3.1\times10^5\text{kN}\cdot\text{m}^2$ 得

纵向基础梁
$$\lambda_x=\sqrt[4]{\frac{kb_x}{4E_cI_x}}=\sqrt[4]{\frac{6000\times1.2}{4\times7.2\times10^5}}=0.2236\text{m}^{-1}$$

$$S_x=\frac{1}{\lambda_x}=4.472\text{m}$$

横向基础梁
$$\lambda_y=\sqrt[4]{\frac{kb_y}{4E_0I_y}}=\sqrt[4]{\frac{6000\times1.2}{4\times3.1\times10^5}}=0.276\text{m}^{-1}$$

$$S_y=\frac{1}{\lambda_y}=3.745\text{m}$$

（2）荷载分配。

1）角柱节点 P_1 分配：

对纵向基础梁 $\lambda_xx=0.2236\times1.5=0.3354$，计算得 $Z_x=2.106$

对横向基础梁 $\lambda_yy=0.276\times1.5=0.414$，计算得 $Z_y=1.848$

则
$$P_{1x}=\frac{Z_yb_xS_x}{Z_yb_xS_x+Z_xb_yS_y}P_1=\frac{1.848\times1.2\times4.472}{1.848\times1.2\times4.472+2.106\times1.2\times3.745}\times1200$$
$$=614\text{kN}$$

$$P_{1y}=P_1-P_{1y}=1200-614=586\text{kN}$$

2）边柱节点 P_2，P_3 分配：

对 $P_2:Z_x-1,Z_y=1.848$；对 $P_3:Z_x=2.106,Z_y=1$

$$P_{2x}=\frac{Z_yb_xS_x}{Z_yb_xS_x+Z_xb_yS_y}P_2=\frac{1.848\times1.2\times4.472}{1.848\times1.2\times4.472+1.2\times3.745}\times2200=1514\text{kN}$$

$$P_{2y}=P_2-P_{2x}=2200-1514=686\text{kN}$$

$$P_{3x}=\frac{Z_yb_xS_x}{Z_yb_xS_x+Z_xb_yS_y}P_3=\frac{1.2\times4.472}{1.2\times4.472+2.106\times1.2\times3.745}\times2400=868\text{kN}$$

$$P_{3y}=P_3-P_{3x}=2400-868=1532\text{N}$$

3）内柱节点：

此时，$Z_x=Z_y=1.0$ 故

$$P_{4x}=\frac{b_xS_x}{b_xS_x+b_yS_y}P_4=\frac{1.2\times4.472}{1.2\times4.472+1.2\times3.745}\times2600=1415\text{kN}$$

$$P_{4y}=P_4-P_{4x}=2600-1215=1185\text{kN}$$

第六节 筏 形 基 础

一、筏形基础的构造要求

（1）筏形基础的混凝土强度等级不应低于 C30。当有地下室时应采用防水混凝土，防水

混凝土的抗渗等级应根据地下水的最高水位与防渗混凝土厚度的比值，按现行《地下工程防水技术规范》（GB 50108—2008）选用，但不应小于 0.6MPa。必要时宜设架空排水层。

（2）采用筏形基础的地下室，地下室钢筋混凝土外墙厚度不应小于 250mm，内墙厚度不应小于 200mm。墙的截面设计除满足承载力要求外，尚应考虑变形、抗裂及防渗等要求。墙体内应设置双面钢筋，水平钢筋的直径不应小于 12mm，竖向钢筋的直径不应小于 10mm，间距不应大于 200mm。

（3）地下室底层柱，剪力墙与梁板式筏基的基础梁连接的构造应符合下列要求：

1）柱、墙的边缘至基础梁边缘的距离不应小于 50mm（图 3-46）。

2）当交叉基础梁的宽度小于柱截面的边长时，交叉基础梁连接处应设置八字角，柱角与八字角之间的净距不宜小于 50mm［图 3-46（a)］。

3）单向基础梁与柱的连接，可见图 3-46（b)、(c）的要求。

4）基础梁与剪力墙的连接，见图 3-46（d)。

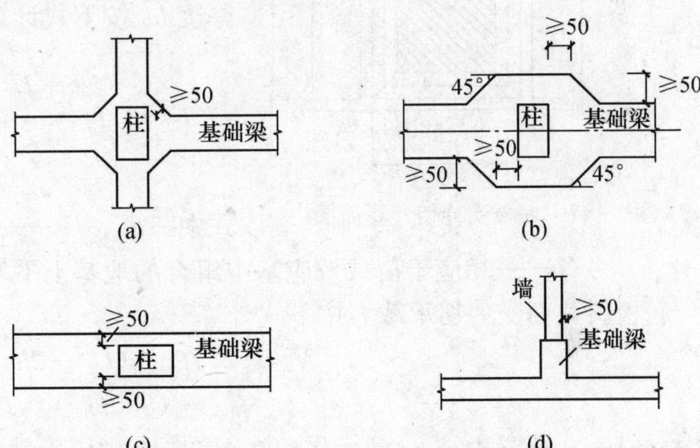

图 3-46　基础梁与柱、墙的连接

（4）筏板最小厚度不应小于 400mm；对于 12 层以上的建筑梁板式筏形基础，其底板厚度与最大双向板格的短边净跨之比不应小于 1/14。

（5）当筏板的厚度大于 2000mm 时，宜在板厚中间部位设置直径不小于 12mm、间距不大于 300mm 的双向钢筋网。

二、筏形基础底面尺寸的确定

筏形基础底面尺寸的确定应遵循天然地基上浅基础设计原则。在基础底面尺寸确定时，为了减小偏心弯矩作用，应尽可能使荷载合力重心与筏基底面形心相重合，在永久荷载与可变荷载准永久组合下，偏心距宜符合下式要求

$$e \leqslant 0.1W/A \tag{3-68}$$

式中　W——与偏心距方向一致的基础底面抵抗矩，m^3；

A——基础底面积，m^2。

基础底面尺寸除满足地基承载力条件外，对于有软弱下卧层的情况，还应满足软弱下卧层承载力要求。另外对有变形验算要求及稳定性验算要求时，还应进行相应验算。

三、筏形基础厚度确定

1. 梁板式筏基

梁板式筏基底板除计算正截面受弯承载力外，其厚度尚应满足受冲切承载力，受剪切承载力的要求（图 3-47）。

底板受冲切承载力按下式计算

$$F_l \leqslant 0.7\beta_{hp} f_t u_m h_0 \tag{3-69}$$

式中　F_l——作用在图 3-45 中阴影部分面积上的地基土净反力设计值，kN；

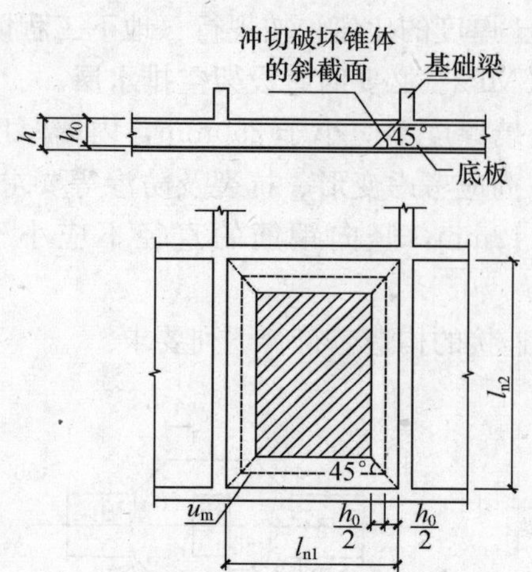

图 3-47　底板受冲切计算简图

u_m——距基础梁边 $h_0/2$ 处冲切临界截面的周长，m；

β_{hp}——受冲切承载力截面高度影响系数，当 h 不大于 800mm 时，取 1.0；当 h 大于等于 2000mm 时，取 0.9，其间按线性内插法取用。

当底板区格为矩形双向板时，底板受冲切所需的厚度 h_0 按下式计算

$$h_0=\frac{(l_{n1}+l_{n2})-\sqrt{(l_{n1}+l_{n2})^2-\dfrac{4pl_{n1}l_{n2}}{p+0.7\beta_{hp}f_t}}}{4} \tag{3-70}$$

式中　l_{n1}、l_{n2}——计算板格的短边和长边的净长度，m；

p——相应于荷载效应基本组合的地基土平均净反力设计值，kPa。

底板斜截面受剪切承载力按下式计算

$$V_s\leqslant 0.7\beta_{hs}f_t(l_{n2}-2h_0)h_0 \tag{3-71}$$

$$\beta_{hs}=(800/h_0)^{1/4} \tag{3-72}$$

式中　V_s——距梁边缘 h_0 处，作用在图 3-48 中阴影部分面积上的地基土净反力设计值，kN；

β_{hs}——受剪切承载力截面高度影响系数，当按式（3-72）计算时，板的有效高度 h_0 小于 800mm 时，h_0 取 800mm；h_0 大于 2000mm 时，h_0 取 2000mm。

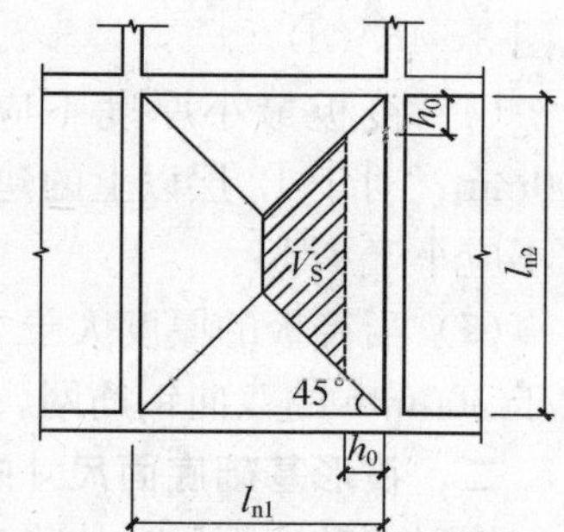

图 3-48　底板受剪切计算简图

2. 平板式筏基

平板式筏基的板厚应满足受冲切承载力要求。筏板的最小厚度不应小于 500mm。试验研究证明，板与柱之间的不平衡弯矩，一部分是通过临界截面周边的弯曲应力来传递的，一部分是通过临界截面上的偏心剪力对临界截面重心产生的弯矩来传递的（图 3-49）。因此，板厚验算时应考虑作用在冲切临界面重心上的不平衡弯矩产生的附加剪力。

距柱边 $h_0/2$ 处冲切临界截面的最大剪应力应由两部分组成，一部分由集中力设计值所引起的剪应力，另一部分是不平衡弯矩所产生的附加剪应力。则最大剪应力按下式计算

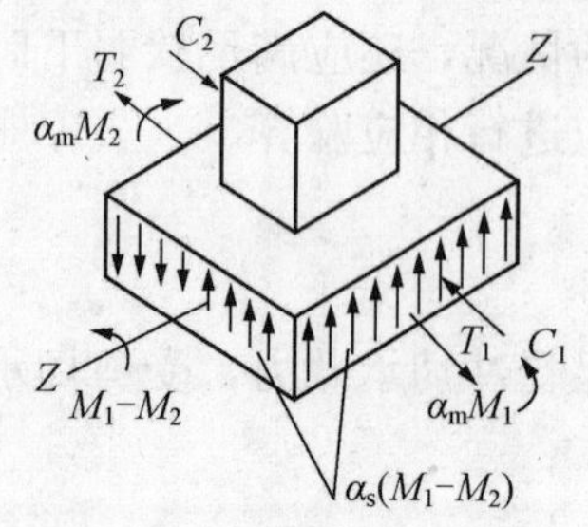

图 3-49　板与柱不平衡弯矩传递示意图

$$\tau_{max}=F_l/u_m h_0+\alpha_s M_{unb}c_{AB}/I_s \tag{3-73}$$

$$\alpha_s=1-\frac{1}{1+\dfrac{2}{3}\sqrt{c_1/c_2}} \tag{3-74}$$

$$\tau_{max}\leqslant 0.7(0.4+1.2/\beta_s)\beta_{hp}f_t \tag{3-75}$$

式中　F_l——相应于荷载效应基本组合时的冲切力，kN，对内柱取轴力设计值与筏板冲切破坏锥体内的基底反力设计值之差；对基础的边柱和角柱，取轴力设计值与筏板冲切临界截面范围内的基底反力设计值之差；

u_m——距柱边 $h_0/2$ 处冲切临界截面的周长，按表 3-13 计算，m；

M_{unb}——作用在冲切临界截面重心上的不平衡弯矩设计值，kN·m；

c_{AB}——沿弯矩作用方向，冲切临界截面重心至冲切临界截面最大剪应力点的距离，见图 3-50，按表 3-13 计算；

I_s——冲切临界截面对其重心的极惯性矩按表 3-13 计算，m^4；

β_s——柱截面长边与短边的比值，当 $\beta_s<2$ 时，β_s 取 2，当 $\beta_s>4$ 时，β_s 取 4；

c_1——与弯矩作用方向一致的冲切临界截面的边长，m，见图 3-50，按表 3-13 计算；

c_2——垂直于的冲切临界截面的边长，m，见图 3-50，按表 3-13 计算；

α_s——不平衡弯矩通过冲切临界截面上的偏心剪力来传递的分配系数。

按上述式（3-73）求得的最大剪应力必须满足式（3-75）的要求。

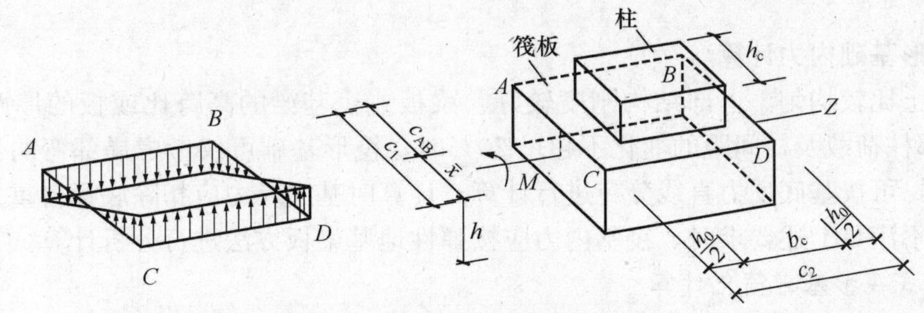

图 3-50　冲切临界截面示意图

表 3-13　**冲切临界截面的周长和极惯性矩计算公式**

	内柱	边柱	角柱
c_1	h_c+h_0	$h_c+h_0/2$	$h_c+h_0/2$
c_2	b_c+h_0	b_c+h_0	$b_c+h_0/2$
$\bar{x}$	—	$\bar{x}=\frac{c_1^2}{2c_1+c_2}$	$\bar{x}=\frac{c_1^2}{2(c_1+c_2)}$
c_{AB}	$c_1/2$	$c_1-\bar{x}$	$c_1-\bar{x}$
u_m	$2c_1+2c_2$	$2c_1+c_2$	c_1+c_2
I_s	$\frac{c_1h_0^3}{6}+\frac{c_1^3h_0}{6}+\frac{c_2h_0c_1^2}{2}$	$\frac{c_1h_0^3}{6}+\frac{c_1^3h_0}{6}+2h_0c_1\left(\frac{c_1}{2}-\bar{x}\right)^2+c_2h_0\bar{x}^2$	$\frac{c_1h_0^3}{12}+\frac{c_1^3h_0}{12}+h_0c_1\left(\frac{c_1}{2}-\bar{x}\right)^2+c_2h_0\bar{x}^2$

M_{unb} 为作用在冲切临界截面重心上的不平衡弯矩设计值，对边柱它包括由柱根处轴力设计值 N 和该处筏板冲切临界截面范围内相应的地基反力 P 对临界截面重心产生的弯矩。由于基础和上部结构是分别计算的，因此还应包括柱子根部的弯矩 M_c，如图 3-51 所示，M_{unb} 的表达式为

$$M_{unb}=Ne_N-Pe_p\pm M_c \tag{3-76}$$

对于内柱，由于对称关系，柱截面形心与冲切临界截面重合，$e_N=e_p=0$，因此冲切临界截面重心上的弯矩，取柱根弯矩。

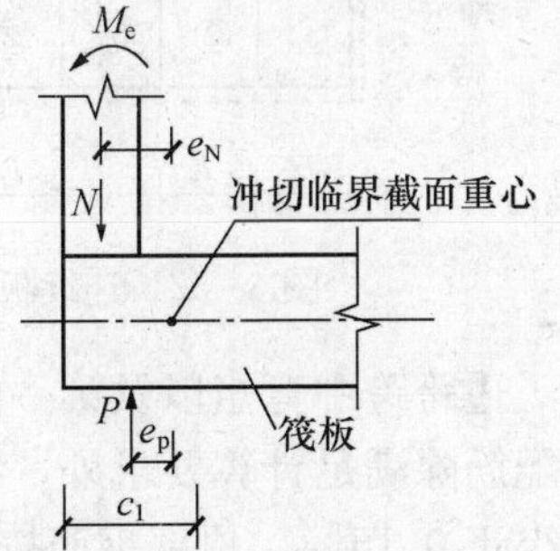

图 3-51　不平衡弯矩计算示意图

当柱荷载较大，等厚度筏板的受冲切承载力不能满足要求时，可在筏板上增设柱墩或在筏板下局部增加板厚或采用

抗冲切箍筋来提高抗冲切承载力。

平板式筏基板厚除应满足受冲切承载力外，尚应验算距柱边缘 h_0 处筏板的受剪承载力。底板斜截面受剪承载力应符合下式要求

$$V_s \leqslant 0.7\beta_{hs} f_t b_w h_0 \tag{3-77}$$

式中 V_s——荷载效应基本组合下，地基土净反力平均值产生的距内筒或柱边缘 h_0 处筏板单位宽度剪力设计值，kN；

b_w——筏板计算截面单位宽度，m。

当筏板变厚度时，尚应验算变厚度处筏板的受剪承载力。

梁板式筏基的基础梁除满足正截面受弯及斜截面受剪承载力外，尚应按现行《混凝土结构设计规范》（GB 50010—2010）有关规定验算底层柱下基础梁顶面的局部受压承载力。

四、筏形基础内力计算

当地基土比较均匀、上部结构刚度较好、梁板式筏基梁的高跨比或板的厚跨比不小于1/6，且相邻柱荷载及柱间距的变化不超过20%时，筏形基础可仅考虑局部弯曲作用。筏形基础的内力，可按基底反力直线分布进行计算，计算时基底反力应扣除底板自重及其上填土的自重。当不满足上述要求时，筏基内力应按弹性地基梁板方法进行分析计算。

1. 梁板式筏形基础简化计算

在仅考虑局部弯曲作用时，地基上筏板简化为倒置楼盖。筏板被基础梁分割为不同支承条件的双向板或单向板。如果板块两个方向的尺寸比值小于2，则可将筏板视为承受地基净反力作用的双向多跨连续板。图3-52所示的筏板被分割为多列连续板。各板块支承条件可分为三种情况：①二邻边固定、二邻边简支；②三边固定、一边简支；③四边固定。根据计算简图查阅弹性板计算公式或计算手册即可求得各板块的内力。

按基底反力直线分布计算的梁板式筏基，其基础梁的内力可按连续梁分析。可将筏形基础板上反力沿板角45°角分线划分范围，作为梁上的荷载分别由纵横梁承担，荷载分布成三角形或梯形，如图3-53所示。基础梁上的荷载确定后即可采用倒梁法进行梁的内力计算。

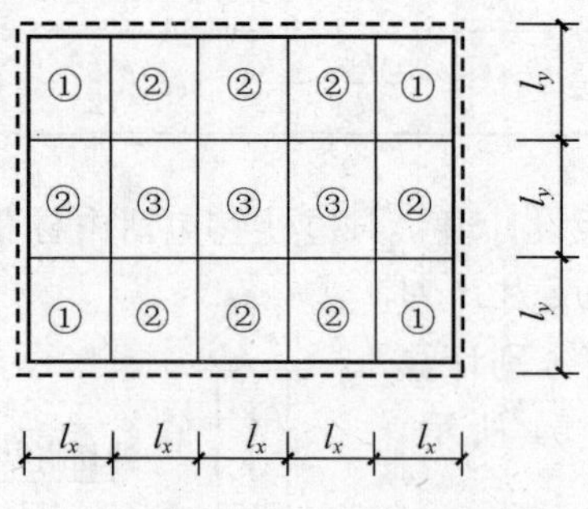

图3-52 连续板的支承条件

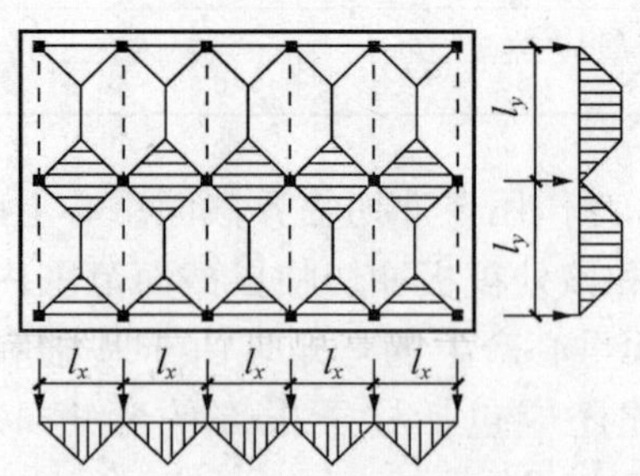

图3-53 地基反力在基础梁上的分配

边跨跨中弯矩以及第一内支座的弯矩值宜乘以1.2的系数。梁板式筏基的底板和基础梁的配筋除满足计算要求外，纵横方向的底部钢筋尚应有不少于1/3贯通全跨，且其配筋率不应小于0.15%，顶部钢筋按计算配筋全部连通。

有抗震设防要求时，对无地下室且抗震等级为一、二级的框架结构，基础梁除满足

抗震构造要求外，计算时尚应将柱根组合的弯矩设计值分别乘以 1.5 和 1.25 的增大系数。

2. 平板式筏基简化计算

（1）无梁楼盖法。按基底反力直线分布计算的平板式筏基，可按柱下板带和跨中板带采用无梁楼盖方法进行内力分析。

（2）刚性板条法。当基础的刚度足够大时，可将基础看作绝对刚性，基础内力计算时，可以将筏基在 x，y 方向从跨中到跨中分成若干条带，取出每一条带按独立的条形基础计算基础内力。由于没有考虑条带间的剪力，因此每一条带柱荷的总和与基底净反力总和不平衡，因而必需进行调整。如图 3-54 中所示，基底反力是按直线分布假定由筏板上的总荷载计算。以 $GHIJ$ 板条为例，板条上的净反力平均值即为 $p_j=(p_{jG}+p_{jH}+p_{jI}+p_{jJ})/4$，板条净反力合力与板条柱荷载总和 $\sum P=P_1+P_2+P_3+P_4+P_5$ 不等，对基底净反力及荷载作如下调整：取净反力合力和板条柱荷载总和 $\sum P$ 的平均值

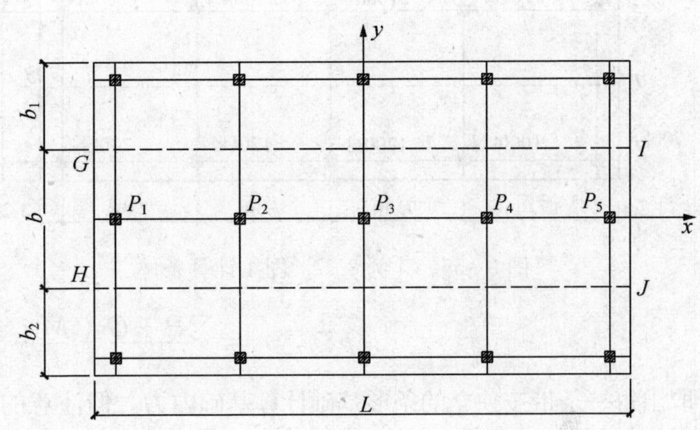

图 3-54　刚性板条法计算示意图

$$\overline{\sum P}=\frac{1}{2}\left(\sum P+p_j bL\right) \tag{3-78}$$

$$\alpha=\frac{\overline{\sum P}}{\sum P} \tag{3-79}$$

各荷载修正值分别为 αP_1，αP_2，αP_3，αP_4，αP_5，修正的基底压力净反力平均值可按下式计算

$$\overline{p}_j=\frac{\overline{\sum P}}{bL} \tag{3-80}$$

平板式筏基在进行钢筋配置时，柱下板带中，柱宽及其两侧各 1/2 板厚且不大于 1/4 板跨的有效宽度范围内，其钢筋配置量不应小于柱下板带钢筋数量的一半，且应能承受部分不平衡弯矩 $\alpha_m M_{unb}$，M_{unb} 为作用在冲切临界截面重心上的不平衡弯矩，α_m 按下式计算

$$\alpha_m=1-\alpha_s \tag{3-81}$$

式中　α_m——不平衡弯矩通过弯曲来传递的分配系数；

α_s——按式（3-74）计算。

平板式筏基柱下板带和跨中板带的底部钢筋应有不少于 1/3 贯通全跨，且配筋率不应小于 0.15%；顶部钢筋应按计算配筋全部连通。

对有抗震设防要求的无地下室或单层地下室平板式筏基，计算柱下板带截面受弯承载力时，柱内力应按地震作用不利组合计算。

【例 3-7】　平板式片筏基础

某平板式片筏基础，柱网尺寸见图 3-55，图中数值为上部结构传至柱底的内力设计值。

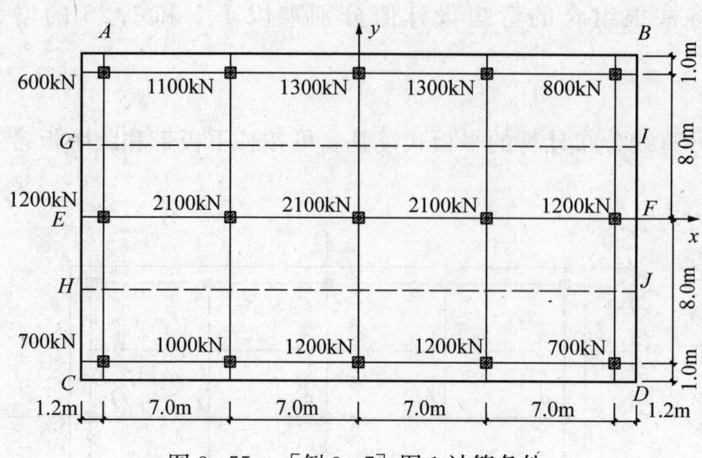

图 3-55 ［例 3-7］图 1 计算条件

基础长×宽＝$L\times B$＝30.4m×18m，板厚 0.9m。试用刚性板条法计算基础上 $GHIJ$ 板条内力。

解 1. 计算思路

如图建立坐标系，并将片筏基础 x 轴方向从跨中到跨中划分为三条板带，计算其板条内力。其基本原理是，如果上部结构和基础的刚度足够大，就可将基础看作绝对刚性，假设基底反力成直线分布，其中

$$p(x,y)=\frac{\sum P+G}{A}\pm\frac{M_x}{I_x}y\pm\frac{M_y}{I_y}x$$

再取出每一条带按独立的条形基础计算基础内力。但注意的是按以上方法计算时，由于没有考虑条带之间的剪力，因此，每一条带柱荷载的总和与基底净反力总和不平衡，因此必需进行调整。

2. 筏基几何参数计算

作用于基础底面的合力

$\sum P=600+700\times2+800+1000+1100+1200\times4+1300\times2+2100\times3=18\ 600\text{kN}$

基础底面积 $A=30.4\times18=547.2\text{m}^2$

基础底面惯性矩 $I_x=\frac{1}{12}\times30.4\times18^3=14\ 774.4\text{m}^4$

$$I_y=\frac{1}{12}\times18\times30.4^3=42\ 141.7\text{m}^4$$

合力作用点偏离 y 轴的距离

$$e_x=\frac{P_1x_1+P_2x_2+P_3x_3+\cdots}{\sum P}$$

$$=\frac{1}{18\ 600}\times[14\times(800+1200+700)+7\times(1300+2100+1200)-7\times(1000+1100+2100)-14\times(700+600+1200)]=0.301\text{m}$$

由于荷载偏心产生的绕 y 轴的弯矩

$$M_y=18\ 600\times0.301=5598.6\text{kN}\cdot\text{m}$$

同理

$$e_y=\frac{P_1y_1+P_2y_2+P_3y_3+\cdots}{\sum P}$$

$$=\frac{1}{18\ 600}[8\times(600+800+1100+1300\times2)-8\times(700\times2+1000+1200\times2)]$$

$$=0.129\text{m}$$

$$M_x=-18\ 700\times0.129=-2400\text{kN}\cdot\text{m}$$

3. 计算基底各点的反力

不计基础自重得各点 i 的净反力如下

$$p_{ji}=\frac{\sum P}{A}\pm\frac{M_x}{I_x}y_i\pm\frac{M_y}{I_y}x_i$$

E 点　$p_{jE}=\dfrac{18\ 600}{547.2}+\dfrac{2400}{147\ 74.4}\times 0-\dfrac{5598.6}{42\ 141.7}\times 15.2$

$=34.0+0.162\times 0-0.133\times 15.2$

$=32.0\text{kPa}$

F 点　$p_{jF}=34.0+0.162\times 0+0.133\times 15.2=36.0\text{kN/m}^2$

G 点　$p_{jG}=34.0+0.162\times 4.0-0.133\times 15.2=34+0.648-2.022=32.6\text{kPa}$

H 点　$p_{jH}=34.0-0.162\times 4.0-0.133\times 15.2=34-0.648-2.022=31.3\text{kPa}$

I 点　$p_{jI}=34.0+0.162\times 4.0+0.133\times 15.2=34+0.648+2.022=36.7\text{kPa}$

J 点　$p_{jJ}=34.0-0.162\times 4.0+0.133\times 15.2=34-0.648+2.022=35.4\text{kPa}$

4. 计算板条 $GHIJ$ 的内力

基底平均净反力

$$\overline{p_j}=\frac{1}{2}(p_{jE}+p_{jF})=\frac{1}{2}\times(32+36)=34\text{kPa}$$

基底总反力 $=\overline{p_j}Lb=34\times 30.4\times 8.0=8268.8\text{kN}$

该板条柱荷载的总和

$$\sum P_{GHIJ}=1200\times 2+2100\times 3=8700\text{kN}$$

基底总反力与柱荷载的平均值

$$\overline{P}=\frac{1}{2}(\sum P_{GHIJ}+\overline{P_j}bl')=\frac{1}{2}\times(8700+8268.8)=8484.4\text{kN}$$

柱荷载修正系数

$$\alpha=\frac{\overline{\sum P}}{\sum P_{GHIJ}}=\frac{8484.4}{8700}=0.975$$

各柱荷载的修正值如图 3-56 所示。

修正的基底平均净反力为

$$\overline{p_j}=\frac{\overline{P}}{Lb}=\frac{8484.4}{30.4\times 8.0}=34.9\text{kPa}$$

每单位长度平均净反力 $\overline{p_j}b=34.9\times 8.0=279.1\text{kN/m}$。

以图 3-56 计算示意图按柱下条形基础计算内力。采用静力平衡法计算各截面的弯矩和剪力。

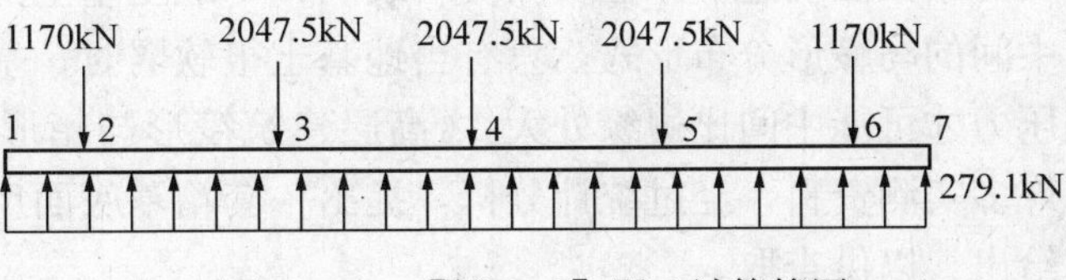

图 3-56　［例 3-7］图 2 计算简图

弯矩计算：

2 点　$M_2=279.1\times\dfrac{1.2^2}{2}=201.0\text{kN}\cdot\text{m}$

3 点　$M_3=279.1\times\dfrac{8.2^2}{2}-1170\times 7=1193.3\text{kN}\cdot\text{m}$

4 点　$M_4=279.1\times\dfrac{15.2^2}{2}-1170\times 14-2047.5\times 7=1529.1\text{kN}\cdot\text{m}$

5 点　　　　$M_5 = M_3 = 1193.3\text{kN}\cdot\text{m}$

6 点　　　　$M_6 = M_2 = 201.0\text{kN}\cdot\text{m}$

剪力计算：

2 点　　$V_{2左} = 279.1\times1.2 = 334.9\text{kN}$，$V_{2右} = 334.9 - 1170 = -835.1\text{kN}$

3 点　　$V_{3左} = 279.1\times8.2 - 1170 = 1118.6\text{kN}$，$V_{3右} = 1118.6 - 2047.5 = -928.9\text{kN}$

4 点　　$V_{4左} = 279.1\times15.2 - 1170 - 2047.5 = 1024.8\text{kN}$，$V_{4右} = -1022.7\text{kN}$

根据反对称性即可得到 5，6 点的剪力。

5. 板条内力图

板条内力图如图 3-57 和图 3-58 所示。

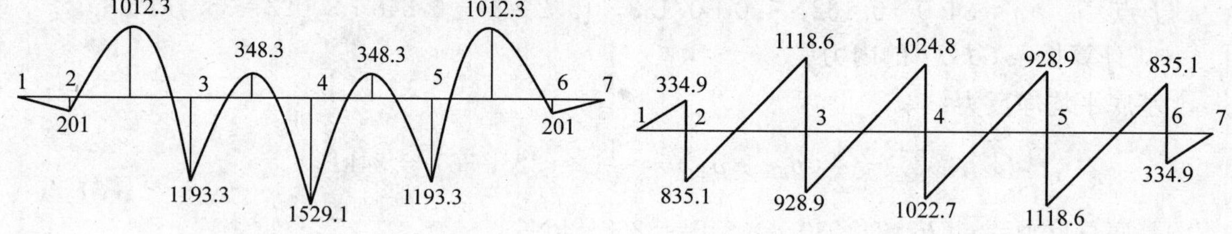

图 3-57　[例 3-7] 图 3 板条 *GHIJ* 的弯矩(kN·m)　　　图 3-58　[例 3-7] 图 4 板条 *GHIJ* 的剪力(kN)

第七节　箱 形 基 础

箱形基础作为一个箱形空格结构，承受着上部结构传来的荷载与地基反力引起的整体弯矩；同时，其顶、底板还承受着分别由顶板荷载与地基反力引起的局部弯矩。因此，顶、底板的弯曲应力应按整体弯曲和局部弯曲的组合来计算。箱形基础一般用于高层建筑，实测结果和计算分析表明，箱形基础内力受上部结构刚度和地基反力分布的影响，即地基基础与上部结构的共同作用较明显。因此，箱形基础设计应考虑共同工作。为了进行箱基的结构计算，首先应解决两个关键问题：一是地基反力的大小与分布；二是上部结构刚度的影响。为简化计算，采用上部结构刚度与箱形基础刚度叠加来承受整体弯曲。箱形基础地基反力按实测反力系数法确定。原位实测资料表明，一般土基上的箱形基础基底反力基本上是边缘略大于中间的马鞍形分布形式，只有当地基土很软弱时，基础边缘发生塑性破坏的范围较大，基底压力才可能中间比边缘处大。《高层建筑筏形与箱形基础技术规范》（JGJ 6—2011）收集了许多实测资料，经过统计分析，提出一套箱基底面反力分布图表，以分区块反力系数的形式给出，以供查取。

箱形基础设计包括以下内容：①确定箱形基础的埋置深度；②进行箱形基础的平面布置及构造设计；③根据箱形基础的平面尺寸验算地基承载力；④箱形基础的沉降和整体倾斜验算；⑤箱形基础内力分析及结构设计。

箱形基础的平面尺寸确定及承载力验算与浅基础类似，这里不再赘述。本节针对箱形基础的其他设计内容作介绍。

一、箱形基础的埋置深度

对于作为高层建筑或重型建筑物的基础，箱形基础的埋置深度除满足一般基础埋置深度有关规定外，为防止整体倾斜，应满足抗倾覆和抗滑稳定性要求，同时还需考虑箱基使用功能的要求。一般最小埋置深度在3.0～5.0m，在抗震设防区，除岩石地基外，天然地基上箱形基础埋深不宜小于高层建筑物总高度的1/15；箱形基础埋深（不计桩长）不宜小于建筑物高度的1/8。为确定合理的埋深应进行抗倾覆等稳定性验算。

二、箱形基础的构造要求

（1）箱形基础的平面尺寸应根据地基强度、上部结构的布置和荷载分布等条件确定。对单栋建筑物，在均匀地基条件下，箱形基础基底平面形心宜与结构竖向永久荷载重心重合；当不能重合时，在荷载效应准永久组合下，偏心距e宜符合下式规定

$$e \leqslant 0.1\frac{W}{A} \tag{3-82}$$

式中　W——基础底面的抵抗矩；

A——基础底面积。

（2）箱形基础的高度应满足结构强度、结构刚度和使用要求，一般取建筑物高度1/8～1/12，也不宜小于箱形基础长度的1/20，并不应小于3m。箱形基础的长度不包括底板悬挑部分。

（3）当考虑上部结构嵌固在箱形基础的顶板上时，箱形基础的顶板应能保证上部结构的地震作用或水平力传递到地下室抗侧力构件上，沿地下室外墙和内墙边缘的板面不应有大洞口；地下一屋结构顶板应采用梁板式楼盖，板厚不应小于180mm，其混凝土强度等级不宜小于C30；楼面应采用双向配筋，且每层每个方向的配筋率不宜小于0.25%。箱基底板厚度应按实际受力情况、整体刚度及防水要求确定，并应进行斜截面受剪承载力和受冲切承载力验算，底板厚度不应小于300mm。

（4）箱形基础的墙体是保证箱形基础整体刚度和纵、横方向抗剪强度的重要构件。外墙沿建筑物四周布置，内墙一般沿上部结构柱网和剪力墙纵横均匀布置。墙体的厚度应根据实际受力情况及防水要求确定，外墙厚度不宜小于250mm，内墙厚度不宜小于200mm。墙体水平截面总面积不宜小于箱形基础外墙外包尺寸的水平投影面积的1/12，对基础平面长宽比大于4的箱形基础，其纵墙水平截面面积不得小于箱形基础外墙外包尺寸的水平投影面积的1/18。计算墙体水平截面积时，不扣除墙体上开洞的洞口部分。

（5）箱形基础的墙体应尽量不开洞或少开洞，门洞宜设在柱间居中部位，洞边至上层柱中心的水平距离不宜小于1.2m，洞口上过梁的高度不宜小于层高的1/5，洞口面积不宜大于柱距与箱形基础全高乘积的1/6。墙体洞口周围应设置加强钢筋，洞口四周附加钢筋面积不应小于洞口内被切断钢筋面积的一半，且不少于两根直径为14mm的钢筋，此钢筋应从洞口边缘处延长40倍钢筋直径。

（6）顶、底板及内外墙的钢筋应按计算确定，墙体一般采用双面配筋，横、竖向钢筋直径不宜小于10mm，间距不应大于200mm，除上部为剪力墙外、内外墙的墙顶宜配置两根直径不小于20mm的通长构造钢筋。

（7）在底层柱与箱形基础交接处，应验算墙体的局部承压强度，当承压强度不能满足时，应增加墙体的承压面积，且墙边与柱边或柱角与八字角之间的净距不宜小于50mm。

（8）底层现浇柱主筋伸入箱形基础的深度，对三面或四面与箱形基础墙相连的内柱，除四角钢筋直通基底外，其余钢筋伸入顶板底面以下的长度不应小于其直径的40倍，外柱、与剪力墙相连的柱及其他内柱的主筋应直通到基础底板的底面。

（9）箱形基础的混凝土强度等级不应低于C25。当采用防水混凝土时，其抗渗等级不应小于0.6MPa。

三、地基变形验算

由于箱形基础埋深较大，随着施工的进展，地基的受力状态和变形十分复杂。在基坑开挖阶段，由于卸除土重引起地基回弹变形，根据某些实测，回弹变形不容忽视。因此，地基沉降计算应包括基坑的回弹再压缩变形。基础的最终沉降计算公式如下

$$s=\sum_{i=1}^{n}\left(\varphi'\frac{p_c}{E'_{si}}+\varphi_s\frac{p_0}{E_{si}}\right)(z_i\bar{\alpha}_i-z_{i-1}\bar{\alpha}_{i-1}) \tag{3-83}$$

式中 s——箱形基础最终沉降量；

φ'——考虑回弹影响的沉降计算经验系数，无经验时取$\varphi'=1$；

φ_s——沉降计算经验系数，按国家标准《建筑地基基础设计规范》（GB 50007—2011）采用，或按地区经验确定；

n——地基沉降计算深度范围内所划分的土层数；地基沉降计算深度可按现行国家标准《建筑地基基础设计规范》（GB 50007—2011）确定；

p_0——对应荷载效应准永久组合时的基底附加压力，应扣除浮力；

E'_{si}、E_{si}——基础底面以下第i层土的回弹再压缩模量和压缩模量，按实际应力范围取值；

z_i、z_{i-1}——分别为基础底面至第i层土、第$i-1$层土底面的距离；

$\bar{\alpha}_i$、$\bar{\alpha}_{i-1}$——基础底面计算点至第i层上，第$i-1$层土底面范围内平均附加应力系数可按《高层建筑筏形与箱形基础技术规范》（JGJ 6—2011）规范附录B采用。

一般情况下，通常控制横向整体倾斜，例如对矩形的箱形基础，以分层总和法计算基础纵向边缘中点的沉降值，两点的沉降差除以基础的宽度，即得横向整体倾斜值。确定横向整体倾斜允许值的主要依据是保证建筑物的稳定性和正常使用，不造成人们心理的恐慌，与此有关的主要因素是建筑物的高度H和箱形基础的宽度B，在非地震区，横向整体倾斜计算值α_t应符合式（3-84）的要求，即

$$\alpha_t\leqslant\frac{B}{100H_g} \tag{3-84}$$

式中 B——基础宽度；

H_g——建筑物高度，指室外地坪至檐口（不包括突出屋面的电梯间、水箱间等局部附属建筑）的高度。

四、箱形基础基底压力分布

在箱形基础的设计中，基底反力的确定是很重要的，因为其分布规律和大小不仅影响箱基内力的数值，还可能改变内力的正负号，因此基底反力的分布成为箱基计算分析中的关键问题。影响基底反力的因素很多，主要有土的性质、上部结构和基础的刚度、荷载的分布和大小、基础的埋深、基底尺寸和形状以及相邻基础的影响等。

《高层建筑筏形与箱形基础技术规范》（JGJ 6—2011）将基础底面划分成若干个区格，如在黏性土地基上，当箱形基础底板长宽比$L/B=1$，将底板分区，形成8×8个区格，给出了每个区格地基反力系数α_i；对基础底板长宽比$L/B\geqslant2$者，将底板分成纵向8格横向5格共40个区格，如图3-59所示，某i区格的基底反力按式（3-85）确定

$$p_i=\frac{P}{BL}\alpha_i \tag{3-85}$$

式中　P——上部结构竖向荷载加箱形基础重；

B、L——分别为箱形基础的宽度和长度；

α_i——相应于 i 区格的基底反力系数，由《高层建筑筏形与箱形基础技术规范》(JGJ 6—2011) 附录 E 确定。

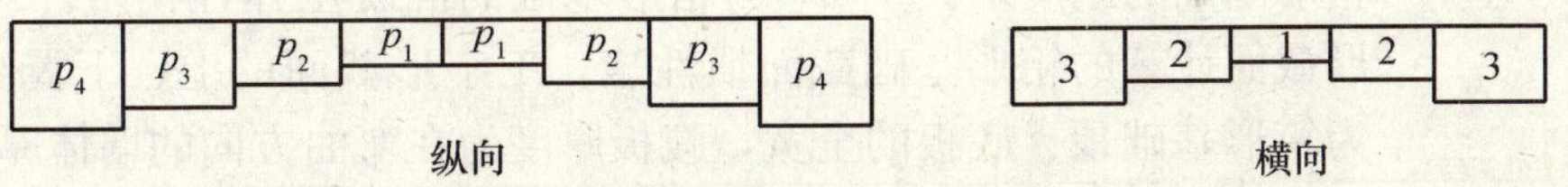

图 3-59　矩形箱形基础基底反力分布分区示意图

《高层建筑筏形与箱形基础技术规范》(JGJ 6—2011) 附录 E 地基反力系数表适用于上部结构与荷载比较匀称的框架结构、地基土比较均匀、底板悬挑部分不超出 0.8m、不考虑相邻建筑物的影响以及满足各项构造要求的单幢建筑物的箱形基础。当纵横方向荷载不很均匀时，应分别求出由于荷载偏心产生的纵横向力矩引起的不均匀基底反力，将该不均匀反力和由反力系数表计算的反力进行叠加，力矩引起的基底不均匀反力按直线分布计算。

五、箱形基础内力计算

用于多层和高层建筑的箱形基础，其上部结构大致可分为框架、剪力墙、框剪和筒体四种结构体系，可根据不同体系采用不同的弯曲内力分析方法。

当上部结构为现浇剪力墙体系时，由于上部结构刚度较大，箱形基础整体弯曲甚小，可忽略不计；当上部结构为框架剪力墙体系时，如果有一定数量的剪力墙布置在纵向，则基底反力往往向剪力墙下集中。实际发生的整体弯曲，甚至局部加整体弯曲的应力都很小。因此，对这种情况，一般可只按局部弯曲计算箱基内力；当上部结构为框架体系时，整体刚度较小，特别是在填充墙还未砌筑、上部结构刚度尚未完全形成时，箱形基础整体弯曲应力比较明显，因此对这种结构体系，箱形基础应同时考虑局部弯曲和整体弯曲。

1. 局部弯曲计算

当地基压缩层深度范围内的土层在竖向和水平方向较均匀，且上部结构为平、立面布置较规则的剪力墙、框架、框架—剪力墙体系时，箱形基础的顶、底板可仅按局部弯曲计算，计算时地基反力应扣除板的自重。顶、底板钢筋配置量除满足局部弯曲的计算要求外，跨中钢筋应按实际配筋全部连通，支座钢筋尚应有 1/4 贯通全跨，底板上下贯通钢筋的配筋率均不应小于 0.15%。

2. 整体弯曲计算

计算整体弯曲时应考虑上部结构与箱形基础的共同作用。基底反力计算按实测反力系数法。对于框架结构，箱形基础自重应按均布荷载处理。箱形基础承担的弯矩按基础刚度占整体结构总刚度的比例分配（图 3-60）。箱形基础自身承受的整体弯矩可按下列公式计算

$$M_F = M\frac{E_F I_F}{E_F I_F + E_B I_B} \qquad (3-86)$$

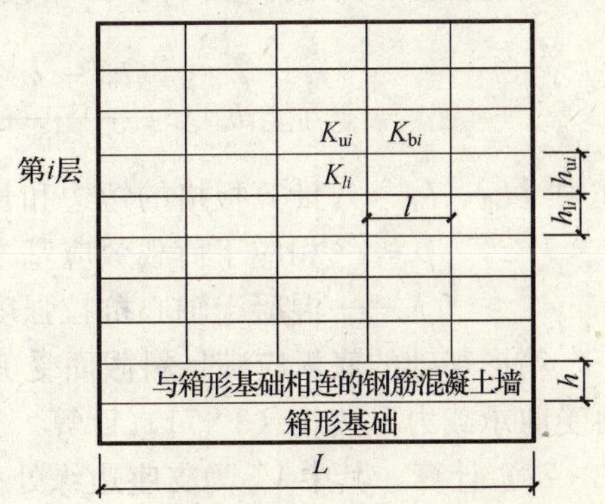

图 3-60　箱形基础整体弯曲简化计算图

$$E_B I_B = \sum_{i=1}^{n} \left[E_b I_{bi} \left(1 + \frac{K_{ui} + K_{li}}{2K_{bi} + K_{ui} + K_{li}} m^2 \right) \right] + E_w I_w \tag{3-87}$$

式中 M_F——箱形基础承受的整体弯矩；

M——建筑物整体弯曲产生的弯矩，可按静定梁分析或采用其他有效方法计算；

$E_F I_F$——箱形基础的刚度，其中 E_F 为箱形基础的混凝土弹性模量，I_F 为按工字形截面计算的箱形基础截面惯性矩，工字形截面的上、下翼缘宽度分别为箱形基础顶、底板的全宽，腹板厚度为在弯曲方向的墙体厚度的总和；

$E_B I_B$——上部结构的总折算刚度；

E_b——梁、柱的混凝土弹性模量；

K_{ui}、K_{li}、K_{bi}——第 i 层上柱、下柱和梁的线刚度，其值分别为$\frac{I_{ui}}{h_{ui}}$、$\frac{I_{li}}{h_{li}}$和$\frac{I_{bi}}{l}$；

I_{ui}、I_{li}、I_{bi}——第 i 层上柱、下柱和梁的截面惯性矩；

h_{ui}、h_{li}——第 i 层上柱及下柱的高度；

l——上部结构弯曲方向的柱距；

I_w——在弯曲方向与箱形基础相连的连续钢筋混凝土墙的截面惯性矩；其值为$\frac{th^3}{12}$；t 为弯曲方向与箱形基础相连的连续钢筋混凝土墙体厚度的总和；h 为在弯曲方向与箱形基础相连的连续钢筋混凝土墙体的高度；

m——在弯曲方向的节间数，$m=L/l$，L 为与箱基长度方向一致的结构单元总长度；

n——建筑物层数。不大于 8 层时，n 取实数楼层数；大于 8 层时，n 取 8。

式（3-86）用于等柱距的框架结构。对柱距相差不超过 20%的框架结构也可适用，此时，l 取柱距的平均值。

箱形基础同时考虑局部弯曲和整体弯曲时，应将局部弯矩乘以 0.8 后求出配筋量，与整体弯曲计算的配筋量叠加配置。

六、箱形基础强度验算

1. 底板厚度验算

底板厚度应按实际受力情况，整体刚度及防水要求确定。底板除计算正截面受弯承载力外，还应满足斜截面受剪承载力和受冲切承载力的要求。

当底板区格为矩形双向板时，底板受冲切所需的厚度 h_0 按下式计算（图 3-61）

$$h_0 \geqslant \frac{(l_{n1} + l_{n2}) - \sqrt{(l_{n1} + l_{n2})^2 - \frac{4p_n l_{n1} l_{n2}}{p_n + 0.6f_t}}}{4} \tag{3-88}$$

式中 l_{n1}、l_{n2}——计算板格的短边和长边的净长度，见图 3-61；

p_n——相应于荷载效应基本组合的地基土平均净反力设计值；

f_t——混凝土轴心抗拉强度设计值。

箱形基础的底板应满足斜截面受剪承载力的要求。当底板板格为矩形双向板时，其斜截面受剪承载力可按式（3-71）计算。当底板板格为单向板时，其斜截面受剪承载力应按式（3-77）计算，其中 V_s 为支座边缘处由基底平均净反力产生的剪力设计值。

2. 内墙与外墙验算墙身截面验算

箱形基础的内、外墙，除与剪力墙连接外，其墙身截面应按式（3-89）验算

$$V_w \leqslant 0.25 f_c A_w \quad (3-89)$$

式中　V_w——墙身截面承受的剪力；

f_c——混凝土轴心抗压强度设计值；

A_w——墙身竖向有效截面积。

对于承受水平荷载的内外墙，尚需进行受弯计算，此时将墙身视为顶、底部固定的多跨连续板，作用于外墙上的水平荷载包括土压力，水压力和由于地面均布荷载引起的侧压力，土压力一般按静止土压力计算。

墙身开洞时，计算洞口处上、下过梁的纵向钢筋，应同时考虑整体弯曲和局部弯曲的作用，进行抗弯和抗剪强度的验算。

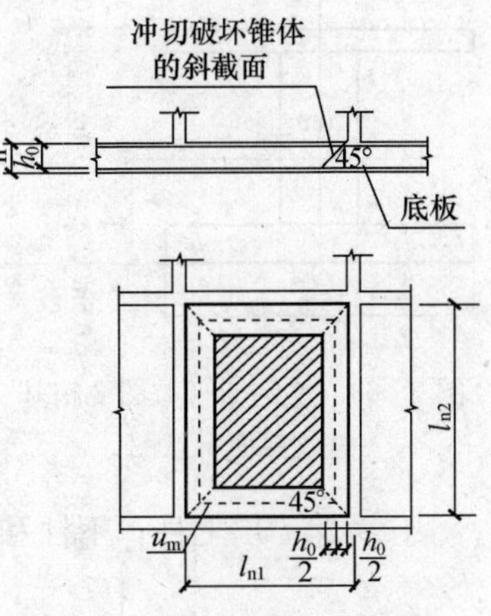

图 3-61　底板受冲切计算简图

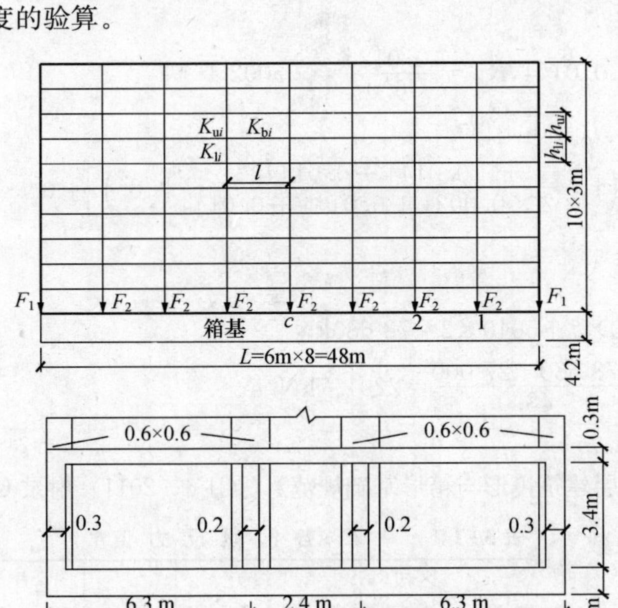

图 3-62　［例 3-8］图 1 计算条件

【例 3-8】　箱形基础计算

某箱形基础，建于一般黏性土地基上，上部结构为 10 层框架，纵向及横向剖面如图 3-62 所示。箱形基础自重为 27 000kN，上部结构及箱形基础均采用 C30 混凝土。纵向梁截面为 0.5m×0.3m，柱断面 0.6m×0.6m，荷载 F_1、F_2 为横向 4 柱的合力，$F_1=9800\text{kN}$，$F_2=5040\text{kN}$。

（1）要求计算箱基纵向跨中整体弯矩及 1、2 两个截面处箱基整体弯矩。

（2）对基础底板的厚度进行抗冲切及抗剪验算。

解　1. 整体弯矩计算

（1）计算箱形基础刚度。

箱形基础的混凝土和上部结构混凝土均采用 C30 混凝土，混凝土弹性模量 $E_F=3.0\times10^7\text{kPa}$。$I_F$ 为箱形基础截面惯性矩，按工字型截面计算，工字形截面的上、下翼缘分别为箱基顶、底板的全宽，腹板厚度为受弯曲方向的墙体厚度的总和。工字形截面示意图见图 3-63。箱基截面形心位置

$$y_c=\frac{15\times0.3\times4.05+15\times0.25\times0.5+3.4\times1\times2.2}{15\times(0.3+0.5)+3.4\times1}=1.79\text{m}$$

$$I_F=\frac{1}{12}\times15\times0.3^3+15\times0.3\times2.26^2+\frac{1}{12}\times15\times0.5^3+15\times0.5\times1.54^2$$

$$+\frac{1}{12}\times1\times3.4^3+1\times3.4\times0.41^2$$

$$=44.808\text{m}^4$$

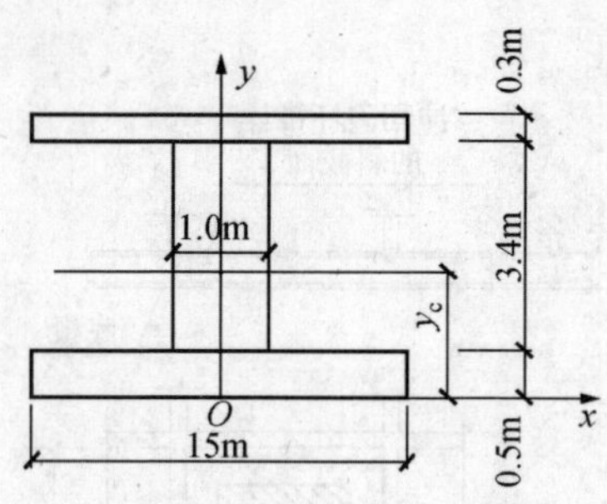

图 3-63 ［例 3-8］图 2 箱基等效截面示意图

箱基的刚度为 $E_F I_F = 3.0\times10^7\times44.808 = 134.424\times10^7 \text{kN}\cdot\text{m}^2$

（2）计算上部结构折算刚度。

$$E_B I_B = \sum_{i=1}^{n}\left[E_b I_{bi}\left(1+\frac{K_{ui}+K_{li}}{2K_{bi}+K_{ui}+K_{li}}m^2\right)\right]+E_w I_w$$

其中 $n\leqslant8$ 时，n 取实际楼层数；$n>8$ 时，n 取 8；m 为弯曲方向节间数本例 $m=8$；E_b 为上部结构混凝土弹性模量 $E_b=E_B=3.0\times10^7\text{kN/m}^2$；$I_{bi}$ 为第 i 层梁的截面惯性矩，各层梁断面相同 $I_{bi}=4\times\frac{1}{12}\times0.3\times0.5^3=0.0125\text{m}^4$；$K_{ui}$，$K_{li}$，$K_{bi}$ 为第 l 层上柱，下柱和梁的线刚度。其值分别为 $K_{ui}=\frac{I_{ui}}{h_{ui}}$，$K_{li}=\frac{I_{li}}{h_{li}}$，$K_{bi}=\frac{I_{bi}}{l}$。

其中 $I_{ui}=I_{li}=4\times\frac{1}{12}\times0.6\times0.6^3=0.0432\text{m}^4$，$h_{ui}=h_{li}=3.0\text{m}$，$l=6.0\text{m}$。各层上、下柱及纵梁的线刚度为

$$K_{ui}=K_{li}=\frac{0.0432}{3.0}=0.0144, K_{li}=\frac{0.0125}{6.0}=0.002\,1$$

因无与箱形基础相连的钢筋混凝土墙，$E_w I_w=0$。

$$E_B I_B = 8\times\left[3.0\times10^7\times0.0125\times\left(1+\frac{0.0144+0.0144}{2\times0.0021+0.0144+0.0144}\times8^2\right)\right]+0 = 17.056\times10^7\text{kN}\cdot\text{m}^2$$

（3）箱形基础基底反力计算。

上部结构总重为 $9800\times7+5040\times2=78\,680\text{kN}$

箱基平均地基反力为 $\overline{p}=\frac{78\,680+27\,000}{48.0}=2201.7\text{kN/m}$

各区段反力 $p_i=\alpha_i\overline{p}$

α_i 为箱形基础纵向反力系数，由《高层建筑筏形与箱形基础规范》（JGJ 6—2011）附录 C 按 $\frac{L}{B}=\frac{48}{15}=3.2$ 查得箱形基础纵向反力系数平均值为：$\alpha_4=1.144$，$\alpha_3=0.983$，$\alpha_2=0.943$，$\alpha_1=0.930$。各区段反力值见表 3-14。箱形基础自重按均布荷载计算为 27 000/48=562.5kN/m。箱形荷载及各区段反力示意图见图 3-64。

表 3-14 各区段反力值

反力 \ 区段	4	3	2	1
α_i	1.144	0.983	0.943	0.930
p_i（kN/m）	2518.7	2164.3	2076.2	2047.6

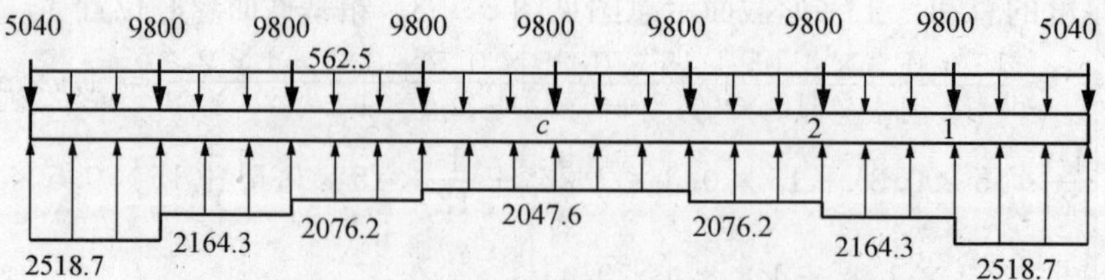

图 3-64 ［例 3-8］图 3 箱基荷载及各区段反力示意图

(4) 计算箱形基础承受整体弯曲产生的弯矩

$$M_F = M\frac{E_F I_F}{E_F I_F + E_B I_B}$$

M 为建筑物整体弯曲产生的弯矩，按静定梁分析。以跨中 C 点为例，整体弯曲产生的跨中总弯矩

$$\begin{aligned} M_c &= (2518.7-562.5)\times 6\times 21+(2164.3-562.5)\times 6\times 15+(2076.2-562.5)\times 6\times 9 \\ &\quad +(2047.6-562.5)\times 6\times 3-9800\times(6+12+18)-5040\times 24 \\ &= 25\,354.8\text{kN}\cdot\text{m} \end{aligned}$$

箱形基础跨中承受整体弯曲的弯矩

$$\begin{aligned} M_{Fc} &= M_c\frac{E_F I_F}{E_F I_F + E_B I_B} \\ &= 25\,354.8\times\frac{134.424\times 10^7}{134.424\times 10^7+17.056\times 10^7} \\ &= 25\,354.8\times 0.8874 \\ &= 22\,499.8\text{kN}\cdot\text{m} \end{aligned}$$

同理，可计算截面 1，2 处箱基承担的整体弯矩。箱形基础的各截面承担整体弯曲产生弯矩值见表3-15。

表 3-15 各截面弯矩值

弯矩 \ 截面位置	1	2	C
M (kN·m)	4971.6	15 187.2	25 354.8
M_{Fi} (kN·m)	4411.8	13 477.1	22 499.8

2. 底板抗冲切及抗剪验算

(1) 箱基底板抗剪验算。

箱基底板受剪承载力应符合式 (3-71) 要求，即

$$V_s \leqslant 0.7\beta_{hs} f_t (l_{n2}-2h_0)h_0$$

$$\beta_{hs} = (800/h_0)^{1/4}$$

f_t 为混凝土轴心抗拉强度设计值，C30 混凝土 $f_t = 1.43\text{N/mm}^2 = 1.43\times 10^3\text{kPa}$，$l_{n2} = 5.9\text{m}$，$l_{n1} = 5.8\text{m}$，$h_0$ 为底板有效厚度 $h_0 = h - a_s = 500-50 = 450\text{mm} = 0.45\text{m}$，$V_s$ 为扣除底板自重后基底净反力产生的板支座边缘的总剪力设计值，即为图 3-48 所示阴影部分扣除底板重后基底净反力的合力。

箱基底板重约为

$$27\,000\times\frac{15\times 0.5}{15\times(0.5+0.3)+3.4\times 1.0} = 13\,149.35\text{kN}$$

扣除底板重后基底净反力为

$$p_n = \frac{78\,680+27\,000-13\,149.35}{48\times 15} = 128.5\text{kN/m}^2$$

只验算区格尺寸较大者，$f_t = 1.43\times 10^3\text{kPa}$，$l_{n1} = 5.9\text{m}$，$l_{n2} = 5.8\text{m}$。

$$V_{s1} = \frac{1}{2}\times(5.9-2.9-2.9+5.9)\times 2.9\times 128.5 = 1117.9\text{kN}$$

$$\beta_{hs} = (800/h_0)^{1/4} = 1$$

$$V_s < 0.7\beta_{hs} f_t (l_{n2}-2h_0)h_0 = 0.7\times 14.3\times 10^3\times(5.9-2\times 0.45) = 2252.3\text{kN}$$

满足要求。因此，箱基底板受剪承载力满足要求。

（2）箱基底板抗冲切承载力验算。

底板抗冲切满足要求，则其截面有效高度应符合下式

$$h_0 \geqslant \frac{(l_{n1}+l_{n2})-\sqrt{(l_{n1}+l_{n2})^2-\frac{4p_n l_{n1} l_{n2}}{p_n+0.6f_t}}}{4}$$

计算示意图见图3-61。

则

$$\frac{(l_{n1}+l_{n2})-\sqrt{(l_{n1}+l_{n2})^2-\frac{4p_n l_{n1} l_{n2}}{p_n+0.6f_t}}}{4}$$

$$=\frac{(5.9+5.8)-\sqrt{(5.9+5.8)^2-\frac{4\times128.5\times5.9\times5.8}{128.5+0.6\times1.43\times10^3}}}{4}$$

$$=0.197\text{m}<h_0=0.45\text{m}$$

因此，底板抗冲切满足要求。

3-1　柱下条形基础和墙下条形基础在受力性能方面有何区别？柱下条形基础有哪些计算方法？

3-2　有几种线性弹性地基模型？它们各有哪些优缺点？

3-3　试述倒梁法计算柱下条形基础的过程和适用条件。

3-4　如何区分无限长梁和有限长梁？文克尔地基上无限长梁和有限长梁的内力是如何求得的？

3-5　条形基础的结构内力分析方法有哪些？试用共同作用概念对各方法进行分析。

习　题

3-1　试用倒梁法计算图3-65所示柱下条形基础的内力。

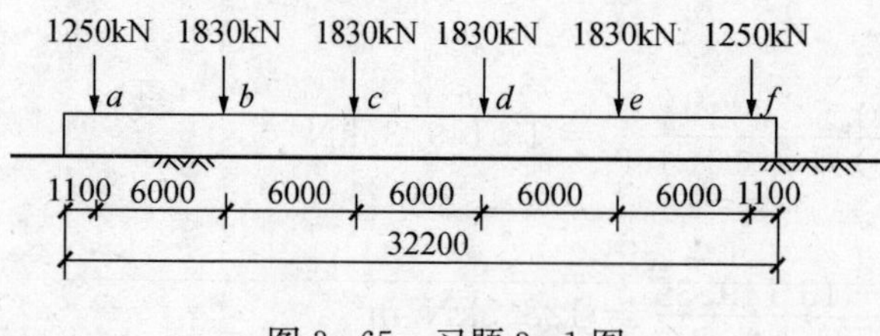

图3-65　习题3-1图

3-2　用文克尔地基上梁的计算方法，计算图3-65所示的条形基础的竖向位移、弯矩和剪力。（$E_cI=4.2\times10^6\text{kN}\cdot\text{m}^2$，地基为黏性土，基床系数$k=5.0\times10^3\text{kN/m}^3$）

3-3　某柱下钢筋混凝土条形基础，总长20m，基底宽度$b=2.2$m，基础抗弯刚度$E_cI=4.0\times10^6\text{kN}\cdot\text{m}^2$，其他条件如图3-66所示。试用链杆法计算基础的地基反力和基础内力（地基弹性常数$\nu=0.3$，$E_0=12\,000$kPa）。

3-4　图3-67所示为一根长80m的钢筋混凝土基础梁，在梁中央作用有集中力$P_0=2100$kN和集中力矩$M_0=2500\text{kN}\cdot\text{m}$，梁宽4.1m，$EI=2.46\times10^8\text{kN}\cdot\text{m}^2$，地基基床系数$k=15\,000\text{kN/m}^3$。计算距离$x=\pm3$m处的弯矩、剪力和地基反力。

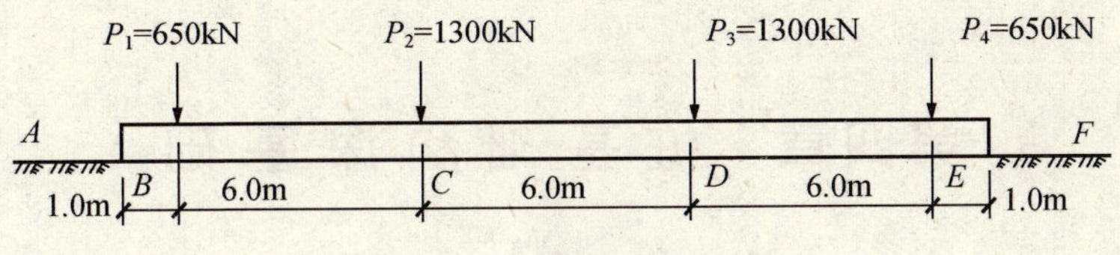

图 3-66　习题 3-3 图

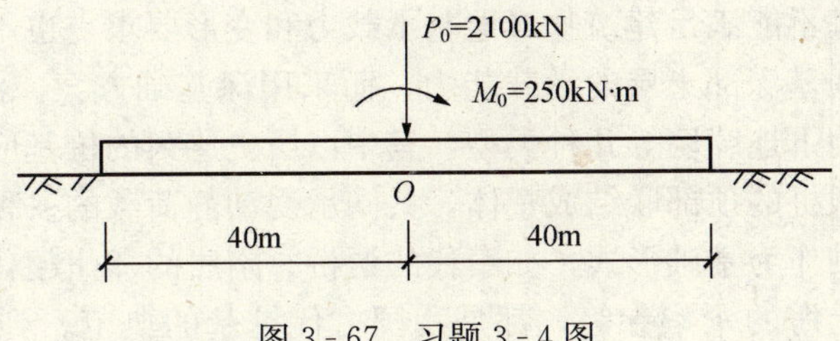

图 3-67　习题 3-4 图

3-5　如图 3-68 所示一柱下十字交叉基础示意图。x，y 为基底平面和柱荷载的对称轴。x，y 方向纵横梁的宽度和截面抗弯刚度分别为 $b_x=1.5\text{m}$，$b_y=1.2\text{m}$，$E_{cx}I=1.3\times10^6\text{kN}\cdot\text{m}^2$，$E_{cx}I=1.1\times10^6\text{kN}\cdot\text{m}^2$，地基抗力系数 $k=5.3\times10^3\text{kN/m}^3$。已知柱荷载 $P_1=1400\text{kN}$，$P_2=1800\text{kN}$，$P_3=1600\text{kN}$，$P_4=2600\text{kN}$。试将各荷载分配到纵横梁上。

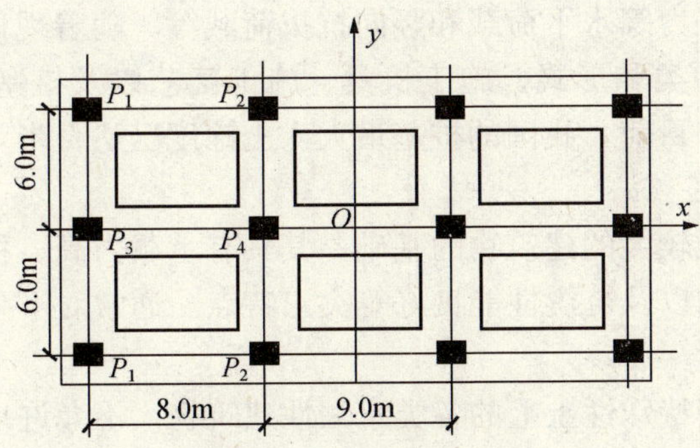

图 3-68　习题 3-5 图

第四章　桩基础和深基础

第一节　概　　述

当场地的浅层地基不能满足建筑物对地基承载力和变形要求，也不宜采用地基处理等措施时，可以考虑利用地基深部土层的承载能力，而采用深基础方案。深基础主要有桩基础、沉井基础、墩基础和地下连续墙等几种类型，其中以历史悠久的桩基应用最为广泛。桩基础是指通过承台把若干根桩的顶部联结成整体，共同承受动静荷载的一种深基础。我国现存的古建筑有许多以桩基础作为基础形式，如秦代的渭桥、隋唐的郑州超化寺、五代的杭州湾大海堤、西安的霸桥、上海的龙华寺等，都是我国古代桩基的典范。到了近代，特别是欧洲19世纪中叶开始的大规模桥梁、铁路和公路的建设，推动了桩基础理论和施工方法的发展。由于桩基础具有承载力高、稳定性好、沉降稳定快和沉降变形小、抗震能力强，以及能适应各种复杂地质条件等特点，在工程中得到了广泛应用。桩基础除主要用来承受坚向抗压荷载外，还在桥梁工程、港口工程、近海采油平台、高耸和高重建筑物、支挡结构、抗震工程结构以及特殊土地基如冻土、膨胀土等中，用于承受侧向土压力、波浪力、风力、地震力、车辆制动力、冻胀力、膨胀力等水平荷载和竖向抗拔荷载等。随着现代生产水平的提高和科学技术水平的发展，桩的种类和形式、施工机具、施工工艺以及桩基础设计理论和设计方法等，都得到很大的发展。目前，我国的桩基最大入土深度已达百米，桩径已超过5m。

一、桩基础的实用性

桩基础通常作为荷载较大的建筑物的基础，其具有承载力高、稳定性好、沉降量小、能承受一定的水平和上拔力以及抗震性能良好等突出特点。通常对下列情况，可考虑选用桩基础方案：

（1）软弱地基或某些特殊性土上的各类永久性建筑物，不允许地基有过大沉降和不均匀沉降。

（2）对于高重建筑物，如高层建筑、重型工业厂房和仓库、料仓等，地基承载力不能满足设计需要。

（3）对桥梁、码头、烟囱、输电塔等结构物，宜采用桩基以承受较大的水平力和上拔力。

（4）对精密或大型的设备基础，需要减小基础振幅、减弱基础振动对结构的影响。

（5）在地震区，以桩基作为地震区结构抗震措施或穿越可液化地基。

（6）水上基础，施工水位较高或河床冲刷较大，采用浅基础施工困难或不能保证基础安全。

二、桩基础的设计原则

《建筑桩基技术规范》（JGJ 94—2008）规定，建筑桩基采用极限状态设计表达式进行计算。桩基的极限状态分为两类：

（1）承载能力极限状态：对应于桩基达到最大承载能力、整体失稳或发生不适于继续承载的变形。

(2) 正常使用极限状态：对应于桩基变形达到为保证建筑物正常使用所规定的变形限值或达到耐久性要求的某项限值。

根据建筑规模、功能特征、对差异变形的适应性、场地地基和建筑物体形的复杂性以及由于桩基问题可能造成建筑破坏或影响正常使用的程度，应将桩基设计分为表 4-1 所列的三个设计等级。

表 4-1　建筑桩基设计等级

设计等级	建筑物类型
甲级	(1) 重要的建筑 (2) 30 层以上或高度超过 100m 的高层建筑 (3) 体型复杂且层数相差超过 10 层的高低层（含地下室）连体建筑 (4) 20 层以上框架—核心筒结构及其他对差异沉降有特殊要求的建筑 (5) 场地和地基条件复杂的 7 层以上的一般建筑及坡地、岸边建筑 (6) 对相邻既有工程影响较大的建筑
乙级	除甲级，丙级以外的建筑
丙级	场地和地基条件简单，荷载分布均匀的 7 层及 7 层以下的建筑

根据承载能力极限状态和正常使用极限状态的要求，桩基需进行如下计算和验算：

(1) 所有桩基均应进行承载能力极限状态计算，内容包括：

1) 应根据桩基的使用功能和受力特征分别进行桩基的竖向承载力和水平承载力计算。

2) 当桩端平面以下存在软弱下卧层时，应进行软弱下卧层承载力验算。

3) 应对桩身和承台结构承载力进行计算；对桩侧土不排水抗剪强度小于 10kPa 且长径比大于 50 的细长桩应进行桩身压屈验算；对于混凝土预制桩应按吊装、运输和锤击作用进行桩身承载力验算；对于钢管桩应进行局部压屈验算。

4) 对位于坡地、岸边的桩基应进行整体稳定性验算。

5) 对于抗浮、抗拔桩基，应进行基桩和群桩的抗拔承载力计算。

6) 对抗震设防区的桩基应进行抗震承载力验算。

(2) 应根据建筑桩基的设计等级及长期荷载作用下桩基变形对上部结构的影响程度，按下列规定进行变形计算：

1) 设计等级为甲级的非嵌岩桩和非深厚坚硬持力层的建筑桩基；设计等级为乙级的体型复杂，荷载分布显著不均匀或桩端平面以下存在软弱土层的建筑桩基；软土地基多层建筑减沉复合疏桩基础。

2) 对受水平荷载较大，且对水平位移有严格限制的建筑桩基，应验算其水平位移。

(3) 应根据桩基所处的环境类别和相应的裂缝控制等级，验算桩和承台正截面的抗裂和裂缝宽度。

按单桩承载力确定桩数时，传至基础或承台底面上的荷载效应应按正常使用极限状态下荷载效应的标准组合，相应的抗力应采用基桩或复合基桩承载力特征值；计算荷载作用下的桩基沉降和水平位移时，应采用荷载效应的准永久组合，相应的限值应为地基变形允许值；如需计算水平地震作用、风载作用下桩基水平位移时，应按水平地震作用、风载作用效应的标准组合进行验算；在确定承台高度、确定配筋和验算材料强度时，上部结构传来的荷载效应组合，应按承载能力极限状态下荷载效应的基本组合。

对软土、湿陷性黄土、季节性冻土和膨胀土、岩溶地区以及坡地岸边上的桩基，抗震设防区桩基和可能出现负摩阻力的桩基，均应根据各自不同的特殊条件，遵循相应的设计原则。

三、桩基础的设计步骤与内容

（1）选择桩型、施工工艺、断面、桩端持力层、承台埋深。

（2）估算单桩承载力设计值。

（3）确定桩数和承台底面尺寸。

（4）确定复合基桩竖向承载力设计值。

（5）桩顶作用效应验算，认为柱底水平剪力作用于承台顶面。

（6）桩基沉降计算。按长期效应组合柱底效应进行桩基沉降计算。

（7）桩身结构设计计算。

（8）承台设计计算。

第二节 桩基础的类型

根据桩基础的承台位置、使用功能、承载性状、施工方法、桩身材料和设置效应等可以将桩分为各种类型。

一、按承台位置分类

桩基础一般是由设置于土中的桩和承接上部结构的承台组成，桩顶嵌入承台中。按承台与地面的相对位置的不同可以分为高承台桩基础和低承台桩基础。前者的承台底面位于地面或冲刷线以上，且常处于水中。桥梁和港口工程中常用高承台桩基，且较多采用斜桩与竖直桩结合使用，以承受水平荷载［图4-1（b）］。低承台桩基础的承台底面位于地面或冲刷线以下。工业与民用建筑中几乎都使用低承台桩基础，而且大量使用竖直桩，很少采用斜桩［图4-1（a）］。

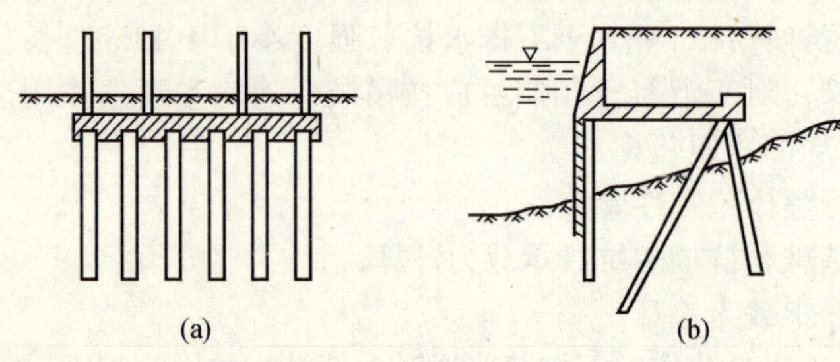

图4-1 桩基础承台类型

（a）低承台桩基；（b）高承台桩基

二、按使用功能分类

桩基础根据不同的使用功能，其构造要求和计算方法有所不同。根据在使用状态下的抗力性状和工作机理可分为如下的几类：

（1）竖向抗压桩。一般的建筑工程桩基，在正常工作条件下，主要承受从上部结构传下来的竖向荷载。竖向抗压桩从桩的荷载传递机理来看，又可划分为摩擦型桩和端承型桩两大类。竖向抗压桩应进行竖向承载力计算，必要时还需进行桩基的沉降验算、软弱下卧层的承载力验算。特殊情况下，还应考虑桩侧负摩阻力的影响。

（2）竖向抗拔桩。如输电塔桩基础、抗浮桩、板桩墙后的锚桩和试桩时设置的锚桩等主要承受竖向上拔荷载作用的桩。此类桩应进行桩身强度和抗裂计算以及抗拔承载力验算。

（3）水平受荷桩。主要承受水平荷载作用的桩，如港口码头工程中的桩、基坑工程中的护坡桩等。

(4) 复合受荷桩。同时承受竖向、水平荷载作用的桩。在桥梁工程中，桩除了要承担较大的竖向荷载外，往往由于波浪、风、地震动、船舶的撞击力以及车辆荷载的制动力等使桩承受较大的侧向荷载，从而导致桩的受力条件更为复杂，尤其是大跨径桥梁更是如此。此类桩基是典型的复合受荷桩。

三、按桩基的承载性状分类

根据桩侧阻力与桩端阻力的发挥程度和分担荷载比，可将桩分为摩擦型桩和端承型桩两大类型。

1. 摩擦型桩

摩擦型桩是指在竖向极限荷载作用下，桩顶荷载全部或主要由桩侧摩阻力承受。根据桩侧阻力分担荷载的大小，摩擦型桩又可分为摩擦桩和端承摩擦桩两类。

在深厚的软弱土层作中，无较硬的土层作为桩端持力层，或桩端持力层虽然较坚硬但桩的长径比 l/d 很大，传递到桩端的轴力很小，以至在极限荷载作用下，桩顶荷载绝大部分由桩侧阻力承受，桩端阻力很小可忽略不计的桩，称其为摩擦桩 [图 4-2 (a)]。

当桩的 l/d 不很大，桩端持力层为较坚硬的黏性土、粉土和砂类土时，除桩侧阻力外，还有一定的桩端阻力。桩顶荷载由桩侧阻力和桩端阻力共同承担，但大部分由桩侧阻力承受的桩，称其为端承摩擦桩 [图 4-2 (b)]。

2. 端承型桩

端承型桩是指在竖向极限荷载作用下，桩顶荷载全部或主要由桩端阻力承受，桩侧阻力相对桩端阻力而言较小，或可忽略不计的桩。根据桩端阻力发挥的程度和分担荷载的比例，又可分为摩擦端承桩和端承桩两类。

桩端进入中密以上的砂土、碎石类土或中、微化岩层，桩顶极限荷载由桩侧阻力和桩端阻力共同承担，而主要由桩端阻力承受，称其为摩擦端承桩 [图 4-2 (c)]。

当桩的 l/d 较小（一般小于 10），桩身穿越软弱土层，桩端设置在密实砂层，碎石类土层中、微风化岩层中，桩顶荷载绝大部分由桩端阻力承受，桩侧阻力很小可忽略不计时，称其为端承桩 [图 4-2 (d)]。

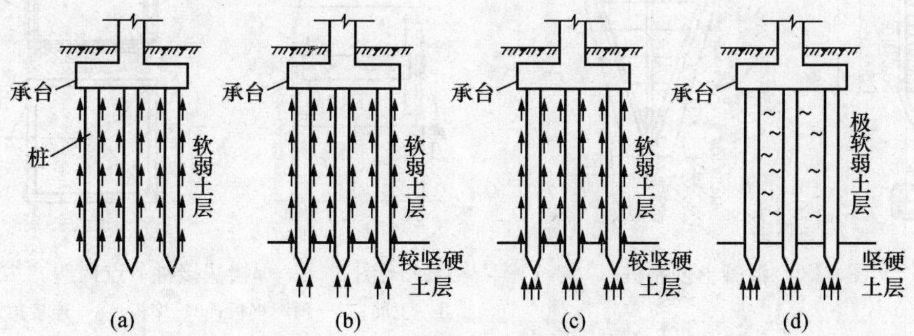

图 4-2　摩擦型桩和端承型桩

(a) 摩擦桩；(b) 端承摩擦桩；(c) 摩擦端承桩；(d) 端承桩

四、按施工工艺分类

桩按施工工艺可分为预制桩和灌注桩两大类。

1. 预制桩

预制桩系指借助于专用机械设备将预先制作好的具有一定形状、刚度与构造的桩采用不同的沉桩工艺沉入土中的一类桩。主要有钢筋混凝土预制桩、钢桩及木桩等。预制桩的施工工艺包括制桩与沉桩两部分，沉桩工艺又随沉桩机械而变，沉桩方法有锤击法、振动法、静压法及射水法等。

（1）钢筋混凝土预制桩。目前我国普通混凝土预制桩截面尺寸可达 600mm×600mm，预应力管桩最大直径已达 1300mm，预制桩沉桩深度可达 70m 以上。钢筋混凝土预制桩的横截面有方、圆、管等各种性状，图 4-3 给出的是一方桩示意图。普通的实心方桩的截面边长一般为 200～600mm。现场预制长度一般在 25～30m。工厂预制的分节长度一般不超过 12m，在现场沉桩时连接到所需长度。

良好的接头构造形式，不仅应满足足够的强度、刚度及耐腐蚀性要求，而且还应符合制造工艺简单，质量可靠，接头连接整体性强与桩材其他部分应具有相同断面和强度，在搬运、打入过程中不易损坏，现场连接操作简便迅速等条件。此外也应做到接触紧密，以减少锤击能量损耗。接头的连接方法有焊接法、浆锚法、法兰法如下三种类型：

1）焊接法接桩适用于单桩承载力高、长细比大、桩基密集或须穿过一定厚度较硬土层、沉桩较困难的桩。焊接法接桩的节点构造如图 4-4 所示。

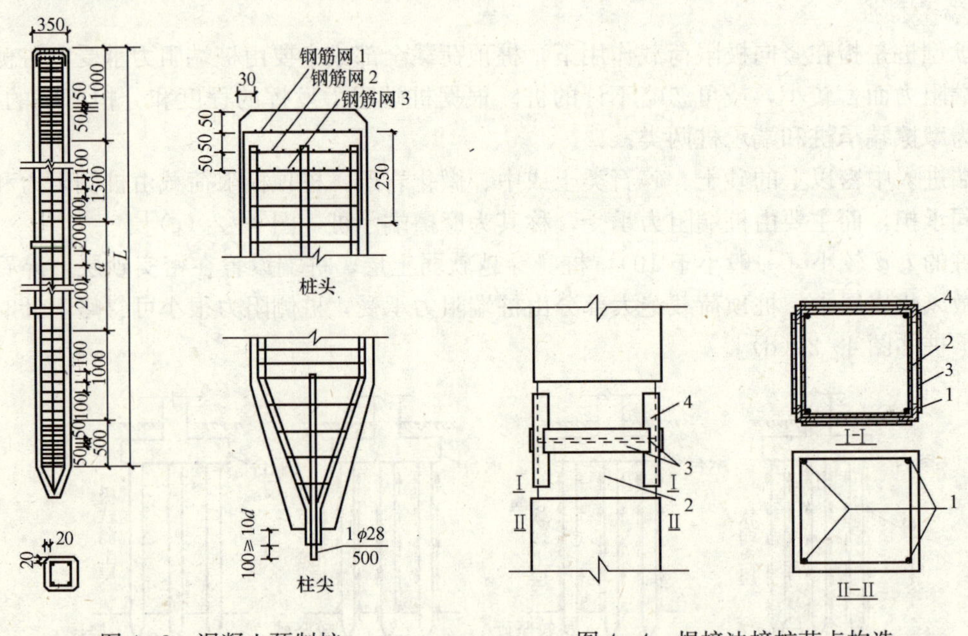

图 4-3 混凝土预制桩

图 4-4 焊接法接桩节点构造

1—主筋；2—预埋钢板；3—缀板；4—连接角钢

2）浆锚法接桩可节约钢材，操作简便，接桩时间比焊接法要大为缩短。在理论上，浆锚法与焊接法一样，施工阶段节点能够安全地承受施工荷载和其他外力；使用阶段能同整根桩一样工作，传递垂直压力或拉应力。如图 4-5 所示。

3）法兰法接桩主要用于混凝土管桩，如图 4-6 所示，由法兰盘和螺栓组成，接桩速度快，但法兰盘制作工艺较复杂，用钢量大。法兰盘接合处可加垫沥青纸或石棉板。接桩时，将上下节桩螺栓孔对准，然后穿入螺栓，并对称地将螺帽逐步拧紧。如有缝隙，应用薄铁片垫实，待全部螺帽拧紧，检查上下节桩的纵轴线符合要求后，将锤吊起，关闭油门，让锤自由落下锤击一次，然后复紧一次螺帽，并用电焊点焊固定；法兰盘和螺栓外露部分涂上防锈油漆或防锈沥青胶泥，即可继续沉桩。

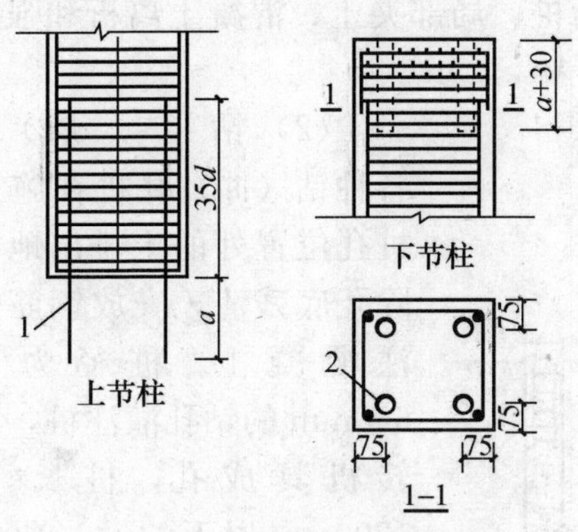

图 4-5　浆锚法接桩节点构造

1—锚筋；2—锚筋孔

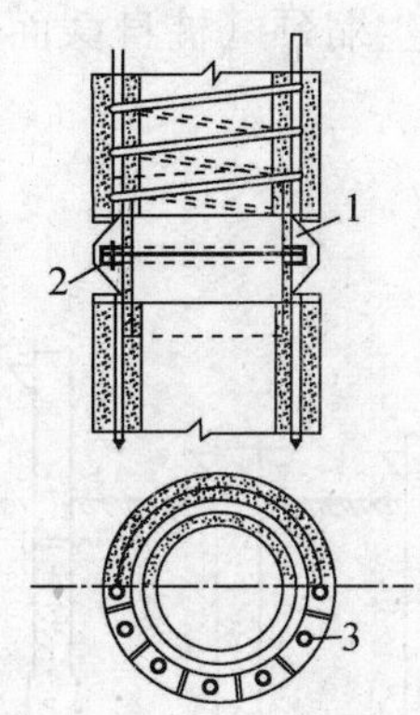

图 4-6　管桩法兰接桩节点构造

1—法兰盘；2—螺栓；3—螺栓孔

(2) 钢桩。常用的有钢桩下端开口或闭口的钢管桩和 H 型钢桩等。钢桩的主要特点是：穿透力强、承载能力高且能承受较大的水平力；桩长可任意调节，这一点尤其在遇持力层起伏较大时，接桩或截桩均较简单，重量轻、刚性好、便于装卸运输。国内钢管桩的常用直径为 400～1200mm 壁厚 9～20mm，H 型钢桩一般为 200mm×200mm～360mm×410mm 翼缘和腹板的厚度为 9～26mm。因钢桩的耗钢量大，成本相对较高，且需防腐，故一般只在重点工程中应用。作为支挡结构物的钢板桩的形式很多，其两侧带有不同形状的接口槽，第一根板桩就位后，第二根板桩则顺着前一根桩的槽口打入，连续下去可形成板桩墙，常用来作基坑支护和围堰等。

(3) 木桩。木桩常用松木、杉木或橡木做成，一般桩径为 160～260mm，桩长 4～6m，桩顶锯平并加铁箍，桩尖削成棱锥状。木桩自重轻、具有一定的弹性和韧性，制作、运输和施工方便，有着悠久历史，但目前已很少使用，只有在某些加固工程或就地取材的临时工程中采用。木桩在淡水中耐久性好，一般应打入地下水以下不少于 0.5m，但在海水及干湿交替的环境中极易腐烂，故只用在某些加固抢险或临时工程。

2. 灌注桩

灌注桩系指在工程现场通过机械钻孔、钢管挤土或人力挖掘等手段在地基土中形成的桩孔内放置钢筋笼、灌注混凝土而做成的一类桩。其横截面呈圆形，可以做成大直径和扩底桩。与预制桩比较，灌注桩一般只需根据使用期间的荷载要求配置钢筋，用钢量少。保证灌注桩承载力的关键在于桩身的成型及混凝土质量。灌注桩有不下几十个品种，依照成孔方法不同，大体可归纳为沉管灌注桩、钻（冲、磨）孔灌注桩、挖孔灌注桩和爆扩孔灌注桩几大类。

(1) 沉管灌注桩。沉管灌注桩是指采用锤击沉管打桩机或振动沉管打桩机，将套上预制钢筋混凝土桩尖或带有活瓣桩尖（沉管时桩尖闭合，拔管时活瓣张开以便浇灌混凝土）的钢管沉入土层中成孔，然后边灌注混凝土、边锤击或边振动边拔出钢管并安放钢筋笼而形成的灌注桩，如图 4-7 所示。锤击沉管灌注桩的常用直径（指预制桩尖的直径）为 300～

500mm，振动沉管灌注桩的直径一般为 400～500mm。沉管灌注桩桩长常在 20m 以内，可打至硬塑黏土层或中、粗砂层。在黏性土中，振动沉管灌注桩的沉管穿透能力比锤击沉管灌注桩稍差，承载力也比锤击沉管灌注桩低些。这种桩的施工设备简单，沉桩进度快、成本低，但很易产生缩颈（桩身截面局部缩小）、断桩、局部夹土、混凝土离析和强度不足等质量问题。

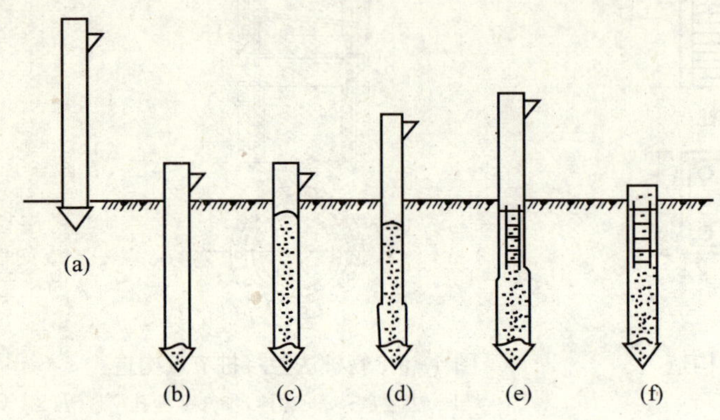

图 4-7　沉管灌注桩的施工程序示意图

(a) 打桩机就位；(b) 沉管；(c) 浇注混凝土；(d) 边拔管、边振动；(e) 安放钢筋笼，继续浇灌混凝土；(f) 成型

(2) 钻（冲、磨）孔灌注桩。各种钻（冲）孔桩在施工时都要把桩孔位置处的土排出地面，然后清除孔底残渣，安放钢筋笼，最后浇注混凝土。桩径为 600mm 或 650mm 的钻孔灌注桩，国内常用回转机具成孔，桩长 10～30m；1200mm 以下的钻（冲）孔灌注桩在钻进时不下钢套筒，而是采用泥浆保护孔壁以防塌孔，清孔（排走孔底沉渣）后，在水下浇灌混凝土（图 4-8）。更大直径（1500～3000mm）的钻（冲）孔桩、一般用钢套筒护壁，所用钻机具有回旋钻进、冲击、磨头磨碎岩石和扩大桩底等多种功能，钻进速度快，深度可达 80m，能克服流砂、消除孤石等障碍物，并能进入微风化硬质岩石。其最大优点在于能进入岩层，刚度大，因此承载力高而桩身变形很小。

(3) 挖孔桩。人工挖孔灌注混凝土桩采用人工挖土成孔，灌注混凝土浇捣成桩；在人工挖孔桩的底部扩大直径，称为人工挖孔扩底桩。这类桩由于其受力性能可靠，不需大型机具设备，施工操作工艺简单，可直接检查桩底岩土层情况，单桩承载力高，无环境污染，故在各地应用较为普遍。人工挖孔桩的缺点是挖孔中劳动强度较大，单桩施工速度较慢，尤其是安全性较差。挖扎桩可采用人工或机械挖掘成孔，每挖深 0.9～1.0m，就现浇或喷射一圈混凝土护壁，上下圈之间用插筋连接，然后安放钢筋笼，灌注混凝土而成。人工挖孔桩的桩身直径一般为 800～2000mm，最大可达 3500mm。当持力层承载力低于桩身混凝土受压承载力时，桩端可扩孔，视扩底端部侧面和桩端持力层土性情况，扩底端直径与桩身直径之比D/d不宜超过 3，最大扩底直径可达 4500mm。挖孔桩的桩身长度宜限制在 30m 内。当桩长 $L\leqslant 8$m 时，桩身直径（不含护壁）不宜小于 0.8m；当 8m$<L\leqslant$15m 时，

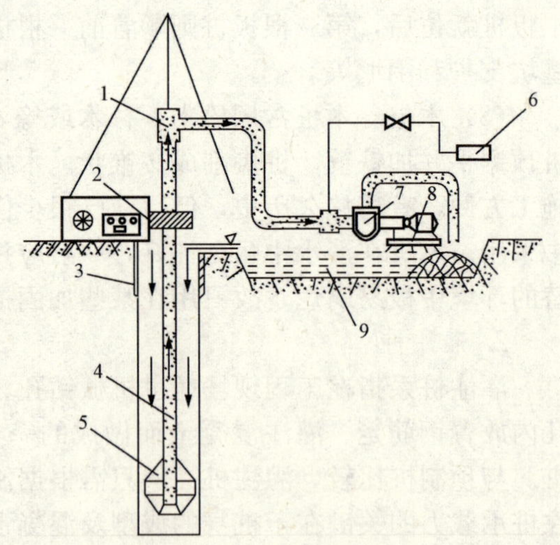

图 4-8　反循环钻进灌注桩示意图

1—水龙头；2—钻机；3—护筒；4—钻杆；5—钻头；6—真空泵；7—砂石泵；8—电机；9—泥浆池

桩身直径不宜小于 1.0m；当 $15m<L\leqslant 20m$ 时，桩身直径不宜小于 1.2m；当桩长 $L>20m$ 时，桩身直径应适当加大。

挖孔桩的优点是，可直接观察地层情况，孔底易清除干净，设备简单，噪声小，场区各桩可同时施工，桩径大，适应性强，又较经济；缺点是桩孔内空间狭小、劳动条件差，可能遇到流砂、塌孔、有害气体、缺氧、触电和上面掉下重物等危险而造成伤亡事故，在松砂层（尤其是地下水位下的松砂层）、极软弱土层、地下水涌水量多且难以抽水的地层中难以施工或无法施工。

（4）爆扩灌注桩。爆扩灌注桩是指就地成孔后，在孔底放入炸药包并灌注适量混凝土后，用炸药爆炸扩大孔底，再安放钢筋笼，灌注桩身混凝土而成的桩。爆扩桩的桩身直径一般为 200～350mm，扩大头直径一般取桩身直径的 2～3 倍，桩长一般为 4～6m，最深不超过 10m。这种桩的适应性强，除软土的新填土外，其他各种地层均可用，最适宜在黏土中成型并支撑在坚硬密实土层上的情况。

五、按成桩的效应

随着桩的设置方法的不同，桩周土所受的排挤作用也不相同。排挤作用会引起桩周土的天然结构、应力状态和性质的变化，从而影响土的性质和桩的承载力。按桩的设置效应分为下列三类：

（1）挤土桩。实心的预制桩、下端封闭的管桩、木桩以及沉管灌注桩等打入桩，在锤击、振动贯入的工程中，都将桩位处的土大量排挤开，因而，使桩周土的结构受到严重扰动破坏。黏性土由于重塑作用其抗剪强度将降低，但又由于触变性过一段时间强度可以得到部分恢复。而非密实的无黏性土则由于振动挤密而使抗剪强度提高。

（2）部分挤土桩。开口的钢管桩、H 型钢桩和开口的预应力混凝土管桩，打入时对桩周土体的排挤作用轻微，故土的工程性质变化不大。因而可用原状土测得的土的物理力学性质指标估算桩的承载力。

（3）非挤土桩。先钻孔再打入的预制桩和钻孔桩在成桩过程中都将孔中的土体清除去，故设置桩时对土体没有排挤作用，桩周土反而可能向孔内移动。因此，非挤土桩的桩侧摩阻力常有所减小。

第三节　单桩竖向极限承载力

一、竖向荷载作用下单桩的工作机理

1. 单桩竖向荷载的传递

桩侧阻力与桩端阻力的发挥过程就是桩—土体系荷载的传递过程。桩顶受竖向荷载后，桩身压缩而产生向下位移，桩侧表面受到土的向上摩阻力，桩侧土体产生剪切变形，并将荷载向桩周土层传递，从而使桩身轴力与桩身压缩变形随深度递减。随着荷载增加，桩端下土体产生压缩变形和桩端阻力，桩端位移加大了桩身各截面的位移，并促使桩侧阻力进一步发挥。一般说来，靠近桩身上部土层的侧阻力先于下部土层发挥，由于发挥桩端阻力所需的极限位移，明显大于桩侧阻力发挥所需的极限位移，侧阻力先于端阻力发挥出来。

如图 4-9 所示，单桩在竖向荷载 Q 的作用下，桩身任一深度处横截面上所引起的轴力为 N_z，在 z 深度处取一微元体 dz，由微元体的竖向平衡分析可得，z 深度处的桩侧摩阻力

q_z 与桩身轴力 N_z 之间的关系如下

$$q_z = -\frac{1}{u_p}\frac{dN_z}{dz} \tag{4-1}$$

微元体 dz 的压缩量为

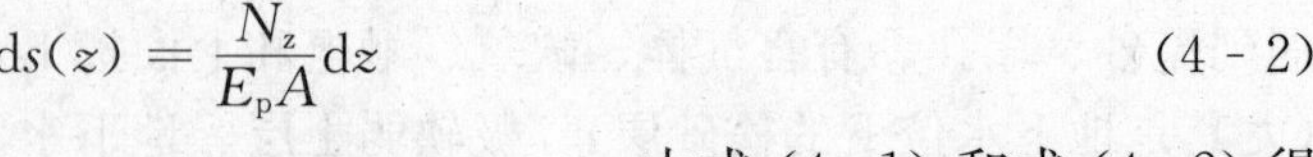

$$ds(z) = \frac{N_z}{E_pA}dz \tag{4-2}$$

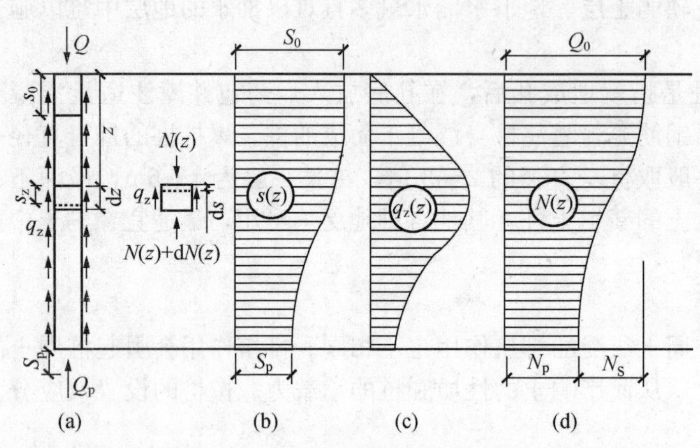

图 4-9 单桩荷载传递示意图

（a）轴向受压桩；（b）桩身截面位移；（c）桩侧摩阻力分布；（d）桩身轴力分布

由式（4-1）和式（4-2）得

$$q_z(z) = -\frac{E_pA}{u_p}\frac{d^2s(z)}{dz} \tag{4-3}$$

式中 u_p——桩身周长；

A——桩身截面积；

E_p——桩身弹性模量；

s（z）——桩身截面位移。

根据位移与作用力的关系，不难得到任意桩身截面的位移

$$s(z) = s_0 - \frac{1}{E_pA}\int_0^z N_z dz \tag{4-4}$$

通过在桩身埋设应力或位移测试元件，即可求得轴力和侧阻力沿桩身的变化曲线。

2. 桩侧摩阻力和桩端阻力

桩侧摩阻力和桩端阻力的发挥所需位移不同。试验表明：桩端阻力的充分发挥需要有较大的位移值，在黏性土中约为桩底直径的 25%，在砂性土中约为桩底直径的 8%～10%，对于钻孔桩，由于孔底虚土、沉渣压缩的影响，发挥端阻极限值所需位移更大。而桩侧摩阻力只要桩土间有不太大的相对位移就能得到充分的发挥，具体数量目前认识尚没有一致的意见，但一般认为黏性土为 4～6mm，砂性土为 6～10mm。对大直径的钻孔灌注桩，如果孔壁呈凹凸形，发挥侧摩阻力需要的极限位移较大，可达 20mm 以上，甚至 40mm，约为桩径的 2.2%，如果孔壁平直光滑，发挥侧摩阻力需要的极限位移较小，小至只有 3～4mm。

影响摩阻力和桩端阻力的其他因素主要有：

（1）深度效应。当桩端进入均匀持力层的深度 h 小于某一深度时，其端阻力一直随深度线性增大；当进入深度大于该深度后，极限端阻力基本保持恒定不变，该深度称为端阻力的临界深度 h_{cp}，该恒定极限端阻力为端阻稳定值 q_{pl}。h_{cp} 随砂的相对密度 D_r 和桩径的增大而增大，随覆盖压力 p_0 的增大而减小。q_{pl} 随 D_r 增大而增大，而与桩径及上覆压力 p_0 无关。当桩端持力层下存在软弱下卧层，且桩端与软弱下卧层的距离小于某一厚度时，端阻力将受软弱下卧层的影响而降低。该厚度称为端阻的“临界厚度”t_c。临界厚度 t_c 主要随砂的相对密度 D_r 和桩径 d 的增大而加大。在上海、安徽、蚌埠对桩端进入粉砂不同深度的打入桩进行了系列试验，表明了临界深度在 $7d$ 以上，临界厚度为（5～7）d；硬黏性土中的临界深度与临界厚度接近相等，$h_{cp} \approx t_c \approx 7d$。

（2）成桩效应。非密实砂土中的挤土桩，成桩过程使桩周土因挤压而趋于密实，导致桩侧、桩端阻力提高。对于桩群，桩周土的挤密效应更为显著。饱和黏土中的挤土桩，成桩过程使桩周土受到挤压、扰动、重塑，产生超孔隙水压力，随后出现孔压消散、再固结和触变恢复，导致侧阻力、端阻力产生显著的时间效应，即软黏土中挤土摩擦型桩的承载力随时间而增长，距离沉桩时间越近，增长速度越快。

非挤土桩的成桩效应。非挤土桩（钻、冲、挖孔灌注桩）在成孔过程由于孔壁侧向应力解除，出现侧向土松弛变形，由此导致土体强度削弱，桩侧阻力随之降低。采用泥浆护壁成孔的灌注桩，在桩土界面之间将形成“泥皮”的软弱界面，导致桩侧阻力显著降低。如果形成的孔壁比较粗糙（凹凸不平），由于混凝土与土之间的咬合作用，接触面的抗剪强度受泥皮的影响较小，使得桩侧摩阻力能得到比较充分的发挥。对于非挤土桩，成桩过程桩端土不仅不产生挤密，反而出现虚土或沉渣现象，使端阻力降低，沉渣越厚，端阻力降低越多。

3. 桩侧负摩阻力问题

产生桩侧负摩阻力的条件为当土体相对于桩身产生向下位移时，土体会在桩侧产生下拉的摩阻力，使桩身的轴力增大，如图 4 - 10 所示。该下拉的摩阻力称为负摩阻力。负摩阻力的存在，增大了桩身荷载和桩基的沉降。

可能产生负摩阻力的情况一般有如下几种：①位于桩周欠固结的软黏土或新近堆积的填土在自重作用下固结沉降；②大面积地面堆载导致桩周土体压密；③正常固结或弱超固结的软黏土地区，因地下水位下降，导致桩周土中有效应力增大引起大面积沉降；④自重湿陷性黄土浸水后产生湿陷变形；⑤打入式预制桩在置入桩的过程中，后置入的桩往往会使临近的已置入桩的桩身抬升，这时会在先置入的桩的桩侧产生暂时性的负摩阻力。以上几种情况下进行桩基设计时，都应考虑桩侧负摩阻力对桩身竖向承载力的影响。

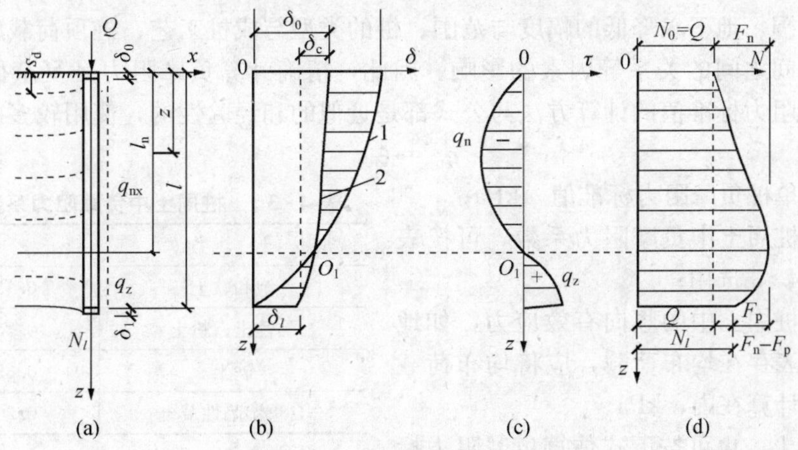

图 4 - 10　桩侧负摩阻力示意图

（a）受负摩阻力桩；（b）桩身截面位移；（c）桩侧摩阻力分布；（d）桩身轴力分布

图 4 - 10（a）表示一根承受竖向荷载的桩，桩身穿过正在固结中的土层而达到坚实土层。在图 4 - 10（b）中，曲线 1 表示土层不同深度的位移，曲线 2 为桩的截面位移曲线，曲线 1 和曲线 2 之间的位移差（图中画上横线部分）为桩土之间的相对位移，曲线 1 和曲线 2 的交点（O_1 点）为桩土之间不产生相对位移的截面位置，称为中性点。

图 4 - 10（c）、（d）分别为桩侧摩阻力和桩身轴力曲线，其中 F_n 为负摩阻力的累计值，又称为下拉荷载；F_p 为中性点以下正摩阻力的累计值。中性点是摩阻力、桩土之间的相对

位移和桩身轴力沿桩身变化的特征点。从图中易知，在中性点 O_1 点之上，土层产生相对于桩身的向下位移，出现负摩阻力 q_n，桩身轴力随深度递增；在中性点 O_1 点之下的土层相对向上位移，因而在桩侧产生正摩阻力 q_z，桩身轴力随深度递减。在中性点处桩身轴力达到最大值（$Q+F_n$），而桩端总阻力则等于 $Q+$（F_n-F_p）。

由于桩侧负摩阻力是由桩周土层的固结沉降引起的。因此负摩阻力的产生和发展要经历一定的时间过程，这一时间过程的长短取决于桩自身沉降完成的时间和桩周土层固结完成的时间。由于土层竖向位移和桩身截面位移都是时间的函数，因此中性点的位置、摩阻力以及桩身轴力都将随时间而有所变化。

要确定桩身负摩阻力的大小，须先确定中性点的位置和负摩阻力强度的大小。影响中性点位置的因素较多，与桩周土的性质和外界条件（堆载、降水、浸水等）变化有关。中性点的位置取决于桩与桩侧土的相对位移，原则上应根据桩沉降与桩周土沉降相等的条件确定。要精确计算中性点的位置是比较困难的，多采用近似的估算方法，或采用依据一定的试验结果得出的经验值。工程实测表明，在可压缩土层 l_0 的范围内，中性点的稳定深度是随桩端持力层的强度和刚度的增大而增加的，其深度比 l_n/l_0 可按表 4-2 的经验取用。

表 4-2　　中性点深度 l_n

持力层性质	黏性土、粉土	中密以上砂	砾石、卵石	基岩
中性点深度 l_n/l_0	0.5～0.6	0.7～0.8	0.9	1.0

注　1. l_n、l_0 分别为自桩顶算起的中性点深度和桩周软弱土层下限深度。

2. 桩穿越自重湿陷性黄土层时，l_n 按表列值增大 10%（持力层为基岩除外）。

单桩负摩阻力的大小受桩周土层和桩端土的强度与变形性质、土层的应力历史、地面堆载的大小与范围、地下水降低的幅度与范围、桩的类型与成桩工艺、桩顶荷载施加时间与发生负摩阻力时间之间的关系等因素的影响。因此，精确计算负摩阻力是复杂而困难的。因此，单桩负摩阻力标准值的计算方法与公式都是近似的和经验性的，使用较多的有以下两种

$$q_n = \xi_n \sigma' \tag{4-5}$$

式中 q_n——单桩负摩阻力标准值，kPa；

ξ_n——桩周土中负摩阻力系数，可按表 4-3 选用；

σ'——桩周土中的竖向有效应力，如地表存在均布荷载，应将均布荷载计算在内，kPa。

表 4-3　　桩周土中负摩阻力系数 ξ_n 值

土　类	ξ_n
饱和软土	0.15～0.25
黏性土、粉土	0.25～0.40
砂土	0.35～0.50
自重湿陷性黄土	0.20～0.35

对于砂类土，也可按下式估算负摩阻力标准值

$$q_n = \frac{N}{5} + 3\ (\text{kPa}) \tag{4-6}$$

式中 N——桩周土层经钻杆长度修正的平均标准贯入试验击数。

对位于欠固结土层、湿陷性土层、冻融土层、液化土层、地下水位变动范围，以及受地面堆载影响发生沉降的土层中的预制混凝土桩和钢桩，一般采用涂以软沥青涂层的办法来减小负摩阻力，涂层施工时应注意不要将涂层扩展到需利用桩侧正摩阻力的桩身部分。对穿过欠固结等土层支承于坚硬持力层上的灌注桩，可采用下列措施来减小负摩阻力：①在沉降土

层范围内插入比钻孔直径大50～100mm的预制混凝土桩段，然后用高稠度膨润土泥浆填充预制桩段外围形成隔离层。对泥浆护壁成孔的灌注桩，可在浇筑完下段混凝土后。填入高稠度膨润土泥浆，然后再插入预制混凝土桩段；②对于作业成孔灌注桩，可在沉降土层范围内的孔壁先铺设双层筒形塑料薄膜，然后再浇筑混凝土，从而在桩身与孔壁之间形成可自由滑动的塑料薄膜隔离层。

二、单桩竖向极限承载力的确定

单桩竖向极限承载力是指单桩在竖向荷载作用下到达破坏状态前或出现不适于继续承载的变形所对应的最大荷载。

单桩的竖向承载力主要取决于两方面，一是土对桩的支承能力，二是桩身的材料强度。一般情况下，桩的承载力由土的支承能力所控制，桩材料强度往往不能充分发挥。只有对端承桩、超长桩以及桩身质量有缺陷的桩，桩身材料强度才起控制作用。此外，当桩的入土深度较大、桩周土质软弱、桩端沉降量较大时，对于高层建筑或对沉降有特殊要求时，还应按上部结构对沉降的要求来确定单桩竖向承载力。确定单桩竖向极限承载力的方法主要有静载荷试验法、经验参数法和静力触探法等。

单桩竖向极限承载力标准值Q_{uk}的确定规定如下：设计等级为甲级的建筑桩基应通过现场静载荷试验确定；设计等级为乙级的建筑桩基，一般情况下，应通过单桩静载荷试验确定；地质条件简单，可参照地质条件相同的试桩资料，结合静力触探等原位测试和经验参数综合确定；对设计等级为丙级建筑桩基，可根据原位测试和经验参数确定。

1. 静载荷试验法

规范规定，在同一条件下的试桩数量，不宜小于总桩数的1%且不应小于3根。当总桩数不超过50根时，试桩数不应少于两根。当桩端持力层为密实砂卵石或其他承载力类似的土层时，对单桩承载力很高的大直径端承型桩，可采用深层平板载荷试验确定桩端土的承载力特征值。

由于打桩时对土体的扰动而降低的强度需经过一段时间的才能恢复，因此，预制桩在砂土中入土7天；黏性土不得少于15天；对于饱和软黏土不得少于25天；灌注桩应在桩身混凝土达到设计强度后，才能开始进行载荷试验。

(1) 静载荷试验装置及方法。试验装置主要由加载系统和量测系统组成。图4-11 (a) 所示为锚桩横梁试验装置布置图。加载系统由千斤顶及其反力系统组成，后者包括主、次梁及锚桩，所提供的反力应大于预估最大试验荷载的1.2倍。采用工程桩作为锚桩时，应对试验过程锚桩上拔量进行监测。反力系统也可以采用压重平台反力装置，提供的反力是压重平台［图4-11 (b)］，压重应在试验开始前一次加上，并均匀稳固放置于平台上。量测系统主要由千斤顶上的压力环或应变式压力传感器（测荷载大小）及百分表或电子位移计（测试桩沉降）等组成。为准确测量桩的沉降，消除相互干扰，要求有基准系统，其由基准桩、基准梁组成，且保证在试桩、锚桩（或压重平台支墩）和基准桩相互之间有足够的距离，一般应大于4倍桩直径（对压重平台反力装置应大于2m）。

静载荷试验的加载方式，应按慢速维持荷载法。加荷分级不应小于8级，每级加载量宜为预估极限承载力的1/8～1/10。每级加载后，每第5、10、15min时各测读沉降一次，以后每隔15min读一次，累计1h后每隔0.5h读一次。在每级荷载作用下，桩的沉降量连续两次在每小时内小于0.1mm时可视为稳定，可加下一级荷载。符合下列条件之一时可终止加载：

1) 当荷载—沉降（Q-s）曲线上有可判定极限承载力的陡降段，且桩顶总沉降量超

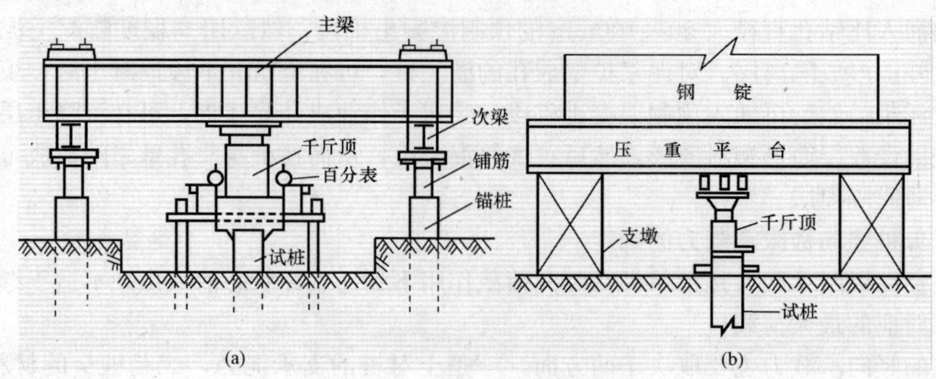

图 4-11 单桩静荷载试验装置

(a) 锚桩横梁反力装置；(b) 压重反力装置

过 40mm。

2) $\Delta_{sn+1}/\Delta_{sn}\geqslant 2$，且经 24h 尚未达到稳定。

3) 25m 以上的非嵌岩桩，Q-s 曲线呈缓变型时，桩顶总沉降量大于 60～80mm。

4) 在特殊条件下，可根据具体要求加载至桩顶总沉降量大于 100mm。

5) 桩顶加载达到设计规定的最大加载量。

6) 已达锚桩最大抗拔力或压重平台的最大重力。

这里 Δ_{sn} 为第 n 级荷载的沉降增量；Δ_{sn+1} 为第 $n+1$ 级荷载的沉降增量。桩底支撑在坚硬岩（土）层上，桩的沉降量很小时，最大加载量不应小于设计荷载的两倍。

终止加载后进行卸载，每级卸载量按每级加载量的两倍控制，并按 15、30、60min 测读回弹量，然后进行下一级的卸载。全部卸载后，隔 3～4h 再测回弹量一次。

(2) 试验成果与极限承载力的确定。静载试验测试结果一般可整理成 Q-s、s-$\lg t$ 等曲线。Q-s 曲线表示桩顶荷载与沉降关系，如图 4-12 所示。s-$\lg t$ 曲线表示对应荷载下沉降随时间变化关系，如图 4-13 所示。根据 Q-s 曲线和 s-$\lg t$ 曲线可确定单桩极限承载力 Q_u。陡降型 Q-s 曲线发生明显陡降的起始点对应的荷载或 s-$\lg t$ 曲线尾部明显向下弯曲以及符合终止加载条件第二款情况的前一级荷载值即为单桩极限承载力。Q-s 曲线呈缓变型时，取桩顶总沉降量 $s=40$mm 所对应的荷载值，当桩长大于 40m 时，宜考虑桩身的弹性压缩。

按有关统计方法，各试桩其极差不超过平均值的 30%时，可取其平均值为单桩竖向极限承载力标准值。极差超过平均值的 30% 时，宜增加试桩数量并分析离差过大的原因，结合工程具体情况确定极限承载力。单桩竖向极限承载力标准值除以安全系数 2，为单桩竖向承载力特征值 R_a。

2. 静力触探法

根据静力触探资料，混凝土预制桩单桩极限承载力标准值 Q_{uk} 可按下式计算

$$Q_{uk}=Q_{sk}+Q_{pk} \tag{4-7}$$

式中 Q_{sk}、Q_{pk}——单桩总极限侧阻力标准值和总极限端阻力标准值，可按单桥探头或双桥探头静力触探资料进行计算。

根据单桥静力触探资料可得

$$Q_{uk}=u\sum q_{ski}l_i+\alpha_p p_{sk}A_p \tag{4-8}$$

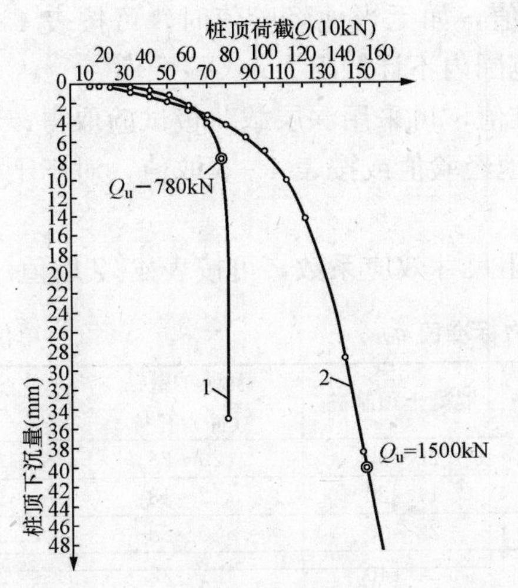

图 4-12　单桩荷载—沉降（Q-s）曲线

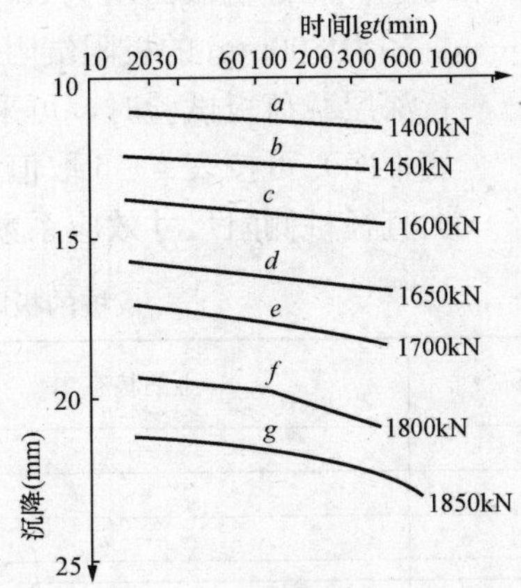

图 4-13　单桩沉降 s-$\lg t$ 曲线

式中　u——桩身周长；

$q_{\mathrm{sk}i}$——用静力触探比贯入阻力值估算的桩周第 i 层土的极限侧阻力标准值；

l_i——桩穿越第 i 层土的厚度；

α_{p}——桩端阻力修正系数，桩入土深度小于 15m 时取 0.75，大于 15m 小于 30m 取 0.75～0.9，大于 30m 小于 60m 取 0.9；

A_{p}——桩端面积；

p_{sk}——桩端附近的静力触探比贯入阻力标准值（平均值）。

根据双桥静力触探资料得

$$Q_{\mathrm{uk}} = u\sum\beta_i f_{si} l_i + a q_{\mathrm{c}} A_{\mathrm{p}} \tag{4-9}$$

式中　f_{si}——第 i 层土的探头平均侧阻力；

q_{c}——桩端平面上、下探头阻力，取桩端平面以上 $4d$（d 为桩的直径或边长）范围内按土层厚度的探头阻力加权平均值，然后再和桩端平面以下 $1d$ 范围内的探头阻力进行平均；

a——桩端阻力修正系数，对黏性土、粉土取 2/3，饱和砂土取 1/2；

β_i——第 i 层土桩侧阻力综合修正系数，按下式计算：

黏性土、粉土　$\beta_i = 10.04\ (f_{si})^{-0.55}$

砂土　$\beta_i = 5.05\ (f_{si})^{-0.45}$

3. 经验参数法

通过经验参数法确定的单桩极限承载力标准值也由总桩侧摩阻力和总桩端阻力组成，即

$$Q_{\mathrm{uk}} = Q_{\mathrm{sk}} + Q_{\mathrm{pk}} = u\sum l_i q_{\mathrm{sk}i} + A_{\mathrm{p}} q_{\mathrm{pk}} \tag{4-10}$$

式中　$q_{\mathrm{sk}i}$、q_{pk}——桩侧第 i 层土的极限侧阻力标准值和桩的极限端阻力标准值，一般按地区经验确定，当无地区经验时，按表 4-4 取值。

对于大直径桩（d>800mm），当根据土的物理指标与承载力参数之间的经验关系确定单桩竖向极限承载力标准值时，则应考虑桩侧阻、端阻的尺寸效应系数，并按下式计算，即

$$Q_{\mathrm{uk}} = Q_{\mathrm{sk}} + Q_{\mathrm{pk}} = u\sum\psi_{si} l_i q_{\mathrm{sk}i} + \psi_{\mathrm{p}} A_{\mathrm{p}} q_{\mathrm{pk}} \tag{4-11}$$

式中　q_{ski}——桩侧第 i 层土的极限侧阻力标准值，如无当地经验值时，可按表 4－4 取值，对于扩底桩变截面以上 $2d$ 长度范围内不计侧阻力；

q_{pk}——桩径为 800mm 的极限端阻力标准值，可采用深层载荷板试验取得；当不能进行深层载荷板试验时，可采用当地经验值或按表 4－5 取值，对于干作业（清底干净）可按表 4－6 取值；

ψ_{si}、ψ_{p}——大直径桩侧阻尺寸效应系数、端阻尺寸效应系数，可按表 4－7 取值。

表 4－4　　**桩的极限侧阻力标准值 q_{sk}**　　单位（kPa）

土的名称	土的状态		混凝土预制桩	泥浆护壁钻（冲）孔桩	干作业钻孔桩
填土	—		22～30	20～28	20～28
淤泥	—		14～20	12～18	12～18
淤泥质土	—		22～30	20～28	20～28
黏性土	流塑	$I_L>1$	24～40	21～38	21～38
	软塑	$0.75<I_L\leqslant 1$	40～55	38～53	38～53
	可塑	$0.50<I_L\leqslant 0.75$	55～70	53～68	53～66
	硬可塑	$0.25<I_L\leqslant 0.50$	70～86	68～84	66～82
	硬塑	$0<I_L\leqslant 0.25$	86～98	84～96	82～94
	坚硬	$I_L\leqslant 0$	98～105	96～102	94～104
红黏土	$0.7<\alpha_w\leqslant 1.0$		13～32	12～30	12～30
	$0.5<\alpha_w\leqslant 0.7$		32～74	30～70	30～70
粉土	稍密	$e>0.9$	26～46	24～42	24～42
	中密	$0.75\leqslant e\leqslant 0.9$	46～66	42～62	42～62
	密实	$e<0.75$	66～88	62～82	62～82
粉细砂	稍密	$10<N\leqslant 15$	24～48	22～46	22～46
	中密	$15<N\leqslant 30$	48～66	46～64	46～64
	密实	$N>30$	66～88	64～86	64～86
中砂	中密	$15<N\leqslant 30$	54～74	53～72	53～72
	密实	$N>30$	74～95	72～94	72～94
粗砂	中密	$15<N\leqslant 30$	74～95	74～95	76～98
	密实	$N>30$	95～116	95～116	98～120
砾砂	稍密	$5<N_{63.5}\leqslant 15$	70～100	50～90	60～100
	中密（密实）	$N_{63.5}>15$	116～138	116～130	112～130
圆砾、角砾	中密、密实	$N_{63.5}>10$	160～200	135～150	135～150
碎石、卵石	中密、密实	$N_{63.5}>10$	200～300	140～170	150～170
全风化软质岩		$30<N\leqslant 50$	100～120	80～100	80～100
全风化软质硬岩		$30<N\leqslant 50$	140～160	120～140	120～150
强风化软质岩		$N_{63.5}>10$	160～240	140～200	140～220
强风化软质岩		$N_{63.5}>10$	220～300	160～240	160～260

注　1. 对于还未完成自重固结的填土和以生活垃圾为主的杂填土，不计算其侧阻力；

2. α_w 为含水比，$\alpha_w=w/w_L$；

3. N 为标准贯入击数；$N_{63.5}$ 为重型圆锥动力触探数；

4. 全风化、强风化软质岩和全风化、强风化硬质岩是指其母岩分别为 $f_{rk}\leqslant 15$MPa、$f_{rk}>30$MPa 的岩石。

表 4-5 **桩的极限端阻力标准值 q_{pk}** 单位（kPa）

土的名称	土的状态	桩型	预制桩桩长（m）				泥浆护壁钻（冲）孔桩桩长（m）				干作业钻孔桩桩长（m）		
			$l\leqslant 9$	$9<l\leqslant 16$	$16<l\leqslant 30$	$l>30$	$5\leqslant l<10$	$10\leqslant l<15$	$15\leqslant l<30$	$l\geqslant 30$	$5\leqslant l<10$	$10\leqslant l<15$	$l>15$
黏性土	软塑	$0.75<I_L\leqslant 1$	210~850	650~1400	1200~1800	1300~1900	150~250	250~300	300~450	300~450	200~400	400~700	700~950
	可塑	$0.50<I_L\leqslant 0.75$	850~1700	1400~2200	1900~2800	2300~3600	350~450	450~600	600~750	750~800	500~700	800~1100	1000~1600
	硬可塑	$0.25<I_L\leqslant 0.50$	1500~2300	2300~3300	2700~3600	3600~4400	800~900	900~1000	1000~1200	1200~1400	850~1100	1500~1700	1700~1900
	硬塑	$0<I_L\leqslant 0.25$	2500~3800	3800~5500	5500~6000	6000~6800	1100~1200	1200~1400	1400~1600	1600~1800	1600~1800	2200~2400	2600~2800
粉土	中密	$0.75\leqslant e\leqslant 0.9$	950~1700	1400~2100	1900~2700	2500~3400	300~500	500~650	650~750	750~850	800~1200	1200~1400	1400~1600
	密实	$e<0.75$	1500~2600	2100~3000	2700~3600	3600~4400	650~900	750~950	900~1100	1100~1200	1200~1700	1400~1900	1600~2100
粉砂	稍密	$10<N\leqslant 15$	1000~1600	1500~2300	1900~2700	2100~3000	350~500	450~600	600~700	650~750	500~950	1300~1600	1500~1700
	中密、密实	$N>15$	1400~2200	2100~3000	3000~4500	3800~5500	600~750	750~900	900~1100	1100~1200	900~1000	1700~1900	1700~1900
细砂	中密、密实	$N>15$	2500~4000	3600~5000	4400~6000	5300~7000	650~850	900~1200	1200~1500	1500~1800	1200~1600	2000~2400	2400~2700
中砂			4000~6000	5500~7500	6500~8000	7500~9000	850~1050	1100~1500	1500~1900	1900~2100	1800~2400	2800~3800	3600~4400
粗砂			5700~7500	7500~8500	8500~10000	9500~11000	1500~1800	2100~2400	2400~2600	2600~2800	2900~3600	4000~4600	4600~5200
砾砂	中密、密实	$N>15$	6000~9500		9000~10500		1400~2000		2000~3200		3500~5000		
角砾、圆砾		$N_{63.5}>10$	7000~10 000		9500~11 500		1800~2200		2200~3600		4000~5500		
碎石、卵石		$N_{63.5}>10$	8000~11 000		105 00~13 000		2000~3000		3000~4000		4500~6500		
全风化软质岩		$30<N\leqslant 50$	4000~8000				1000~1600				1200~2000		
全风化硬质岩		$30<N\leqslant 50$	5000~8000				1200~2000				1400~2400		
强风化软质岩		$N_{63.5}>10$	6000~9000				1400~2200				1600~2600		
强风化硬质岩		$N_{63.5}>10$	7000~11 000				1800~2800				2000~3000		

注 1. 砂土和碎石类土中桩的极限端阻力取值，要综合考虑土的密实度，桩端进入持力层的深度比 h_b/d，土愈密实，h_b/d 愈大，取值愈高；

2. 预制桩的岩石极限端阻力指桩端支承于中、微风化基岩表面或进入强风化岩、软质岩一定深度条件下极限端阻力；

3. 全风化、强风化软质岩和全风化、强风化硬质岩指其母岩分别为 $f_{rk}\leqslant 15MPa$、$f_{rk}>30MPa$。

表 4-6 干作业挖引桩（清底干净 $D=0.8m$）极限端阻力 q_{pk} 值 单位（kPa）

土的名称		状态		
黏性土		$0.25<I_L\leqslant0.75$	$0<I_L\leqslant0.25$	$I_L\leqslant0$
		800～1800	1800～2400	2400～3000
粉土		$0.75\leqslant e\leqslant0.9$	$e<0.75$	
		1000～1500	1500～2000	
砂土、碎石类土	类别＼状态	稍密	中密	密实
	粉砂	500～700	800～1100	1200～2000
	细砂	700～1100	1200～1800	2000～2500
	中砂	1000～2000	2200～3200	3500～5000
	粗砂	1200～2200	2500～3500	4000～5500
	砾砂	1400～2400	2600～4000	5000～7000
	圆砾、角砾	1600～3000	3200～5000	6000～9000
	卵石、碎石	2000～3000	3300～5000	7000～11 000

表 4-7 大直径灌注桩侧阻、端阻尺寸效应系数 ψ_{si} 和 ψ_p

土的类型	黏性土、粉土	砂土、碎石类土
ψ_{si}	$(0.8/d)^{1/5}$	$(0.8/d)^{1/3}$
ψ_p	$(0.8/D)^{1/4}$	$(0.8/D)^{1/3}$

注 当为等直径桩时，$D=d$。

第四节 单桩水平极限承载力

作用于桩顶的水平荷载性质包括：长期作用的水平荷载，如上部结构传递的或由土、水压力施加的以及拱的推力等水平荷载；反复作用的水平荷载，如风力、波浪力、船舶撞击力以及机械制动力等水平荷载和地震作用所产生的水平力。承受水平荷载为主的桩基，可考虑采用斜桩；在一般工业与民用建筑中，当水平荷载和竖向荷载的合力与竖直线的夹角不超过5°时，应采用竖直桩。

一、水平受荷桩的分类

依据桩、土相对刚度的不同，水平荷载作用下的桩可分为：刚性桩、半刚性桩和柔性桩（图 4-14）。半刚性桩和柔性桩统称为弹性桩。当桩很短或桩周土很软弱时，桩、土的相对刚度很大，属刚性桩。刚性桩的破坏一般只发生于桩周土中，桩体本身不发生破坏。半刚性桩（中长桩）和柔性桩（长桩）的桩土相对刚度较低，在水平荷载作用下桩身发生挠曲变形，桩的下段可视为嵌固于土中而不能转动，随着水平荷载的增大，当桩周土失去稳定或桩身最大弯矩处（桩顶嵌固时可在嵌固处和桩身最大弯矩处）出现塑性屈服或桩的水平位移过大时，弹性桩便趋于破坏。

二、水平荷载作用下弹性桩的计算

对于水平受荷桩除应进行水平承载力验算，还应满足桩身受弯承载力和受剪承载力的验算。因此，需要对水平受荷桩进行内力及变形的计算。

水平荷载作用下弹性桩的分析计算方法主要有地基反力系数法、弹性理论法和有限元法等。这里只介绍国内目前常用的地基反力系数法。地基反力系数法是应用文克尔（E. Winlder，1867）地基模型，把承受水平荷载的单桩视作弹性地基（由水平向弹簧组成）中的竖直梁，通过求解梁的挠曲微分方程来计算桩身的弯矩、剪力以及桩的水平承载力。

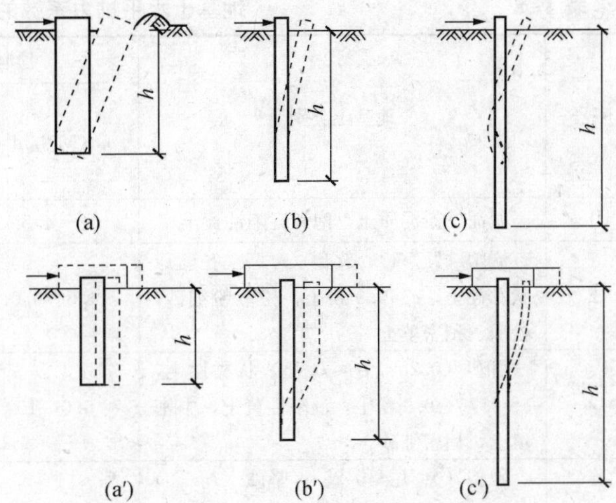

图 4 - 14　水平荷载作用下桩的破坏形状

(a)、(a′) 刚性桩；(b)、(b′) 半刚性桩；(c)、(c′) 柔性桩；(a)、(b)、(c) 桩顶自由；(a′)、(b′)、(c′) 桩顶嵌固

1. 基本假设

单桩承受水平荷载作用时，可把土体视为线性变形体，假定深度 z 处的水平抗力等于该点的水平抗力系数与该点的水平位移的乘积，即

$$\sigma_x = k_x x \tag{4-12}$$

此时忽略桩土之间的摩阻力对水平抗力的影响以及邻桩的影响。地基水平抗力系数的分布和大小，将直接影响挠曲微分方程的求解和桩身截面内力的变化。图 4 - 15 所示地基反力系数法所假定的四种较为常用的 k_x 分布图式为：

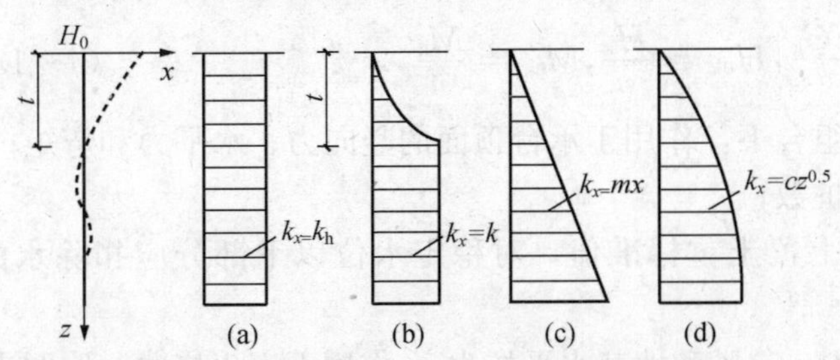

图 4 - 15　地基水平抗力系数的分布图式

(a) 常数法；(b)“k”法；(c)“m”法；(d)“c 值”法

(1) 常数法：假定地基水平抗力系数沿深度为均匀分布，即是 $k_x = k_h$。这是我国学者张有龄在 20 世纪 30 年代提出的方法，日本等国常按此法计算，我国也常用此法来分析基坑支护结构。

(2)“k”法：假定在桩身第一挠曲零点（深度 t 处）以上按抛物线变化，以下为常数。

(3)“m”法：假定 k_x 随深度成正比地增加，即是 $k_x = mz$。我国铁道部门首先采用这一方法，近年来也在建筑工程和公路桥涵的桩基设计中逐渐推广。

(4)“c 值”法：假定 k_x 随深度按 $cz^{0.5}$ 的规律分布，即是 $k_x = cz^{0.5}$（c 为比例常数，随土类不同而异）。这是我国交通部门在试验研究的基础上提出的方法。

实测资料表明，“m”法（当桩的水平位移较大时）和“c 值”法（当桩的水平位移较小时）比较接近实际。本节只简单介绍“m”法。

按“m”法计算时，地基水平抗力系数的比例常数 m，如无试验资料，可参考表 4 - 8 所列数值。

表 4-8　　地基土水平抗力系数的比例常数 m

序号	地基土类别	预制桩、钢桩		灌注桩	
		m（MN/m^4）	相应单桩在地面处水平位移（mm）	m（MN/m^4）	相应单桩在地面处水平位移（mm）
1	淤泥、淤泥质土，饱和湿陷性黄土	2～4.5	10	2.5～6	6～12
2	流塑（$I_L>1$）、软塑（$0.75<I_L\leqslant1$）状黏性土，$e>0.9$ 粉土，松散粉细砂，松散、稍密填土	4.5～6.0	10	6～14	4～8
3	可塑（$0.25<I_L\leqslant0.75$）状黏性土，$e=0.75\sim0.9$ 粉土，湿陷性黄土，中密填土，稍密细砂	6.0～10	10	14～35	3～6
4	硬塑（$0<I_L\leqslant0.25$）、坚硬（$I_L\leqslant0$）状黏性土，湿陷性黄土；$e<0.75$ 粉土，中密中粗砂，密实老填土	10～22	10	35～100	2～5
5	中密、密实的砾砂，碎石类土	—	—	100～300	1.5～3

注　1. 当桩顶水平位移大于表列数值或当灌注桩配筋率较高（≥0.65%）时，m 值应适当降低；当预制桩的水平位移小于 10mm 时，m 值可适当提高；

2. 当水平荷载为长期或经常出现的荷载时，应将表列数值乘以 0.4 降低采用；

3. 当地基为可液化土层时，表列数值尚应乘以有关系数。

2. 单桩内力计算

（1）确定桩顶荷载 N_{0k}、H_{0k}、M_{0k}。单桩的桩顶荷载可分别按下列各式确定

$$N_{0k}=\frac{F_k+G_k}{n},H_{0k}=\frac{H_k}{n},M_{0k}=\frac{M_k}{n} \tag{4-13}$$

式中　F_k、H_k、M_k——荷载效应标准组合下，作用于承台顶面的竖向力、水平力和弯矩；

n——同一承台中的桩数；

G_k——桩基承台及其上覆土重标准值，对稳定水位以下部分应扣除水的浮力。

（2）桩的挠曲微分方程。单桩在 H_{0k}、M_{0k}和地基水平抗力 σ_x 作用下产生挠曲，取图 4-15 所示的坐标系统，根据材料力学中梁的挠曲微分方程得到

$$EI\frac{d^4x}{dz^4}=-\sigma_x b_0=-k_x x b_0 \tag{4-14}$$

式中　b_0——桩的截面计算宽度，m。方形截面桩：当实际宽度 $b>1$m 时，$b_0=b+1$；当 $b\leqslant1$m 时，$b_0=1.5b+0.5$。圆形截面桩：当桩径 $d>1$m 时，$b_0=0.9(d+1)$；当 $d\leqslant1$m 时，$b_0=0.9(1.5d+0.5)$；

EI——桩身抗弯刚度。桩身的弹性模量 E，对于混凝土桩，可采用混凝土的弹性模量 E_c 的 0.85（$E=0.85E_c$）。

在上列方程中，如采用不同的 k_x 图式求解，就得到不同的计算方法。m 法假定 $k_x=mz$，代入式（4-14）得到

$$\frac{d^4x}{dz^4}+\frac{mb_0}{EI}zx=0 \tag{4-15}$$

令
$$\alpha=\sqrt[5]{\frac{mb_0}{EI}}$$

α 称为桩的水平变形系数，其单位是 m^{-1}。将上式代入式（4-15），可得

$$\frac{d^4x}{dz^4}+\alpha^5zx=0 \tag{4-16}$$

注意到梁的挠度 x 与转角 φ、弯矩 M 和剪力 V 的微分关系，利用幂级数积分后可得到微分方程式（4-16）的解答。图 4-16 表示一单桩的 x、M、V 和 σ_x 的分布图形。

$$\left.\begin{aligned}
&\text{位移} && x_z=\frac{H_{0k}}{\alpha^3EI}A_x+\frac{M_{0k}}{\alpha^2EI}B_x\\
&\text{转角} && \varphi_z=\frac{H_{0k}}{\alpha^2EI}A_\varphi+\frac{M_{0k}}{\alpha EI}B_\varphi\\
&\text{弯矩} && M_z=\frac{H_{0k}}{\alpha}A_M+M_{0k}B_M\\
&\text{剪力} && V_z=H_{0k}A_Q+\alpha M_{0k}B_Q\\
&\text{水平抗力} && \sigma_z=\frac{1}{b}(\alpha H_{0k}A_p+\alpha^2M_{0k}B_p)
\end{aligned}\right\} \tag{4-17}$$

式（4-17）中系数 A_x～B_p 等系数可查表 4-9 得出。按上式可画出单桩的水平抗力、内力、变位随深度的变化图如图 4-16 所示，由此即可进行桩的设计与验算。

表 4-9　　长桩的内力和变形计算常数

αz	A_x	A_φ	A_M	A_Q	A_p	B_x	B_φ	B_M	B_Q	B_p
0.0	2.435	−1.623	0.000	1.000	0.000	1.623	−1.750	1.000	0.000	0.000
0.1	2.273	−1.618	0.100	0.989	−0.227	1.453	−1.650	1.000	−0.007	−0.145
0.2	2.112	−1.603	0.198	0.956	−0.422	1.293	−1.550	0.999	−0.028	−0.259
0.3	1.952	−1.578	0.291	0.906	−0.586	1.143	−1.450	0.994	−0.058	−0.343
0.4	1.796	−1.545	0.379	0.840	−0.718	1.003	−1.351	0.987	−0.095	−0.401
0.5	1.644	−1.503	0.459	0.764	−0.822	0.873	−1.253	0.976	−0.137	−0.436
0.6	1.496	−1.454	0.532	0.677	−0.897	0.752	−1.156	0.960	−0.181	−0.451
0.7	1.353	−1.397	0.595	0.585	−0.947	0.642	−1.061	0.939	−0.226	−0.449
0.8	1.216	−1.335	0.649	0.489	−0.973	0.540	−0.968	0.914	−0.270	−0.432
0.9	1.086	−1.268	0.693	0.392	−0.977	0.448	−0.878	0.885	−0.312	−0.403
1.0	0.962	−1.197	0.727	0.295	−0.962	0.364	−0.792	0.852	−0.350	−0.364
1.2	0.738	−1.047	0.767	0.109	−0.885	0.223	−0.629	0.775	−0.414	−0.268
1.4	0.544	−0.893	0.772	−0.056	−0.761	0.112	−0.482	0.688	−0.456	−0.157
1.6	0.381	−0.741	0.746	−0.193	−0.609	0.029	−0.354	0.594	−0.477	0.047
1.8	0.247	−0.596	0.696	−0.298	−0.445	−0.030	−0.245	0.498	−0.476	0.054
2.0	0.142	−0.464	0.628	−0.371	−0.283	−0.070	−0.155	0.404	−0.456	0.140
3.0	−0.075	−0.040	0.225	−0.349	0.226	−0.089	0.057	0.059	−0.213	0.268
4.0	−0.050	0.052	0.000	−0.106	0.201	−0.028	0.049	−0.042	0.017	0.112
5.0	−0.009	0.025	−0.033	0.015	0.046	0.000	−0.011	−0.026	0.029	−0.002

（3）桩身最大弯矩及其位置。设计承受水平荷载的单桩时，为了计算截面配筋，设计者最关心桩身的最大弯矩值和最大弯矩截面的位置。为了简化，可根据桩顶荷载 H_0、M_0 及桩的变形系数 α 计算如下系数

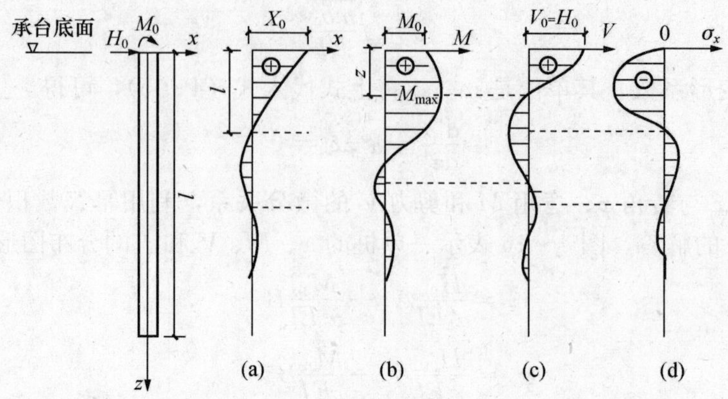

图 4-16　水平荷载作用下单桩的挠度 x、弯矩 M、剪力 V 和水平抗力 σ_x 的分布曲线示意图

(a) x 图；(b) M 图；(c) V 图；(d) σ_x 图

$$C_{\mathrm{I}} = \alpha \frac{M_0}{H_0} \tag{4-18}$$

由系数 C_{I} 从表 4-10 查得相应的换算深度 $\bar{h}$（$\bar{h}=\alpha z$），则桩身最大弯矩的深度 z_{max} 为

$$z_{max} = \frac{\bar{h}}{\alpha} \tag{4-19}$$

同时，由系数 C_{I} 或换算深度 $\bar{h}$ 从表 4-10 查得相应的系数 C_{II}，则桩身最大弯矩 M_{max} 为

$$M_{max} = C_{\mathrm{II}} M_0 \tag{4-20}$$

表 4-10 是按桩长 $L \geqslant 4.0/\alpha$ 编制的，当时 $L < 4.0/\alpha$ 时，可另查有关设计手册。桩顶刚接于承台的桩，其桩身所产生的弯矩和剪力的有效深度为 $z=4.0/\alpha$（对桩周为中等强度的土，直径为 400mm 左右的桩来说，此值为 4.5~-5m），在这个深度以下，桩身的内力 M、V 实际上可忽略不计，只需要按构造配筋或不配筋。

表 4-10　　计算桩身最大弯矩位置和最大弯矩的系数 C_{I} 和 C_{II}

$\bar{h}=\alpha z$	C_{I}	C_{II}	$\bar{h}=\alpha z$	C_{I}	C_{II}
0.0	∞	1.000 00	1.4	−0.144 79	−4.596 37
0.1	131.252 34	1.000 50	1.5	−0.298 66	−1.875 85
0.2	34.186 40	1.003 82	1.6	−0.433 85	−1.128 38
0.3	15.544 33	1.012 48	1.7	−0.554 97	−0.739 96
0.4	8.781 45	1.029 14	1.8	−0.665 46	−0.530 30
0.5	5.539 03	1.057 18	1.9	−0.767 97	−0.396 00
0.6	3.708 96	1.101 30	2.0	−0.864 74	−0.303 61
0.7	2.565 62	1.169 02	2.0	−1.048 45	−0.186 78
0.8	1.791 34	1.273 65	2.4	−1.229 54	−0.117 95
0.9	1.238 25	1.440 71	2.6	−1.420 38	−0.074 18
1.0	0.824 35	1.728 00	2.8	−1.635 25	−0.045 30
1.1	0.503 03	2.299 39	3.0	−1.892 98	−0.026 03
1.2	0.245 63	3.875 72	3.5	−2.993 86	−0.003 43
1.3	0.033 81	23.437 69	4.0	−0.044 50	0.011 34

三、水平静载荷试验确定单桩水平承载力

影响桩的水平承载力的因素较多，如桩的材料强度、截面刚度、入土深度、土质条件、桩顶水平位移允许值和桩顶嵌固情况等。确定单桩水平承载力的方法，以水平静载荷试验最能反映实际情况。此外，也可根据理论计算，从桩顶水平位移限值、材料强度或抗裂验算出发加以确定。有可能时还应参考当地经验。

桩的水平静载荷试验是在现场条件下进行的，影响桩的承载力的各种因素都将在试验过程中真实反映出来。如果预先在桩身中埋设量测元件，试验资料还能反映出加荷过程中桩身截面的应力和位移，并可由此求出桩身弯矩，据以检验理论分析结果。

1. 试验装置

进行单桩静载荷试验时，常采用一台水平放置的千斤顶同时对两根桩进行加荷(图4-17)。为了不影响桩顶的转动，在朝向千斤顶的桩侧应对中放置半球形支座。量测桩的位移的大量程百分表，应放置在桩的另一侧（外侧)，并应成对对称布置。有可能时宜在上方500mm处再对称布置一对百分表，以便从上、下百分表的位移差求出地面以上的桩轴转角。固定百分表的基准桩宜打设在试验桩的侧面，与试验桩的净距不应少于一倍桩径。

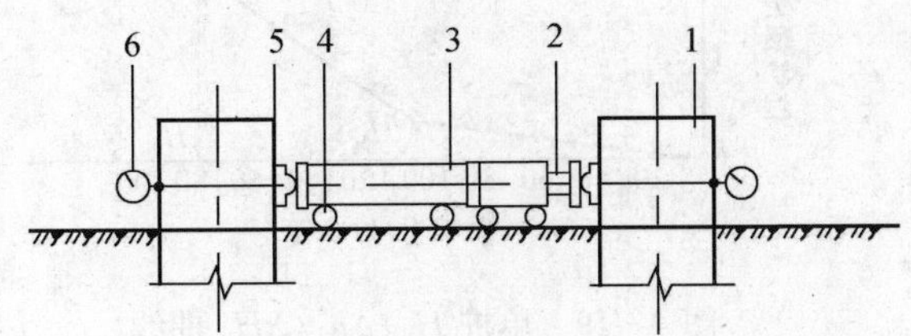

图4-17 单桩水平静载荷试验装置

1—桩；2—千斤顶及测力计；3—传力杆；4—滚轴；5—球支座；6—量测桩顶水平位移的百分表

2. 加荷方法

加荷方法宜根据工程桩实际受力特性选用单向多循环加载法或慢速维持荷载法，也可按设计要求采用其他加载方法。需要测量桩身应力或应变的试桩宜采用维持荷载法。单向多循环加载法的分级荷载应小于预估水平极限承载力或最大试验荷载的1/10 。每级荷载施加后，恒载4min后可测读水平位移，然后卸载至零，停2min测读残余水平位移，至此完成一个加卸载循环。如此循环5次，完成一级荷载的位移观测。试验不得中间停顿。

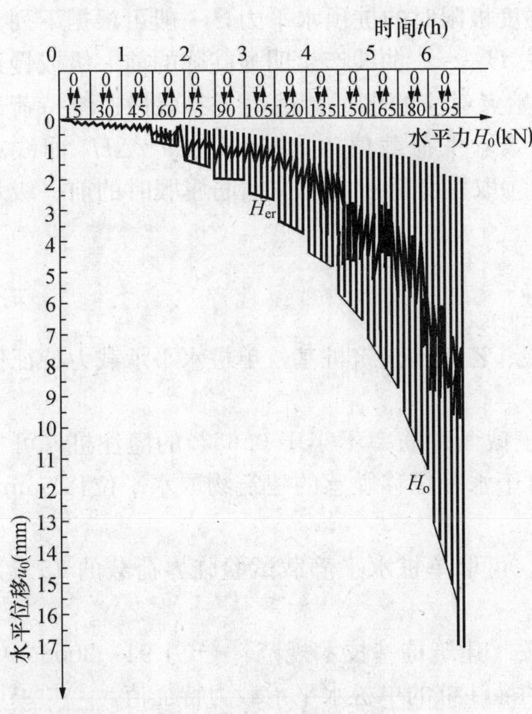

图4-18 单桩水平静载荷试验 H_0-t-u_0 曲线

3. 终止加荷的条件

当出现下列情况之一时，即可终止试验：①桩身已断裂；②桩侧地表出现明显裂缝或隆起；③桩顶水平位移超过30～40mm（软土取40mm)；④水平位移达到设计要求的水平位移允许值。

4．资料整理

由试验记录可绘制桩顶水平荷载—时间—桩顶水平位移（H_0-t-u_0）曲线（图

4-18）及水平荷载—位移梯度（H_0-$\Delta u_0/\Delta H_0$）曲线（图 4-19）。当具有桩身应力量测资料时，尚可绘制桩身应力分布图以及水平荷载与最大弯矩截面钢筋应力（H_0-σ_g）曲线，如图 4-20 所示。

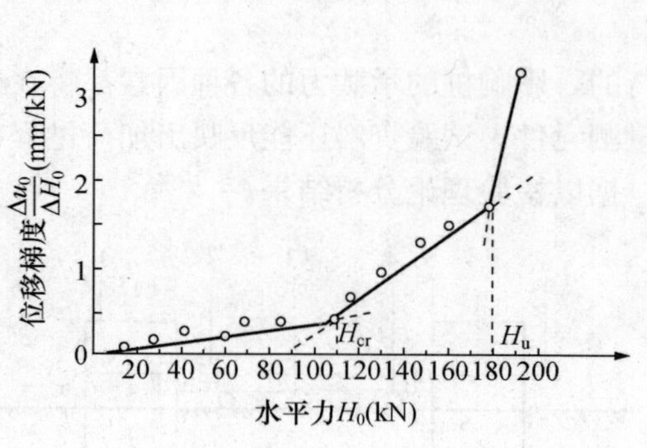

图 4-19 单桩 H_0-$\Delta u_0/\Delta H_0$ 曲线

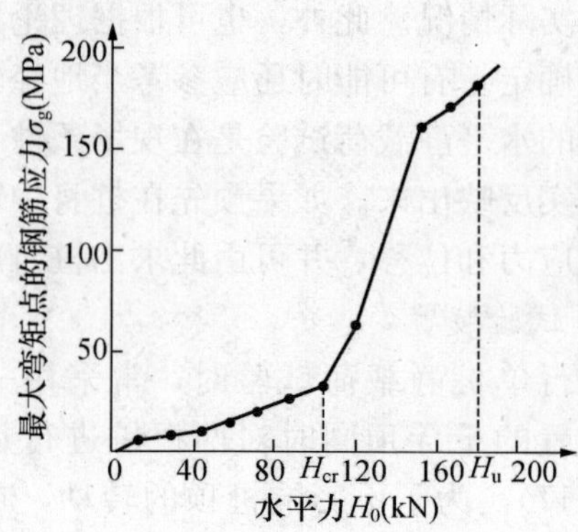

图 4-20 单桩 H_0-σ_g 曲线

5. 水平临界荷载与极限荷载

根据试验成果分析，在 H_0-$\Delta u_0/\Delta H_0$ 和 H_0-σ_g 曲线上通常有两个特征点，所对应的桩顶水平荷载称为临界荷载 H_{cr}和极限荷载 H_u。水平临界荷载 H_{cr}是相当于桩身开裂、受拉区混凝土不参加工作时的桩顶水平力，其数值可按下列方法综合确定：①H_0-t-u_0 曲线出现突变点（相同荷载增量的条件下出现比前一级明显增大的位移量）的前一级荷载；②H_0-$\Delta u_0/\Delta H_0$ 曲线的第一直线段或 $\lg H_0$-$\lg x_0$ 曲线拐点所对应的荷载；③H_0-σ_g 曲线第一突变点对应的荷载。

水平极限荷载 H_u 是相当于桩身应力达到强度极限时的桩顶水平力，一般可根据下列方法，并取其中的较小值。①取单向多循环加载法 H_0-t-u_0 曲线产生明显陡降的前一级或慢速维持荷载法时的 H_0-u_0 曲线发生明显陡降的起始点对应的水平荷载值；②取慢速维持荷载法时的 H_0-$\lg t$ 曲线尾部出现明显弯曲的前一级水平荷载值；③取 H_0-$\Delta u_0/\Delta H_0$ 曲线或 $\lg H_0$-$\lg u_0$ 曲线上第二拐点对应的水平荷载值；④取桩身折断或受拉钢筋屈服时的前一级水平荷载值。

四、桩基水平承载力的确定

单桩的水平承载力特征值应按以下方法确定：

(1) 对于受水平荷载较大的设计等级为甲级、乙级的建筑桩基，单桩水平承载力特征值应通过单桩水平静载试验确定。

(2) 对于钢筋混凝土预制桩、钢桩、桩身正截面配筋率不小于 0.65％的灌注桩，可根据静载试验结果取地面处水平位移为 10mm（对于水平位移敏感的建筑物取水平位移 6mm）所对应的荷载的 75％为单桩水平承载力特征值。

(3) 对于桩身配筋率小于 0.65％的灌注桩，可取单桩水平静载试验临界荷载的 75％为单桩水平承载力特征值。

(4) 当缺少单桩水平静载试验资料时，可按《建筑桩基技术规范》（JGJ 94—2008）中公式（5.7.2-1）估算桩身配筋率小于 0.65％的灌注桩的单桩水平承载力特征值。

(5) 当桩的水平承载力由水平位移控制，且缺少单桩水平静载试验资料时，可按《建筑桩基技术规范》(JGJ 94—2008) 的公式 (5.7.2-2) 估算预制桩、钢桩、桩身配筋率不小于0.65%的灌注桩单桩水平承载力特征值。

(6) 验算永久荷载控制的桩基水平承载力时，应将上述 (2) ～ (5) 款方法确定的单桩水平承载力特征值乘以调整系数0.80；验算地震作用桩基的水平承载力时，宜将按上述 (2) ～ (5) 款方法确定的单桩水平承载力特征值乘以调整系数1.25。

第五节 复合基桩承载力验算

一、群桩效应

所谓群桩效应，是指群桩基础受竖向荷载作用后，由于承台、桩、地基土的相互作用，使其桩端阻力、桩侧阻力、沉降等性状发生变化而与单桩明显不同，承载力往往不等于各单桩之和。群桩效应受土性、桩距、桩数、桩的长径比、桩长与承台宽度比、成桩类型和排列方式等多个因素的影响而变化。

1. 端承型群桩基础

对于端承型群桩基础，由于持力层坚硬，压缩性很低，桩顶沉降较小，桩侧摩阻力不易发挥，桩顶荷载基本上通过桩身直接传到桩瑞处土层上（图4-21)。桩端处压力较集中，各桩端的压力彼此互不影响，可近似认为端承型群桩基础中各基桩的工作性状与单桩基本一致，群桩基础的承载力即为单桩承载力之和。因此，端承型群桩基础无群桩效应。

2. 摩擦型群桩基础

对于摩擦型群桩基础，群桩主要通过每根桩侧的摩擦阻力将上部荷载传递到桩周及桩端土层中，且一般假定桩侧摩阻力在土中引起的附加应力按某一角度，沿桩长向下扩散分布，至桩端平面处，压力分布如图4-22中阴影部分所示。当桩数少，桩中心距 S_e 较大时($S_e>6d$)，桩端平面处各桩传来的压力不重叠或重叠不多［图4-22 (a)］，此时群桩中各桩的工作情况与单桩一致，故群桩的承载力等于各单桩承载力之和，也无群桩效应可言。但当桩数较多，桩距较小时，桩端处地基中各桩传来的压力将相互重叠［图4-22 (b)］，桩端处压力比单桩时大得多，桩端以下压缩土层的影响深度也比单桩要大。此时群桩中各桩的工作状态与单桩不同，其承载力小于各单桩承载力之和，沉降量则大于单桩的沉降量。显然，若限制群桩的沉降量与单桩沉降量相同，则群桩中每一根桩的平均承载力就比单桩时要低。

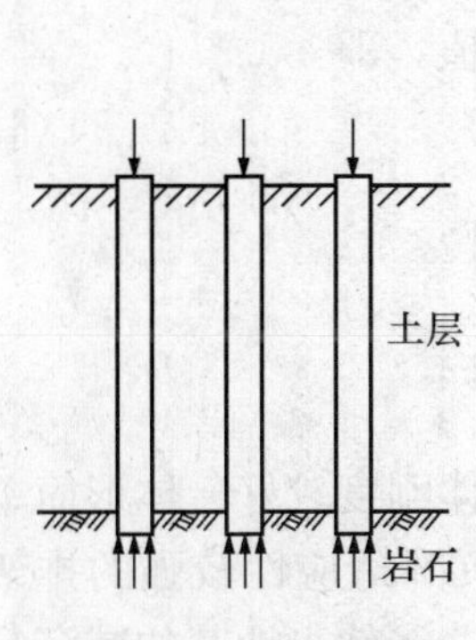

图4-21 端承群桩

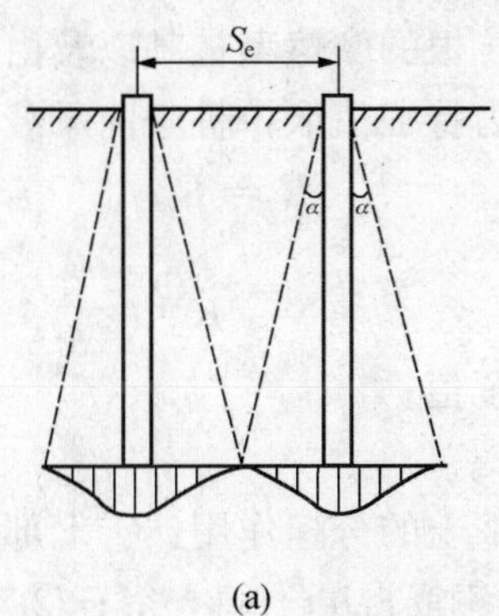

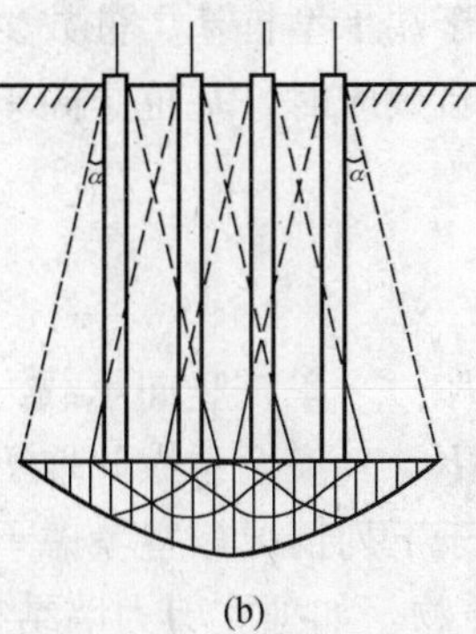

图4-22 摩擦群桩桩端平面上的压力分布

3. 承台下土对荷载的分担作用

对于摩擦型桩基，在竖向荷载作用下而发生沉降，承台底一般会受到土反力的作用，而使一部分荷载为承台下土来承担。而传统的方法认为，荷载全部由桩承担，承台底地基土不分担荷载。这种考虑无疑是偏于安全的。近二十多年来的大量室内研究和现场实测表明：对于摩擦型桩基，除了承台底面存在几类特殊性质土层和动力作用的情况外，承台下的桩间土均参与承担部分外荷载，且承载的比例随桩距的增大而增大。

显然承台下桩间土的承载能力决定于桩和桩间土的刚度，而先决条件是承台底面必须与土保持接触而不能脱开。根据实际工程观测，在下列一些条件下，将出现地基土与承台脱空的现象：①承受经常出现的动力作用，如铁路桥梁的桩基。②承台下存在可能产生负摩阻力的土层，如湿陷性黄土、欠固结上、新填土、高灵敏度软土以及可液化土；或由于降水地基土固结而与承台脱开。③在饱和软土中沉入密集桩群，引起超静孔隙水压力和土体隆起，随着时间推移，桩间土逐渐固结下沉而与承台脱离。显然在上述这些情况下，不能考虑承台下土对荷载的分担效应。而对于那些建在一般土层上，桩长较短而桩距较大，或承台外区（桩群外包络线以外范围）面积较大的桩基，承台下桩间土对荷载的分担效应则较显著。

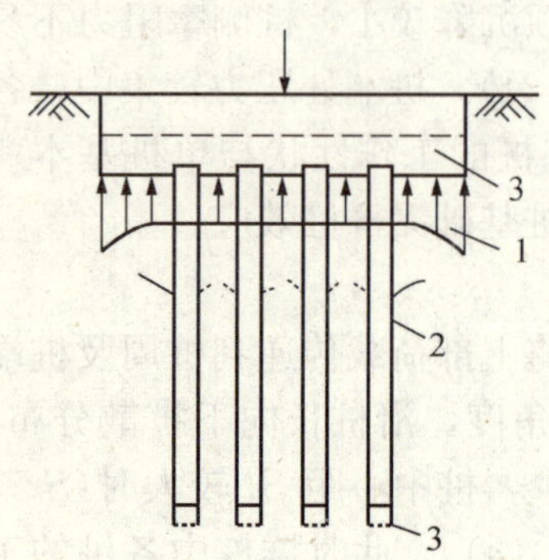

图 4-23 承台底反力图示
1—承台底土反力；2—土层位移；3—桩端位移

承台底土反力的分布形式，随桩距、桩长、承台刚度等因素而变化，总规律是：承台内区（桩群外包络线以内范围）土反力显著小于外区（图 4-23），且内区土反力比外区土反力较均匀；同时，当桩距增大时内外区土反力差明显降低。此外，当承台底分担的荷载总值增加时，土反力的塑性重分布不显著，且土反力分布图式基本不变。利用承台底土反力分布的上述特征，可以通过加大外区与内区的面积比来提高承台分担荷载的份额。

就实际工程而言，桩所穿越的土层往往是两种以上性质不同的土层，且水平向变化不均，分别考虑由于群桩效应引起桩侧和桩端阻力的变化过于烦琐，新的《建筑桩基技术规范》（JGJ 94—2008）将桩侧和桩端的群桩效应不予考虑，而只考虑承台底土的分担的承台效应。

二、复合基桩竖向承载力特征值

对于端承型桩基、桩数少于 4 根的摩擦型桩基以及由于地层土性、使用条件等因素不宜考虑承台效应时，基桩竖向承载力特征值取单桩竖向承载力特征值，即

$$R = R_a \tag{4-21}$$

$$R_a = \frac{1}{K}Q_{uk}$$

式中 R_a——单桩竖向承载力特征值；

K——安全系数，取 $K=2$。

对于下列情况，宜考虑承台下土的分担作用：①上部结构整体刚度较好、体形简单的建（构）筑物，如独立剪力墙结构、钢筋混凝土筒仓等；②对差异沉降适应性较强的排架结构和柔性构筑物；③按变刚度调平原则设计的桩基刚度相对弱化区；④软土地基的减沉复合疏桩基础。

引入承台效应系数，复合基桩竖向承载力特征值

$$R=R_a+\eta_c f_{ak}A_c \tag{4-22}$$

式中　η_c——承台效应系数，可按表4-11取值；

f_{ak}——承台下1/2承台宽度且不超过5m深度范围内地基承载力特征值的加权平均值；

A_c——计算基桩所对应的承台底的净面积；$A_c=(A-nA_p)/n$；A_p为桩截面面积；对于柱下独立桩基，A为全承台面积；对于桩筏基础，A为柱、墙筏板的1/2跨距和悬臂边2.5倍筏板厚度所围成的面积；桩集中布置于单片墙下的桩筏基础，取墙两边1/2跨距围成的面积，按条形承台计算η_c。

表4-11　承台效应系数η_c

B_c/l \ s_a/d	3	4	5	6	>6
≤0.4	0.06～0.08	0.14～0.17	0.22～0.26	0.32～0.38	0.50～0.80
0.4～0.8	0.08～0.10	0.17～0.20	0.26～0.30	0.38～0.44	
>0.8	0.10～0.12	0.20～0.22	0.30～0.34	0.44～0.50	
单排桩条形承台	0.15～0.18	0.25～0.30	0.38～0.45	0.50～0.60	

注　1. 表中s_a/d为桩中心距与桩径之比；B_c/l为承台宽度与桩长之比。当桩为非正方形排列时，$s_a=\sqrt{A/n}$，A为计算区域承台面积，n为总桩数。

2. 对于饱和黏性土中的挤土桩基、软土桩基上的桩基承台，宜取低值的0.8倍。

当承台底面以下存在可液化土、湿陷性黄土、高灵敏度软土、欠固结土、新填土，或可能出现震陷、降水、沉桩过程产生高孔隙水压和土体隆起时，承台与其下的地基土可能脱开，因此不考虑承台效应，$\eta_c=0$。

三、桩基的受力验算

在初步确定桩数和布桩之后，应验算群桩中各桩所受到荷载是否超过基桩承载力特征值。桩顶荷载计算时假设承台为绝对刚性，桩身压缩变形在线弹性范围内。因此，可按材料力学方法计算。

1. 中心荷载下

单桩受力
$$N_k=\frac{F_k+G_k}{n} \tag{4-23}$$

设计要求
$$N_k\leqslant R \tag{4-24}$$

2. 偏心荷载下

各桩受力

$$N_{ik}=\frac{F_k+G_k}{n}\pm\frac{M_{kx}y_i}{\sum y_i^2}\pm\frac{M_{ky}x_i}{\sum x_i^2} \tag{4-25}$$

设计要求
$$\begin{cases}N_{kmax}\leqslant 1.2R\\ N_k\leqslant R\end{cases} \tag{4-26}$$

式中　N_{kmax}、N_k——荷载效应标准组合下，作用于基桩或复合基桩顶的竖向力；

F_k——荷载效应标准组合下，作用于承台顶面的竖向力；

M_{kx}、M_{ky}——荷载效应标准组合下，作用于承台底面通过桩群形心的x、y轴的力矩，正方向按右手螺旋法则确定；

G_k——桩基承台及其上覆土重标准值，对稳定水位以下部分应扣除水的浮力；

x_i、y_i——第 i 基桩或复合基桩至 y 轴、x 轴的距离；

n——桩数；

R——基桩竖向承载力特征值。

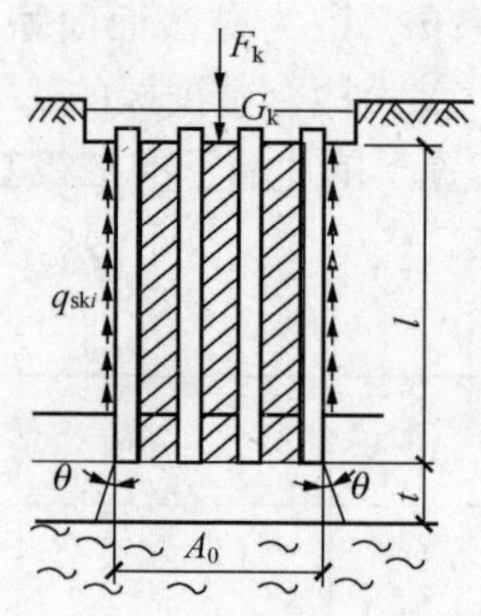

图 4-24 群桩基础软弱下卧层承载力验算

四、软弱下卧层验算

当桩端持力层厚度有限，且桩端平面以下软弱土层承载力与桩端持力层承载力相差过大，如果桩长较小，桩距较小，桩基类似实体墩基础，可能引起桩端持力层发生冲切破坏，如图 4-24 所示。

为防止上述情况的发生，应验算软弱下卧层的承载力，要求桩端平面下冲剪锥体底面应力设计值不超过下卧层的承载力特征值。

对于桩距 $s_a \leqslant 6d$ 且桩长 $l < 15\text{m}$（扣除可液化、自重湿陷性土层厚度）的群桩基础，持力层下存在承载力低于桩端持力层 1/3 的软弱下卧层时，应按下式验算软弱下卧层的承载力

$$\sigma_z + \sigma_{cz} \leqslant f_{az} \tag{4-27}$$

$$\sigma_z = \frac{(F_k + G_k) - \dfrac{3}{2}(A_0 + B_0)\sum q_{ski} l_i}{(A_0 + 2t \cdot \tan\theta)(B_0 + 2t \cdot \tan\theta)} \tag{4-28}$$

式中 F_k、G_k——建筑物作用于承台顶面的竖向力设计值和承台及承台上土自重设计值；

σ_{cz}——软弱下卧层顶面深度处土的有效自重应力；

σ_z——作用于软弱下卧层顶面的附加应力；

f_{az}——软弱下卧层经深度修正的地基承载力特征值，深度修正系数取 1.0；

q_{ski}——桩侧第 i 层土极限侧阻力标准值；

A_0、B_0——桩群外缘矩形面积的长、短边长；

t——坚硬持力层厚度；

θ——桩端硬持力层压力扩散角，按表 4-12 取值。

表 4-12 桩端硬持力层压力扩散角 θ 值

E_{s1}/E_{s2}	t/B_0	
	0.25	≥0.5
1	4°	12°
3	6°	23°
5	10°	25°
10	20°	30°

注 1. E_{s1}、E_{s2} 为硬持力层、软弱下卧层的压缩模量；

2. 当 $t < 0.25B_0$ 时，取 $\theta = 0°$，必要时试验确定。t 介于 0.25 B_0 和 0.5 B_0 之间，可内插取值。

实际工程中持力层以下存在相对软弱土层是常见现象，只有当桩长较小、强度相差过大时才有必要验算。因桩长很大时，桩侧阻力的扩散效应显著，传递到软弱层的应力较小，不致引起下卧层破坏。而下卧层地基承载力与桩端持力层差异过小，土体的塑性挤出和失稳一般也不会出现。

【例 4-1】 某柱下独立建筑桩基，采用 400mm×400mm 预制桩，桩长 16m。建筑桩基设计等级为乙级，传至地表的竖向荷载标准值为 $F_k = 4400\text{kN}$，$M_{ky} = 800\text{kN} \cdot \text{m}$，其余计算条件如图 4-25 所示。试验算基桩的承载力是否满足要求。

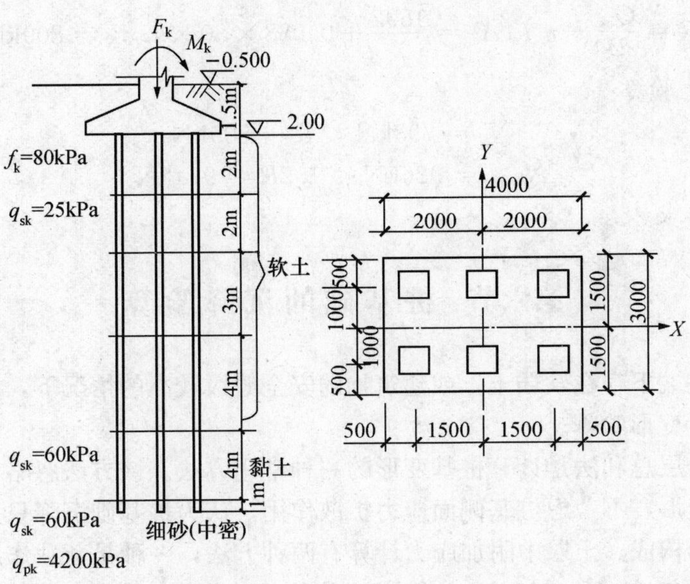

图 4-25　[例 4-1] 图

解　基础为偏心荷载作用的桩基础，承台面积为 $A=3\times4=12\text{m}^2$，承台底面距地面的埋置深度为 $\bar{d}=1.5\text{m}$。

1. 基桩顶荷载标准值计算

$$N_k=\frac{F_k+G_k}{n}=\frac{F_k+\gamma_G A\bar{d}}{n}=\frac{4400+20\times12\times1.5}{6}=793\text{kN}$$

$$\begin{matrix}N_{kmax}\\N_{kmin}\end{matrix}=\frac{F_k+G_k}{n}\pm\frac{M_k x_{max}}{\sum x_i^2}=793\pm\frac{800\times1.5}{4\times1.5^2}=793\pm133=\begin{matrix}926\\660\end{matrix}\text{kN}$$

2. 复合基桩竖向承载力特征值计算

按规范推荐的经验参数法计算单桩极限承载力标准值。

桩周长 $u=0.4\times4=1.6\text{m}$；桩截面面积 $A_p=0.4^2=0.16\text{m}^2$。软土层、黏土层和细砂层桩极限侧阻力标准值分别为 $q_{sk}=25\text{kPa}$，60kPa，60kPa。细砂层中桩端极限端阻力 $q_{pk}=4200\text{kPa}$。

单桩极限承载力标准值为

$$\begin{aligned}Q_{uk}&=Q_{sk}+Q_{pk}=u\sum l_i q_{ski}+A_p q_{pk}\\&=1.6\times(25\times11.0+60\times4.0+60\times1.0)+0.16\times4200\\&=1592\text{kN}\end{aligned}$$

复合基桩承载力特征值计算时考虑承台效应。

$$R=R_a+\eta_c f_{ak}A_c=\frac{Q_{uk}}{2}+\eta_c f_{ak}A_c$$

承台效应系数 η_c 查表 4-11，$s_a=\sqrt{\frac{A}{n}}=\sqrt{\frac{12}{6}}=1.41\text{m}$，$B_c/l=3.0/16=0.19$，$s_a/d=1.41/0.4=3.53$。查表 4-11 得 η_c 取 0.11，对于软土地基上的桩基还应乘以 0.8，即 η_c 取 $0.11\times0.8=0.088$。

$$A_c=\frac{A-nA_p}{n}=\frac{12-6\times0.16}{6}=1.84\text{m}^2$$

$$R=\frac{Q_{uk}}{2}+\eta_c f_{ak}A_c=\frac{1592}{2}+0.088\times80\times1.84=809\text{kN}$$

3. 桩基承载力验算

$$N_k=793\text{kN}<R=809\text{kN}$$

$$N_{kmax}=926\text{kN}<1.2R=974\text{kN}$$

承载力满足要求。

第六节 桩基础的沉降验算

当桩基础的桩端下存在软弱土，或建筑物的安全等级较高的情况下，桩基除满足承载力要求外，尚应进行变形验算。

等代墩基的分层总和法是计算桩基变形的一种常用方法。该方法忽略桩、桩间土和承台构成的实体墩基变形，不考虑桩基侧面应力扩散作用，认为桩基础沉降只是由桩端平面以下各土层的压缩变形构成。土层中附加应力计算有两种方法，一种是荷载作用于弹性半空间表面情况下的布辛奈斯克（Boussinesq）解，一种是荷载作用于半无限体内任一点的明德林（Mindlin）解。工程实践证明，明德林解计算桩基沉降较布辛奈斯克解更符合实际。但由于计算方法的复杂性，明德林解一直未能得到推广应用。等代墩基法由于计算简单易为工程技术人员接受，如将明德林解与布辛奈斯克解之间建立关系，引入等效沉降系数以反映两者之间的关系，既保留了等代墩基法的优点，使计算简便，易于接受，又考虑明德林解的合理性。因此，桩基规范推荐了等效作用分层总和法作为计算桩基沉降的方法。

等效作用分层总和法的计算模式如图 4 - 26 所示。等效作用面位于桩端平面，面积为桩承台的投影面积，桩端平面的附加压力近似取承台底附加压力，桩端平面以下地基附加应力按布辛奈斯克解计算。

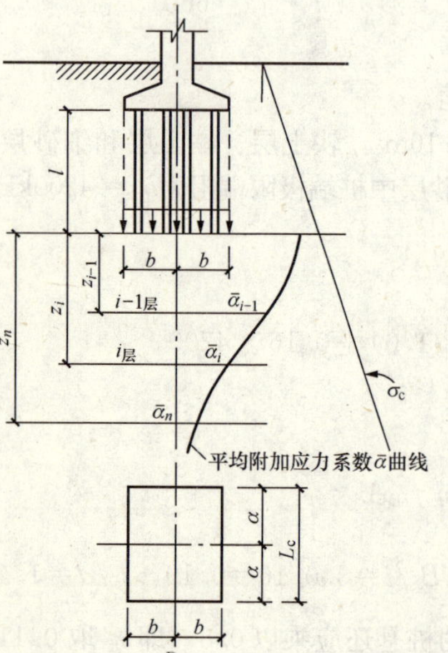

图 4 - 26 桩基础沉降计算示意图

桩基任一点的最终沉降量表达式为

$$s=\psi\psi_e\sum_{j=1}^{m}p_{0j}\sum_{i=1}^{n}\frac{z_{ij}\bar{\alpha}_{ij}-z_{(i-1)j}\bar{\alpha}_{(i-1)j}}{E_{si}} \tag{4-29}$$

式中 ψ——桩基沉降计算经验系数，当无当地经验时可按表 4 - 13 规定选取；

ψ_e——桩基等效沉降系数。定义为群桩基础按明德林解计算沉降量 s_M 与布氏解计算沉降 s_B 之比，$\psi_e=s_M/s_B$，即可按式（4 - 30）简化计算；

m——角点法计算对应的矩形荷载分块数；

n——桩基沉降计算深度范围内划分的土层数，计算深度 z_n 按 $\sigma_z=0.2\sigma_{cz}$ 确定；

p_{0j}——第 j 块矩形底面在荷载效应准永久组合下的附加压力；

E_{si}——桩端平面以下第 i 层土的压缩模量；

z_{ij}、$z_{(i-1)j}$——桩端平面第 j 块荷载作用面至第 i 层土、第 $i-1$ 层土底面的距离；

$\bar{\alpha}_{ij}$、$\bar{\alpha}_{(i-1)j}$——桩端平面第 j 块荷载计算点至第 i 层土、第 $i-1$ 层土底面深度范围内的平均附加应力系数，可按《建筑地基基础设计规范》(GB 50007—2011) 附录十采用。

表 4-13　　桩基沉降计算经验系数

$\bar{E}_s$ (MPa)	≤10	15	20	35	≥50
ψ	1.2	0.9	0.65	0.50	0.40

注　$\bar{E}_s$ 为沉降计算深度范围内压缩模量的当量值，可按下式计算：$\bar{E}_s=\dfrac{\sum A_i}{\sum \dfrac{A_i}{E_{si}}}$，式中 A_i 为第 i 层土附加压力系数沿土层厚度的积分值，可近似按分块面积计算。

桩基等效沉降系数，可按下列公式计算

$$\psi_e = C_0 + \frac{n_b - 1}{C_1(n_b - 1) + C_2} \tag{4-30}$$

式中　C_0、C_1、C_2——按群桩的距径比 s_a/d、长径 l/d 和承台长宽比 L_c/B_c 由本书后附表查出，当布桩不规则时，可取等效距径比如下

圆形基础

$$s_a/d = \sqrt{A}/(\sqrt{n}d) \tag{4-31a}$$

方形基础

$$s_a/d = 0.886\sqrt{A}/(\sqrt{n}b) \tag{4-31b}$$

式中　L_c、B_c、n——矩形承台的长、宽及总桩数；

A——承台总面积；

b——方形桩截面边长；

n_b——矩形布桩时短边布桩数，当布桩不规则时按 $n_b=\sqrt{nB_c/L_c}$ 近似计算，当 n_b 的计算值小于 1 时，取 $n_b=1$。

桩端平面下压缩层厚度 z_n 可按应力比法确定。即取 $\sigma_z=0.2\sigma_c$（σ_c 为土的自重应力）所对应深度 z_n 作为压缩层厚度，其中附加应力系数 α 可按《建筑地基基础设计规范》(GB 50007—2011) 附录十采用。

当桩基为矩形布置时，桩基础中点沉降可按下列简化公式计算

$$S = 4\psi\psi_e p_0 \sum_{i=1}^{n} \frac{z_i\bar{\alpha}_i - z_{i-1}\bar{\alpha}_{i-1}}{E_{si}} \tag{4-32}$$

计算表明，明氏解的沉降量比布氏解的沉降量有大幅度的减小，实践经验表明，前者较符合实际情况。

桩基的变形容许值如无当地经验可按表 4-14 采用。

表 4-14　　建筑物桩基的变形容许值

变形特征	容许值
砌体承重结构基础的局部倾斜	0.002
各类建筑相邻柱（墙）基的沉降差	
(1) 框架、框架—剪力墙、框架—核心筒结构	$0.002l_0$
(2) 砌体墙填充的边排柱	$0.0007l_0$
(3) 当基础不均匀沉降时不产生附加应力的结构	$0.005l_0$

续表

变形特征		容许值
单层排架结构（柱距为 6m）柱基的沉降量（mm）		120
桥式吊车轨面的倾斜（按不调整轨道考虑）		
纵向		0.004
横向		0.003
多层和高层建筑基础的倾斜	$H_g \leqslant 24$	0.004
	$24 < H_g \leqslant 60$	0.003
	$60 < H_g \leqslant 100$	0.0025
	$H_g > 100$	0.002
体形简单的剪力墙结构高层建筑桩基最大沉降量（mm）		200
高耸结构桩基的整体倾斜	$H_g \leqslant 20$	0.008
	$20 < H_g \leqslant 50$	0.006
	$50 < H_g \leqslant 100$	0.005
	$100 < H_g \leqslant 150$	0.004
	$150 < H_g \leqslant 200$	0.003
	$200 < H_g \leqslant 250$	0.002
高耸结构基础的沉降量（mm）	$H_g \leqslant 100$	350
	$100 < H_g \leqslant 200$	250
	$200 < H_g \leqslant 250$	150

注 l_0 为相邻柱（墙）两测点间的距离，mm；H_g 为自室外地面算起的建筑物的高度，m。

第七节 桩基础的设计步骤

一、桩基设计基本参数确定及计算步骤

1. 资料分析

在进行桩基设计之前，应进行深入的调查研究，充分掌握相关的原始资料，包括：建筑物上部结构的类型、安全等级、变形要求、抗震设防烈度、使用要求以及上部结构的荷载等；工程地质勘探报告和现场勘察资料；当地建筑材料的供应及施工条件，包括沉桩机具、施工方法、施工经验等；施工场地及周围环境，包括交通、进出场条件、有无对振动敏感的建筑物、有无噪声限制等。

2. 桩的类型与成桩工艺选择

桩型与成桩工艺选择应根据建筑结构类型、荷载性质、桩的使用功能、穿越土层的性质、桩端持力层土类、地下水位、施工设备、施工环境、施工经验、制桩材料供应条件等，选择经济合理、安全适用的桩型和成桩工艺。

3. 桩截面的选择

桩的截面一般情况下可根据上部结构荷载大小、楼层数、现场施工条件及经济指标等初步确定桩径或桩的边长，然后验算其截面的抗压强度（按钢筋混凝土轴心受压构件验算）。

4. 桩基持力层的选择

一般应选择压缩性低而承载力高的较硬土层作为桩基持力层。当地基中存在多层可供选

择的桩基持力层时，应根据桩基承载力、桩位布置和桩基沉降的要求并结合有关经济指标综合评价确定。

桩端全断面进入持力层的深度，对于黏性、粉土不宜小于 $2d$，砂土不宜小于 $1.5d$，碎石土不宜小于 $1.0d$。当存在软弱下卧层时，桩基以下硬持力层厚度不宜小于 $3d$。当持力层较厚且施工条件许可时，桩端全断面进入持力层的深度宜达到桩端阻力的临界深度。砂与碎石类土的临界深度为（3～10）d，随其密度提高而增大；粉土、黏土的临界深度为（2～6）d，随土的孔隙比和液性指数的减小而增大。

5. 桩数的初步确定与桩的平面布置

桩数 n 可根据荷载情况按下面的公式初步确定

轴心荷载
$$n \geqslant \frac{F_k + G_k}{R} \tag{4-33a}$$

偏心荷载
$$n \geqslant (1.1 \sim 1.2)\frac{F_k + G_k}{R} \tag{4-33b}$$

桩的平面布置应根据上部结构形式与受力要求，结合承台平面尺寸情况布置成矩形或梅花形等形式（图 4-27）并满足有关最小中心距的要求，见表 4-15。

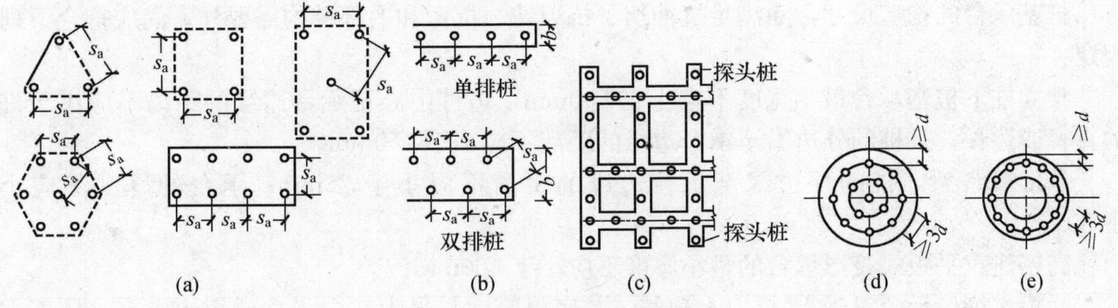

图 4-27　桩的平面布置形式

（a）独立柱下桩基；（b）、（c）墙下布桩；（d）圆形承台桩基；（e）环形承台

表 4-15　**基桩的最小中心距**

土类与成桩工艺		排数不少于 3 排且桩数不少于 9 根的摩擦型桩基	其他情况
非挤土灌注桩		$3.0d$	$3.0d$
部分挤土桩	非饱和土、饱和非黏性土	$3.5d$	$3.0d$
	饱和黏性土	$4.0d$	$3.5d$
挤土桩	非饱和土、饱和非黏性土	$4.0d$	$3.5d$
	饱和黏性土	$4.5d$	$4.0d$
钻、挖孔扩底桩		$2D$ 或 $D+2.0$m（当 $D>2.0$m）	$1.5D$ 或 $D+1.5$m（当 $D>2.0$m）
沉管夯扩、钻孔挤扩桩	非饱和土、饱和非黏性土	$2.2D$ 且 $4.0d$	$2.0D$ 且 $3.5d$
	饱和黏性土	$2.5D$ 且 $4.5d$	$2.2D$ 且 $4.0d$

注　d 为圆桩直径或方桩边长；D 为扩大端设计直径。

布桩时应注意以下几点：

1）尽可能使群桩的截面形心与长期作用的荷载合力作用点重合，以使各桩受力均匀。

2）尽可能将桩布置在靠近承台的外围部分，以增加桩基的惯性矩。

3）保持桩距确定时应使布桩紧凑，减小承台的面积。

4）对于桩箱基础，宜将桩布置于墙下；对于梁筏式承台的桩基础，宜将桩布置于梁下；对于大直径桩宜采用一柱一桩。

6. 桩基计算

包括桩顶荷载验算、软弱下卧层验算、沉降验算等步骤。

7. 承台设计计算

包括承台厚度和配筋计算。

二、承台设计

承台设计是桩基设计的重要组成部分。承台应有足够的强度和刚度，以便把上部结构的荷载可靠地传给各桩，并将各桩连成整体。承台厚度应满足抗冲切、抗剪切承载力验算要求，承台钢筋的设置应满足抗弯承载力验算要求。

1. 承台的构造要求

桩基承台的构造尺寸，除满足抗冲切、抗剪切、抗弯和上部结构需要外，尚应符合下列规定：

独立柱下桩基承台最小宽度不应小于500mm，边桩中心至承台边缘的距离不应小于桩的直径或边长，且桩的外边缘至承台边缘的距离不应小于150mm。

条形承台梁，桩的外边缘至承台边缘的距离不应小于75mm；承台的厚度不应小于300mm。

高层建筑平板式筏形承台的最小厚度不应小于400mm。

梁板式筏形承台对于12层以上建筑，其底板厚度与最大双向板格的短边净跨之比不应小于1/14，且不应小于400mm；梁高不应小于平均柱距的1/6。

承台的配筋，对于矩形承台其钢筋应按双向均匀通长布置，钢筋直径不宜小于12mm，间距不宜大于200mm，对于三桩承台，钢筋应按三向板带均匀布置，且最里面的三根钢筋围成的三角形应在柱截面范围内。承台梁的主筋直径不宜小于12mm，架立筋不宜小于10mm，箍筋直径不宜小于6mm。

承台混凝土材料及强度等级应符合结构混凝土耐久性的要求，纵向钢筋的混凝土保护层厚度不应小于70mm，当有混凝土垫层时，不应小于50mm。

桩顶嵌入承台的长度对于大直径桩，不宜小于100mm；对于中等直径桩不宜小于50mm；混凝土桩的桩顶主筋应伸入承台内，其锚固长度不宜小于35倍主筋直径，对于抗拔桩基桩顶纵向主筋锚固长度按现行《混凝土结构设计规范》（GB 50010—2010）。

2. 抗冲切验算

（1）柱对承台的冲切验算：冲切破坏锥体采用自柱（墙）边和承台变阶处至相应桩顶边缘连线所构成的截锥体，且锥体斜面与承台底面夹角不小于45°，如图4-28所示。对于柱下矩形独立承台受冲切承载力可按下式计算

$$F_l \leqslant 2[\beta_{0x}(b_c + a_{0y}) + \beta_{0y}(h_c + a_{0x})]\beta_{hp} f_t h_0 \tag{4-34}$$

$$F_l = F - \sum N_i \tag{4-35}$$

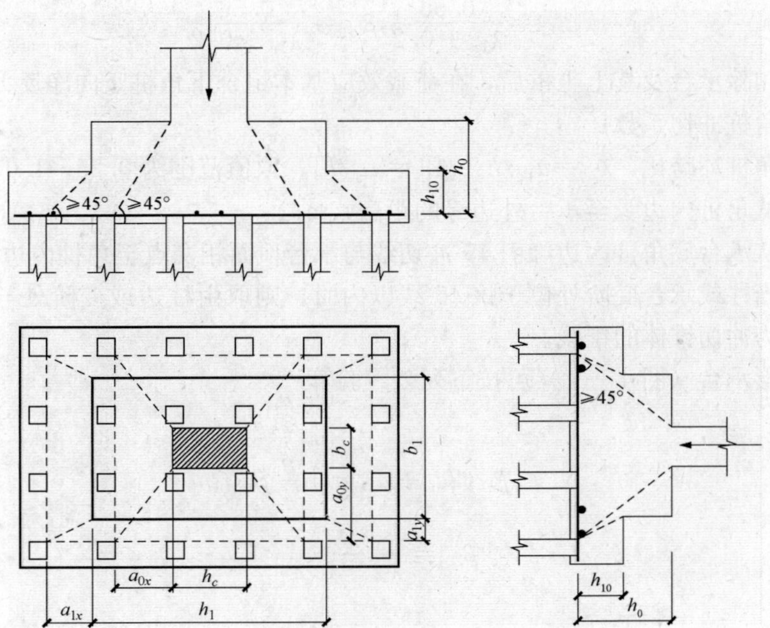

图 4-28　柱下独立桩基柱对承台的冲切计算

$$\beta_{0x}=\frac{0.84}{\lambda_{0x}+0.2},\beta_{0y}=\frac{0.84}{\lambda_{0y}+0.2} \tag{4-36}$$

式中　F_l——扣除承台及其上土重后，在荷载效应基本组合下作用于冲切破坏锥体上的冲切力设计值；

f_t——承台混凝土抗拉强度设计值；

h_0——承台的有效高度；

β_{0x}、β_{0y}——冲切系数；

λ_{0x}、λ_{0y}——冲跨比，$\lambda_{0x}=a_{0x}/h_0$、$\lambda_{0y}=a_{0y}/h_0$，即柱边或承台变阶处到桩边的水平距离与有效高度的比，取值范围为 0.25～1.0，当 a_{0x} （a_{0y}）$<0.25h_0$ 时，取 a_{0x} （a_{0y}）$=0.25h_0$，当 a_{0x} （a_{0y}）$>h_0$ 时，取 a_{0x} （a_{0y}）$=h_0$；

F——扣除承台及其上土重后，在荷载效应基本组合下作用于柱（墙）底的竖向荷载设计值；

$\sum N_i$——扣除承台及其上土重后，在荷载效应基本组合下冲切锥破坏锥体内基桩或复合基桩的净反力设计值之和；

β_{hp}——承台受冲切承载力截面高度影响系数，当 $h\leqslant 800$mm 时，β_{hp} 取 1.0；$h>2000$mm 时 β_{hp} 取 0.9，其间按线形内插法取值。

冲切验算时，对于圆桩及圆柱，计算时应将截面换算成方柱及方桩，即近似取换算柱或桩截面边长 $b=0.8d$。

当有变阶时，将变阶处截面尺寸看作为扩大了的柱截面尺寸，计算方法相同。

(2) 角桩的冲切验算。对于矩形承台角桩的冲切验算示意图见图 4-29，验算公式如下

$$N_l\leqslant\left[\beta_{1x}\left(c_y+\frac{a_{1y}}{2}\right)+\beta_{1y}\left(c_x+\frac{a_{1x}}{2}\right)\right]\beta_{hp}f_th_0 \tag{4-37}$$

$$\beta_{1x}=\frac{0.56}{\lambda_{1x}+0.2},\beta_{1y}=\frac{0.56}{\lambda_{1y}+0.2} \tag{4-38}$$

式中　N_l——扣除承台及其上土重后，在荷载效应基本组合下角桩竖向净反力设计值；

β_{1x}、β_{1y}——角桩冲切系数；

λ_{1x}、λ_{1y}——角桩冲跨比，$\lambda_{1x}=a_{1x}/h_0$、$\lambda_{1y}=a_{1y}/h_0$，取值范围为0.25～1.0；

c_x、c_y——从角桩内边缘至承台外边缘的距离，m；

a_{1x}、a_{1y}——从承台底角桩内边缘引45°冲切线与承台顶面相交点至角桩内边缘的水平距离；当柱或承台变阶处位于该45°线以内时，则取由柱边或变阶处与桩内边缘连线为冲切锥体的锥线。

三桩三角形承台（图4-30）可按下列公式验算

底部角桩

$$N_l\leqslant\beta_{11}(2c_1+a_{11})\tan\frac{\theta_1}{2}\beta_{hp}f_t h_0 \tag{4-39}$$

$$\beta_{11}=\frac{0.56}{\lambda_{11}+0.2} \tag{4-40}$$

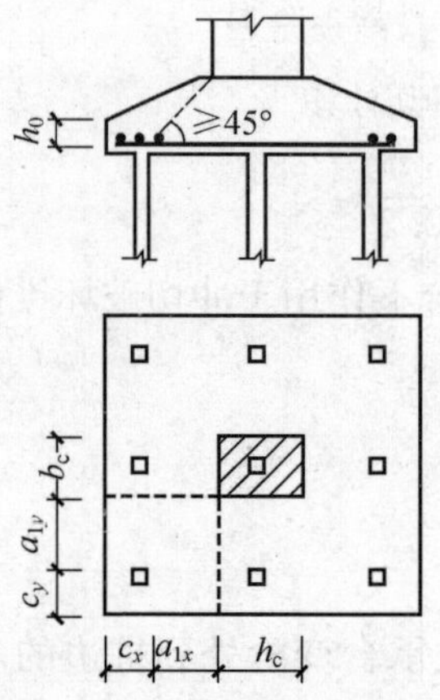

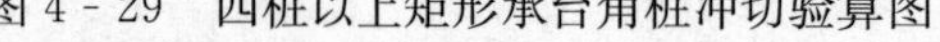

图4-29　四桩以上矩形承台角桩冲切验算图

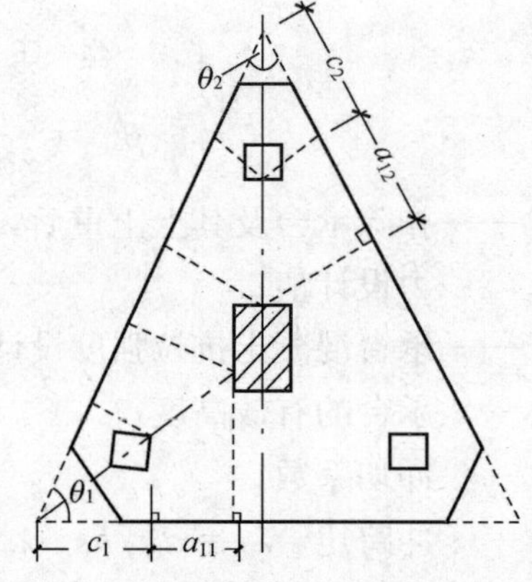

图4-30　三桩三角形承台角桩冲切验算

顶部角桩

$$N_l\leqslant\beta_{12}(2c_2+a_{12})\tan\frac{\theta_2}{2}\beta_{hp}f_t h_0 \tag{4-41}$$

$$\beta_{12}=\frac{0.56}{\lambda_{12}+0.2} \tag{4-42}$$

式中　λ_{11}、λ_{12}——角桩冲跨比，$\lambda_{11}=\frac{a_{11}}{h_0}$、$\lambda_{12}=\frac{a_{12}}{h_0}$，其值应满足0.25～1.0的要求；

a_{11}、a_{12}——从承台底角桩顶内边缘引45°冲切线与承台顶面相交点至角桩内边缘的水平距离；当柱位于该45°线以内时，则取柱边与桩内边缘连线为冲切锥体的锥线。

3. 斜截面抗剪验算

抗剪承载力的验算截面为通过柱边（墙边）和桩边连线形成的斜截面（图4-31），验算公式为

$$V \leqslant \beta_{hs} \alpha f_t b_0 h_0 \tag{4-43a}$$

$$\alpha = \frac{1.75}{\lambda + 1} \tag{4-43b}$$

式中　V——扣除承台及其上土重后，在荷载效应基本组合下斜截面的最大剪力设计值；

β_{hs}——承台受剪切承载力截面高度影响系数，$\beta_{hs} = (800/h_0)^{1/4}$，当 $h \leqslant 800$mm 时，取 $h = 800$mm，$h > 2000$mm 时，取 $h = 2000$mm；

b_0——承台计算截面处的计算宽度；

α——承台剪切系数；

λ——计算截面剪跨比，$\lambda_x = a_x/h_0$，$\lambda_y = a_y/h_0$，a_x，a_y 为柱边（墙边）或承台变阶处至 y，x 方向计算一排桩边的水平距离，当 $\lambda < 0.25$ 时，取 $\lambda = 0.25$；当 $\lambda > 3.0$ 时取 $\lambda = 3.0$。

当柱边（墙边）外有多排桩形成多个剪切斜截面时，对每一个斜截面都应进行受剪承载力计算。

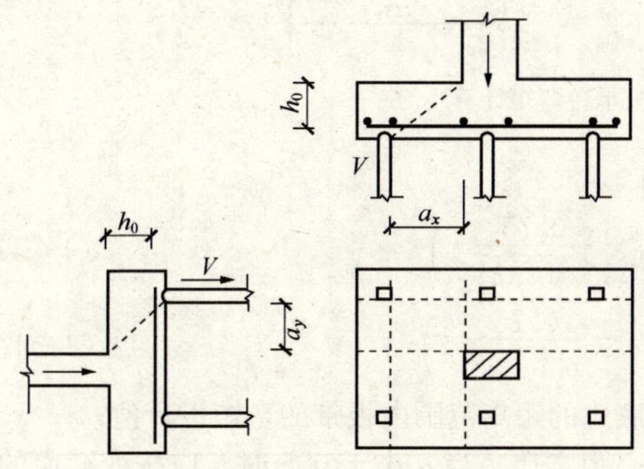

图 4-31　承台斜截面受剪计算

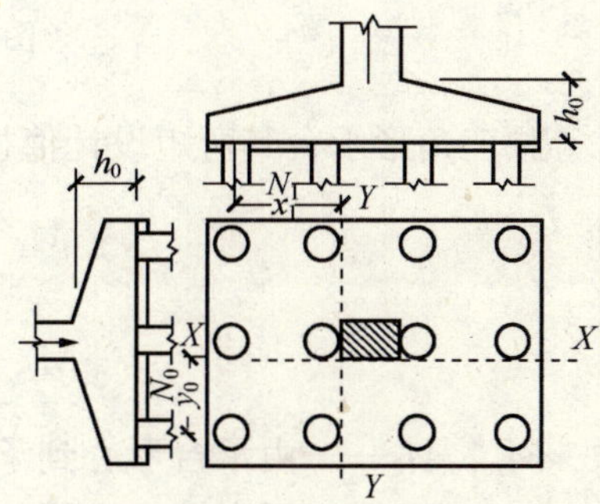

图 4-32　矩形承台弯矩计算

4. 受弯计算

（1）矩形承台。多桩矩形承台的计算截面取在桩边和承台高度变化处，垂直于 y 轴和垂直于 x 轴方向计算截面（图 4-32）的弯矩设计值分别为

$$M_x = \sum N_i y_i \tag{4-44a}$$

$$M_y = \sum N_i x_i \tag{4-44b}$$

式中　N_i——扣除承台和承台上土自重后，荷载效应基本组合下第 i 桩竖向净反力设计值；

x_i、y_i——分别为第 i 桩轴线至相应计算截面的距离。

钢筋截面面积为

$$A_s \approx \frac{M}{0.9 f_y h_0} \tag{4-45}$$

式中　M——计算截面处的弯矩设计值；

f_y——钢筋抗拉强度设计值；

h_0——承台有效高度。

（2）三角形承台。等边三角形承台（图 4-33）其弯矩设计值按下式计算

$$M = \frac{N_{max}}{3}\left(s_a - \frac{\sqrt{3}}{4}c\right) \tag{4-46}$$

式中　M——由承台形心至承台边缘距离范围内板带的弯矩设计值；

N_{max}——扣除承台及其承台上土自重后，荷载效应基本组合下三桩中最大竖向净反力设计值；

s_a——桩的中心距；

c——方柱边长，圆柱时 $c=0.866d$（d 为圆柱直径）。

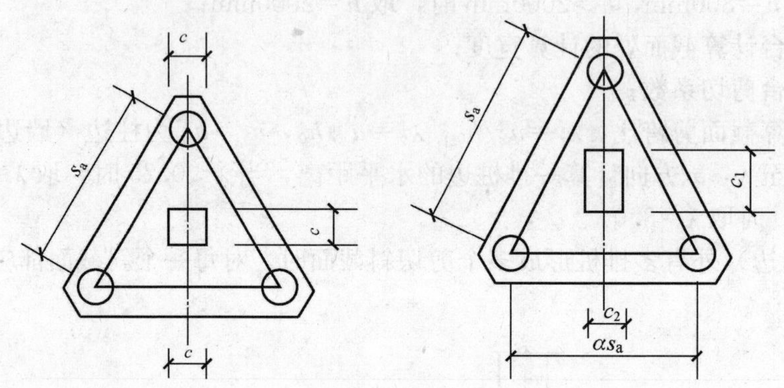

图 4-33　三桩承台弯矩计算

等腰三角形承台其弯矩设计值按下式计算

$$M_1=\frac{N_{max}}{3}\left(s_a-\frac{0.75}{\sqrt{4-\alpha^2}}c_1\right) \tag{4-47a}$$

$$M_2=\frac{N_{max}}{3}\left(\alpha s_a-\frac{0.75}{\sqrt{4-\alpha^2}}c_2\right) \tag{4-47b}$$

式中　M_1、M_2——由承台形心到承台两腰和底边的距离范围内板带的弯矩设计值；

α——短向桩中心距与长向桩中心距之比，当 α 小于 0.5 时，应按变截面的两桩承台设计；

s_a——长向桩中心距；

c_1、c_2——分别为垂直于、平行于承台底边的柱截面边长。

5. 承台的局部受压验算

当承台混凝土强度等级低于柱的强度等级时，应验算承台的局部受压承载力，验算方法可按《混凝土结构设计规范》（GB 50010—2010）的规定进行。

【例 4-2】　某框架结构办公楼，采用柱下独立桩基础，泥浆护壁钻孔灌注桩，直径为 600mm，桩长 20m，单桩现场载荷试验测得其极限承载力为 $Q_{uk}=2600$kN。建筑桩基设计等级为乙级。承台底面标高位−1.8m，室内地面标高±0.000，传至地表±0.000 处的竖向荷载标准值为 $F_k=5400$kN，$M_{ky}=400$kN·m，竖向荷载基本组合值为 $F=7000$kN，$M_y=500$kN·m。承台底土的地基承载力特征值 $f_{ak}=120$kPa。承台混凝土强度等级为 C25（$f_t=1.27$N/mm²），钢筋强度等级选用 HRB335 级钢筋（$f_t=300$N/mm²），承台下做 100mm 厚度的 C10 素混凝土垫层。试进行桩基础设计。

解　1. 桩数的确定和布置

初步确定时，取单桩承载力特征值为

$$R_a=\frac{Q_{uk}}{2}=\frac{2600}{2}=1300\text{kN}$$

考虑偏心作用，桩数 $n \geqslant 1.2\dfrac{F_k}{R_a}=1.2\times\dfrac{5400}{1300}=5.0$，取桩数为 5 根，采用正方形布桩，考虑最小桩间距 $3d=1.8$m 的要求，采用如图 4－34 所示布桩形式，满足最小桩间距要求。

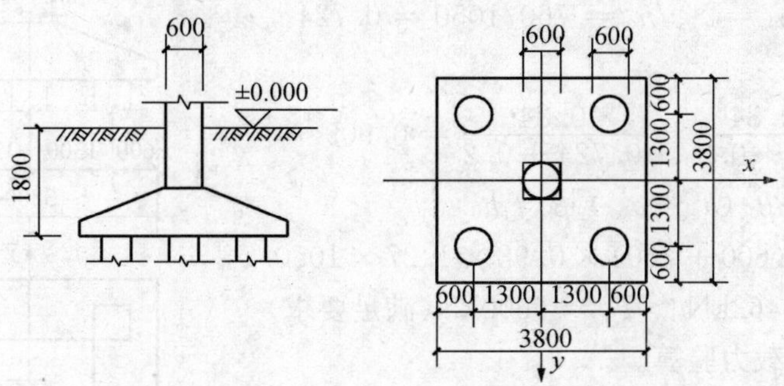

图 4－34　［例 4－2］图 1

2. 复合基桩承载力验算

承台底面面积为 $A=3.8\times3.8=14.44\text{m}^2$

基桩桩顶荷载标准值

$$N_k=\frac{F_k+G_k}{n}=\frac{F_k+\gamma_G A\bar{d}}{n}=\frac{5400+20\times14.44\times1.8}{5}=1184\text{kN}$$

$$\begin{matrix}N_{kmax}\\N_{kmin}\end{matrix}=\frac{F_k+G_k}{n}\pm\frac{M_{ky}x_{max}}{\sum x_i^2}=1184\pm\frac{400\times1.3}{4\times1.3^2}=1184\pm59=\begin{matrix}1243\\1125\end{matrix}\text{kN}$$

复合基桩承载力特征值计算时考虑承台效应。

$$R=R_a+\eta_c f_{ak}A_c=\frac{Q_{uk}}{2}+\eta_c f_{ak}A_c$$

承台效应系数 η_c 查表 4－11，$s_a=\sqrt{\dfrac{A}{n}}=\sqrt{\dfrac{14.44}{5}}=1.7$m，$B_c/l=3.8/20=0.19$，$s_a/d=1.7/0.6=2.8$。查表 4－11 得 η_c 取 0.06。

$$A_c=\frac{A-nA_p}{n}=\frac{14.44-5\times\pi\times0.6^2/4}{5}=2.61\text{m}^2$$

$$R=R_a+\eta_c f_{ak}A_c=1300+0.06\times120\times2.61=1319\text{kN}$$

桩基承载力验算

$$N_k=1184\text{kN}<R=1319\text{kN}$$

$$N_{kmax}=1243\text{kN}<1.2R=1583\text{kN}$$

承载力满足要求。

3. 承台计算

（1）冲切承载力验算。

初步设承台高度为 $h=1100$mm。承台下设置垫层时，混凝土保护层厚度取 50mm，承台有效高度为 $h_0=1100-50=1050$mm。

1）柱冲切承载力验算。

对于 $800<h_0<2000$ 的情况 β_{hp} 在 1.0～0.9 之间插值取值，$\beta_{hp}=0.98$。冲切验算时将圆桩换算成方桩，边长 $b_c=0.8d=480$mm。冲切验算示意图如图 4－35 所示。

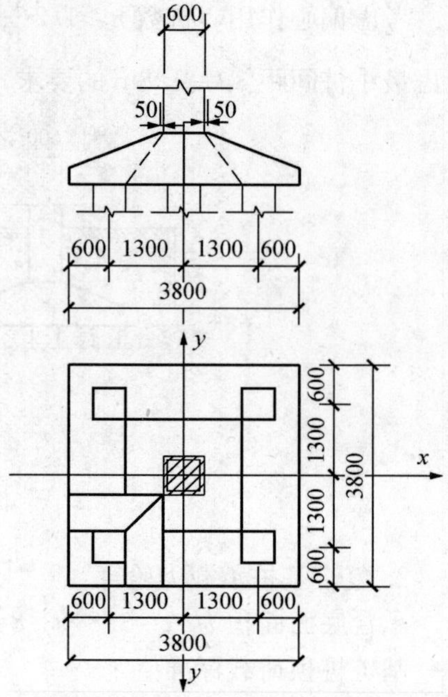

图 4-35 ［例 4-2］图 2 冲切验算示意图

$$F_l = F - \sum N_i = 7000 - \frac{7000}{5} = 5600\text{kN}$$

$$a_{0x} = a_{0y} = 1300 - 300 - 240 = 760\text{m}$$

$$\lambda_{0x} = \lambda_{0y} = a_{0x}/h_0 = a_{0y}/h_0 = 760/1050 = 0.724$$

则

$$\beta_{0x} = \beta_{0y} = \frac{0.84}{\lambda_{0x} + 0.2} = \frac{0.84}{0.724 + 0.2} = 0.909$$

$$2[\beta_{0x}(b_c + a_{0y}) + \beta_{0y}(h_c + a_{0x})]\beta_{hp} f_t h_0$$

$$= 2 \times 0.909 \times 2 \times (600 + 760) \times 0.98 \times 1.27 \times 1050$$

$$= 6462 \times 10^3\text{N} = 6462\text{kN} > F_l = 5600\text{kN}(满足要求)$$

2）角桩冲切承载力验算。

桩顶净反力如下

$$N_{\substack{max \\ min}} = \frac{F}{n} \pm \frac{M_y x_{max}}{\sum x_i^2} = \frac{7000}{5} \pm \frac{500 \times 1.3}{4 \times 1.3^2}$$

$$= 1400 \pm 96 = \begin{matrix} 1496\text{kN} \\ 1304\text{kN} \end{matrix}$$

$$a_{1x} = a_{1y} = 1300 - 240 - 300 = 760\text{mm}$$

$$c_x = c_y = 600 + 240 = 840\text{mm}$$

$$\lambda_{1x} = \lambda_{1y} = a_{1x}/h_0 = a_{1y}/h_0 = 760/1050 = 0.724$$

$$\beta_{1x} = \beta_{1y} = \frac{0.56}{\lambda_{1x} + 0.2} = \frac{0.56}{0.724 + 0.2} = 0.606$$

$$\left[\beta_{1x}\left(c_y + \frac{a_{1y}}{2}\right) + \beta_{1y}\left(c_x + \frac{a_{1x}}{2}\right)\right]\beta_{hp} f_t h_0$$

$$= 2 \times 0.606 \times (840 + 760/2) \times 0.98 \times 1.27 \times 1050$$

$$= 1932.3 \times 10^3\text{N}$$

$$= 1932.3\text{kN} > N_{max} = 1514\text{kN}(满足要求)$$

（2）斜截面受剪承载力验算。

作用于斜截面上的剪力为

$$V = 2N_{max} = 2 \times 1496 = 2992\text{kN}$$

$$\beta_{hs} = (800/h_0)^{1/4} = (800/1050)^{1/4} = 0.934, \lambda = a_x/h_0 = 760/1050 = 0.724$$

$$\alpha = \frac{1.75}{\lambda + 1} = \frac{1.75}{0.724 + 1} = 1.015$$

$$\beta_{hs} \alpha f_t b_0 h_0$$

$$= 0.934 \times 1.015 \times 1.27 \times 3.8 \times 1050$$

$$= 4804\text{kN} > V = 2992\text{kN}(满足要求)$$

（3）抗弯验算（配筋计算）。

各桩对垂直于 y 轴和 x 轴方向截面的弯矩设计值分别为

$$M_y = \sum N_i x_i = 2 \times 1496 \times (1.3 - 0.3) = 2992\text{kN} \cdot \text{m}$$

$$M_x = \sum N_i y_i = (1496 + 1304) \times (1.3 - 0.3) = 2800\text{kN} \cdot \text{m}$$

选取 HRB335（20MnSi）型钢筋，$f_y = 300\text{N/mm}^2$。沿 x 方向布设的钢筋截面面积为

$$\frac{M_y}{0.9h_0f_y}=\frac{2992\times10^6}{0.9\times1050\times300}=10\ 554\text{mm}^2$$

基础配筋间距一般在 100～200mm 之间，则实际配筋取 28⌀22（A_s=10 643mm²）。

沿 y 方向布设的钢筋截面面积为

$$\frac{M_x}{0.9(h_0-d_g)f_y}=\frac{2800\times10^6}{0.9\times(1050-22)\times300}=10\ 088\text{mm}^2$$

实际配筋取 27⌀22（A_s=10 262.7mm²）。

第八节　软土地基减沉复合疏桩基础计算

一、减沉复合疏桩基础的概念

疏桩基础作为复合桩基，又称为减少沉降量桩基。在地基天然地基承载力基本满足要求的情况下，为减小沉降采用疏布置摩擦型桩的复合桩基，此类桩基础即为减沉复合疏桩基础。

在较软的地基上建造多层建筑物时，如采用天然地基浅基础方案，对地基的强度要求往往能得到基本满足或相差不大，但地基变形验算却常因沉降过大而无法满足要求。若采用外荷载全部由桩承担的常规桩基设计方法，桩间土的承载力不能发挥，这样的设计显然是不合理的。为此采用桩距较大的桩基础，充分利用桩间土的承载力，来减少和控制建筑物的沉降，并使建筑物基础满足整体承载力的要求。

采用疏桩基础的桩一般是摩擦桩，在承台产生一定沉降的情况下，桩可发挥并能继续保持其全部极限承载力，又能有效地减少沉降量，同时承台下的土体能承担部分荷载，以便能够利用桩间土的承载力。按照这种设计概念，与常规方法即桩承担全部外载设计的桩基相比，根据不同的允许沉降量要求，用桩数量和桩的长度有可能大幅度缩减。

疏桩基础工作性状基于桩—土—承台的共同作用。在外荷载作用下，桩土分担荷载的规律比较复杂，它是随着时间和荷载水平而变化的。由室内外试验和有限元计算结果初步得出了一些结论，大体上反映了疏桩基础的工作机理。

(1) 当桩距达到 5～6 倍桩径以上时，单桩的非线性工作性状在群桩的非线性工作性状中占主导地位，以单桩的工作性状来反映单桩在群桩中的性状是可行的，可以认为承台下桩—土基本能充分发挥各自独立状态下的承载能力。因此对平均桩距在 5～6 倍桩径以上的复合疏桩基础，其总的极限承载力近似等于各单桩极限承载力之和与承台下天然地基土极限承载力的总和。

(2) 对于疏桩基础，桩间土的压缩量占总沉降的 70%～80%以上，表现为桩端的贯入沉降。桩间土在承载过程中明显滞后于桩基，只有当建筑物的沉降量超过单桩极限承载力的下沉量时，桩承台才逐渐承担荷载，发挥承载能力。

二、减沉复合疏桩基础承台面积和桩数确定

减沉复合疏桩基础设计应遵循两个原则：一是桩和桩间土在受荷过程中始终确保两者共同承担荷载，因此单桩的承载力宜控制在较小的范围，桩的横截面尺寸一般宜选择 200～400mm，桩应穿越上部软土层，桩端支承于相对较硬土层；二是桩距 s_a 要大于 5～6 倍的桩距，以确保桩间土的荷载分担比足够大，即承台效应系数 η_c>0.6。

减沉复合疏桩基础承台形式可采用两种，一种是筏式承台，多用于地基承载力小于荷载

要求和建筑物对差异沉降控制较严或带地下室的情况；另一种是条形承台，但承台面积系数（与首层面积之比）较大，多用于无地下室的多层住宅。

在确定承台形式后按下式计算承台净面积 A_c

$$A_c=\zeta\frac{F_k+G_k}{f_{ak}} \tag{4-48}$$

按下式计算桩数

$$n\geqslant\frac{F_k+G_k-\eta_c f_{ak}A_c}{R_a} \tag{4-49}$$

式中 ζ——承台面积系数，$\zeta=0.6\sim1.0$。

从而可导出复合疏桩基础的承载力验算式为

$$F_k+G_k\leqslant nR_a+\eta_c f_{ak}A_c \tag{4-50}$$

减沉复合疏桩基础除满足承载力要求外，尚应进行地基的沉降验算。

三、减沉复合疏桩基础沉降计算

对于复合疏桩基础而言，与常规桩基相比其沉降性状有两个特点：一是桩的沉降发生塑性刺入的可能性大，在受荷变形过程中桩、土分担荷载比随土体固结而使其在一定范围变动，随固结变形逐渐完成而趋于稳定。二是桩间土体的压缩固结受承台压力作用为主，受桩、土相互作用的影响居次。由于承台底平面桩、土沉降是相等的，桩基的沉降既可以通过计算桩的沉降，也可以通过计算桩间土的沉降实现。桩的沉降包含桩端平面以下土的压缩和刺入（忽略桩的弹性压缩），同时应考虑承台土反力对桩沉降的影响。桩间土的沉降包含承台底土的压缩和桩对土的影响。为了回避桩端塑性刺入这一难以计算的问题，采取计算桩间土的沉降的方法。

承台底平面中点最终沉降计算式为

$$s=\psi(s_s+s_{sp}) \tag{4-51}$$

$$s_s=4p_0\sum_{i=1}^{n}\frac{z_i\overline{\alpha_i}-z_{i-1}\overline{\alpha}_{i-1}}{E_{si}} \tag{4-52}$$

$$s_{sp}=280\frac{\overline{q}_{su}}{\overline{E}_s}\frac{d}{(s_a/d)^2} \tag{4-53}$$

$$p_0=\eta_p\frac{F-nR_a}{A_c} \tag{4-54}$$

式中 s——桩基中心点的沉降量；

s_s——由承台底地基土附加压力作用下产生的中点沉降；

s_{sp}——由桩土相互作用产生的沉降；

p_0——按荷载效应准永久组合计算的假想天然地基平均附加压力；

E_{si}——承台底以下第 i 层土的压缩模量，应取自重压力至自重压力与附加压力段的模量值；

n——地基沉降计算深度范围的土层数，沉降计算深度按 $\sigma_z=0.1\sigma_c$ 确定；

$\overline{q}_{su}$、$\overline{E}_s$——桩身范围内按厚度加权的平均桩侧极限摩阻力、平均压缩模量；

d——桩身直径，当为方桩时 $d=1.27b$（b 为方形桩截面边长）；

$\overline{\alpha}_i$、$\overline{\alpha}_{i-1}$——承台底至第 i 层土、第 $i-1$ 层土层底范围内的角平均附加应力系数；

F——荷载效应准永久组合下，作用于承台底的总附加荷载；

η_p——基桩刺入变形影响系数，按桩端持力层土质确定，砂土为 1.0，粉土为 1.15，黏性土为 1.30；

ψ——沉降计算经验系数，无当地经验时取 1.0；

s_a/d——等效距径比。

第九节　深基础简介

当建筑物荷载很大，而浅层土满足不了承载力要求时或建筑物对地基沉降和稳定性要求较高时，常采用深基础。

除前述的桩基础外，深基础还包括墩基础、沉井、沉箱和地下连续墙等。深基础的主要特点在于需要采用特殊的施工方法，以便能经济有效地解决深开挖边坡的稳定、排水和减小对邻近建筑物影响的问题。

建造深基础，有时可以用明挖法开挖基坑到基底设计标高，然后在坑底建造基础的方法来实现，如一般墩基础的施工。但基础埋置越深，边坡稳定和基坑排水问题就越难解决，因而，往往需要采用板桩维护及人工降低地下水位等方法，从而带来施工不方便、工作量大的问题，而且有时也不经济。这时宜采用沉井、沉箱、地下连续墙等特殊施工方法。

一、沉井基础

1. 沉井基础

沉井是一个无底无盖的井状结构，是以在井孔内不断除土，井体借自重克服外壁与土的摩阻力而不断下沉至设计标高，并经过封底、填心以后，使其成为桥梁墩台或其他结构物的基础（图 4 - 36）。设置沉井的目的是将上部的重量和使用荷载传递到比较坚硬的土层中去。沉井下沉到设计标高后，井内空腔一般用片石和混凝土等材料填塞。

沉井基础的特点是埋置深度大，整体性强、稳定性好，有较大的承载面积，能承受较大的垂直荷载和水平荷载；下沉过程中，沉井作为坑壁围护结构，起挡土、挡水作用；施工中不需要很复杂的机械设备，施工技术也较简单。因此，沉井在桥梁工程中得到较为广泛的应用。我国九江长江大桥采用圆沉井，直径 20m，内设 9 个井孔，中孔直径 5.5m，8 个边孔直径 3.8m；日本本（州）四（国）联络桥的南北备赞濑户桥 7A 号墩沉井，桥轴方向长 75m，横跨方向 59m，高 55m，中间设纵横向隔墙，是当前世界大型沉井之一。

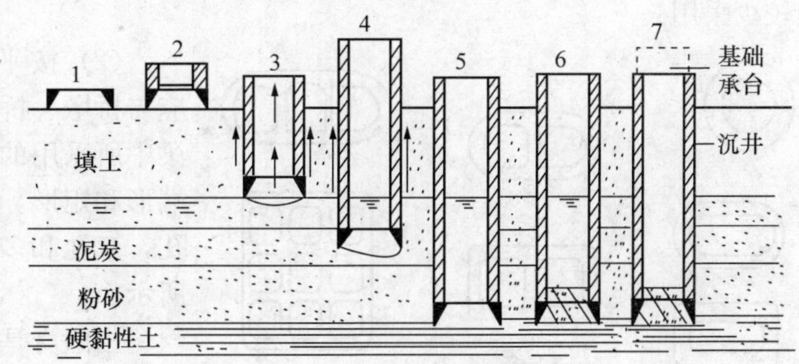

图 4 - 36　沉井基础施工

根据经济合理、施工上可能的原则，一般在下列情况，可以采用沉井基础：

(1) 上部荷载较大，而表层地基土的容许承载力不足，做扩大基础开挖工作量大，以及支护困难，但在一定深度下有较好的持力层，采用沉井基础与其他基础相比较，经济上较为合理时。

（2）在山区河流中，虽然土质较好，但冲刷大，或河中有较大卵石不便桩基础施工时。

（3）岩层表面较平坦且覆盖层薄，但河水较深，采用扩大基础施工围堰有困难时。

但在如下情况，不宜采用沉井，如：土层中夹有孤石、大树干、沉船或被淹没的旧建筑物等障碍物时，将使沉井下沉受阻而很难克服；沉井在饱和细砂、粉砂和亚砂土层中采取排水挖土时，易发生严重的流砂现象，致使挖土下沉无法继续进行下去；基岩层面倾斜、起伏很大时，常致使沉井底部有一部分在岩层上，又有一部分仍支承在软土上，当基础受力后将发生倾斜的情况。

2. 沉井的类型

（1）按使用材料分。按使用材料不同，沉井分混凝土沉井、钢筋混凝土沉井、竹筋混凝土沉井和钢沉井。制作沉井的材料，可按下沉的深度、受荷载的大小，结合就地取材的原则选定。

混凝土沉井考虑混凝土抗压强度高，抗拉能力低特点，宜做成圆形。混凝土沉井适用于下沉深度不大于4～7m的软土层中。

钢筋混凝土沉井的抗拉及抗压能力较好，下沉深度可以很大（达数十米以上）。当下沉深度不很大时，井壁上部用混凝土，下部（刃脚）用钢筋混凝土的沉井，在桥梁工程中得到较广泛的应用。当沉井平面尺寸较大时，可做成薄壁结构，沉井外壁采用泥浆润滑套，壁后压气等施工辅助措施就地下沉或浮运下沉。此外，钢筋混凝土沉井井壁隔墙可分段（块）预制，工地拼接，做成装配式。

沉井在下沉过程中受力较大因而需配置钢筋，一旦完工后，它就不承受多大的拉力，因此，在南方产竹地区，可以采用耐久性差但抗拉力好的竹筋代替部分钢筋，形成竹筋混凝土沉井。我国南昌赣江大桥等曾用这种沉井。在沉井分节接头处及刃脚内仍用钢筋。

用钢材制造沉井，其强度高、重量较轻、易于拼装、宜于做浮运沉井，但用钢量大，国内较少采用。

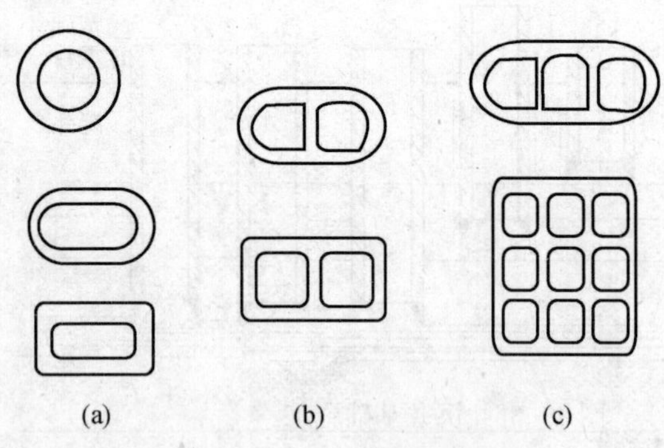

图4-37　沉井横断面形状

（a）单孔沉井；（b）双孔沉井；（c）多孔沉井

（2）按平面形状分。沉井的平面形状，应与桥墩、桥台底部的形状相适应。公路桥梁中所采用的沉井，平面形状多为圆形、圆端形和矩形。沉井井孔又分单孔、双孔和多孔，双孔和多孔沉井中间设隔墙，如图4-37所示。

当墩身是圆形或河流流向不定以及桥位与河流主流方向斜交较为厉害时，采用圆沉井可减小阻水、冲刷现象。圆形沉井中挖土较容易，没有影响机械抓土的死角部位，易使沉井较均匀地下沉；此外，在侧压力作用下，圆形沉井井壁受力情况好，主要是受压；在截面积和入土深度相同的条件下，与其他形状沉井比较，其周长最小，故下沉摩阻力较小。但墩台底面形状多为圆端形或矩形，故圆沉井的适应性较差。

矩形沉井对墩台底面形状的适应性较好，模板制作、安装都较简单。但采用不排水下沉时，边角部位的土不易挖除，容易使沉井因挖土不均匀而造成下沉倾斜的现象；与圆沉井比较，井壁受力条件较差，存在较大的剪力与弯矩，故井壁跨度受到限制；矩形沉井有较大的阻水特性，故在下沉过程中易使河床受到较大的局部冲刷。此外，在下沉中侧壁摩阻力也较大。

圆端形沉井能更好地与桥墩平面形状相适应，故用得较多。除模板制作较复杂一些外，其优缺点介于前两种沉井之间，较接近于矩形沉井。

（3）按沉井的立面形状分。按沉井的立面形状可分为竖直式、倾斜式及台阶式等（图 4-38）。具体采用的形式应视沉井穿越的土层性质和下沉深度而定。外壁竖直形式的沉井，它在下沉过程中对沉井周围的土体的扰动较小，可以减少沉井周围的土方的坍塌。另外这种沉井不易倾斜，井壁接长较简单，模板可重复使用。故当土质较松软，沉井下沉深度不大，可以采用这种形式。倾斜式及台阶式井壁可以减少土与井壁的摩阻力，缺点是施工较复杂，消耗模板多，同时沉井下沉过程中容易发生倾斜。故在土质较密实，沉井下沉深度大，要求在不增加沉井本身重量的情况下沉至设计标高，可采用这类沉井。倾斜式的沉井井壁坡度一般为 1/40～1/20，台阶式井壁的台阶宽度约为 100～200mm。

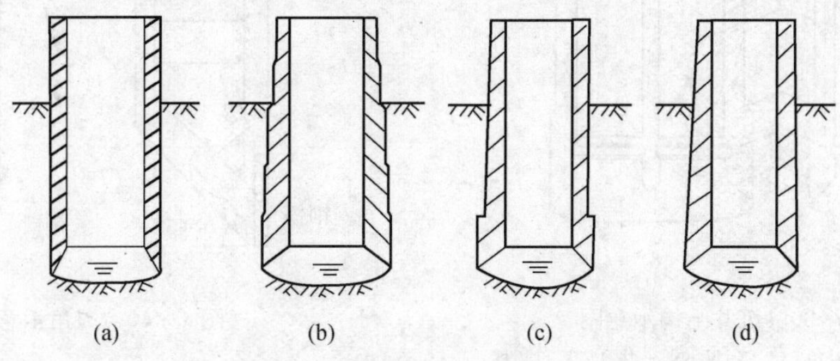

图 4-38　沉井剖面形式

(a) 外壁垂直无台阶式；(b)、(c) 台阶式；(d) 外壁倾斜式

3. 沉井基础的构造

一般沉井构造上主要由井壁、刃脚、隔墙、井孔、凹槽、射水管、封底和盖板等组成，见图 4-39。

（1）井壁。井壁是沉井的主体部分，其作用是作为施工时的围堰，用以挡土、隔水；提供足够的重量，使沉井能克服阻力顺利下沉；沉至设计标高并经填心后，作为墩台基础承担上部结构荷载。因此，井壁必须有足够的结构强度。为了满足重量要求，井壁还应有足够厚度，一般混凝土沉井厚度为 0.8～1.2m。对于薄壁钢筋混凝土沉井应采取措施降低沉井下沉时的摩阻力，井壁厚度，应按计算确定。

（2）刃脚。沉井井壁下端形如刀刃状，故称为刃脚，如图 4-40 所示。其作用是使得沉井在自重作用下易于切土下沉，同时有支承沉井的作用。它是应力最集中的地方，必须有足够的强度。刃脚底面宽度一般为 0.1～0.2m，对软土可适当放宽。下沉深度大，且土质较硬时，刃脚底面应以型钢、角钢或槽钢加强，以防刃脚损坏。刃脚内侧斜面与水平面的夹角应大于 45°。刃脚高度视井壁厚度、便于抽出垫木而定，一般在 1.0m 以上。

（3）隔墙。当沉井的长宽尺寸较大时，应在沉井内设置隔墙，以加强沉井的刚度。因隔墙不承受土压力，厚度一般小于井壁。在软土或淤泥质土中下沉时，隔墙底面应高出刃脚底面 0.5m 以上，避免沉井突然下沉或下沉速度过快。但在硬土或砂土层中下沉时，为防止隔墙底面受土的阻碍，隔墙底面应高出刃脚踏面1.0～1.5m。也可在刃脚与隔墙连接处设置梗肋加强刃脚与隔墙的连接。如为人工挖土，在隔墙下端应设置过人孔，便于工作人员在井孔间往来。

（4）井孔。井孔是挖土排土的工作场所和通道。井孔尺寸应满足施工要求，宽度（直径）不宜小于3m。井孔布置应对称于沉井中心轴，便于对称挖土使沉井均匀下沉。

（5）凹槽。凹槽设在井孔下端近刃脚处，其作用是使封底混凝土与井壁有较好的接合，封底混凝土底面的反力更好的传给井壁（如井孔全部填实的实心沉井也可不设凹槽）。凹槽深度约0.15～0.25m，高约1.0m。

（6）射水管。当沉井下沉深度大，穿过的土质又较好，估计下沉会产生困难时，可在井壁中预埋射水管组。射水管应均匀布置，以利于控制水压和水量来调整下沉方向。一般水压不小于600kPa。

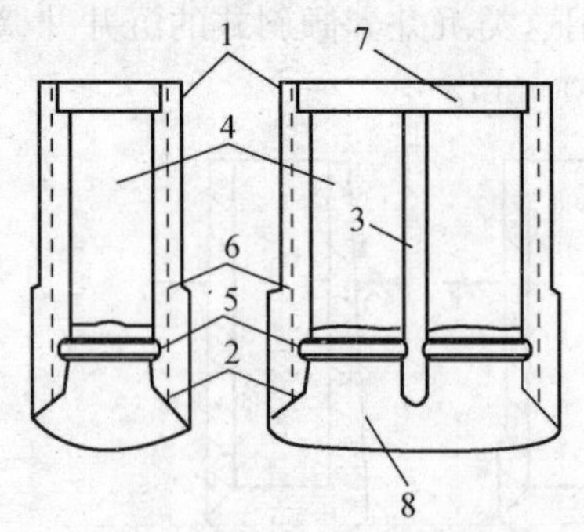

图4-39　沉井结构示意图

1—井壁；2—刃角；3—隔墙；4—井孔；5—凹槽；6—射水管；7—盖板；8—封底

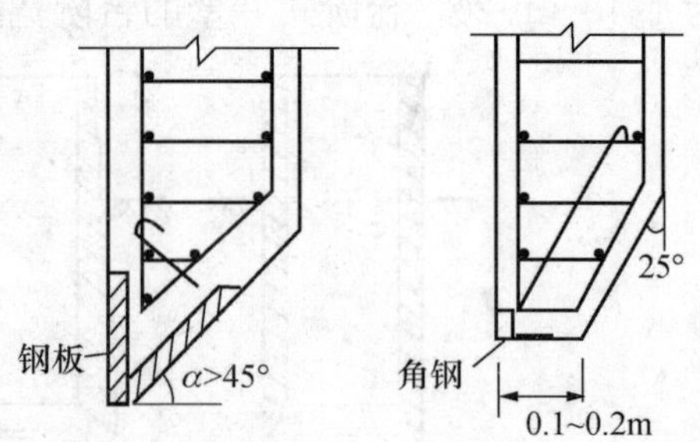

图4-40　刃角示意图

（7）封底和盖板。沉井沉至设计标高进行清基后，便浇筑封底混凝土。混凝土达到设计强度后，可从井孔中抽干水并填满混凝土或其他圬工材料。如井孔中不填料或仅填以砂砾则需在沉井顶面筑钢筋混凝土盖板。封底混凝土底面承受地基土和水的反力，这就要求封底混凝土有一定的厚度。其厚度根据经验也可取不小于井孔最小边长的1.5倍。封底高出刃脚根部不小于0.5m，并浇灌到凹槽上端。盖板厚度一般为1.5～2.0m。

二、沉箱基础

沉箱分为盒式沉箱和气压沉箱。盒式沉箱一般在岸上做好，然后从水上托运到建筑场地就位，再在箱体内填以砂、碎石、水或混凝土等重物，令其下沉至预定深度，用以作为建筑物的基础或作为构筑物的主体。显然，这种做法，箱的入土不能很深，且要求承载面比较平坦。当地面不平整时，常要求用水下开挖整平的方法现行处理。对于一些建造于水中或水下的构筑物，如桥墩、船坞、重力式海洋平台等，用这种方法施工往往比较经济。

当沉井的下沉深度要求达到地下水位以下较深时，难以采用降低地下水位的办法进行井内开挖，而采用水下机械开挖又不易做到均匀以保证井身竖直下沉，在这种情况下就常采用气压沉箱。

气压沉箱的构造同沉井相似，所不同的是气压沉箱在井筒的中部有一层隔板，因而在沉箱下部形成一个“箱室”，即工作仓，其高度一般不小于3m。向工作仓内充气，就可以排出与外部周围水域相通的江河湖海水或土中的地下水。箱室内形成无水的封闭空间，人员可以入内进行施工作业。气压沉箱的关键设备是人员和材料进出箱室的气闸。沉箱的箱室内通常维持超过常规大气压的压力状态，气闸就是进出箱室从正常大气压到超常气压的过渡空间和闸门系统。人员和材料进出的气闸要求是不同的，从沉箱内出土或将材料运入沉箱不需要时间过程控制，气闸的作用只是增压或减压过渡，维持沉箱内不会因门洞启闭而漏气。而人员进出沉箱必须在气闸内经历一个增压和减压过程，如果增压过快，人体的各部分组织和细胞都不能适应，减压过快则更为严重。在超常压力下，通过呼吸进入体内溶解于血液中的氮气不能释放，滞留在身体各部分，就会得“沉箱病”。所以过人的气闸应有足够的空间供人员在内停留，按保健规程严格控制增压和减压的时间。

气压沉箱施工的典型布置如图 4 - 41 所示。

随着自动化技术、机电一体化技术的发展，自 1988 年以来由于自动化遥控无人沉箱挖掘机的问世给该气压沉箱工法带来了新的生机。由于无人挖掘，故上述弊病得以克服，其优点得以充分发挥。该项技术已在大深度桥基、竖井等较多构筑物中得以广泛应用。

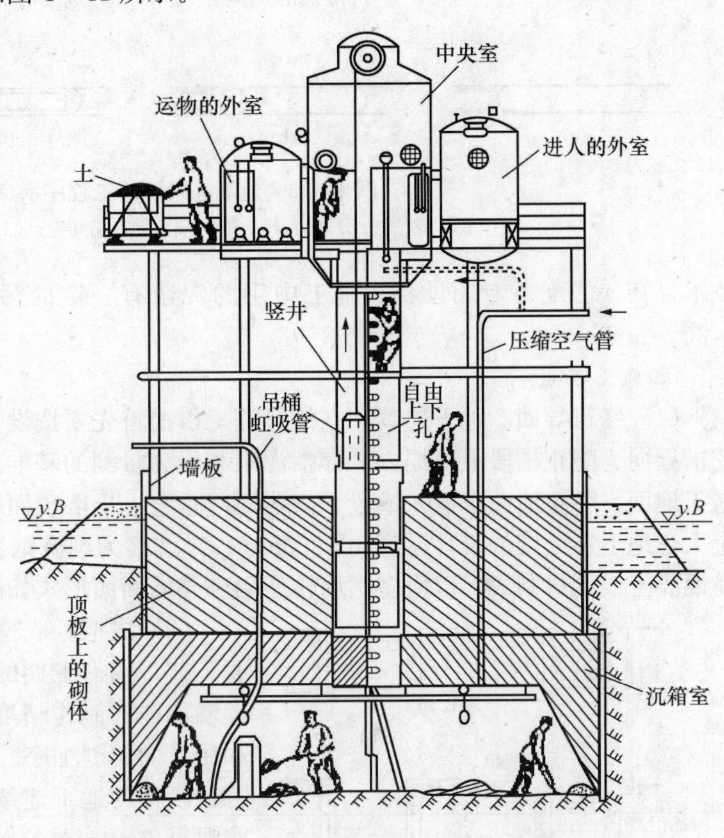

图 4 - 41 气压沉箱施工的典型布置图

三、地下连续墙

1. 地下连续墙概述

地下连续墙是近代发展起来的一种新的支护形式，有时可以兼作地下主体结构的一部分，或单独作为地下结构的外墙。随着工业和城市建设的发展，重型厂房、高层建筑、城市轨道交通及大型地下设施日益增多，这些建筑物的基础大多是荷载大、埋置深、设计要求严格，在软土条件下所面临的困难更为突出，而且一些传统的深基础施工方法如沉井、沉箱、桩基础和板桩支护等常不适用。而地下连续墙以其刚度大、既挡土又止水、施工时噪声低、无振动无挤土、可适用于各类地层、也可使用于逆作法施工的优点而成为深基础施工的一种重要手段。

地下连续墙是在拟建地下建筑物的地面上，用专门的成槽机械沿着设计部位，在泥浆护壁的条件下，分段开挖一条狭长的深槽、清基，在槽内沉放钢筋笼并浇灌水下混凝土，筑成一段钢筋混凝土墙幅，将若干墙幅连接成整体，形成一条连续的地下墙，可作为地下建筑、高层建筑地下室的外墙，又可作为深基坑工程的围护结构，起支挡水土压力、承重与截水防渗之用，如图 4 - 42 所示。

地下连续墙对于邻近有重要建筑物、地下管线的地下工程，能起到防止和减少对工程环境危害的良好效果，因而特别适用于施工场地受到限制的城市建筑群中施工。其缺点是施工

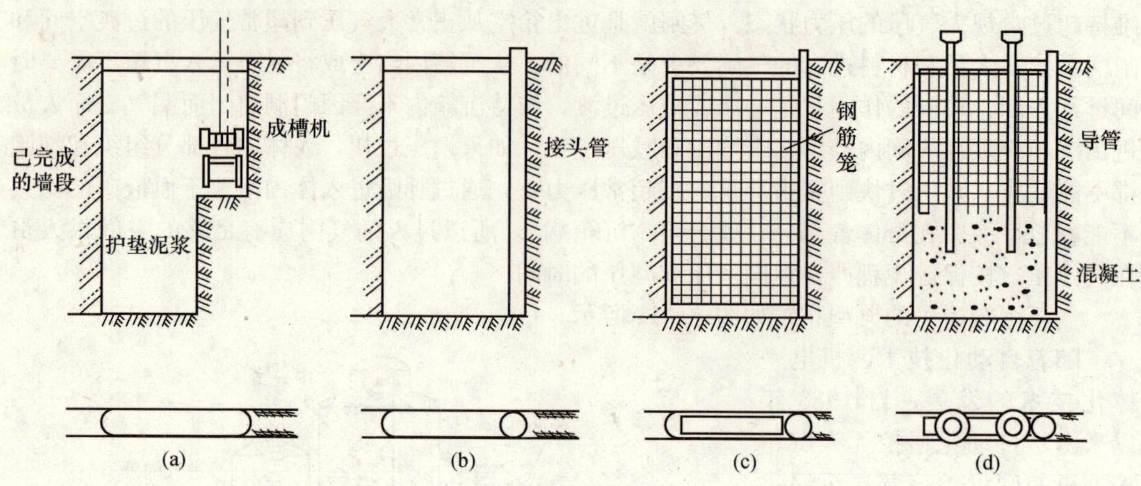

图 4-42 地下连续墙施工程序示意图

（a）成槽；（b）放入接头管；（c）放入钢筋笼；（d）浇筑混凝土

技术复杂，需配备专用设备，施工中用的泥浆有一定的污染性，需要妥善处理，施工成本高。

2. 施工要点

（1）修筑导墙。地下连续墙在槽孔施工以前首先要按设计位置建筑导墙，导墙的作用是挖槽导向、防止槽段上口塌方、存蓄泥浆和作为量测的基准。深度一般为 1～2m，顶面高出施工地面，防止地面水流入槽段。内墙面应垂直，导墙顶面应水平。两导墙形成的槽孔宽度应大于地下连续墙的设计厚度 40～60mm。导墙多为现浇钢筋混凝土结构，也可采用预制钢筋混凝土或钢材制成，以便多次周转使用。导墙断面形式如图 4-43 所示。

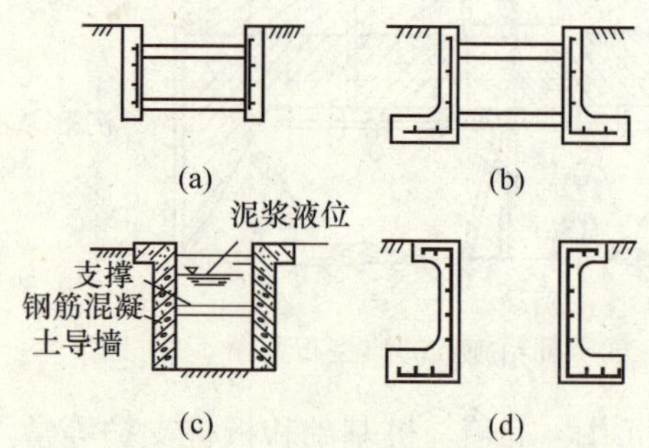

图 4-43 导墙的各种断面形式

（a）板墙形；（b）L 形；（c）倒 L 形；（d）C 形

（2）成槽。成槽工艺是地下连续墙施工中的主要工艺，约占工期的一半，挖槽精度决定了地下连续墙墙体的制作精度，因此，挖槽是决定施工精度和质量的关键工序。地下连续墙通常是分段施工的，每一段称为地下连续墙的一个槽段，一个槽段是一次混凝土灌筑单位。地下连续墙厚度一般为 450～1000mm 之间，槽宽取决于设计墙厚。槽段长度为 6～8m；采用抓斗或冲击钻时，每段长度还可更大。成槽机具应根据土质情况和地下连续墙的深度选择。规划好单元段的挖槽次序及每一单元段的幅序，明确槽段走向，以便制作钢筋笼。由于成槽机型选择不当，停机位置不妥，操作不慎等因素，可能引起槽壁失稳坍塌，应十分注意。

（3）泥浆护壁。泥浆是保证地下连续墙槽壁稳定最根本的措施之一。应根据地基土的性质和施工的其他因素选配泥浆。其主要组成为膨润土、纯碱、水及添加剂。视不同类型的成槽设备，泥浆储备量为 1.5～2 倍。

在地下连续墙挖槽过程中，泥浆的作用是护壁、携渣、冷却机具和切土润滑，其中护壁为最重要的功能。泥浆的正确使用，是保证挖槽成败的关键。因为泥浆具有一定的密度，在槽内对槽壁有一定的静水压力，相当于一种液体支撑。泥浆能渗入土壁形成一层透水性很低的泥皮，有助于土壁的稳定性。泥浆具有较高的黏性，能在挖槽过程中将土渣悬浮起来。这样就可以使钻头时刻钻进新鲜土层，避免土渣堆积在工作面上影响挖槽效率，又便于土渣随同泥浆排出槽外。泥浆既可以降低钻具因连续冲击或回转而上升的温度，又可以减轻钻具的磨损消耗，有利于提高挖槽效率并延长钻具的使用时间。

地下连续墙所用的泥浆不仅要有良好的护壁性能，而且要便于灌注混凝土。如果泥浆的膨润土浓度不够、密度太小、黏度不大，则难以形成泥皮、难以固壁、难以保证其携渣作用。但黏度过大，也会发生泥浆循环阻力过大、携带在泥浆中的泥砂难以除去、灌注混凝土的质量难以保证，以及泥浆不易从钢筋笼上去除等弊病。泥浆还应有一定的稳定性，保证在一定时间内不出现分层现象。

(4) 槽段的连接。地下连续墙是分成若干个单元槽段分别施工后再连成整体的，各槽段之间的接头是挡土挡水的薄弱部位。此外，地下连续墙与内部主体结构之间的连接接头要承受弯、剪、扭等各种内力，必须保证节点的受力可靠。研究解决好接头连接问题，既是地下连续墙施工方法进一步发展的难点，也是研究的重点。

目前，所采用的地下连续墙槽段接头形式很多，如直接接头、接头管接头、接头箱接头和隔板式接头。图 4 - 44 为接头管接头的施工过程示意图。在单元槽段内土体被挖除后，在槽段一端先吊放接头管，再吊入钢筋笼，浇筑混凝土，然后逐渐将接头管拔出，形成半圆接头。

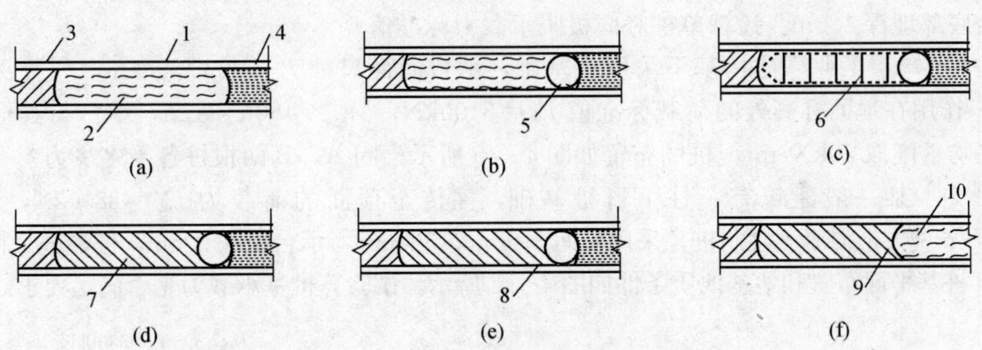

图 4 - 44　接头管接头的施工过程

(a) 开挖槽段；(b) 在一端放置管接头（首幅槽段应在两端同时放置）；(c) 吊放钢筋笼；(d) 灌注混凝土；(e) 拔出接头管；(f) 后一槽段挖土，形成弧形接头

1—导墙；2—开挖槽段；3—已浇混凝土的槽段；4—未开挖的槽段；5—接头管；6—钢筋笼；7—浇注的混凝土；8—拔管后的圆孔；9—形成的弧形接头；10—下一幅槽段

思考题

4 - 1　桩有哪些分类？各类桩的优缺点和适用条件是什么？

4 - 2　桩基的破坏形式有哪些？

4 - 3　轴向荷载在桩身是如何传递的？何谓深度效应、成桩效应？

4 - 4　单桩轴向承载力如何确定？哪种方法比较符合实际？

4 - 5　何谓群桩效应？

4 - 6　桩基设计有哪些步骤?

4 - 7　桩身结构设计是如何进行的?

4 - 8　桩基础承台设计应进行哪些验算?

4 - 9　何谓桩的负摩阻力?其产生的原因有哪些?

4 - 10　地基土的水平向抗力大小与哪些因素有关?

4 - 11　水平荷载下基桩的内力计算常采用“m”法,何谓“m”法?

4 - 12　何谓减沉复合疏桩基础?它与常规的桩基础有何不同?

4 - 1　某工程中,地基土软弱,采用预制桩基础。地基土层:第一层土为粉质黏土,厚 2.0m,天然含水量 $w=30.8\%$,液限 $w_L=34.8\%$,塑限 $w_P=18.6\%$;第二层土为淤泥质土,厚 7.0m,$w=25.3\%$,$w_L=24.6\%$,$w_P=15.5\%$,$e=1.20$;第三层为中砂,中密状态,层厚 5~60m,$e=0.7$。求预制桩在各层土的极限侧阻力标准值 q_{ski}。

4 - 2　在上述工程中,如采用干作业钻孔桩,桩端进入中砂 1m,桩端支承处土的极限端阻力标准值 q_{pk} 为多少?

4 - 3　在上述工程中,采用钢筋混凝土预制桩,截面为 300mm×300mm,桩长 9.0m,桩承台底部埋深 1.0m。计算单桩竖向极限承载力标准值。

4 - 4　单层工业厂房柱基下采用桩基础,承台底面尺寸为 3.8m×2.6m,埋置深度为 1.2m。作用在地面标高处的荷载标准值 $F_k=3100\text{kN}$,$M_{ky}=480\text{kN}\cdot\text{m}$,承台与其上回填土的平均重度取 20kN/m^3,桩的布置如图 4 - 45 所示。问 A,B 两根桩各受多少力?

4 - 5　某一般建筑有一柱下群桩基础,柱传至顶面的荷载为 $F_k=3800\text{kN}$,$M_{kx}=600\text{kN}\cdot\text{m}$。方形混凝土预制桩,采用截面 300mm×300mm,承台埋深 2.5m,桩端进入粉土层 1.5m。桩基平面布置和地基地质条件如图 4 - 46 所示。试验算桩基承载力是否满足要求。

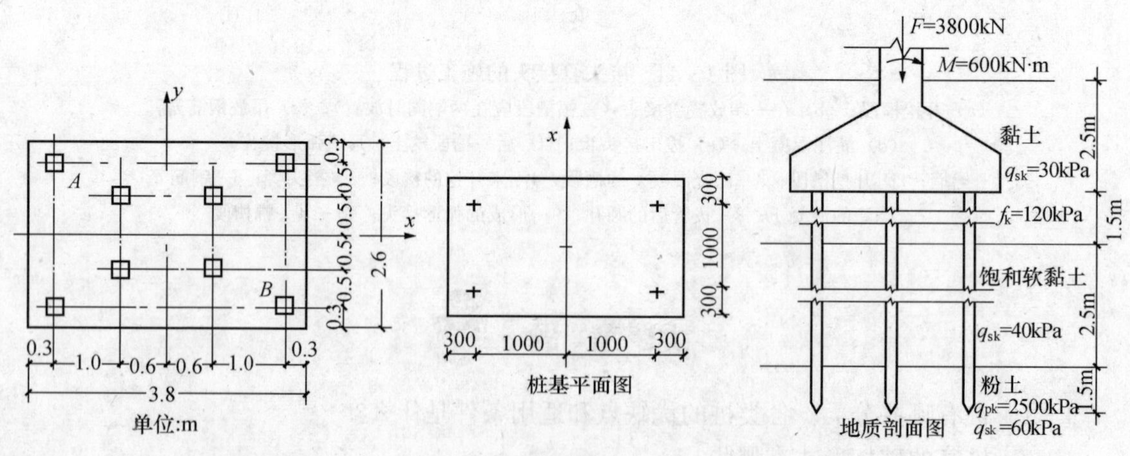

图 4 - 45　习题 4 - 4 图　　　　图 4 - 46　习题 4 - 5 图

4 - 6　某框架柱,截面尺寸为 500mm×500mm。柱子传到地面的荷载为 $F_k=2500\text{kN}$,$M_k=560\text{kN}\cdot\text{m}$,$Q_k=50\text{kN}$;荷载效应基本值为 $F=3600\text{kN}$,$M=780\text{kN}\cdot\text{m}$,$Q=100\text{kN}$。选

用预制钢筋混凝土打入桩，桩的断面为300mm×300mm，有效桩长为11.3m，桩端打入粉质黏土内3m。承台底面在地面下1.2m处。已知单桩极限承载力Q_{uk}=1500kN。承台下地基土承载力特征值为f_{ak}=100kPa，承台混凝土强度等级为C25（f_t=1.27N/mm²），钢筋强度等级选用HRB335级钢筋（f_t=300N/mm²），承台下做100mm厚的C10素混凝土垫层。试求：

（1）确定桩数；

（2）确定桩的布置及承台平面尺寸；

（3）进行承台设计。

第五章　地　基　处　理

第一节　概　　述

建筑物的全部荷载都是由它下面的地基来承担的。当天然地基不能满足建筑物设计对地基强度、稳定性和变形的要求时，常采取各种地基加固、补强等技术措施，改善地基土的工程性状，以满足工程要求。这些措施统称为地基处理。一般而言，地基问题可归结为以下四个方面：

（1）地基承载力及稳定性问题。地基承载力较低，不能承担上部结构的自重及外荷载，导致地基失稳，出现局部或整体剪切破坏，或冲剪破坏。

（2）沉降和不均匀沉降问题。高压缩性地基可能导致建筑物发生过大的沉降量，使其不能满足正常使用；地基不均匀或荷载不均匀导致地基变形不均匀，导致建筑物倾斜、开裂、局部破坏，影响正常使用。

（3）动荷载下的地基液化、失稳和震陷问题。饱和砂土和饱和粉土地基具有振动液化的特性。在地震、机器振动、爆炸冲击、波浪作用等动荷载作用下，地基可能因液化、震陷导致地基失稳破坏；软土地基在振动作用下，也会产生震陷。

（4）渗透问题。土具有渗透性，当地基中出现渗流时，将可能导致流砂和管涌等渗透破坏现象，严重时使地基失稳。

当天然地基存在上述问题之一或同时存在其中的几个问题时，常需要采用合理的地基处理方法，对不能满足直接使用的天然地基进行有针对性地处理，以保证结构物的安全与正常使用，这正是地基处理的目的。据统计，世界各国各种土木、水利、交通等类工程的事故中，地基问题是事故的主要原因。地基问题的处理恰当与否，往往关系到整个工程的质量、投资和进度，由此可见其重要性。

我国地域辽阔，从沿海到内地，由山区到平原，环境气候差异很大，分布着多种成因类型的地基土，其中不少为软弱土和特殊土，地基处理的对象就是软弱土地基和特殊土地基。

软弱土指淤泥、淤泥质土和部分冲填土、杂填土及其他高压缩性土。由软弱土组成的地基称为软弱土地基。

特殊土是指在特定地理环境或人为条件下形成的具有特殊性质的土，具有明显的地域性。特殊土包括欠固结土、湿陷性黄土、红黏土、膨胀土、季节性冻土、多年冻土等。由特殊性土组成的地基称为特殊土地基。

常见的软弱土和特殊土分述如下：

1. 软土

软土是天然孔隙比大于1.0、天然含水量通常大于其液限的细粒土，包括淤泥、淤泥质土、泥炭、泥炭质土等。软土形成于第四纪晚期，属于海相、泻湖相、河谷相、湖沼相、溺谷相、三角洲相等的黏性沉积物或河流冲积物。多分布于沿海、河流中下游或湖泊附近地区。如上海、广州等地为三角洲相沉积；温州、宁波地区为滨海相沉积；闽江口平原为溺谷相沉积等，也有的软黏土属新近沉积物。

软土多呈深灰色，含有机质，含水量较高，一般大于 35%，个别地方的沼泽淤泥含水量可高达 200%多。其中 $1.0<e\leqslant1.5$ 的称为淤泥质土，孔隙比大于 1.5 时称为淤泥。淤泥、淤泥质土是软土的主要土类。由于其高黏粒含量、高含水量、大孔隙比，因而其力学性质也就呈现如下特点：

（1）高压缩性。一般软土层的压缩系数 $a_{1\text{-}2}$ 在 $0.5\sim1.5\text{MPa}^{-1}$ 之间，有的高达 4.5MPa^{-1}。通常情况下，软土层属于正常固结土或微超固结土，但有些土层特别是新近沉积的土层也可能属于欠固结土。

（2）强度低。软土的不排水抗剪强度一般小于 20kPa，其变化范围在 5～25kPa 之间，由于抗剪强度低，因此软土的承载力也很低，不能承受较大的建筑物荷载。

（3）渗透性小。软土的渗透性系数一般在 $10^{-5}\sim10^{-8}$ cm/s 之间，渗透系数小，则固结速率就很慢，因此软土层在荷载作用下达到完全固结所需的时间很长。

（4）具有显著的结构性。我国东南沿海软土的灵敏度约为 4～10，属高灵敏度土。一旦受到扰动，其结构受到破坏，强度显著降低。

当土中含有不同的有机质时，将形成不同的有机质土，在有机质含量超过一定含量时就形成泥炭土。有机质的含量越高，对土质的影响越大，主要表现为强度低、压缩性大，并且对许多工程材料的掺入有不良影响，直接影响工程建设或地基处理。

（5）具有明显的流变性。受流变性的影响其长期强度往往低于短期强度。

由于软土具有强度低、压缩性高、渗透性差等特性，往往无法直接作为建（构）筑物的天然地基，因此，需要在基础底面以下的一定深度范围内对其进行加固或处理。

2. 人工填土

人工填土包括杂填土和冲填土。

杂填土主要出现在一些老的居民区和工矿区内，是人们的生活和生产活动所遗留或堆放的垃圾土。这些垃圾土一般分为三类：即建筑垃圾土、生活垃圾土和工业生产垃圾土。不同类型、不同时间堆放的垃圾土很难用统一的强度指标、压缩指标、渗透性指标加以描述。杂填土的主要特点是无规划堆积、成分复杂、性质各异、厚薄不均、规律性差。因而同一场地表现为压缩性和强度的明显差异，极易造成不均匀沉降，通常都需要进行地基处理。

冲填土是人为的用水力冲填方式而沉积的土。近年来多用于沿海滩开发及河漫滩造地。西北地区常见的水坠坝（也称冲填坝）即是冲填土堆筑的。冲填土形成的地基可视为天然地基的一种，冲填土地基一般具有如下一些特点：颗粒沉积分选性明显；冲填土的含水量较高，一般大于液限，呈流塑状态；冲填土地基早期强度很低，压缩性较高，冲填土处于欠固结状态。

3. 湿陷性土

湿陷性土是指土体在上覆土层自重应力作用下，或者在自重应力和附加应力共同作用下受水浸湿时产生附加湿陷变形的土。湿陷性土包括湿陷性黄土、干旱和半干旱地区的具有崩解性的碎石土和砂土等，属于特殊土。

广泛分布于我国东北、西北、华北部分地区的黄土多具湿陷性。湿陷性黄土又分为自重湿陷性和非自重湿陷性黄土。在湿陷性黄土地基上进行工程建设时，必须考虑因地基湿陷引起不均匀沉降对工程可能造成的危害，选择适宜的地基处理方法，消除黄土地基的湿陷性。

4. 膨胀土

膨胀土的矿物成分主要是蒙脱石和伊利石，它具有很强的亲水性，吸水时体积剧烈膨胀，失水时体积明显收缩，这种胀缩变形往往很大，极易对轻型建筑物造成损坏。膨胀土在我国的分布范围很广，如广西、云南、河南、湖北、四川、陕西、河北、安徽、江苏等地均有不同范围的分布，膨胀土是特殊土的一种，常用的地基处理方法有换土、土性改良以及防止地基土含水量变化等工程措施。

其他特殊土，如红黏土、山区地基土、盐渍土、多年冻土等会对工程建设造成直接或潜在的威胁。

针对上述各类土的地基问题，根据土力学的原理，发展了多种地基处理技术与方法。随着现代科学技术日新月异的发展，地基处理方法越来越多，考虑的问题逐渐深入，老的办法不断改进，新的办法不断涌现。按照处理方法的作用原理，常用的地基处理方法如表 5 - 1 所示。

表 5 - 1　　软弱土地基处理分类表

编号	分类	处理方法	原理及作用	适用范围
1	碾压及夯实	重锤夯实、机械碾压、振动压实、强夯（动力固结）	利用压实原理，通过机械碾压夯击，把表层地基土压实；强夯则利用强大的夯击能，在地基中产生强烈的冲击波和动应力，迫使土动力固结密实	适用于碎石土、砂土、粉土、低饱和度的黏性土、杂填土等，对饱和黏性土应慎重采用
2	换土垫层	砂石垫层、素土垫层、灰土垫层、矿渣垫层、加筋土垫层	以砂石、素土、灰土和矿渣等强度较高的材料，置换地基表层软弱土，提高持力层的承载力，扩散应力，减少沉降量	适用于处理地基表层软弱土和暗沟、暗塘等软弱土地基
3	排水固结	天然地基预压、砂井及塑料排水带预压、真空预压、降水预压和强力固结	在地基中增设竖向排水体，加速地基的固结和强度增长，提高地基的稳定性；加速沉降发展，使基础沉降提前完成	适用于处理饱和软弱黏土层；对于渗透性极低的泥炭土，必须慎重对待
4	振密挤密	振冲挤密、沉桩挤密、素土及灰土挤密桩、砂桩、石灰桩、爆破挤密	采用一定的技术措施，通过振动或挤密，使土体的孔隙减小，强度提高；必要时，振动挤密过程中回填砂、砾石、灰土、素土等。与地基土组成复合地基，提高地基承载力，减少沉降	适用于处理松砂、粉土、杂填土及湿陷性黄土、非饱和黏性土等
5	置换及拌入	振冲置换、冲抓置换、深层搅拌、高压喷射注浆、石灰桩	采用专门的技术措施，以砂、碎石等置换软弱土地基中部分软弱土，或在部分软弱土地基中掺入水泥、石灰或砂浆等形成加固体，与未处理部分土组成复合地基，从而提高地基承载力，减少沉降	黏性土、充填土、粉砂、细砂等。振冲置换法限于不排水抗剪强度 c_u＞20kPa 的地基土
6	水泥粉煤灰碎石桩即CFG 桩	由桩、桩间土和褥垫层一起组成复合地基	由水泥、粉煤灰、碎石、石屑或砂等混合料加水拌和形成高粘结强度桩	适用黏性土、粉土、砂土和已自重固结的素填土等地基，对淤泥质土应按地区经验或通过现场试验确定其适用性

续表

编号	分类	处理方法	原理及作用	适用范围
7	化学加固法	渗入（压密，劈裂）灌浆，单液硅化法和碱液法	浆液渗透以填充和压实等形式将原来松散的土粒或裂隙胶结成整体；浆液与黏性土发生反应生成胶结体	适用于砂土、粉土、黏性土和湿陷性黄土人工填土等地基，或用于防渗堵漏。在自重湿陷性黄土场地，采用碱液法应慎重
8	加筋	土工合成材料加筋、锚固、树根桩、加筋土	在地基土或土体中埋设强度较大的土工合成材料、钢片等加筋材料，使地基或土体能承受拉应力，防止断裂，保持整体性，提高刚度，改变地基土体的应力场和应变场，从而提高地基承载力，改善变形特性	软弱土地基、填土及陡坡填土、砂土
9	其他	灌浆、冻结、托换技术、纠倾技术	通过特种技术措施处理软弱土地基	根据实际情况确定

地基处理方法的确定宜按下列步骤进行：

(1) 根据结构类型、荷载大小及使用要求，结合地形地貌、地层结构、土质条件、地下水特征、环境情况和对邻近建筑的影响等因素进行综合分析，初步选出几种可供考虑的地基处理方案，包括选择两种或多种地基处理措施组成的综合处理方案。

(2) 对初步选出的几种地基处理方案，分别从加固原理、适用范围、预期处理效果、耗用材料、施工机械、工期要求及对环境的影响等方面进行技术经济分析比较，选择最佳的地基处理方案。

(3) 对已选定的地基处理方案，应按建筑物地基基础设计等级和场地复杂程度，在有代表性的场地上进行相应的现场试验或试验性施工，并进行必要的测试，以检验设计参数和处理效果。如达不到设计要求时，应查明原因，修改设计参数或调整地基处理方法。

这里需要强调的是应对工程地质和水文地质条件进行详细了解和深入研究。许多因地基问题造成的工程事故或地基处理达不到预期目的，往往是由于对工程地质条件和水文地质条件了解不全面而造成的。详细的工程地质勘察资料是确定合理地基处理方案的主要依据。必须充分了解场地地层构造、岩土的工程性质、成因类型、各层土厚度和分布范围、是否存在岩溶土洞、特殊土及岸边冲刷等，对地基的均匀性、承载力和变形特性评价应作充分分析与研究，必要时应进行现场实地踏勘。

第二节　机 械 压 实 法

如建筑物地基土质疏松，最简便的方法是将天然土压实。机械压实法是利用压路机、羊足碾、平碾、振动碾等碾压机械将地基土压实。可用于处理由建筑垃圾或工业废料组成的杂填土地基，处理的有效深度应通过试验确定。

一、土的压实原理

大量工程实践证明，黏性土进行压实时，土太湿或太干都不能把土压实，只有在适当的含水量范围内才能压实。黏性土在某种压实功能作用下，达到最密时的含水量，称为最优含水量，对应的干密度称为最大干密度。各类土的矿物成分与粒径级配不同，其最大干密度和最优含水量也不相同，可用击实试验测定其数值。

试验方法简述如下：①取代表性的土样 20kg，制备 5 份不同含水量的试样，以塑限 ω_p 为中心，各含水量的差值为 2%；②分 3 层装入击实筒，每层 25 击；③称出击实后试样总质量，测含水量，计算干密度；④用直角坐标纸，以干密度 ρ_d 为纵坐标，以含水量 ω 为横坐标，绘制 ρ_d-ω 关系曲线。取曲线峰值相应的纵坐标为试样的最大干密度 ρ_{dmax}，其对应的横坐标，即为试样的最优含水量 ω_{op}，如图 5-1 所示。

由图 5-1（a）可知，当土的含水量很低时，土的干密度 ρ_d 随着含水量 ω 的增大而增大，但当含水量 ω 大于最优含水量后，ρ_d 随含水量 ω 的增大反而降低，ρ_d-ω 曲线向下弯曲。其原因是当土含水量很低时，土中只有强结合水，受电分子力的吸引，阻止土颗粒的移动，使土难以压实。当含水量适当增大时，土中的结合水膜增厚，电分子吸引力减弱，水膜起润滑作用，使土粒容易移动成密实排列。但当土中含水量继续增大，以致土中存在不少自由水，压实时，内部的自由水不易排出，形成较大的孔隙压力，阻止土粒的靠拢，压实效果反而下降。根据研究，黏性土的最优含水量 $\omega_{op}=\omega_p+(1\sim2)\%$。

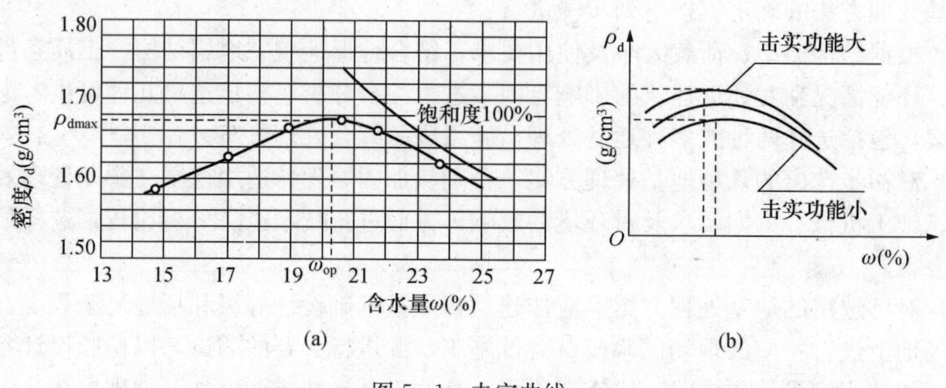

图 5-1 击实曲线

图 5-1（a）中还给出了理论饱和曲线，它表示当土处在饱和状态下的干密度与含水量的理论关系。实际上，土不可能被压实到完全饱和的程度。试验证明，黏性土在最优含水量时，压实到最大干密度 ρ_{dmax}，其饱和度一般为 80%。此时，因为土孔隙中的气体难以和大气相通，压实时不能将其完全排出。因此，压实曲线只能趋于理论饱和曲线。

图 5-1（b）反映了最优含水量、最大干密度与压实功能关系。随着夯击能量的提高，土的最优含水量会相应降低，其夯实效果也会随之有一定程度的提高。对同一种土，当压实程度不足时，可以改用大的压实功能机械，以达到所要求的密实度。

黏性土的压实原理反映上述这些因素（含水量、压实功能、压实条件及土粒级配）对压实效果的影响关系，是指导压实工程的基本原理。工程上，常用压实系数反映土的压实密实度，压实系数 λ_c 为土的控制干密度 ρ_d 与最大干密度 ρ_{dmax} 的比值。

砂土的击实性能与黏性土不同。由于砂土的粒径大，孔隙大，结合水的影响微小，总的来说比黏性土容易压实。例如，干砂在压力与振动作用下容易压实；稍湿的砂土，因水的表面张力作用，使砂粒相互靠紧，阻止其移动，压实效果稍差，如充分洒水，饱和砂土表面张力消失，压实效果又变良好。

二、重锤夯实法

该方法是利用起重机械将重锤提到一定高度后，让其自由下落，重复夯打，使地基表面形成一层较密实的土层。这种方法适用于地下水位距地表 0.8m 以上的黏性土及杂填土。夯打时地基应保持最优含水量，否则就不能夯打密实。对于饱和软土层，在夯打时会出现“橡皮土”，应采取降低地下水位的措施再夯打。

重锤形状宜采用截头圆锥体，可用铁板焊接，内灌铁砂；或用强度等级 C20 的混凝土灌制。锤重 15～30kg，锤底直径 0.7～1.5m，落距一般采用 2.5～4.5m，夯打遍数 8～12 遍（同一夯位夯打一下为一遍），有效夯实深度 1.2m 左右。经重锤夯实后的地基承载力可达 100～150kPa。

三、机械碾压法

振动压实法是一种采用机械压实松软土的方法。常用的机械有平碾、羊足碾、压路机等，该方法适用于大面积填土地基施工。

根据土的压实原理，在实际过程中除了进行室内击实试验外，还应该进行现场碾压试验。通过试验可确定在一定击实能条件下的最优含水量、适当的分层碾压厚度和碾压遍数。黏性土在压实前，被碾压的土料应先进行含水量测定。分层压实的铺填厚度一般为 300mm 左右。

压实的质量用压实系数 λ_c 与含水量控制（表 5-2），不符合者不得作为建筑地基。

表 5-2　压实填土地基质量控制值

结构类型	填土部位	压实系数 λ_c	控制含水量（%）
砌体承重结构和框架结构	在地基主要受力层范围内	≥0.97	$\omega_{op}\pm2$
	在地基主要受力层范围以下	≥0.95	
排架结构	在地基主要受力层范围内	≥0.96	
	在地基主要受力层范围以下	≥0.94	

注　地坪垫层以下及基础底面标高以上的压实填土，压实系数不应小于 0.94。

四、振动压实法

振动压实是一种在地基表面施加振动把浅层松散土振密的方法。主要的机具是振动压实机。这种方法主要应用于处理杂填土、湿陷性黄土、炉渣、细砂、碎石等类土。振动压实的效果主要取决于被压实土的成分和施振的时间。振动效果开始时振密作用较为显著，但随时间推移变形逐渐稳定。所以在施工前应进行现场试验，根据振实的要求确定施振的时间。有效的振实深度约 1.2～1.5m。但如果地下水位太高，则将影响振实效果。此外尚应注意振动对周围建筑物的影响，振源与建筑物的距离应大于 3m。

第三节　强　夯　法

强夯法是 1969 年由法国 Menard 技术公司首先创立并应用的。这种方法是将重锤（一般为 100～400kN）以 8～20m 落距（最高可达 40m）下落，以很大的冲击能量，进行强力夯实加固地层的深层密实方法。此法可提高土的强度、降低其压缩性、减轻甚至消除砂土振动液化危险和消除湿陷性黄土的湿陷性等，同时还能提高土层的均匀程度、减少地基的不均匀沉降。

强夯法适用于碎石土、砂土、粉土、低饱和度的黏性土、人工填土和湿陷性黄土等地基的处理。对于淤泥和淤泥质土地基，尤其是高灵敏度的软土，须经试验证明其加固效果时才能采用。

一、强夯法的加固机理

强夯法加固地基的机理，与重锤夯实法有着本质的不同，强夯主要是将势能转化为夯实能，在地基中产生强大的动应力和冲击波，对土体产生加密作用、液化作用、固结作用和时效作用。

(1) 加密作用：土体中大多含有以微气泡形式出现的气体，其含量约为1%～4%。强夯时的强大冲击能，使气泡压缩、孔隙水压升高，随后在气体膨胀、孔隙水排出的同时，孔隙水压力减小。这样每夯击一遍孔隙水和气体的体积都有所减少，土体得到加密。试验测定，每夯击一遍气体体积可减少40%。

(2) 固结作用：强夯时在地基中产生的超孔隙水压力大于土粒间的侧向压力时，黏性土粒间便会出现裂隙，形成排水通道。此时，增大土的渗透性，孔隙水得以顺利排出，加速了土的固结。

(3) 液化作用：在巨大的冲击应力作用下，土中孔隙水压力迅速提高，当孔隙水压力上升到与覆盖压力相等时，无黏性土体即产生液化，土的强度消失，土粒可自由地重新排列。不过此液化，只是土体的局部液化。

(4) 时效作用：随着时间的推移，孔隙水压力的消散，土颗粒又重新紧密接触，自由水也重新被土颗粒吸附而变成结合水，土的强度便逐渐恢复。这种触变强度的恢复称为时间效应，其作用称为时效作用。

二、强夯的设计要点

利用强夯法加固软弱地基，一定要根据现场的地质条件和工程的使用要求，正确地选用各项技术参数。这些参数包括：单击夯实能、夯击遍数、间隔时间、加固范围、夯点布置等。

1. 有效加固深度

单击夯实能是指锤重W与落距H之积。根据研究，单击夯实能与有效加固深度D之间的关系可用下式表示

$$D = K\sqrt{W\frac{H}{10}} \tag{5-1}$$

式中 D——有效加固深度，m；

W——锤重，kN；

H——落距，m；

K——加固深度系数。根据经验大约在0.35～0.7之间，与地基土的性质及厚度有关。

由于式（5-1）未反映土的性质、厚度、地下水等因素，且量纲不合理，根据大量实测资料总结，可按表5-3预估。

表 5-3　强夯法的有效加固深度　m

单击夯实能（kN·m）	碎石土、砂土等粗颗粒土	粉土、黏性土、湿陷性黄土等细颗粒土
1000	4.0～5.0	3.0～4.0
2000	5.0～6.0	4.0～5.0
3000	6.0～7.0	5.0～6.0
4000	7.0～8.0	6.0～7.0
5000	8.0～8.5	7.0～7.5
6000	8.5～9.0	7.5～8.0
8000	9.0～9.5	8.0～9.0
10 000	10.0～11.0	9.5～10.5
12 000	11.5～12.5	11.0～12.0
14 000	12.5～13.5	12.0～13.0
15 000	13.5～14.0	13.0～13.5
16 000	14.0～14.5	13.5～14.0
18 000	14.5～15.5	—

注　强夯法的有效加固深度应从最初起夯面算起。

2. 强夯夯锤和落距的选用

显然，夯实能是决定土层加固深度的关键，当夯实能确定后，便可根据施工设备的条件选择锤重和落距。夯实能应根据地基土的类别、结构类型、荷载大小和要求处理的深度等综合考虑，并通过现场试夯确定，在一般情况下粗颗粒土可取（1000～3000）kN·m/m²，细颗粒土可取（1500～4000）kN·m/m²。

调查当地强夯施工单位已有的夯锤与起重机型号，根据所需有效加固深度和单夯击能，最后选用夯锤和落距。实践表明，在单夯击能相同的情况下，增加落距比锤重更有效。

3. 确定每个夯点重复夯击次数

夯实次数和遍数按最佳夯实能的要求确定。最佳夯实能是指能使地基中出现的孔隙水压力达到土的自重应力时的夯实能。夯击遍数应根据地基土的性质确定，可采用点夯 2～4 遍，对于渗透性较差的细颗粒土，必要时夯击遍数可适当增加。最后再以低能量满夯 1～2 遍，满夯可采用轻锤或低落距锤多次夯击，锤印搭接。

夯击点位置可根据基底平面形状，采用等边三角形、等腰三角形或正方形布置。第一遍夯击点间距可取夯锤直径的 2.5～3.5 倍，第二遍夯击点位于第一遍夯击点之间。以后各遍夯击点间距可适当减小。对处理深度较深或单击夯击能较大的工程，第一遍夯击点间距宜适当增大。

两遍夯击之间应有一定的时间间隔，间隔时间取决于土中超静孔隙水压力的消散时间。当缺少实测资料时，可根据地基土的渗透性确定，对于渗透性较差的黏性土地基，间隔时间不应少于 3～4 周；对于渗透性好的地基可连续夯击。

三、强夯置换简介

强夯置换是在 20 世纪 80 年代后期开发的方法，是采用在夯坑内回填块石、碎石、建筑垃圾等粗颗粒材料，用夯锤夯击形成连续的强夯置换墩，同时在夯击过程中，挤出部分软土，置换以粗颗粒材料，在上部荷载作用下，其承载性能接近于柔性桩复合地基，置换墩分担了较多的荷载。建筑处理地基技术规范指出强夯置换法适用于高饱和度的粉土与软塑—流塑的黏性土等地基上对变形控制要求不严的工程，除厚层饱和粉土外，应穿透软土层，达到较硬的土层上，并且在使用前应通过现场试验确定其适用性与加固效果。目前强夯置换法在饱和软土地区的应用逐渐推广。

强夯法施工时，振动大，噪声大，影响附近建筑物的安全和居民的正常生活，所以在城市市区或居民密集的地段不得采用。

第四节 换 土 垫 层 法

一、加固机理及适用范围

当软弱土地基的承载力和变形满足不了设计要求，而软弱土层的厚度又不是很大时，将基础底面下处理范围内的软弱土层部分或全部挖除，然后分层换填强度较大的砂、碎石、素土、灰土、炉渣、粉煤灰或其他性能稳定、无侵蚀性的材料，并压实至要求的密实度为止，这种地基处理方法称为换填法。

换土垫层主要有以下几个作用：

（1）提高持力层的承载力。地基中的剪切破坏是从基础底面以下角边处开始，随着基底压力的增大而逐渐向纵深发展的。因此当基底面以下浅层范围内可被剪切破坏的软弱土为强度较大的垫层材料置换后，可以提高承载力。

（2）减少沉降量。一般情况下，基础下浅层的沉降量在总沉降量中所占的比例较大。因而以垫层材料代替软弱土层，可以大大减少沉降量。

（3）加速软弱土层的排水固结。用砂石作为垫层材料时，由于其透水性大，在地基受压后垫层便是很好的排水体，可使下卧层中的孔隙水压力加速消散，从而加速其固结。

（4）防止冻胀。采用颗粒粗大的材料如碎石、砂等作为垫层，可以降低甚至不产生毛细水上升现象，因此可防止土体冻胀的发生。

（5）消除地基湿陷性黄土的湿陷性和膨胀土的胀缩作用。采用素土或灰土垫料，在湿陷性黄土地基中，置换了基础底面下一定范围内的湿陷性土层，可免除土层浸水后湿陷变形的发生或减少土层湿陷沉降量。同时，垫层还可以作为地基的防水层，减少下卧天然黄土层浸水的可能性。采用非膨胀性的黏性土、砂、碎石、灰土以及矿渣等置换膨胀土，可以减小地基的胀缩变形量。

换土垫层法适用于淤泥，淤泥质土、湿陷性黄土、膨胀土、素填土、季节性冻土地基以及暗沟、暗塘等的浅层处理。

二、砂垫层的设计要点

如图 5-2 所示，砂垫层设计主要是决定其厚度 z 和底宽 b_m。一般垫层的厚度为 1～2m。太薄（$z<0.5$m）垫层作用很小，太厚（$z>3$m）垫层则施工困难，也并不经济。计算时先假定垫层厚度 z 再进行验算。如不合适，则应改变厚度重新验算，直至满足为止。验算的要求原则上与浅基础的软弱下卧层验算

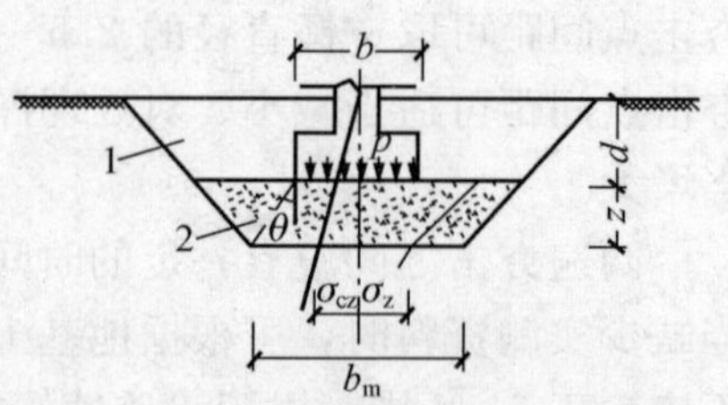

图 5-2 砂垫层设计计算简图

1—回填土；2—砂垫层

相同，根据下卧土层的承载力确定，并符合式（5-2）的要求

$$\sigma_z + \sigma_{cz} \leqslant f_{az} \tag{5-2}$$

式中 σ_z——相应于荷载效应标准组合时，垫层底面处的附加压力值，kPa；

σ_{cz}——垫层底面处土的自重压力值，kPa；

f_{az}——垫层底面处软弱土层经深度修正后的地基承载力特征值，kPa。

σ_{cz}的计算和θ的取值与浅基础的软弱下卧层验算不完全相同，计算σ_{cz}时，垫层厚度范围内的土层的重度宜取垫层材料的重度，扩散角按表5-4采用。

垫层底面处的附加压力值可分别按下两式计算：

对条形基础
$$\sigma_z = \frac{b(p_k - \sigma_c)}{b + 2z\tan\theta} \tag{5-3}$$

对矩形基础
$$\sigma_z = \frac{lb(p_k - \sigma_c)}{(b + 2z\tan\theta)(l + 2z\tan\theta)} \tag{5-4}$$

式中 b、l——基础的长度和宽度，m；

σ_c——基础底面标高处土的自重应力，kPa；

z——砂垫层的厚度，m；

θ——砂垫层的压力扩散角，可按表5-4选用；

p_k——基底压力，kPa。

表5-4　　压力扩散角θ（°）

换填材料 / z/b	中砂、粗砂、砾砂、圆砾、角砾、石屑、卵石、碎石、矿渣	粉质黏土、粉煤灰	灰土	一层加筋	二层及二层以上加筋
0.25	20°	6°	28°	25～30	28～38
≥0.5	30°	23°			

注 1. 当$z/b<0.25$时，除灰土仍取$\theta=28°$外，一层加筋取$\theta=25°$、二层及二层以上加筋取$\theta=28°$外，其余材料均取$\theta=0°$，必要时宜由试验确定。

2. 当$0.25<b/z<0.5$时，θ值可内插求得。

如图5-2所示，假设基础的底宽为b，砂垫层的底面宽度可按基础的底宽b（或l）向外扩出$2z\tan\theta$，即$b_m \geqslant b + 2z\tan\theta$（压力扩散角$\theta$，可按表5-4采用；当$b/z<0.25$时，仍按表中$b/z=0.25$取值），垫层顶面每边超出基础底边不宜小于300mm。底宽确定后，然后根据开挖基础所要求的坡度延伸至地面，即得砂垫层的设计剖面。

对于比较重要的建筑物还要求进行基础沉降量计算。验算时在沉降计算深度z_n范围内可不考虑砂垫层自身的变形。

三、垫层材料的选用

（1）砂石。宜选用碎石、卵石、角砾、圆砾、砾砂、粗砂、中砂或石屑（粒径小于2mm的部分不应超过总重的45%），应级配良好，不含植物残体、垃圾等杂质。当使用粉细砂时，应掺入不少于总重30%的碎石或卵石。砂石的最大粒径不宜大于50mm。

（2）粉质黏土。土料中有机质含量不得超过5%，当含有碎石时，粒径不宜大于50mm。

（3）灰土。体积配合比宜为2∶8或3∶7。土料宜用粉质黏土，不宜使用块状黏土和砂质粉土，不得含有松软杂质，并应过筛，其颗粒不得大于15mm。石灰宜用新鲜的消石灰，

其颗粒不得大于5mm。

(4) 粉煤灰。可用于道路、堆场和小型建筑物、构筑物等的换填垫层。粉煤灰垫层上宜覆土0.3～0.5m。

(5) 矿渣。主要用于堆场、道路和地坪，也可用于小型建筑物、构筑物地基。选用矿渣的松散重度不小于11kN/m³，有机质及含泥总量不超过5%。

(6) 其他工业废渣。在有可靠试验结果或成功工程经验时，对质地坚硬、性能稳定、无腐蚀性和放射性危害的工业废渣等均可用于填筑换填垫层。

(7) 土工合成材料。由分层铺设的土工合成材料与地基土构成加筋垫层。

四、垫层施工要点

垫层的施工按密实方法分类，有机械碾压法、重锤夯实法和平板振动法。应根据不同的换填材料选择施工机械；垫层的施工方法、分层铺填厚度、每层压实遍数等宜通过试验确定。一般情况下，垫层的分层铺填厚度可取200～300mm。

开挖至坑底时，应注意保护好坑底表层土的结构，特别是软弱土尽量避免扰动。一般基坑开挖后应立即回填垫层，不宜暴露过久或浸水。

第五节 排水固结预压法

我国东南沿海和内陆广泛分布着饱和软黏土，该地基土的特点是含水量大、孔隙比大、颗粒细，因而压缩性高、强度低、透水性差。在该地基上直接修建筑物或进行填方工程时，在荷载作用下会产生很大的固结沉降，且地基土强度低，其承载力和稳定性也往往不能满足工程要求，在工程实践中，常采用排水固结预压法对软黏土进行处理。

排水固结法（Consolidation）是处理软黏土地基的有效方法之一。该法是先在地基中设置砂井、塑料排水板等竖向排水体，然后分级逐渐加载，或是在建筑物建造以前，在场地先行加载预压，使土体中的孔隙水排出，逐渐固结，地基发生沉降，同时强度逐步提高的方法。

一、排水固结原理

排水固结法加固原理如图5-3所示，该图为土样在固结和抗剪强度试验中得到，有效固结压力σ'_c与孔隙比e及抗剪强度τ_f之间的关系曲线，即e-σ'_c和τ_f-σ'_c的关系曲线。它反映土在不同固结状态下加载固结的性状。土试样在天然状态σ'_0下施加荷载至完全固结，曲线从天然状态a点开始，曲线沿abc到达c点，有效固结压力增大至$\sigma'_0+\Delta\sigma'$；孔隙比逐渐减少至e_c，减少了$\Delta e=e_0-e_c$；相应抗剪强度逐渐增大至τ_{fc}，增大了$\Delta\tau_f=\tau_{fc}-\tau_{f0}$。

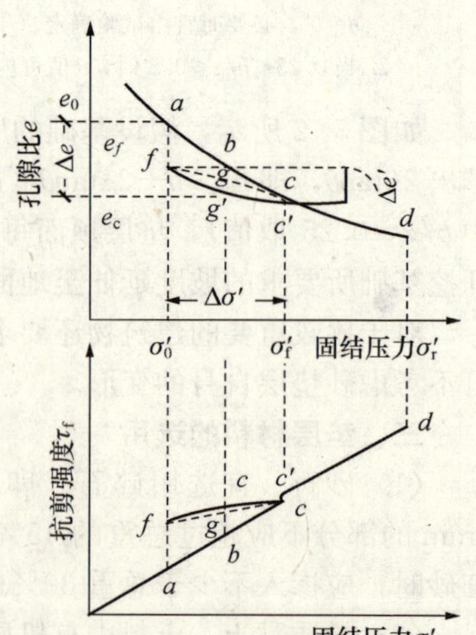

图5-3 排水固结压缩与强度变化图

若完全固结状态的c点，卸去全部荷载$\Delta\sigma'$后，曲线立即回弹，沿$c'e'f$曲线返回f点，有效固结压力立即恢复至天然状态。由于土样孔隙水部分被固结排走，孔隙比e只能由土骨架回弹到e_f，同样抗剪强度也只能恢复至τ_{ff}，不能恢复到天然状态，显然土的强度得到了提高，常把这种状态称为超固结状态。

当超固结状态下的土样又施加荷载压力至完全固结时，曲线又从 f 点沿 fgc' 再固结压缩至 c' 点，有效固结压力增大至 $\sigma'_0+\Delta\sigma'$，孔隙比从 e_f 压缩至 e_c。前后两次加荷至完全固结所达到的 c 和 c' 点，是很接近的。由此可见卸荷再加载固结相对于正常固结状态的土加压固结，其压缩量或孔隙比的降低明显减少，即 $\Delta e'\ll\Delta e$。

排水固结加固地基的预压方法有堆载法、真空预压法、降水预压法等。在实际中，可单独使用一种方法，也可以将几种方法联合使用。

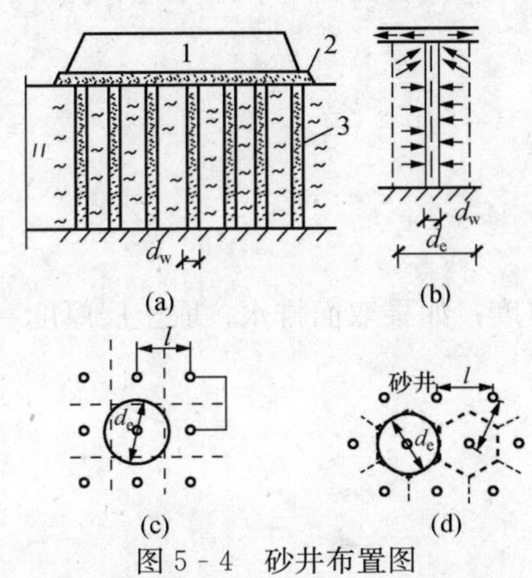

图 5 - 4 砂井布置图

(a) 剖面图；(b) 砂井排水途径；(c) 正方形布置；(d) 等边三角形布置

1—堆载；2—砂垫层；3—砂井

1. 堆载法

堆载预压法是工程上常用的有效方法，堆载一般采用填土、砂石等堆载材料，当采用加载预压时必须控制加载速度，制定出分级加载计划，以防地基在预压过程中丧失稳定性，因而所需工期较长；砂井堆载预压法是在地基中置入排水体，竖向排水体可用就地灌筑砂井、袋装砂井、塑料排水板等做成，如图 5 - 4 所示。水平排水体一般由地基表面的砂垫层组成，当软黏土层较薄，或土的渗透性较好而工期较长的，可仅在地表铺设一定厚度的砂垫层，当加载后，土层中的孔隙水竖向流入砂垫层而排出；对于厚度大、透水性又很差的软黏土，需同时用水平排水体和竖向排水体构成排水系统，使土层孔隙水由竖向排水体流入水平排水体。

2. 真空预压法

真空预压法是在需要加固的软黏土地基内设置砂井，然后在地面铺设砂垫层，其上覆盖不透气的密封膜，使与大气隔绝，通过埋设于砂垫层中的吸水管道，用真空装置进行抽气，将膜内空气排出，因而产生负压力，促使孔隙水从砂井排出，达到固结目的。真空预压法适用于一般软黏土地基，但对于透水性较好的地基，抽真空时地下水会大量流入，不可能得到规定的负压，故不宜采取此法。

3. 降水预压法

地基土中地下水位下降，则土的有效自重应力增加，适用于砂性土地基，也适用于软黏土层上存在砂性土的情况。对于深厚软黏土层，为加速其固结，可设置砂井，并采用井点降低地下水位。

二、地基固结度的计算

一般砂井常按正方形或等边三角形（梅花形）布置，如图 5 - 4 所示。在大面积荷载作用下，假设每根砂井（直径为 d_w）为一独立排水体系，正方形布置时，每根砂井的影响范围为一正方形；梅花形布置时，每根砂井的影响范围为一正六边形。为简化起见，每根砂井影响范围以等面积圆来代替，其等效影响直径为 d_e。

梅花形布置时 $$d_e=\sqrt{\frac{2\sqrt{3}}{\pi}}l=1.05l \qquad (5-5a)$$

正方形布置时 $$d_e=\sqrt{\frac{4}{\pi}}l=1.128l \tag{5-5b}$$

式中 d_e、l——砂井的等效影响直径和砂井间距，m。

当荷载为一次瞬时施加时，固结计算可按以下方法：

（1）根据太沙基一维固结理论，当平均固结度大于或等于30%时，地基土层的竖向平均固结度U_z，按下式计算

$$U_z=1-\frac{8}{\pi^2}e^{-\frac{\pi^2}{4}T_V} \tag{5-6}$$

$$T_V=\frac{C_V t}{H^2}$$

$$C_V=\frac{k_V(1+e)}{\gamma_w \alpha}$$

式中 T_V——竖向固结时间因数；

H——土层竖向排水距离，如果单面排水取土层厚度；如果双面排水，取土层厚度一半，m；

C_V——竖向固结系数，cm^2/s；

k_V——竖向渗透系数，cm/s；

e——土体原始孔隙比；

α——土体的压缩系数。

（2）根据Barron的解法计算径向平均固结度，即

$$U_r=1-e^{-\frac{8}{F}T_H} \tag{5-7}$$

$$T_H=\frac{C_H t}{d_e^2}$$

$$C_H=\frac{k_H(1+e)}{\gamma_w \alpha}$$

式中 T_H——水平向固结时间因数；

C_H——水平固结系数，cm^2/s；

k_H——水平渗透系数，cm/s；

F——与n有关的系数，$F=\frac{n^2}{n^2-1}\ln(n)-\frac{3n^2-1}{4n^2}$；

n——井径比，$n=d_e/d_w$，一般取为4～12。

（3）井径总的平均固结度为

$$U_{rz}=1-(1-U_r)(1-U_z) \tag{5-8}$$

当考虑加载过程时，固结计算可按如下方法：

一级或多级等速加载条件下，当固结时间为t时，对应总荷载的地基平均固结度可按下式计算

$$U_t=\sum_{i=1}^{n}\frac{\dot{q}_i}{\sum\Delta p}\left[(T_i-T_{i-1})-\frac{\alpha}{\beta}e^{\beta t}(e^{\beta T_i}-e^{\beta T_{i-1}})\right] \tag{5-9}$$

式中 U_t——t时间地基的平均固结度；

$\dot{q}_i$——第i级荷载的加载速度，kPa/d；

$\sum\Delta p$——各级荷载的累加值，kPa；

T_{i-1}、T_i——第 i 级荷载加载的起始时间和终点时间（从零点算起），d；当计算第 i 级荷载加载过程中某时刻 t 的固结度时，T_i 该为 t；

α、β——参数；根据地基土排水固结条件按表 5-5 采用；对竖井地基，表中 β 为不考虑涂抹和井阻影响的参数值。

表 5-5　　α、β 值

排水固结条件 \ 参数	竖向排水固结 $U_Z>30\%$	向内径向排水固结	竖向和向内径向排水固结（竖井穿透受压土层）	说　明
α	$\frac{8}{\pi^2}$	1	$\frac{8}{\pi^2}$	$F_n=\frac{n^2}{n^2-1}\ln(n)-\frac{3n^2-1}{4n^2}$
β	$\frac{\pi^2 C_V}{4H^2}$	$\frac{8C_H}{F_n d_e^2}$	$\frac{\pi^2 C_V}{4H^2}+\frac{8C_H}{F_n d_e^2}$	n——井径比 $n=\frac{d_e}{d_w}$

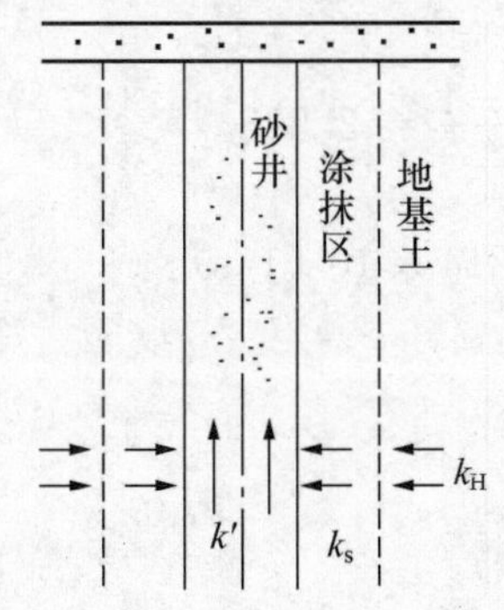

图 5-5　井阻与涂抹示意图

在以上的计算中，假设砂井中渗透没有阻力，由于砂井的渗透系数远大于地基黏土渗透系数，一般误差不大。但有时候由于砂中有杂质或者砂井有缩径和变形或砂井很长时，则砂井对渗流的阻力（井阻）应予考虑。另外，在造井或插入塑料排水带时，对于井周围地基土有挠动，会使局部水平方向渗透系数明显减小（涂抹作用），应考虑一定范围内土的渗透系数的变小，如图 5-5 所示。

考虑井阻和涂抹的影响，瞬时加载条件下，固结时间 t 时竖井地基径向排水平均固结度可按下式计算

$$U_r = 1-e^{-\frac{8C_H}{Fd_e^2}t} \tag{5-10}$$

其中
$$F=F_n+F_s+F_r;\ F_n=\ln(n)-\frac{3}{4}\quad (n\geqslant 15)$$

$$F_s=\left(\frac{k_H}{k_s}-1\right)\ln s;\ F_r=\frac{\pi^2 L^2}{4}\times\frac{k_H}{q_w}$$

式中　q_w——竖井纵向通水量，为单位水力梯度下单位时间的排水量，cm^3/s；$q_w=\frac{\pi}{4}d_w^2 k'$；

k_s——涂抹区土的水平向渗透系数；可取 $k_s=\left(\frac{1}{5}\sim\frac{1}{3}\right)k_H$，cm/s；

s——涂抹区直径 d_s 与竖井直径 d_w 的比值；可取 $s=2.0\sim3.0$，对中等灵敏黏性土取低值，对高灵敏黏性土取高值；

L——竖井深度，cm；

k'——砂井渗透系数，cm/s。

一级或多级等速加载条件下，考虑涂抹和井阻影响时井径穿透受压土层地基的平均固结度可按式（5-9）计算，其中

$$\alpha=\frac{8}{\pi^2},\beta=\frac{8C_H}{Fd_e^2}+\frac{\pi^2 C_V}{4H^2}$$

对于排水井径未穿透受压土层的地基，应分别计算竖井范围土层的平均固结度和竖井底面以下受压土层的平均固结度，通过预压使该两部分固结度和所完成的变形量满足要求。

【例 5-1】 某工程的地基为淤泥质黏土层，受压土层厚度 16m，固结系数 $C_V=1.5\times10^{-3}cm^2/s$，$C_H=2.95\times10^{-3}cm^2/s$。拟用堆载预压法进行地基处理，袋装砂井直径 $d_w=75mm$，等边三角形布置，间距 $L=2.0m$，深度 $H=16m$，竖井底部为不透水层，竖井打穿受压土层。预压荷载总压力 $P=100kPa$，分两级等速加载，如图 5-6 所示。计算加载 100 天时受压土层的平均固结度（不考虑竖井井阻和涂抹影响）。

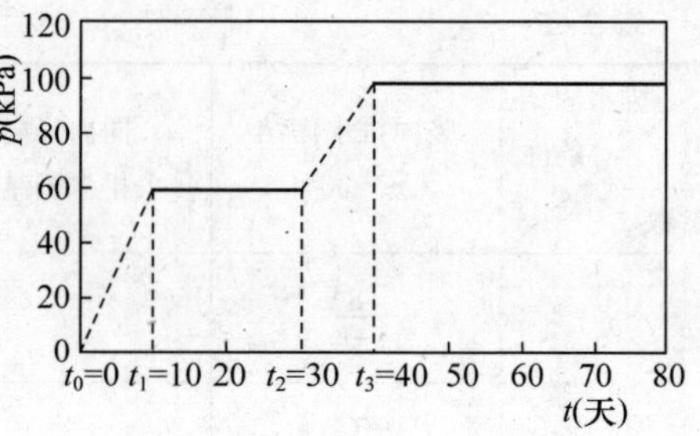

图 5-6 ［例 5-1］图

解 （1）基本计算参数。

砂井的有效排水圆柱体直径

$$d_e=1.05L=1.05\times2.0=2.1m$$

井径比 $n=\frac{d_e}{d_w}=\frac{2.10}{0.075}=28$

则 $\alpha=\frac{8}{\pi^2}=0.81$

$$F_n=\frac{n^2}{n^2-1}\ln(n)-\frac{3n^2-1}{4n^2}=\frac{28^2}{28^2-1}\ln(28)-\frac{3\times28^2-1}{4\times28^2}=2.578$$

$$\beta=\frac{8C_H}{F_nd_e^2}+\frac{\pi^2C_V}{4H^2}=\frac{8\times2.95\times10^3}{2.578\times210^2}+\frac{\pi^2\times1.5\times10^3}{4\times1600^2}=2.214\times10^7(1/s)$$

$$=0.0191(1/天)$$

第一级加载速率 $\dot{q}_1=60/10=6kPa/天$

第二级加载速率 $\dot{q}_2=40/10=4kPa/天$

（2）固结度计算。

$$U_t=\sum_{i=1}^{n}\frac{\dot{q}_i}{\sum\Delta p}\left[(T_i-T_{i-1})-\frac{\alpha}{\beta}e^{\beta t}(e^{\beta T_i}-e^{\beta T_{i-1}})\right]$$

$$=\frac{\dot{q}_1}{\sum\Delta p}\left[(t_1-t_0)-\frac{\alpha}{\beta}e^{\beta t}(e^{\beta t_1}-e^{\beta t_0})\right]+\frac{\dot{q}_2}{\sum\Delta p}\left[(t_3-t_2)-\frac{\alpha}{\beta}e^{\beta t}(e^{\beta t_3}-e^{\beta t_2})\right]$$

$$=\frac{6}{100}\times\left[(10-0)\times\frac{0.81}{0.0298}e^{0.0191\times100}(e^{0.0191\times10}-e^{0})\right]$$

$$+\frac{4}{100}\times\left[(40-30)\times\frac{0.81}{0.0191}e^{0.0191\times100}(e^{0.0191\times40}-e^{0.0191\times30})\right]$$

$$=0.827$$

三、砂井堆载预压法设计要点

砂井堆载预压法的设计，是合理安排排水系统和预压荷载之间的关系，使地基通过该排水系统在逐级加载过程中排水固结，地基强度逐渐增长，以满足每级加载条件下地基的稳定性要求，在尽可能短的时间内，使地基承载力达到设计要求。

砂井堆载预压法设计计算内容包括：初步确定砂井布置方案；初步拟定加荷计划，即每级加载增量、范围及加载延续时间；计算每级荷载作用下，地基的固结度、强度增长量；验算每一级荷载下地基土的抗滑稳定性；验算地基沉降量是否满足要求，若验算不满足要求，则需调整加载计划。

1. 砂井布置

砂井布置包括砂井直径、间距和深度的选择，确定砂井的排列以及排水砂垫层的材料和厚度等。通常砂井直径、间距和深度的选择应满足在预压过程中，在不太长的时间内，地基能达到70%～80%以上的固结度。

砂井直径和间距，主要取决于软黏土层的固结特性和施工期限的要求。就地灌筑砂井的直径一般为300～500mm。袋装砂井直径常用70～120mm。砂井间距可按井径比选用，井径比（n）按下式确定

$$n=\frac{d_e}{d_w} \tag{5-11}$$

普通砂井的间距可按 $n=6\sim8$ 选用，塑料排水板和带状竖井的间距可按 $n=15\sim22$ 选用。

采用塑料排水带（图5-7）时，要把条带截面换算成相当与砂井的直径，以两者的周长相等，用下式计算

$$d_w=\alpha\frac{2(b+\delta)}{\pi} \tag{5-12}$$

式中　d_w——排水带的当量砂井直径；

b、δ——排水带截面的宽度和厚度；

α——系数，约为0.75～1，可用 $\alpha=1$。

砂井深度的选择与土层分布、地基中的附加应力大小、施工期限等因素有关。如果软土层较薄时，砂井应穿透该土层；若软土层较厚时，则应根据建筑物对地基稳定及沉降的要求决定砂井的长度。从稳定方面考虑，砂井的长度应穿越地基的可能滑动面；从沉降方面考虑，砂井的长度应穿越压缩层。为保证砂井排水畅通，还应在砂井顶部设置厚度约0.3～0.5m的砂垫层，以便引出从土层排入砂井的渗透水。

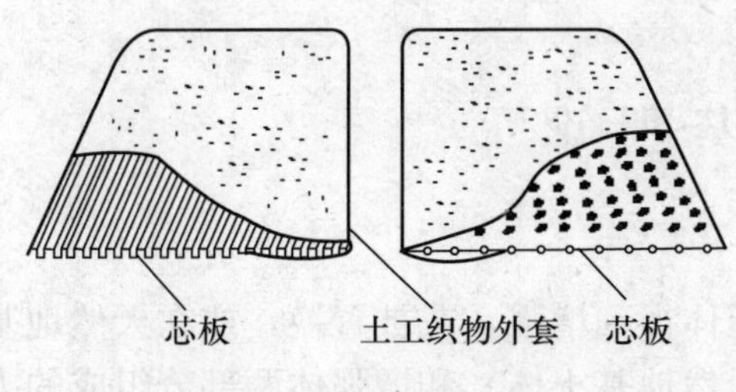

图5-7　塑料排水带

砂井的平面常按正方形或等边三角形布置。砂井的范围，一般比建筑物基础范围稍大一些，向外增大2～4m。这样可以预防地基产生过大的侧向变形或防止基础周边附近地基的剪切破坏。

2. 制定预压荷载计划

在加载预压中，任何情况下所加的荷载均不得超过当时软土层的承载力。为此，要拟定加载计划，设计时可按下列步骤进行：

（1）利用地基的天然抗剪强度计算第一级容许施加的荷载。

（2）计算第一级荷载下地基强度增长值确定第二级所能施加的荷载。

（3）计算第一级荷载作用下达到指定固结度所需的时间，此时间为第二级荷载开始施加的时间。

（4）依此类推完成整个加载过程。

3. 排水过程中地基强度增长值的推算

在预压荷载作用下，地基土在某一时刻 t 的抗剪强度 τ_{ft} 为

$$\tau_{ft} = \tau_{f0} + \Delta\sigma_z U_t \tan\varphi_{cu} \tag{5-13}$$

式中 τ_{f0}——地基中某点在加荷前的天然土抗剪强度，kPa。其值可由十字板剪切试验测定；

$\Delta\sigma_z$——预压荷载引起的该点附加竖向压力；

U_t——该点土的固结度。

4. 稳定性分析

由于地基土在预压荷载作用下可能失稳破坏，因此，预压加载过程中必须验算每级荷载下地基的稳定性。

进行稳定性分析时，通常假定地基的滑动面为圆筒面，可采用圆弧法（条分法）进行分析。

四、排水固结法施工与现场观测

应用排水固结法加固软黏土地基，其施工先后顺序如下：设水平排水垫层；设竖向排水体；设观测设备；施预压；检查预压效果；若不满足设计要求，则应改变设计至满足为止。从施工角度分析，要保证排水固结法的加固效果，主要做好三个环节：铺设水平排水垫层、设置竖向排水体、施加固结压力。

在采用排水固结法加固地基时，应根据现场观测资料分析地基在堆载预压过程中和竣工后的固结、强度和沉降的变化，其不仅是评价处理效果的依据，同时也可及时防止因设计和施工的不完善而引起的意外工程事故。工程上通常应进行孔隙水压力观测、沉降观测、侧向位移观测等。

第六节 复合地基理论

一、概述

复合地基是指天然地基在地基处理过程中部分土体得到增强，或被置换，或在天然地基中设置加筋材料而形成增强体，加固区是由基体（天然地基土体）和增强体两部分组成的人工地基。复合地基的承载力提高，沉降减小。复合地基有两个基本特点：①加固区是由增强体和其周围的地基土体两部分组成，是非均质和各向异性的；②增强体和其周围的地基土共同承担荷载并协调变形。前一特点使它区别于均质地基（包括天然地基和人工均质地基），后一特点使它区别与桩基。

复合地基根据地基中增强体的方向可分为竖向增强体复合地基和水平向增强体复合地基。竖向增强体复合地基又称为桩体复合地基；水平向增强体复合地基包括土工合成材料、金属材料格栅等形成的复合地基。

桩体复合地基根据成桩后桩体的强度（或刚度）又可分为柔性桩（散体材料桩属于此类）；半刚性桩（水泥土类桩）和刚性桩（混凝土类桩）。

半刚性桩中水泥掺入量的大小将直接影响桩体的强度。当掺入量较小时，桩体的特性类似柔性桩；而当掺入量较大时，又类似刚性桩。

复合地基根据成桩材料又可以分为散体材料桩（如砂桩、砂石桩、碎石桩、渣土桩、矿渣桩等）；水泥土类桩（如水泥土搅拌桩、旋喷桩等）；混凝土类桩（如混凝土灌注桩、CFG桩、树根桩、锚杆静压桩等）。

二、复合地基作用机理及设计参数

复合地基按其作用机理可体现以下几方面的作用：

（1）桩体作用。复合地基是桩体和桩周土共同作用，由于桩体的刚度比周围土体的刚度大，在刚性基础下等量变形时，地基中应力将重新分配，桩体产生应力集中，而桩周土应力降低，于是复合地基承载力和整体刚度高于原地基，沉降有所减小。

（2）加速固结作用。砂（砂石）桩、碎石桩具有良好的透水性，可加速地基的固结。

（3）挤密作用。砂（砂石）桩、碎石桩在施工过程中由于振动、挤压等原因，可对桩间土起到一定的挤密作用。

（4）加筋作用。各种复合地基除了可提高地基的承载力和整体刚度外，还可用来提高土体的抗剪强度，增加土坡的抗滑能量。

桩体复合地基设计参数主要包括面积置换率、桩土应力比和复合模量。

1. 面积置换率

竖向增强体复合地基中，竖向增强体习惯上称为桩体，桩间土体称为基体。在复合地基中，取一根桩及其所影响的桩周土所组成的单元体作为研究对象。桩体的横截面积与桩体所承担的复合地基面积之比称为复合地基面积置换率。

复合地基桩体的平面布置形式通常有三种，即等边三角形、正方形和矩形布置（图 5 - 8）。其面积置换率（m）为：$m=A_p/A$，其中 A_p 为单桩截面积，A 为单根桩加固面积。

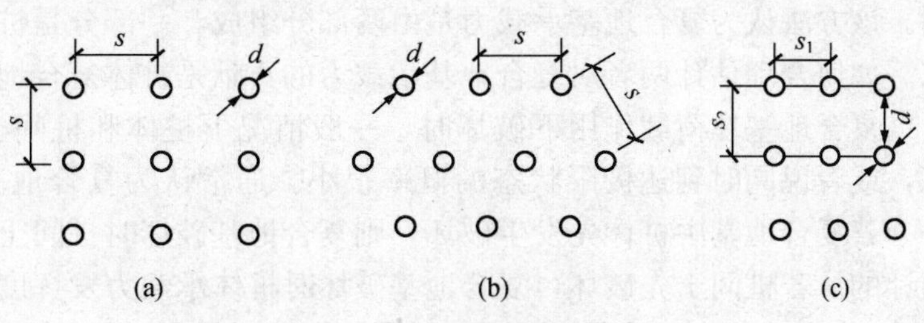

图 5 - 8 桩体平面布置形式

（a）等边三角形布置；（b）正方形布置；（c）矩形布置

正方形布置时
$$m=\frac{\pi d^2}{4s^2} \tag{5-14}$$

等边三角形布置时
$$m=\frac{\pi d^2}{2\sqrt{3}s^2} \tag{5-15}$$

矩形时
$$m=\frac{\pi d^2}{4s_1 s_2} \tag{5-16}$$

式中 d——桩体直径，mm；

s——等边三角形布置和正方形布置的桩间距，mm；

s_1、s_2——矩形布桩时的行间距和列间距，mm。

2. 桩土应力比

桩土应力比是指复合地基中桩体竖向平均应力与桩间土的竖向平均应力之比。桩土应力比是复合地基的一个重要设计参数，它关系到复合地基承载力和变形的计算。

假设桩顶应力为 σ_p，桩间土的表面应力为 σ_s，则桩土应力比 n 为

$$n=\frac{\sigma_p}{\sigma_s} \tag{5-17}$$

影响桩土应力比的因素有荷载水平、桩土模量比、复合地基面积置换率、原地基土强度、桩长、固结时间和垫层情况等。其他条件相同时，桩体材料刚度越大，桩土应力比就越

大；桩越长，桩土应力比就越大；面积置换率越小，桩土应力比就越大。

3. 复合模量

在复合地基计算中，为了简化计算，将加固区视作一均质的复合土体，那么与原非均质复合土体等价的均质复合土的模量称为复合地基的复合模量。一般复合压缩模量 E_{sp} 可按下式计算

$$E_{sp}=mE_p+(1-m)E_s \tag{5-18}$$

或

$$E_{sp}=[1+m(n-1)]E_s \tag{5-19}$$

式中 m、n——面积置换率和桩土应力比；

E_p、E_s——桩体和桩间土的压缩模量，MPa。

三、复合地基承载力的确定

复合地基承载力一般应通过现场复合地基载荷试验确定，初步设计时也可按复合求和法估算。现场复合地基载荷试验确定复合地基承载力可按《建筑地基处理技术规范》(JGJ 79—2002)的规定进行。这里介绍复合求和法，复合求和法根据桩的类型不同有所不同。该方法认为复合地基承载力是由两部分组成，一部分是桩的贡献，一部分是桩间土的贡献。如何合理估计两者对复合地基承载力的贡献是桩体复合地基计算的关键。

复合地基在荷载作用下破坏时，一般情况下桩体和桩间土两者不可能同时到达极限状态，或者说同时到达极限状态的概率很小。通常认为复合地基中桩体先发生破坏，也有例外。若复合地基中桩体先发生破坏，则复合地基破坏时桩间土承载力发挥度达到多少是需要估计的。若桩间土先破坏，复合地基破坏时桩体承载力发挥度达到多少也只能估计。另外复合地基中的桩间土的极限荷载与天然地基的是不同的。同样，复合地基中的桩所能承担的极限荷载与一般桩体中的也是不同的。因此桩体复合地基承载力计算比较复杂。

桩体复合地基中，散体材料桩、柔性桩和刚性桩荷载传递机理是不同的。桩体复合地基上基础刚度的大小、是否铺设垫层、垫层厚度等都对复合地基受力性状有较大影响，在桩体复合地基承载力计算中都要考虑这些影响因素。

桩体复合地基的极限承载力 f_{cf} 表达式可用下式表示

$$f_{cf}=K_1\lambda_1 mf_{pf}+K_2\lambda_2(1-m)f_{sf} \tag{5-20}$$

式中 f_{pf}——桩体极限承载力，kPa；

f_{sf}——天然地基极限承载力，kPa；

K_1——反映复合地基中桩体实际极限承载力与单桩极限承载力不同的修正系数，与地基土质情况、成桩方法等因素有关，一般大于 1.0；

K_2——反映复合地基中桩间土实际极限承载力与天然地基实际极限承载力不同的修正系数，与地基土质情况、成桩方法等因素有关，可能大于 1.0，也可能小于 1.0；

λ_1——复合地基破坏时，桩体发挥其极限强度的比例，也称为桩体极限强度发挥度；

λ_2——复合地基破坏时，桩间土发挥其极限强度的比例，也称为桩间土极限强度发挥度。

系数 K_1 和 K_2 与工程地质情况、桩体设置方法、桩体材料等因素有关。由于复合地基种类很多，很难对不同的复合地基分别给出 K_1 和 K_2 值，有待与理论研究和工程实践经验

的积累。

若能有效确定复合地基中桩体和桩间土的实际极限承载力，而且破坏模式是桩体先破坏引起复合地基全面破坏，则承载力计算式（5-20）可改写为

$$f_{cf}=mf_{pf}+\lambda(1-m)f_{sf} \tag{5-21}$$

式中 λ——桩体破坏时，桩间土极限强度发挥度。

复合地基的容许承载力 f_{cc} 计算式为

$$f_{cc}=\frac{f_{cf}}{K} \tag{5-22}$$

式中 K——安全系数。

采用承载力特征值表示，类似式（5-21）的复合地基承载力特征值 f_{spk} 可用下两式表示

$$f_{spk}=mf_{pk}+\beta(1-m)f_{sk} \tag{5-23}$$

$$f_{spk}=m\frac{R_a}{A_p}+\beta(1-m)f_{sk} \tag{5-24}$$

式中 f_{spk}——复合地基承载力特征值，kPa；

f_{pk}——桩体承载力特征值，kPa；

f_{sk}——处理后桩间土承载力特征值，kPa；

R_a——单桩竖向承载力特征值，kPa；

A_p——桩的截面积；

β——桩间土承载力折减系数，宜按地区经验取值。

在上两式中，式（5-23）适用于散体材料桩和桩身强度较低的柔性桩复合地基，其中β通常可取1.0；式（5-24）适用于刚性桩和桩身强度较高的柔性桩复合地基，其中β通常小于1.0。

水平向增强体复合地基主要包括在地基中铺设各种加筋材料，如土工织物、土工格栅等形成的复合地基。其工作性状与加筋体长度、强度、加筋层数以及加筋体与土体间的黏聚力和摩擦系数等有关。水平向增强体复合地基的破坏可具有多种形式，影响因素也很多。到目前为止，许多问题尚未完全搞清楚，水平向增强体复合地基的计算理论尚不成熟。

四、复合地基变形计算

复合地基的变形为加固区土层压缩变形量与加固区下卧层土体压缩变形量之和。计算加固区压缩量可采用复合模量法、应力修正法和桩身压缩量法计算。

1. 复合模量法

将复合地基加固区中增强体和基体两部分视为一复合土体，采用复合压缩模量来评价复合土体的压缩性。采用分层总和法计算复合地基加固区压缩变形 s_1，计算式为

$$s_1=\sum_{i=1}^{n}\frac{\Delta\sigma_{spi}}{E_{spi}}H_i \tag{5-25}$$

式中 $\Delta\sigma_{spi}$——第 i 层复合土层上附加应力增量，kPa；

H_i——第 i 层复合土层的厚度，mm；

E_{spi}——第 i 层复合土体的压缩模量，kPa。

2. 应力修正法

复合地基中，由于桩体的模量比桩间土模量大，使作用在桩间土上的应力小于作用在复

合地基上的平均应力。在该法中，根据桩间土承担的荷载 p_s 和桩间土的压缩模量 E_s，忽略增强体的存在，采用分层总和法计算加固土层的压缩量 s_1。

$$s_1 = \sum_{i=1}^{n} \frac{\Delta\sigma_{si}}{E_{si}} H_i = \mu_s \sum_{i=1}^{n} \frac{\Delta\sigma_i}{E_{si}} H_i = \mu_s s_{1s} \tag{5-26}$$

式中　μ_s——应力修正系数，$\mu_s=\frac{1}{1+m\ (n-1)}$；

n，m——复合地基桩土应力比，面积置换率；

$\Delta\sigma_i$——未加强地基在荷载 p_s 作用下第 i 层土上的附加应力增量，kPa；

$\Delta\sigma_{si}$——复合地基中第 i 层桩间土中的附加应力增量，kPa；

s_{1s}——未加固地基在荷载 p_s 作用下与加固区相应厚度土层内的压缩量。

3. 桩身压缩量法

在荷载作用下，桩身压缩量 s_p 为

$$s_p = \frac{\mu_p p + p_{bl}}{2E_p} l \tag{5-27}$$

式中　μ_p——应力集中系数，$\mu_p=\frac{n}{1+m\ (n-1)}$；

p——基底压力，kPa；

l——桩身长度，即加固区厚度，mm；

E_p——桩身材料变形模量，kPa；

p_{bl}——桩底端承力，kPa。

计算加固区下卧层土体压缩变形量通常采用分层总和法计算。因为复合地基加固区的存在，作用于下卧层顶面上的荷载及其下面土体中的附加应力难以精确计算。目前在工程上采用以下方法计算附加应力。

(1) 应力扩散法。这是工程上应用较多的方法，设复合地基上荷载为 p，作用宽度为 B，长度为 L，加固区厚度为 h，压力扩散角为 θ，则作用在下卧层上的荷载 σ_b 为

$$\sigma_b = \frac{LBp}{(B+2h\tan\theta)(L+2h\tan\theta)} \tag{5-28}$$

对宽度为 B 的条形荷载，在长度方向取 1 为计算单元，仅考虑宽度方向的扩散，则

$$\sigma_b = \frac{Bp}{B+2h\tan\theta} \tag{5-29}$$

(2) 等效实体法。当桩距较小时，多采用此法。f 为等效实体侧摩阻力，则作用在下卧层上的荷载为

$$\sigma_b = \frac{BLp-(2B+2L)hf}{BL} \tag{5-30}$$

对宽度 B 的条形荷载

$$\sigma_b = p - \frac{2hf}{B} \tag{5-31}$$

此外，计算加固区下卧层压缩变形量的方法还有 Geddes 法以及不考虑桩体存在的分层总和法等。

第七节 水 泥 土 搅 拌 法

一、概述

水泥浆搅拌法是美国在第二次世界大战后研制成功的，称（Mixed-in-Place Pile 简称MIP 法）。国内 1978 年研制出第一台搅拌机械。水泥土搅拌法是利用水泥等材料作为固化剂通过特制的搅拌机械，就地将软土和固化剂（浆液或粉体）强制搅拌，使软土硬结成具有整体性、水稳性和一定强度的水泥加固土，从而提高地基土强度和增大变形模量。

水泥土搅拌桩的施工工艺分为浆液搅拌法（以下简称湿法）和粉体搅拌法（以下简称干法）。适用于处理淤泥、淤泥质土、素填土、软—可塑黏性土、松散—中密粉细砂、稍密—中密粉土、松散—稍密中粗砂和砾砂、黄土等土层。不适用于含大孤石或障碍物较多且不易清除的杂填土，硬塑及坚硬的黏性土、密实的砂类土以及地下水渗流影响成桩质量的土层。当地基土的天然含水量小于 30%（黄土含水量小于 25%）、大于 70%时不应采用干法。寒冷地区冬季施工时，应考虑负温对处理效果的影响。水泥土搅拌法用于处理泥炭土、有机质含量较高或 pH 值小于 4 的酸性土、塑性指数大于 25 的黏土或在腐蚀性环境中以及无工程经验的地区采用水泥土搅拌法时，必须通过现场和室内试验确定其适用性。

水泥土搅拌法的优点：①最大限度地利用了原土；②搅拌时无振动、无噪音和无污染，对周围原有建筑物及地下沟管影响很小；③设计灵活，可按不同地基土的性质及工程设计要求，合理选择固化剂及其配方；④根据上部结构的需要可灵活地采用柱状、壁状、格栅状和块状等加固形式；⑤与钢筋混凝土桩基相比，可节约钢材并降低造价。

二、加固机理

1. 水泥的水解和水化反应

普通硅酸盐水泥主要是 CaO，SiO_2，Al_2O_3，Fe_2O_3，SO_3 等成分组成，并在水泥中形成硅酸三钙（$3CaO \cdot SiO_3$），硅酸二钙（$2CaO \cdot SiO_3$）和铝酸三钙（$3CaO \cdot AlO_3$）等水泥矿物。它们与软黏土混合后与土中水产生水化和水解作用，首先生成氢氧化钙 $Ca(OH)_2$ 和含水硅酸钙（$CaO \cdot SiO_3 \cdot nH_2O$），两者均能迅速溶解于水，逐渐使土中水饱和形成胶体；同时又生成铝酸钙（$CaO \cdot Al_2O_3$）和硫酸钙（$CaSO_4$），促进早凝增大强度。水泥水化物的一部分 $nCaO \cdot 2SiO_3 \cdot 3H_2O$ 自身继续硬化，形成早期水泥土骨架。

2. 土颗粒与水泥水化物的作用

水泥水化物及其溶液与黏土颗粒发生反应，如黏土矿物表面所带的 Na^+ 和 K^+ 与水化物 $Ca(OH)_2$ 的 Ca^{2+} 进行当量吸附变换，形成土团粒。溶液中的胶体粒子的比表面积比水泥粒子的大 1000 倍，具有强大的吸附活性，进一步凝聚反应形成水稳定水化物，在空气中逐渐硬化，增大水泥土的强度。

3. 碳酸化作用

水泥水化物中游离的氢氧化钙能吸收软土中的水和土孔隙中的二氧化碳，发生碳酸化反应，生成不溶于水的碳酸钙。

$$Ca(OH)_2 + CO_2 \longrightarrow CaCO_3 \downarrow + H_2O$$

这种反应能使水泥强度增加，但增加的速度较慢，幅度也很小。有时由于土中的二氧化碳含量很少，且反应较慢，实际工程中可以不予考虑。

4. 水泥粉体喷射搅拌加固机理

粉体喷射搅拌常用的固化剂有水泥粉体、生石灰和消石灰，也有掺入粉煤灰、石膏等外加剂的，粉体固化剂与原状土搅拌混合后，使地基土和固化剂发生一系列物理化学反应，生成稳定的水泥土或石灰土。用水泥粉体作固化剂加固软土地基与水泥浆作固化剂加固原理基本相同，只是用水泥粉体作固化剂水化反应放热直接在地基中。

三、设计要点

确定处理方案前，应搜集拟处理区域内详尽的岩土工程资料。尤其是填土层的厚度和组成，软土层的分布规律、分层情况、地下水位及 pH 值，土的含水量、塑性指数和有机质含量等。

固化剂宜选用强度等级为 32.5 级以上的普通硅酸盐水泥，水泥掺量宜为 12%～20%，湿法的水泥浆水灰比可选用 0.45～0.55。

桩长应根据上部结构对承载力和变形的要求确定，并应穿透软弱土层到达承载力相对较高的土层；设置的搅拌桩同时为提高抗滑稳定性时，其桩长应超过危险滑弧 2.0m 以上。干法的加固深度不宜大于 15m；湿法及型钢水泥土搅拌墙（桩）的加固深度应考虑机械性能的限制。单头、双头加固深度不宜大于 20m，多头及型钢水泥土搅拌墙（桩）的深度不宜超过 35m。

竖向承载水泥土搅拌桩复合地基的承载力特征值应通过现场单桩或多桩复合地基载荷试验确定。初步设计时同式（5-24）估算

$$f_{spk} = m\frac{R_a}{A_p} + \beta(1-m)f_{sk} \tag{5-32}$$

式中 R_a——单桩竖向承载力特征值，kN；

A_p——桩的截面积，m^2；

β——桩间土承载力折减系数。当桩 l 端土未经修正的承载力特征值大于桩周土的承载力特征值的平均值时，可取 0.1～0.4，差值大时取低值；当桩端土未经修正的承载力特征值小于或等于桩周土的承载力特征值的平均值时，可取 0.5～0.9，差值大时或设置褥垫层时均取高值。

单桩竖向承载力特征值应通过现场载荷试验确定。也可由下两式估算，取小值。

$$R_a = u_p\sum_{i=1}^{n} q_{si}l_i + \alpha q_p A_p \tag{5-33}$$

$$R_a = \eta f_{cu} A_p \tag{5-34}$$

式中 f_{cu}——与搅拌桩桩身水泥配比相同的室内加固土试块（边长 70.7mm 的立方体）在标准养护条件下 90 天龄期的立方体抗压强度平均值，kPa；

η——桩身强度折减系数，干法可取 0.20～0.30，湿法可取 0.25～0.33；

u_p——桩的周长，m；

n——桩长范围内所划分的土层数；

q_{si}——桩周第 i 层土的侧阻力特征值。对淤泥可取 4～7kPa；对淤泥质土可取 6～12kPa；对软塑状态的黏性土可取 10～15kPa；对可塑状态的黏性土可取 12～18kPa；

l_i——桩长范围内第 i 层土的厚度，m；

q_p——桩端地基土未经修正的承载力特征值，kPa，可按现行国家标准《建筑地基基础设计规范》（GB 50007—2011）的有关规定确定；

α——桩端天然地基土的承载力折减系数，可取0.4～0.6，承载力高时取低值。

竖向承载搅拌复合地基应在基础和桩顶之间设置200～300mm厚褥垫层，其材料可选用中砂、粗砂、级配砂石等，最大粒径不宜大于20mm。

竖向承载搅拌桩的平面布置可根据上部结构特点及对地基承载力和变形的要求，采用柱状、壁状、格栅状或块状等加固形式。桩可只在基础平面范围内布置，独立基础下的桩数不宜少于3根。柱状加固可采用正方形、等边三角形等布桩形式。

水泥土搅拌桩复合地基的变形s包括复合土层的平均压缩变形s_1与桩端下未加固土层的压缩变形s_2。

$$s = s_1 + s_2 \tag{5-35}$$

其中，复合土层压缩变形可按下式计算

$$s_1 = \frac{(\sigma_z + \sigma_{z1})l}{2E_{sp}} \tag{5-36}$$

$$E_{sp} = mE_p + (1-m)E_s$$

式中 σ_z——复合土层顶面的附加压力值，kPa；

σ_{z1}——复合土层底面的附加压力值，kPa；

l——复合土层的厚度，m；

E_{sp}——水泥土搅拌桩复合土层的压缩模量，kPa；

E_p——水泥土搅拌桩的压缩模量，可取（100～120）f_{cu}，对桩较短或桩身强度较低者可取低值，kPa；

E_s——桩间土的压缩模量，kPa。

桩端以下未加固土层的压缩变形s_2可按现行国家标准《建筑地基基础设计规范》（GB 50007—2011）的有关规定进行计算。

四、施工

合适的配方需采用合适的机具和工艺流程才能保证水泥土达到设计强度。如果机具和工艺不适用，或重心不稳，或搅拌的功率和喷浆率不足，常常造成只搅拌不喷浆，土体呈同心圆转动或摆动，其后果是泥浆、泥块、水泥浆分离，拌和不匀，上下不均一，强度差异悬殊，总强度很低。因此，对不同土类、不同深度的加固体应分别采用不同的机具和工艺流程，包括：搅拌机的功率，搅拌头的类型，喷浆的压力和搅拌的流程等。对于打入深度在8～12m的搅拌桩，搅拌机的功率可用35～45kW和轴杆直径ϕ50～ϕ70mm的单轴和双轴搅拌头。对于深度超过20m的搅拌桩，搅拌机的功率应增大至55～60kW，搅拌头的直径，喷射压力也相应增大。水泥土搅拌法一般采用的施工步骤为（图5-9）：

（1）搅拌机就位、调平，启动电机。

（2）预搅下沉至设计加固深度。

（3）边喷浆（粉）、边搅拌提升直至预定的停浆（灰）面。

（4）重复搅拌下沉至设计加固深度。

（5）根据设计要求，喷浆（粉）或仅搅拌提升直至预定的停浆（灰）面。

（6）关闭搅拌机械。

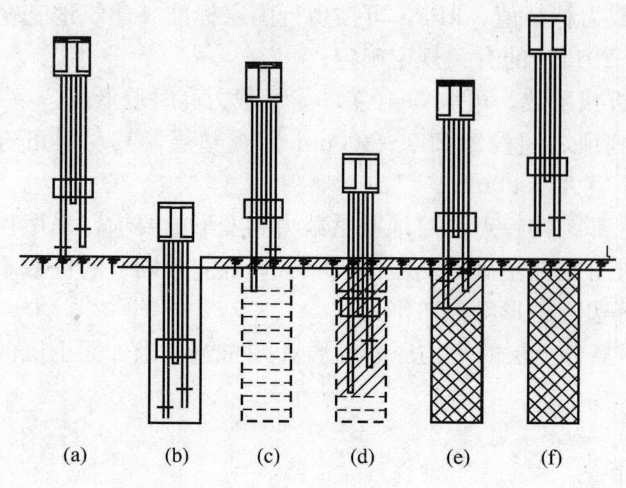

图 5-9　深层搅拌的施工顺序

（a）定位下沉；（b）深入到底部；（c）喷浆搅拌上升；（d）重复搅拌下沉；（e）重复搅拌上升；（f）完毕

特别强调的是：要监测控制水泥浆的输入量，尽量均匀；严格控制钻杆的下沉和提升的速度，认真检验搅拌后的水泥质量，特别是硬化均匀的程度。每一工程都应进行试验性的施工，通过检验认为满足设计要求后，再制订施工工艺程序。

五、质量检验

成桩后 3 天内，可用轻型动力触探（N_{10}）检查每米桩身的均匀性，检验数量为总桩数的 1%，且不少于 3 根；成桩 7 天后，采用浅部开挖桩头，目测检查搅拌的均匀性，量测成桩直径。检查量为总桩数的 5%。

竖向承载水泥土搅拌桩地基竣工验收时，承载力检验应采用复合地基载荷试验和单桩载荷试验进行监测；载荷试验宜在成桩 28 天后进行。检验数量为总桩数的 0.5%～1%，且每项单体工程不应少于 3 点。

第八节　高压喷射注浆法

一、概述

用高压水泥浆通过钻杆由水平方向的喷嘴喷出，形成喷射流，以此切割土体并与土拌和形成水泥土加固体的地基处理方法。

20 世纪 60 年代末期，日本将高压水射流技术应用到灌浆工程中，创造出一种全新的施工法即高压喷射注浆法。又称 CCP 工法（Chemical Churning Pile）。1972 年铁道部科学研究院率先开发高压喷射注浆法。1975 年，我国冶金、水电、煤炭、建工等部门和部分高等院校，也相继进行了试验和施工。现已成功应用于已有建筑和新建工程的地基处理、深基坑地下工程的支挡和护底、构造地下防水帷幕等。

按喷射流移动轨迹可分为旋转喷射（简称旋喷）、定向喷射喷（简称定喷）和摆动喷射（简称摆喷）三种。按注浆管类型分为单管法、二重管法、三重管法和多重管法。加固形状可分为柱状、壁状、条状和块状。

旋喷时，喷嘴边喷射边旋转和提升，可形成圆柱状或异形圆柱状加固体（又称为旋喷桩）如图 5-10（a）所示。定喷时，喷嘴边喷射边提升，而且喷射方向固定不变，可形成墙板状加固体，如图 5-10（b）所示。摆喷时，喷嘴边喷射边振动和提升，可形成扇形状加固体，如图 5-10（c）所示。

高压喷射注浆法适用于处理淤泥、淤泥质土、流塑、软塑或可塑黏性土、粉土、砂土、黄土、素填土和碎石土等地基。

对于硬黏性土、含较多的块石或大量植物根茎的地基，因喷射流可能受到阻挡或削弱，切削范围小或影响处理效果。

图 5-10　加固体的基本形状

(a) 圆柱体和异形圆柱体；(b) 墙板状；(c) 扇形状

二、设计要点

竖向承载旋喷桩复合地基承载力特征值应通过现场复合地基载荷试验确定。初步设计时，按式（5-32）估算。其中，β为桩间土承载力折减系数，可取 0～0.5，承载力较低时取低值；单桩竖向承载力特征值可通过现场单桩载荷试验确定，也可同水泥浆搅拌桩法进行估算，其中，桩身强度折减系数 η 可取 0.33。

竖向承载旋喷桩复合地基宜在基础和桩顶之间应设置褥垫层，厚度可取 200～300mm，其材料可选用中砂、粗砂、级配砂石等，最大粒径不宜大于 30mm。

对于独立基础下的布桩数一般不应少于 4 根。

高压喷射注浆法用于深基坑、地铁等工程形成连续体时，相邻桩搭接不宜小于 300mm。

三、施工

高压喷射注浆法的施工工序如图 5-11 所示：钻机就位、钻孔、插管、喷射注浆作业、拔管、清洗机具、移开机具。

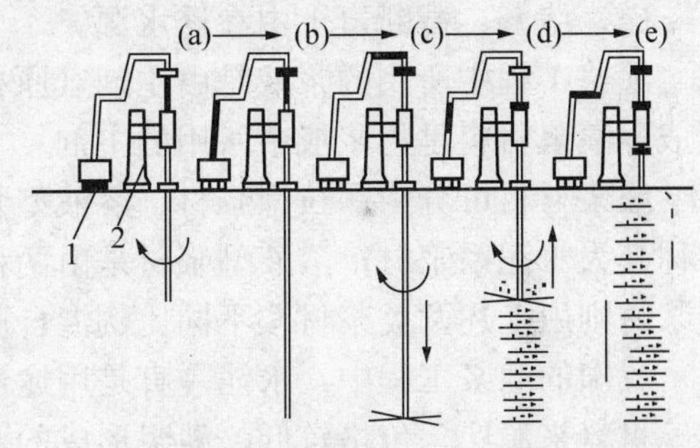

图 5-11　喷射注浆施工顺序

(a) 开始钻进；(b) 钻进结束；(c) 高压旋喷开始；(d) 边旋转边提升；(e) 喷射完毕，桩体形成

1—超高压水力泵；2—钻机

高压喷射注浆的施工参数应根据土质条件和加固要求通过试验或根据工程经验确定，并在施工中严格加以控制。单管法及二重管法的高压水泥浆和三重管法高压水的压力应大于 20MPa，注浆材料宜选用强度等级为 32.5 级及以上的普通硅酸盐水泥。水泥浆液的水灰比应按工程要求确定，可取 0.8～1.5，常用 1.0。

喷射孔与高压注浆泵的距离不宜大于 50m，钻孔的位置与设计位置的偏差不得大于 50mm。当处理既有建筑地基时，应采用速凝浆液或跳孔喷射和冒浆回灌等措施，以防喷射过程中地基产生附加变形和地基与基础间出现脱空现象。

四、质量检验

高压喷射注浆可根据工程要求和当地经验采用开挖检查、取芯（常规取芯或软取芯）、标准贯入试验、载荷试验或围井注水试验等方法进行检验，并结合工程测试、观测资料及实际效果综合评价加固效果。

检验点应布置在有代表性的桩位、施工中出现异常情况的部位以及地基情况复杂，可能对高压喷射注浆质量产生影响的部位。

检验点的数量为施工孔数的1%，并不应少于3点；质量检验宜在高压喷射注浆结束28天后进行。

竖向承载旋喷桩地基竣工验收时，承载力检验应采用复合地基载荷试验和单桩载荷试验，检验数量为桩总数的0.5%～1%，且每项单体工程不应少于3点。

第九节 灌 浆 法

灌浆法是指利用气压、液压或化学原理，通过灌浆管把浆液均匀地注入地层中，浆液以充填、渗透和挤密等方式赶走土颗粒间或岩石裂隙中的水分和空气后占据其位置，经人工控制一定时间后，将原来松散的土粒或裂隙胶结成一个整体，形成一个结构新、强度大、防水性能好和化学稳定性良好的“结石体”，以达到地基处理的目的。灌浆法在我国煤炭、冶金、水电、建筑、交通和铁道等行业已得到了广泛的应用，并取得了良好的效果。

一、概述

灌浆法的主要作用有：

（1）加固：提高岩土的力学强度和变形模量，增强基础与周围岩土介质之间的结合，提高地基承载力，减少地基压缩变形，保证土体稳定性。

（2）纠偏：使已经发生不均匀沉降的建筑物恢复正常位置。

（3）防渗：降低岩土渗透性，减少渗流量，提高抗渗能力。

（4）堵漏：截断岩土中渗透水源。

灌浆工程中所用的浆液是由主剂（原材料）、溶剂（水或其他溶剂）及各种外加剂混合而成。灌浆材料是指浆液中所用的主剂。

灌浆材料可分为颗粒型浆材、溶液型浆材和混合型浆材。颗粒型浆材是水泥为主剂，故多称其为水泥系浆材；溶液型浆材是由两种或多种化学材料配制，故通称为化学浆材；混合型浆材则由上述两类浆材按不同比例混合而成。

我国的灌浆工程中，水泥一直是用途最广和用量最大的浆材，水泥浆液的主要特点：无毒、材料来源广、价格较低、灌浆形成的水泥复合土体具有较好的物理力学性质和耐久性。但普通水泥浆容易沉淀析水而稳定性较差，硬化时伴有体积收缩，对过细颗粒而言颗粒较粗，对大规模灌浆工程而言则水泥用量过大。为克服以上缺点，国内外常采用以下几种措施：①在水泥浆中掺入黏土、砂和粉煤灰等廉价材料；②用各种方法提高水泥颗粒细度；③掺入各种附加剂以改善水泥浆液性质。

化学浆材的品种很多，包括环氧树脂类、甲基丙烯酸酯类、丙烯酰胺类、木质素类和硅酸盐类等。化学浆材的最大特点是浆液属于真溶液，初始黏度小，可灌注地基中细小裂缝或孔隙。其缺点是造价较高，且不少化学溶液具有一定毒性，造成环境污染。

混合型浆材包括聚合物水玻璃浆材、聚合物水泥浆材和水泥水玻璃浆材等几类。此类浆材包括了上述各类浆材的性质，或用来降低浆材成本，或用来满足单一材料不能实现的性能。

此外，由于膨润土是一种水化能力极强和分散性很高的活性黏土，在国外灌浆工程中被广泛地用做水泥浆的附加剂，可使浆液黏度增大，稳定性提高，结石率增加。据研究，当膨润土掺量不超过水泥重量的3%～5%时，浆液结石的抗压强度不会降低。

二、灌浆法分类

根据地质条件、注浆压力、浆液对土体的作用机理、浆液的运动形式和替代方式可将灌浆法分为如下五种：

（1）充填或裂隙灌浆。对大洞穴、构造断裂带、隧道衬砌壁后灌浆，对岩土层面、岩体裂隙、节理和断层的防渗、固结灌浆均属充填或裂隙灌浆。由于岩土体中存在较大的空隙，浆液较易灌入。

（2）渗透灌浆。在不破坏地层颗粒排列的条件下，通过灌浆压力使浆液克服各种阻力充填于颗粒间隙中，将颗粒胶结成整体，以达到土体加固和止水的目的。渗透灌浆适用于存在孔隙或裂隙的地基土层，如砂土地基等。

（3）压密灌浆。压密灌浆是注入极稠的浆液，形成球形或圆柱体浆泡，压密周围土体，使土体产生塑性变形，但不使土体产生劈裂破坏。当浆包直径较小时，灌浆压力基本上沿钻孔的径向即水平向扩展。随着浆包尺寸的逐渐增大，便产生较大的上抬力而使地面抬动，当合理使用灌浆压力并造成适宜的上抬力时，能使下沉的建筑物回升到相当精确的范围。压密灌浆常用于砂土地基。黏性土地基中若有较好的排水条件时，也可采用压密灌浆。压密灌浆是浓浆置换和压密土的过程。

压密灌浆用于加固密度较低的软弱土有较好效果，但不适用于会进一步分解的有机质土。对受挤压后会出现较大孔隙水压力的饱和黏土，使用也要慎重。

（4）劈裂灌浆。在灌浆压力作用下，先压密周围土体，当压力大到一定程度时，浆液克服各种地层的初始应力和抗拉强度，引起岩石或土体结构破坏和挠动，浆液在孔内随着灌浆压力的增加，浆液流动使地层产生劈裂，使地层中原有的孔隙（裂隙）扩张或形成新的裂缝（孔隙），从而使低透水性地层的可灌性和浆液扩散距离增大，形成脉状或条带状胶结体。这种方法所用的灌浆压力相对较高。劈裂灌浆主要用于土体加固和裂隙岩体的防渗和补强。

（5）电动化学灌浆。如地基土的渗透系数 $k<10^{-4}$ cm/s，只依靠一般静压力难以使浆液注入土的孔隙，此时借助于电渗作用使浆液进入土中。

电动化学灌浆是在施工时将带孔的注浆管作为阳极，用滤水管作为阴极，将溶液由阳极压入土中，并通以直流电（两极间电压梯度一般采用 0.3～1.0V/cm），在电渗作用下，孔隙水由阳极流向阴极，促使通电区域中土的含水量降低，并形成渗浆通道，化学浆液（如水玻璃溶液或氯化钙溶液）也随之流入土的孔隙中，并在土中硬结。因而电动化学灌浆是在电渗排水和灌浆法的基础上发展起来的一种加固方法。但由于电渗排水作用，可能会引起邻近已有建筑物基础的附加沉降，应用时应慎重。

第十节　水泥粉煤灰碎石桩（CFG 桩）法

一、概述

水泥粉煤灰碎石桩又称 CFG 桩（Cement Flyash Gravel Pile），是由水泥、粉煤灰、碎石、石屑或砂等混合料加水拌和形成高黏结强度桩，并由桩、桩间土和褥垫层一起组成复合地基的地基处理方法，如图 5-12 所示。

CFG 桩法适用于处理黏性土、粉土、砂土和已自重固结的素填土等地基。对淤泥质土应按地区经验或通过现场试验确定其适用性。

CFG 桩属于高黏结强度桩，它与素混凝土桩的区别仅仅在于桩体材料的构成不同，而在受力和变形特征方面没有什么区别。它在桩体材料配合比上比素混凝土桩更追求经济效益，在有条件的地方应尽量利用工业废料作为掺和剂。

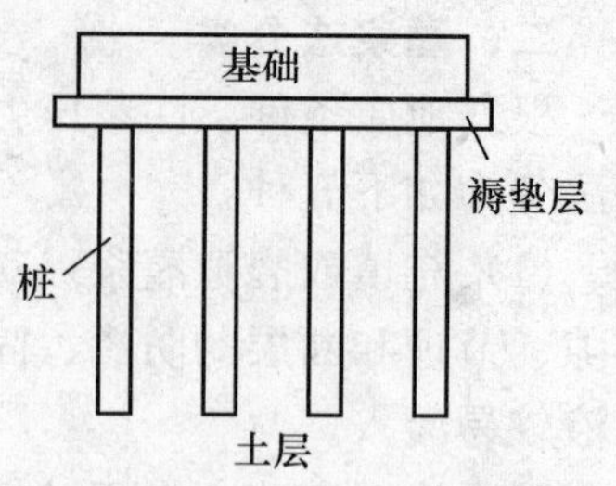

图 5-12 CFG 桩复合地基示意图

水泥粉煤灰碎石桩复合地基属于刚性桩复合地基，具有承载力提高幅度大，地基变形小等优点。并可适用于多种基础形式：条基、独立基础、箱基和筏基等。

褥垫层技术是 CFG 桩复合地基的核心技术，褥垫层的主要作用有：保证桩土共同承担荷载；通过改变褥垫层的厚度，调整桩垂直荷载的分担，通常褥垫层越薄桩承担的荷载占总荷载的百分比越高；减少基础底面的应力集中；调整桩土水平荷载的分担，褥垫层越厚，土分担的水平荷载占总荷载的百分比越大。

二、设计要点

水泥粉煤灰碎石桩应选择承载力和模量相对较高的土层作为桩端持力层。桩径选取长螺旋钻中心压灌、干成孔和振动沉管成桩宜取 350～600mm；泥浆护壁钻孔灌注素混凝土成桩宜取 600～800mm；钢筋混凝土预制桩宜取 300～600mm。

桩距应根据基础形式、设计要求的复合地基承载力和复合地基变形、土性、施工工艺确定：箱基、筏基和独立基础，桩距宜取 3～5 倍桩径；墙下条基单排布桩宜取 3～6 倍桩径。桩长范围内有饱和粉土、粉细砂、淤泥、淤泥质土层，采用长螺旋钻中心压灌成桩施工中可能发生窜孔时宜采用大桩距或采用跳打措施。

桩顶和基础之间应设置褥垫层，褥垫层厚度宜取 0.4～0.6 倍桩径。褥垫材料宜用中砂、粗砂、级配砂石和碎石等，最大粒径不宜大于 30mm。

单桩竖向承载力特征值 R_a 的取值应符合下列规定：

（1）当采用单桩载荷试验时，应将单桩竖向极限承载力除以安全系数 2。

（2）当无单桩载荷试验资料时，可按下式估算

$$R_a = u_p \sum_{i=1}^{n} q_{si} l_i + q_p A_p \tag{5-37}$$

CFG 桩应选择承载力相对较高的土层作为桩端持力层，该复合地基设计时应进行变形验算。

复合地基承载力特征值应通过现场复合地基载荷试验确定，初步设计时也可按式（5-32）估算，式中 β 为桩间土承载力折减系数，宜按地区经验确定，如无经验时可取 0.75～0.95，天然地基承载力较高时取大值。

桩体配比按桩体强度控制，桩体试块抗压强度应满足下式要求

$$f_{cu} \geqslant 3 \frac{R_a}{A_p} \tag{5-38}$$

式中 f_{cu}——桩体混合料试块（边长 150mm 立方体）标准养护 28 天立方体抗压强度平均值，kPa。

桩长可由建筑物对承载力和变形的要求确定，桩端应落到承载力相对较高的土层。

复合土层的沉降可采用分层总和法计算，复合土层的分层与天然地基相同，各复合土层的压缩模量等于该层天然地基压缩模量的 ζ 倍，ζ 值可按下式确定

$$\zeta=\frac{f_{spk}}{f_{ak}} \tag{5-39}$$

式中　f_{ak}——基础底面下天然地基承载力特征值，kPa。

三、施工

CFG 桩的施工应根据现场条件选用下列施工工艺：

(1) 长螺旋钻孔灌注成桩，适用于地下水位以上的黏性土、粉土、砂土、素填土、中等密实以上的砂土。

(2) 长螺旋钻孔、管内泵压混合料灌注成桩，适用于黏性土、粉土、砂土，以及对噪声或泥浆污染要求严格的场地。

(3) 振动沉管灌注成桩，适用于粉土、黏性土及素填土地基。对松散的饱和粉细砂和粉土，以消除液化和提高地基承载力为目的时，可选用此工艺。

施工前应按设计要求由试验室进行配合比试验，施工时按配合比配制混合料。长螺旋钻孔、管内泵压混合料成桩施工的坍落度宜为 160～200mm，振动沉管灌注成桩施工的坍落度宜为 30～50mm，振动沉管灌注成桩后桩顶浮浆厚度不宜超过 200mm；长螺旋钻孔、管内泵压混合料成桩施工在钻至设计深度后，应准确掌握提拔钻杆时间，混合料泵送量应与拔管速度相配合，遇到饱和砂土或饱和粉土层，不得停泵待料；沉管灌注成桩施工拔管速度应控制在 1.2～1.5m/min，如遇淤泥或淤泥质土，拔管速度应适当放慢。

施工桩顶标高宜高出设计桩顶标高不少于 0.5m。清土和截桩时，不得造成桩顶标高以下桩身断裂和扰动桩间土。

褥垫层铺设宜采用静力压实法，当基础底面下桩间土的含水量较小时，也可采用动力夯实法。

施工垂直度偏差不应大于 1%；对满堂布桩基础，桩位偏差不应大于桩径的 0.4；对条形基础，桩位偏差不应大于桩径的 0.25，对单排布桩桩位偏差不应大于 60mm。

四、质量检验

水泥粉煤灰碎石桩复合地基检验应在桩身强度满足试验荷载条件，宜在施工结束后 28 天后进行。试验数量宜为总桩数的 0.5%～1%，且每个单体工程的试验数量不应少于 3 点；应抽取不少于总桩数 10%的桩进行低应变动力试验，检测桩身完整性。

施工质量检验主要应检查施工记录、混合料坍落度、桩数、桩位偏差、褥垫层厚度、夯填度和桩体试块抗压强度等。

CFG 桩地基竣工验收时，承载力检验应采用复合地基载荷试验。

第十一节　挤密法和振冲法

一、概述

在砂土中通过机械振动挤压和加水振动可以使土密实。挤密法及振冲法就是利用这个原理发展起来的两种地基加固方法。

1. 挤密法

挤密法是以振动或冲击的方法成孔，然后在孔中填入砂、石、土、石灰、灰土或其他材料，并加以捣实成为桩体。按填入的材料不同分别称为砂桩、砂石桩、石灰桩、灰土桩等。

挤密法一般采用各种打桩机械施工，也有用爆破成孔的。挤密桩的加固机理在砂土中主要靠桩管打入地基中，对土产生横向挤密作用。在一定挤密功能作用下，土粒彼此移动，小颗粒填入大颗粒的空隙，颗粒间彼此靠近，空隙减小，使土挤密，地基土的强度也随之增强。在黏性土中，由于桩体本身具有较大的强度和变形模量，桩的断面也较大，故桩体与土组成复合地基，共同承担建筑物荷载。

挤密砂桩与排水砂井都是以砂为填料的桩体，但两者的作用是不同的。砂桩的作用主要是挤密，故桩径与填料的密度大，桩距较小；而砂井的作用主要是排水固结，故井径和填料密度小，间距大。

挤密桩主要适用于处理松软砂类土、素填土、杂填土、湿陷性黄土等，将土挤密或消除湿陷性，其效果是显著的。

2. 振冲法

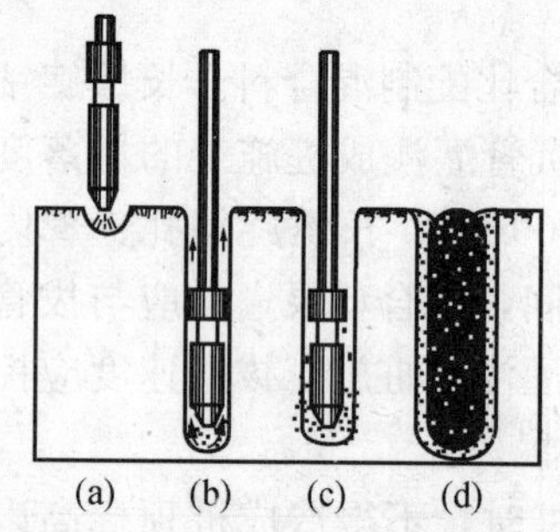

图 5-13 振冲法施工顺序图

振冲法是利用一个振冲器在高压水流的帮助下边振边冲，使松砂地基变密，或在黏性土中成孔，在孔中填入碎石制成一根根的桩体，这样的桩体和原来的土构成比原来抗剪强度高和压缩性小的复合地基。振冲法的施工过程是用吊车或卷扬机把振冲器就位后［图 5-13（a）］，打开喷射水口，开动振冲器，在振冲作用下振冲器沉到需要加固的深度［图 5-13（b）］，然后边往孔内回填碎石，边喷水振动，逐渐上提，全孔形成振冲桩。孔内的填料越密，振动消耗的电量越大，常通过观察电流的变化，控制振密的质量。孔内成桩的同时孔周围一定范围内土也在不同程度被加固［图 5-13（c）、（d）］。

在砂土和黏性土中振冲法的加固机理是不同的。在砂土中，振冲器对土施加水平振动和侧向挤压作用，使土的结构逐渐破坏，孔隙水压力逐渐增大。土粒向低势能位置转移，土体由松变密。当孔隙水压力增大到大主应力值时，土体液化，使加密效果更加显著。所以，振冲对砂土的作用主要是振动密实和振动液化，然后随着孔隙水的消散固结，砂土挤密。

在黏性土中，振动不能使黏性土液化；除了部分非饱和土或黏粒含量较少的黏性土在振动挤压作用下可能被压密外，对于饱和黏性土，特别是饱和软土，振动挤压不但难以使土密实，甚至会挠动土的结构，引起土中孔隙水压力的升高，降低有效应力，使土的强度降低。所以振冲法在黏性土中的作用主要是振冲制成碎石桩，置换软弱土层，碎石桩与周围土体组成复合地基。在复合地基中，碎石桩的变形模量远比桩周黏性土的大，因而使荷载集中在碎石桩，相应减小软弱土中的附加应力，从而改善地基受力状况。但软弱土中形成复合地基是有条件的，即在振冲器制成碎石桩的过程中，桩周土必须具有一定的强度，以便抵抗振冲器对土产生的振动挤压力和支撑碎石桩的侧向挤压。反之，复合地基的作用就不可能形成了。由此可见，被加固土体的抗剪强度是影响加固效果的关键。工程实践证明，具有一定的抗剪强度（c_u＞20kPa）的地基土采用碎石桩的处理地基的效果较好，反之，处理效果就不显著，甚至不能采用。振动挤压可能引起饱和软土强度的衰减，但经过一段间歇期后，土的抗剪强度是可以部分或全部恢复的。所以，在比较软弱的土层中，如能用振冲法制成碎石桩，应间歇一段时间，待强度恢复后，才能用作建筑地基。

二、设计和计算要点

振冲法按照作用机理分为振冲置换法和振冲挤密法两种；挤密法根据使用材料不同又分为土和灰土挤密法、砂石挤密桩法等，下面分别介绍一下其设计和计算要点。

1. 振冲置换法设计要点

振冲置换法加固处理的范围应根据建筑物的重要性和场地条件及基础形式而定。当用于多层建筑和高层建筑时，宜在基础外缘扩大 1～2 排桩；当要求消除地基液化时，在基础外缘扩大宽度不应小于基底下可液化土层厚度的 1/2。

桩位的布置，对大面积满堂处理宜采用等边三角形布置；对独立或条形基础，宜采用正方形、矩形或等腰三角形布置。桩的间距根据荷载大小和场地土层情况，并结合所采用的振冲器功率大小综合考虑，常为 1.3～3.0m。荷载大或对黏性土宜取较小的间距；荷载小或对砂土宜取较大的间距。对桩端未达相对硬层的短桩，应取小间距。

桩长的确定，当相对硬层埋深不大时，应按相对硬层埋深确定；当相对硬层的埋深较大时，应按建筑物地基的变形允许值确定。桩长不宜短于 4m。在可液化地基中，桩长应按要求的抗震处理深度确定。

桩体材料可用碎石、卵石、矿渣或其他性能稳定的硬质材料，含泥量不得大于 5%。在基础与桩顶之间宜铺设一层 300～500mm 厚的碎石垫层。桩径可按每根桩所用的填料量计算，常为 0.8～1.2m。桩径与成桩方法、成桩机械以及土质条件有关。

振冲碎石桩复合地基承载力特征值应通过现场复合地基载荷试验确定，初步设计时也可用单桩和处理后桩间土承载力特征值按式（5-23）估算。

对小型工程的黏性土地基如无现场载荷试验资料，初步设计时复合地基的承载力特征值也可按式（5-23）估算。

振冲碎石桩复合土层的压缩模量可按式（5-19）计算，其中：n 值当无实测资料时，可取 2～4，原土强度低时取大值，原土强度高时取小值。

振冲挤密法复合地基承载力、变形计算与振冲置换法计算一样，只不过有些设计参数取值不同，可参阅《建筑地基处理技术规范》(JGJ 79—2012)。

2. 砂石挤密桩设计要点

加固范围应根据建筑物的重要性和场地条件及基础形式而定。对一般基础，在基础外应扩大 1～3 排；对可液化地基，在基础外缘扩大宽度不应小于可液化土层厚度的 1/2，并不应小于 5m。

砂石挤密桩桩径，目前国内采用的桩径一般为 0.3～0.8m，砂石挤密桩的间距应通过现场试验确定。对于粉土和砂土地基，不宜大于砂石桩直径的 4.5 倍；对于黏土地基不宜大于砂石桩直径的 3 倍。初步设计时，砂石桩的间距也可按下述方法计算。

（1）砂土和松散粉土地基。砂土和松散粉土地基可根据挤密后要求达到的孔隙比 e_1 来确定。

等边三角形布置

$$s = 0.95\xi d\sqrt{\frac{1+e_0}{e_0-e_1}} \tag{5-40}$$

正方形布置

$$s = 0.89\xi d\sqrt{\frac{1+e_0}{e_0-e_1}} \tag{5-41}$$

$$e_1 = e_{max} - D_{r1}(e_{max} - e_{min}) \tag{5-42}$$

式中 s——砂桩间距，m；

d——砂桩直径，m；

ξ——修正系数，当考虑振动下沉密实作用时，可取 1.1～1.2，不考虑振动下沉密实作用时，可取 1.0；

e_0——地基处理前砂土的孔隙比，可按原状土样试验确定，也可根据动力或静力触探等对比试验确定；

e_1——地基挤密后要求达到的孔隙比；

e_{max}、e_{min}——砂土的最大最小孔隙比，可按现行国家标准《土工试验方法标准》（GB/T 50123—1999）的有关规定确定；

D_{r1}——地基挤密后要求砂土达到的相对密实度，可取 0.70～0.85。

（2）黏性土地基。

等边三角形布置

$$s = 1.08\sqrt{A_e} \tag{5-43}$$

正方形布置

$$s = \sqrt{A_e} \tag{5-44}$$

$$A_e = \frac{A_p}{m}$$

式中 A_e——1 根砂桩承担的处理面积，m^2；

A_p——砂桩的截面积，m^2；

m——面积置换率。

砂桩复合地基承载力特征值应通过现场复合地基载荷试验确定，初步设计时，也可通过下列方法估算。

（1）对于采用砂石桩处理的复合地基，可按式（5-20）～式（5-24）估算。

（2）对于采用砂桩处理的砂土地基，可根据挤密后的砂土的密实状态，按现形国家标准《建筑地基基础设计规范》（GB 50007—2011）的有关规定确定。

3. 土挤密桩和灰土挤密桩法设计要点

土挤密桩和灰土挤密桩法是利用成孔过程中的横向挤压作用，桩孔内土被挤向周围，使桩间土挤密，然后将素土（黏性土）或灰土分层填入桩孔内，并分层夯填密实至设计标高。前者称为土挤密桩法，后者称为灰土挤密桩法。土桩和灰土桩法适用于处理地下水位以上的湿陷性黄土、素填土、杂填土等地基，可处理地基的深度为 5～15m。当地基土的含水量大于 24%、饱和度大于 65%时，不宜选用土桩法或灰土桩法。土桩和灰土挤密桩法具有原位处理、深层挤密和以土治土的特点，在我国西北和华北地区广泛用于处理深厚湿陷性黄土、素填土和杂填土地基时，具有较好的经济效益和社会效益。

土桩、灰土桩挤密地基承载力特征值，应通过单桩静载荷试验或复合地基载荷试验确定。土桩、灰土桩挤密地基的变形计算，应符合现行国家标准《建筑地基基础设计规范》（GB 50007—2011）的有关规定，其中复合土层的压缩模量，可采用载荷试验的变形模量代替。

土挤密桩法和灰土挤密桩法一般采用等边三角形排列桩孔，其设计计算一般包括下述几方面：

（1）桩孔直径宜为300～450mm，并可根据所选用的成孔设备或成孔方法确定。

（2）桩孔间距可为桩孔直径的2.0～2.5倍，也可按下式估算

$$s = 0.95d\sqrt{\frac{\bar{\eta}_c \rho_{dmax}}{\bar{\eta}_c \rho_{dmax} - \bar{\rho}_d}} \tag{5-45}$$

式中　s——桩孔之间的中心距离，m；

d——桩孔直径，m；

ρ_{dmax}——桩间土的最大干密度，t/m^3；

$\bar{\rho}_d$——地基处理前土的平均干密度，t/m^3；

$\bar{\eta}_c$——桩间土经成孔挤密后的平均挤密系数，对重要工程不宜小于0.93，对一般工程不应小于0.90。

桩间土的平均挤密系数应按下式计算

$$\bar{\eta}_c = \frac{\bar{\rho}_{d1}}{\rho_{dmax}} \tag{5-46}$$

式中　$\bar{\rho}_{d1}$——在成孔挤密深度内，桩间土的平均干密度，t/m^3，平均试样数不应少于6组。

（3）布桩范围。土挤密桩和灰土挤密桩处理地基的面积，应大于基础或建筑物底层平面的面积，以保证地基的稳定性。

（4）桩长设计。考虑到5m以内土层加固可采用较为简便的方法处理，而大于15m的土层加固受成孔设备条件限制，故处理深度一般为5～15m。

（5）桩孔填料。土桩填料多选用与桩间土性质相近的就近挖运的。灰土桩填料多采用消石灰与土的体积配合比2∶8或3∶7。

桩体的夯实质量宜用平均压实系数 $\bar{\lambda}_c$ 控制。当桩孔内用灰土或素土分层回填、分层夯实时，其值均不应小于0.96。

三、施工

砂石桩施工方法可采用振动沉管、锤击沉管或冲击成孔等成桩法。当用于消除粉细砂及粉土液化时，宜用振动沉管成桩法；施工时桩位水平偏差不应大于套管外径的0.3；套管垂直度偏差不应大于1%。

砂石桩的施工对砂土地基宜从外围或两侧向中间进行，对黏性土地基宜从中间向外围或隔排施工；在已有建（构）筑物邻近施工时，应背离建（构）筑物方向进行。

土和灰土桩成孔施工时地基土宜接近最优含水量，当含水量低于12%时，宜对拟处理范围内的土层加水增湿至最优含水量。夯填施工前应进行夯填工艺试验，确定合理的分次填料量和夯击次数。

四、质量检验

土和灰土桩成桩后，应及时抽样检验灰土挤密桩或土挤密桩处理地基的质量。主要检查施工记录、检测全部处理深度内桩体和桩间土的干密度，并将其换算为平均压实系数和平均挤密系数。抽样检验的数量，对一般工程不应少于桩总数的1%，对重要工程不应少于桩总数的1.5%。

砂石桩的施工质量检验可采用单桩载荷试验，对桩体可采用动力触探试验检测，对桩间土可采用标准贯入、静力触探、动力触探或其他原位测试等方法进行检测。检测数量不应少

于桩孔总数的 2%；对饱和黏性土地基，应间隔 28 天后进行质量检验，对粉土、砂土和杂填土地基，应间隔 7 天后进行质量检验。

挤密地基竣工验收时，承载力检验应采用静载荷板试验。振动挤密地基载荷试验检验数量不应少于总桩数的 0.5%，且每个单体建筑不应少于 3 点。

五、石灰桩法简介

用机械或人工的方法成孔，然后将不同比例的生石灰（块或粉）和掺和料（粉煤灰、炉渣等）灌入，并进行振密或夯实形成石灰桩桩体，桩体与桩间土形成石灰桩复合地基，以提高地基承载力，减小沉降，称为石灰桩法。石灰桩法适用于处理饱和黏性土、淤泥、淤泥质土、素填土和杂填土等地基；用于地下水位以上的土层时，宜增加掺和料的含水量并减少生石灰用量，或采取土层浸水等措施。

5-1　说明软弱土的工程特征。

5-2　简述复合地基载荷试验的要点。

5-3　简要介绍换填垫层法及其适用范围。

5-4　简述预压法的原理。

5-5　简述 CFG 桩及其适用范围和加固机理。

5-6　初步设计时，如何估算水泥粉煤灰碎石桩复合地基的承载力？

5-7　分别简述水泥土搅拌桩和高压喷射注浆法的加固原理及适用范围。

5-8　简述强夯法的加固机理。

5-9　简述砂石桩及其适用范围。

习　题

5-1　某一砖混结构采用条形基础，作用在基础顶面的竖向荷载为 $F_k=135kN/m$，基础埋深 0.80m。地基土的表层为素填土，$\gamma_1=17.8kN/m^3$，层厚 $h_1=1.30m$；表层素填土以下是淤泥质土，$\gamma_2=18.2kN/m^3$，层厚 $h_2=6.8m$，承载力特征值 $f_k=75kPa$。地下水位埋深 1.30m。拟采用砂垫层地基处理方法，试设计此砂垫层的尺寸（应力扩散角为 30°，淤泥质土 $\eta_d=1.0$）。

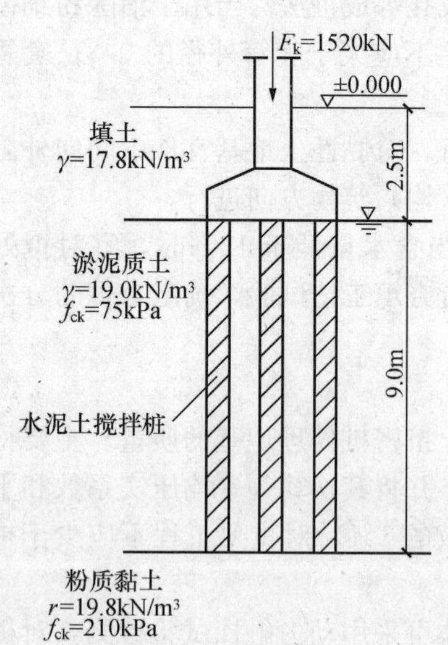

图 5-14　习题 5-2 图

5-2　一独立基础，由上部结构传至基础顶面的竖向力 $F_k=1520kN$，基础底面尺寸为 3.2m×3.2m，基础埋深 2.5m，如图 5-14 所示。天然地基承载力不能满足要求，拟采用水泥土搅拌桩处理基础下淤泥质土，形成复合地基，使其承载力满足要求。有关指标和参数如下：水泥土搅拌桩直径 $D=0.5m$，桩长 L

$=9\text{m}$；桩身试块无侧限抗压强度 $f_{cu}=2050\text{kPa}$，桩身强度折减系数 $\eta=0.4$，桩周土平均摩阻力特征值 $q_s=13\text{kPa}$，桩端阻力 $q_u=190\text{kPa}$，桩端天然地基土承载力折减系数 $\alpha=0.5$，桩间土承载力折减系数 $\beta=0.3$。计算此水泥土搅拌桩复合地基的面积置换率和水泥土搅拌桩的桩数。

5-3　某工程采用高压旋喷桩复合地基，要求复合地基承载力特征值达到250kPa，拟采用等边三角形布桩，桩径0.5m，桩身试块抗压强度的平均值 $f_{cu}=5.5\text{MPa}$，强度折减系数 $\eta=0.33$；桩间土承载力特征值 $f_{sk}=120\text{kPa}$，承载力折减系数 $\beta=0.25$，试计算桩间距（假设由桩及桩间土计算的单桩承载力大于由桩身强度计算的单桩承载力）。

5-4　在致密黏土层（不透水面）上有厚12m的饱和高压缩性黏性土层，土的特性指标为：压缩系数 $\alpha=5\times10^{-4}\text{kPa}^{-1}$，渗透系数 $k=5\times10^{-9}\text{m/s}$，$e_0=1.0$（图5-15），采用堆载预压法进行地基加固，采用排水砂井井径 $d_w=240\text{mm}$，有效井径 $d_e=2.4\text{m}$，井径比 $n=10$，如果地面均匀堆载为120kPa，均匀加载时间为 $t_1=30$ 天（图5-16），求加载开始后20天、40天、60天地基的平均固结度。

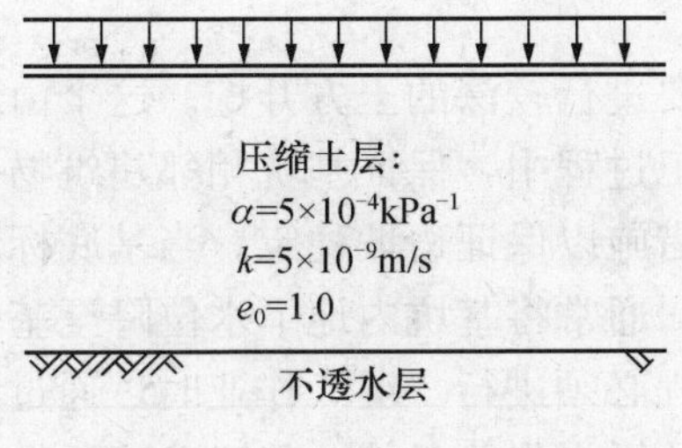

图5-15　习题5-4图1

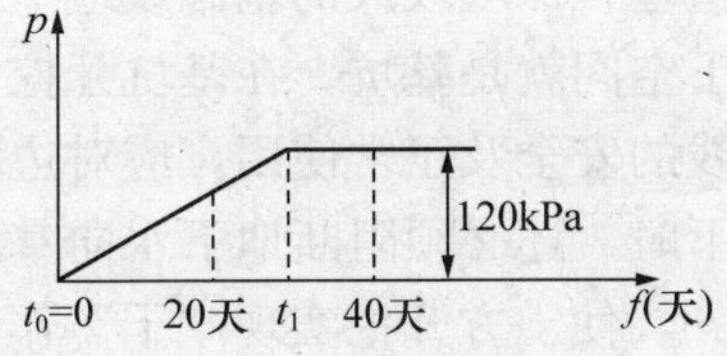

图5-16　习题5-4图2

第六章 基坑工程

第一节 概 述

近年来我国随着经济和城市建设的迅速发展，城市土地资源日益紧缺，开发和利用地下空间的要求日显紧迫。地下铁道、地下车库、地下变电站、地下商场、地下仓库、地下人防工程以及高层建筑的多层地下室日益增多。而城市中深基坑工程常处于密集的既有建筑物、道路桥梁、地下管线、地铁隧道或人防工程的近旁，虽属临时性工程，但其技术复杂性却远甚于永久性的基础结构或上部结构，稍有不慎，不仅将危及基坑本身安全，而且会殃及临近的建构筑物、道路桥梁和各种地下设施，造成巨大损失。因此，基坑工程正确、科学的设计和施工，能带来巨大的经济效益和社会效益，对加快施工进度、保护环境发挥重要的作用。在土木工程领域中，目前基坑工程学是发展最迅速的学科之一，也是工程实践要求最迫切的学科之一。

一、基坑支护结构的概念

在建造埋置深度较大的基础或地下工程时，需要进行较深的土方开挖。这个由地面向下开挖的地下空间就是基坑。在基坑开挖和地下室施工过程中，保证基坑相邻建筑物、构筑物和地下管线的安全及正常使用，应对边坡采取适当措施以保证边坡稳定。当基底标高位于地下水位以下时，还必须阻断地下水向基坑内的渗流，通常将基坑内地下水位降至基坑底以下0.5～1.0 m，使土方开挖实现“干”作业。基坑工程必须进行“湿”作业时，通过水下浇注混凝土底板封底，然后抽排水，创造地下结构施工的无水作业条件。基于上述要求，通常可在基础外围打设连续密排的灌注桩、预制桩或钢板桩挡土，为减小支护桩内力和变形，当土质较软、基坑深度较大而对变形限制严格时，还应对支护桩设置水平支撑（或拉锚）；采用连续密排的水泥搅拌桩、高压旋喷桩等形成阻断地下水向坑内流动的隔水帷幕，这些挡土和隔水的结构构成基坑支护结构体系，如图 6 - 1 所示。

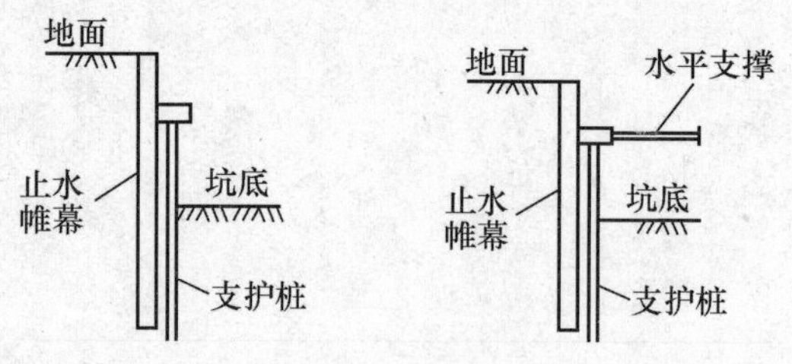

图 6 - 1　基坑支护结构示意图

对基坑支护体系的要求可以分为 3 个方面：

（1）保证基坑边坡的稳定性，并满足地下室施工有足够空间的要求。

（2）保证基坑周围相邻建筑物、构筑物和地下管线在地下结构施工期间不受损。因此，无论是支护体系施工、土方开挖还是地下室施工过程中，都应控制土体的变形在允许范围内。

（3）保证基坑工程施工作业面在地下水位以上。支护体系通过截水、降水、排水等措施，将地下水位降到作业面以下。

二、基坑工程特点

基坑支护体系作为临时结构，具有下述特点。

（1）基坑支护体系是临时结构，一般情况下与永久性结构相比临时结构的安全储备要求可小一些，而具有较大的风险性。基坑工程施工过程中应进行监测，并应有应急措施。一旦出现险情，需要及时采取补救处理措施。

（2）基坑工程具有很强的区域性。软黏土地基、红黏土地基、黄土地基、砂土地基等工程地质和水文地质条件不同的地基中基坑工程具有很大的差异，即使同一城市，不同区域的基坑工程也有差异。基坑工程的支护体系设计与施工及土方开挖都要因地制宜，其他区域的经验可以借鉴，但不可照搬。

（3）基坑工程具有很强的个体差异性。基坑工程的支护体系设计、施工和土方开挖不仅与工程地质和水文地质条件有关，同时与基坑相邻建（构）筑物及地下管线的位置、抵御变形的能力，以及周围场地条件等有关。因此，对基坑工程进行分类、对支护结构允许变形量给出统一标准较为困难。

（4）基坑工程综合性强。基坑工程涉及土力学中稳定、变形和渗流三个基本课题，应根据具体情况分别重点考虑，对软土区域的深基坑工程，基坑周围又无重要建筑物、道路和管线时，应重点考虑边坡稳定问题，而且也必须考虑渗流对边坡的影响，对变形无严格要求。当土质条件较好、坑底在地下水位以上，距离基坑边缘有重要建筑物、道路或地下管线时，这时对变形的控制成为主要考虑的因素。当基坑底面在地下水位以下时，合理确定控制地下水方案是保证基坑工程质量和基坑边坡土体稳定的关键，此时除了需要考虑基坑抗隆起稳定以外，还需要考虑其抗渗稳定性。

（5）基坑工程具有蠕变特征。基坑的深度和平面形状对基坑支护体系的稳定性和变形有较大影响，土体是蠕变体，故基坑支护体系设计中要注意基坑工程的蠕变，特别是软黏土，具有较强的蠕变性。蠕变将使土体强度降低，而导致土坡稳定性变小。

（6）基坑工程是系统工程。基坑工程主要包括支护体系设计及施工和土方开挖两部分。不合理的土方开挖方式、步骤和速度可能导致主体结构桩基变位，支护结构过大的变形，进而引起支护体系失稳导致破坏。因此，基坑工程在施工过程中应加强监测，力求实行信息化施工。

（7）基坑工程对环境的影响。基坑开挖势必引起周围土体中地下水位的变化及应力场的变化，从而导致周围土体的变形，对相邻建（构）筑物及地下管线产生影响。这时可能危及相邻建（构）筑物及地下管线的安全及正常使用。大量土方外运将对交通运输及城市环境等产生影响。因此必须重视基坑工程对环境的影响。

（8）土压力的特点。基坑支护结构承受土压力的作用，作用在挡土结构上的土压力大小与挡土结构的位移量和位移方向有关。基坑支护结构承受的土压力一般是介于主动土压力和静止土压力之间或介于被动土压力和静止土压力之间。目前土压力理论还很不完善，静止土压力按经验确定或按半经验公式计算；在考虑地下水对土压力的影响时，是采用水土压力分算，还是水土压力合算较符合实际情况，在学术界和工程界没有被统一。

三、基坑工程发展概况

早在 20 世纪 30 年代，Terzaghi 等人已开始研究基坑工程中的岩土工程问题，提出了预估挖方稳定程度和支撑荷载大小总应力法。在以后的时间里，世界各国的许多学者都投入了研究，并不断在这一领域取得丰硕的成果。基坑工程在我国进行广泛的研究是始于 20 世纪 70 年代末，那时我国的改革开放方兴未艾，基本建设如火如荼，高层建筑不断涌现，相应的基坑埋深不断增加，开挖深度也就不断发展。

特别是到了20世纪90年代，大多数城市都进入了旧城改造阶段，在繁华市区进行深基坑开挖给这一古老的课题提出了新的内容，那就是如何控制深基坑开挖的环境效应问题，从而进一步促进了深基坑开挖技术的研究与发展，产生了许多先进的设计计算方法，众多的新施工工艺也不断付诸实施。

基坑工程的发展往往是一种新的支护形式的出现带动新的分析方法的产生。早期的开挖常采用放坡的形式，后来随着开挖深度的增加，放坡面空间受到了限制，产生了支护开挖。迄今为止，支护形式已发展到数十种；从基坑支护机理来讲，基坑支护方法的发展最早有放坡开挖，然后有悬臂支护、拉锚支护、组合型支护等。放坡开挖需要较大的工作面，且开挖土方量较大，在条件允许的情况下，至今仍然不失为基坑支护的好方法；悬臂支护是指不带内撑和拉锚的支护结构，可以通过设置钢板桩和钢筋混凝土桩形成支护结构；为了挖掘支护结构材料的潜在能力，使支护结构形式更加合理，并能适合各种基坑形式，综合利用“空间效应”，发展了组合型支护形式。

城市基坑工程，特别是软土地区的城市基坑工程对基坑的安全性要求越来越高，因此需要完善现有基坑工程的设计理论达到保护基坑周围的环境要求。

第二节 基坑支护结构形式

基坑支护结构形式主要有以下几类：

1. 放坡开挖及简易支护

放坡开挖是最简单的基坑开挖方法，与支护状态下的开挖相比较放坡开挖是更经济的，并且其技术要求不高，施工难度较低，工程质量更易于控制保证如图6-2所示。在基坑周围的环境允许放坡的情况下，可以将基坑边壁开挖成具有一定坡度，能够在基坑回填之前的施工阶段维持边坡稳定的斜坡。这样，既可以省去专门的边坡支护结构，又可以较好地满足施工要求。虽然土方挖方量有所增加，但总的技术、经济效果是很明显的。

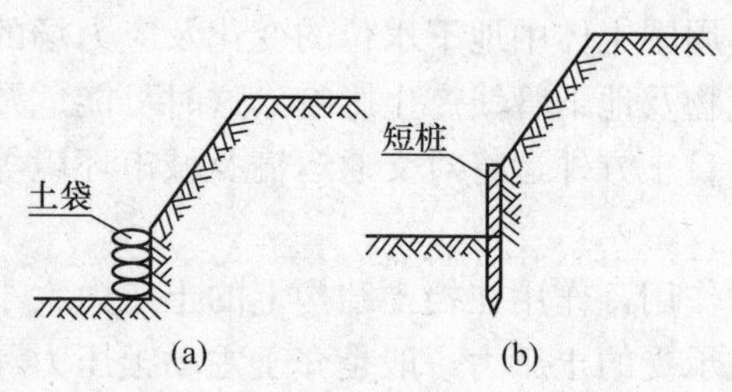

图6-2 放坡开挖及简易支护

2. 板桩墙支护结构

板桩墙支护结构，常采用钢筋混凝土钻孔灌注桩、人工挖孔灌注桩、沉管灌注桩及钢筋混凝土预制桩、木桩、钢板桩、地下连续墙等形式。

钢板桩有多种截面形式，如拉森U形、H形、Z形和钢管等（图6-3）。其优点是材料质量可靠，软土中施工速度快、简单、可重复使用，占地小；结合多道支撑，可用于较深基坑。不足是价格较贵，施工噪声及振动大，刚度小变形大。另外还应注意接头防水，拔桩容易引起土体移动，导致周围环境发生较大沉降。有些钢板桩（如H型钢、钢管）需另设咬合装置做到自防水，否则还需采取防渗措施。

钻孔灌注桩作为围护桩的桩径一般在600～1200 mm，常采用间隔排列与防水措施相结合的形式（图6-4）。可以采用水泥搅拌桩、旋喷桩或注浆等作为措施。

SMW工法（Soil Mixing Wall的简称）是基于深层搅拌桩施工方法发展起来的具有很

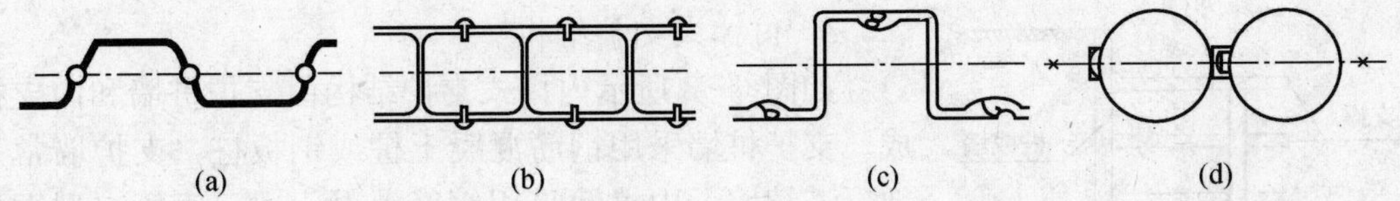

图 6-3　钢板桩

(a) U 形钢板桩；(b) H 形钢板桩；(c) Z 形钢板桩；(d) 钢管桩

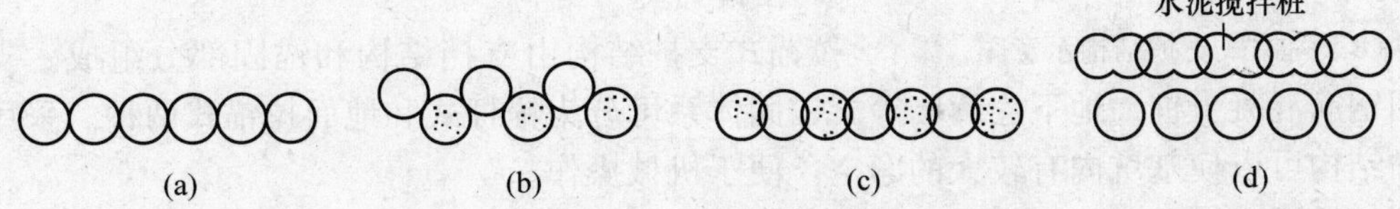

图 6-4　钻孔灌注桩

(a) 一字形相切排列；(b) 交错相切排列；(c) 一字形搭接排列；(d) 间隔排列及防水措施

大经济潜力的一种新颖的围护方法（图 6-5）。SMW 工法施工原理是采用专用钻机，用水泥作为固化剂与地基土进行原位的强制搅拌，在各施工平面之间，采取重叠搭接，在水泥土混合体未硬之前插入受拉材料（常为 H 型钢），作为应力加强材料，直至水泥结硬、形成劲性复合围护墙体。这种结构充分发挥了水泥土混合体和受拉材料的力学特性，同时具有经济、工期短、高止水性、对周围环境影响小等特点。

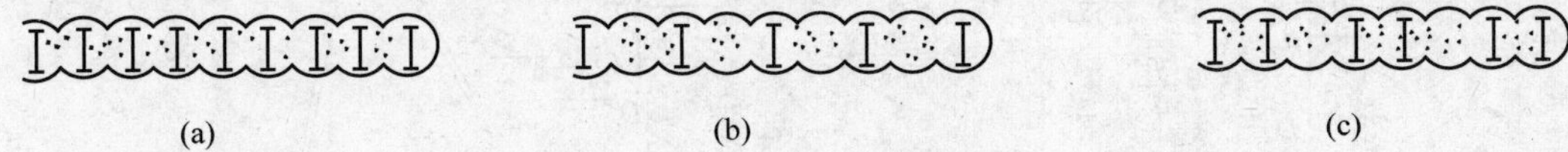

图 6-5　水泥搅拌桩墙（SMW）

(a) 全孔设置；(b) 隔孔设置；(c) 组合式

3. 水泥土重力式支护结构

水泥土重力式支护结构如图 6-6 所示。水泥搅拌桩或高压喷射桩组成。当基坑开挖深度较大时常采用格珊体系，如图 6-7 所示。水泥土与其包围的天然土形成重力式挡墙，保持基坑边坡稳定。深层搅拌水泥土桩重力式支护结构常用于软黏土地区开挖深度约在 7.0 m 以内的基坑工程。采用高压喷射注浆法施工可以在砂类土地基中形成水泥土挡墙。水泥土抗拉强度低，水泥土重力式挡土墙宽度较大，适用于较浅、基坑周边场地较宽裕的、对变形控制要求不大的基坑工程。

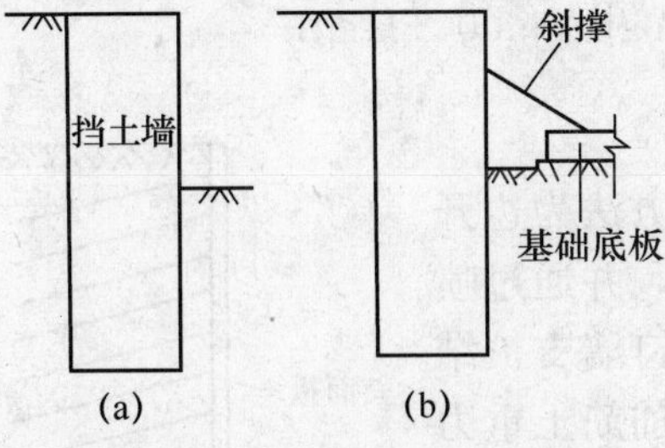

图 6-6　重力式挡土墙示意图

(a) 悬臂式；(b) 重力式挡土墙加斜撑

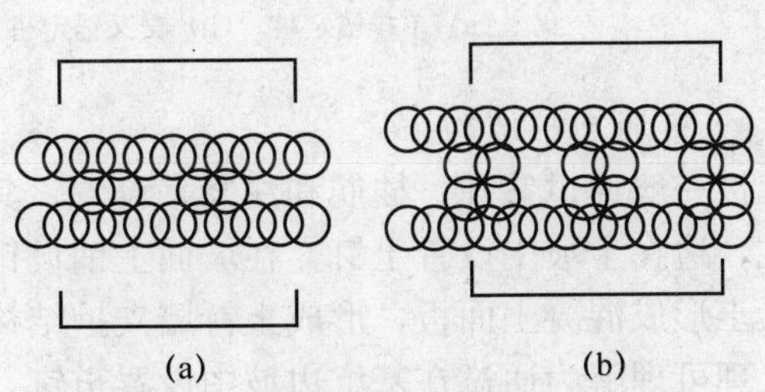

图 6-7　水泥搅拌桩挡土墙格栅示意图

(a) 三排；(b) 四排

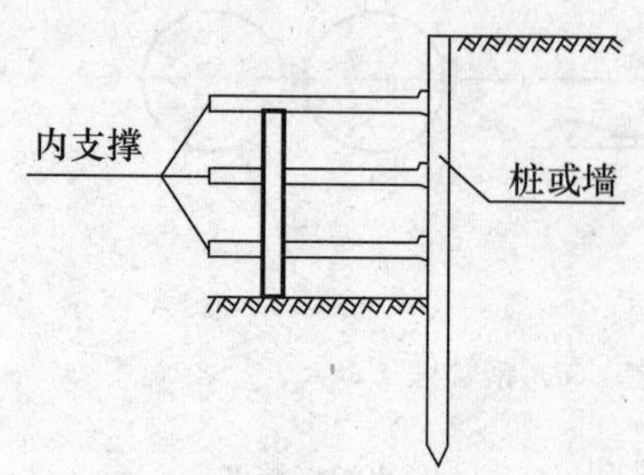

图 6-8 内撑式支护结构示意图

4. 内撑式支护结构

如图 6-8 所示内撑式支护结构由支护桩墙和内支撑组成。支护桩墙采用钢筋混凝土桩或钢板桩，支护墙常采用地下连续墙。内撑常采用钢筋混凝土梁、钢管、型钢格构式支撑等。内撑式支护结构适用范围广，可适用各种土层和基坑深度，但设置的内支撑结构常占用一定的施工空间。

5. 拉锚式支护结构

拉锚式支护结构由支挡结构和锚固部分组成。支挡结构采用钢筋混凝土桩、地下连续墙等。锚固体系可分为锚杆式和地面拉锚式两种。采用拉锚式支护结构可以使基坑内有较大的净空，便于机械操作。

地面拉锚式需要有足够的场地设置锚定桩，或设置钢筋混凝土板，或梁构成的锚定地笼等锚定结构，见图 6-9（a）、（b）、（c）。锚杆式即在土体中设置土层锚杆，见图 6-9（d）。土层锚杆是一种受拉杆件，其一端与板桩墙等支挡结构物联结，另一端则锚固在稳定的岩土层中，利用地层的锚固力与支挡结构物一起承受作用在结构物上的土压力和水压力，以维持基坑的稳定。采用锚杆结构需要土体提供较大的锚固力，因此多用于砂土地基和黏土地基。

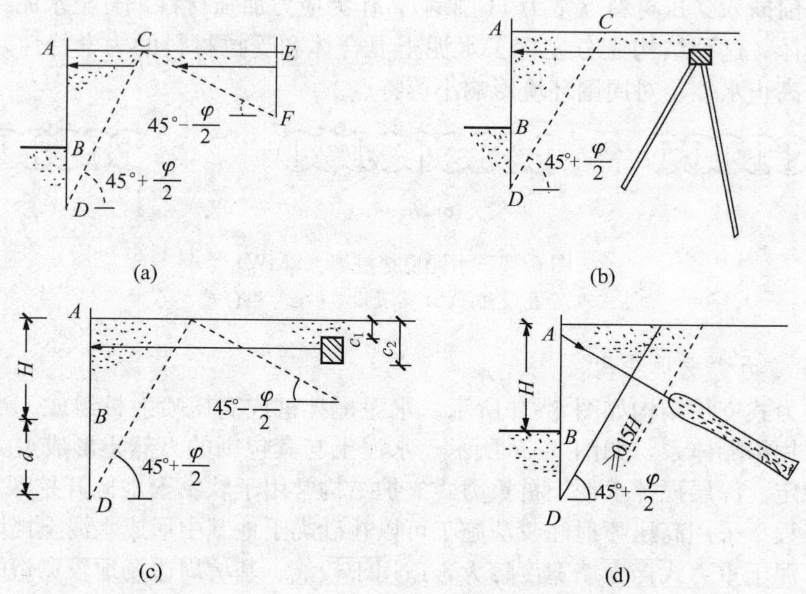

图 6-9 支护结构的锚定形式

（a）单排锚定桩；（b）交叉锚定桩；（c）锚定地笼；（d）土层锚杆

6. 土钉墙支护结构

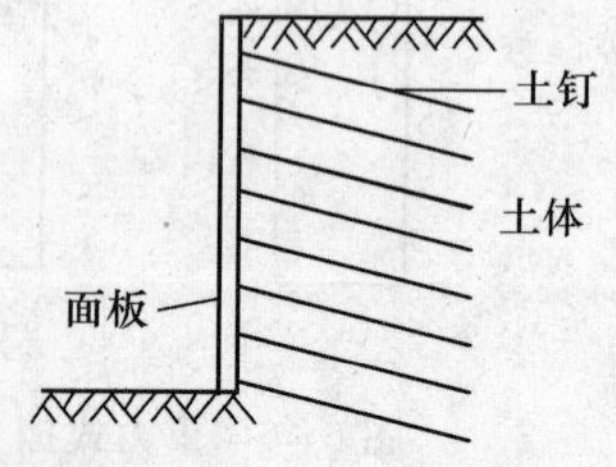

图 6-10 土钉墙示意图

土钉一般通过钻孔、插筋和注浆来设置。其施工方法为边开挖基坑，边在土坡中设置土钉，在坡面上铺设钢筋网，并通过喷射混凝土形成混凝土面板，形成土钉墙支护结构。土钉墙支护结构的机理可理解为通过在基坑边坡中设置土钉，形成加筋土重力式挡墙起到挡土作用，并通过钢筋混凝土面层调整支护结构的受力状态。土钉墙支护结构示意图，如图 6-10 所示。土钉墙支护适用于地下水位以上的黏性土、粉土、杂填土及非松散砂土、碎石土等，不适用于淤泥、淤泥质土等软土层的基坑支护。

7. 其他形式支护结构

主要有门架式支护结构，拱式组合型支护结构；喷锚网支护结构；沉井支护结构；加筋水泥土墙支护结构；冻结法支护结构等。

第三节　支护结构上的荷载

作用在支护结构上的荷载可分为三类：永久荷载（恒荷载），其值不随时间而变化，或其变化与平均值相比可以忽略的荷载，如结构自重、土压力等；可变荷载（活荷载），其值随时间而变化，如地面活载、汽车、吊车及堆载等；偶然荷载，在结构使用期间不一定出现，一旦出现，其值较大且持续时间较短的荷载，如地震力、爆炸力和撞击力等。

进行支护结构简化计算时，作用在支护结构与土界面上的压力为土压力。由于支护结构上土压力的大小和分布与支护结构本身的刚度和变形、施工方法、土的性质等因素有关，要精确确定几乎是不可能的。因而，采用简化计算方法计算。但若要对作用于墙上真实的土压力大小、分布及影响因素作深入了解，特别是对于大型工程或采用新型支护形式，则应进行考虑墙的变形条件等因素分析计算。

一、土压力影响因素

1. 支护结构变形对土压力的影响

由于基坑支护结构的刚度与一般挡土墙的刚度有相当大的差异，因此，作用在挡土墙结构上的土压力与挡土墙背的土压力分布以及量值也存在相当大的差异。挡土结构对土压力的影响主要表现在两个方面，一方面是对主动土压力的分布产生影响，另一方面对土压力的量值产生影响。

挡土结构的变形或位移对土压力分布的影响有以下几种情况：

（1）当挡土结构完全没有位移和变形，土压力为静止土压力，呈三角形分布［图6-11（a）］。

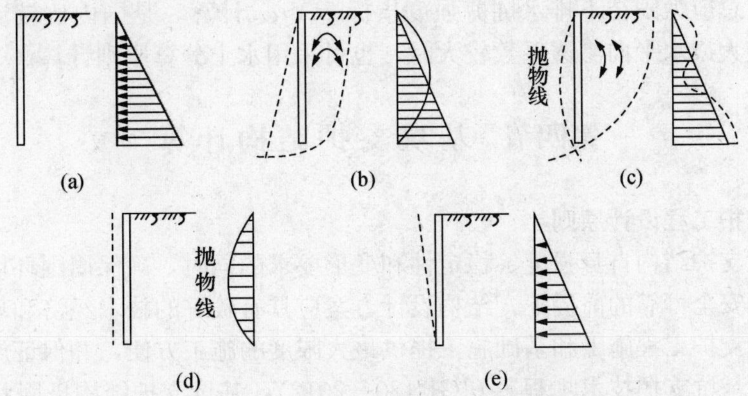

图 6-11　不同的墙体变位产生不同的土压力

（a）静止土压力；（b）产生水平拱；（c）产生垂直拱

（d）抛物线分布；（e）主动土压力

（2）当挡土结构顶部不动，下端向外位移，主动土压力呈抛物线分布［图 6-11（b）］。

（3）当挡土结构上下两端没有发生位移而中部发生向外的变形，主动土压力呈马鞍形［图 6-11（c）］。

（4）当挡土结构平行向外移动，主动土压力呈抛物线分布［图 6-11（d）］。

（5）当挡土结构绕下端向外倾斜变形，主动土压力的分布与一般挡土墙一致［图 6-11（e）］。

2. 施工对土压力的影响

施工方法和施工次序对支护结构上的土压力大小和分布影响也很大。图 6-12 表示多支撑的板桩施工中土压力的变化情况，一般讲，施加支撑力之后墙和土并未被推回到原来的位置，但支撑力比主动土压力大，引起挡土压力增加。另外，随着时间的迁移，一些黏性土发生蠕变，使墙后土压力逐渐增加，对某些硬黏土，若基坑暴露时间过长，由于含水量的变化、风化、张力缝的发展和扰动等原因，也会使黏聚力损失而使墙后土压力增加。

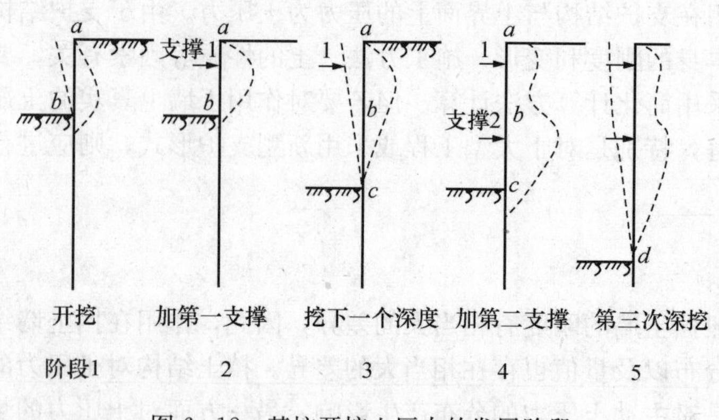

图 6-12　基坑开挖土压力的发展阶段

二、水、土压力计算

如前节所述，要精确确定土压力分布是不可能的。目前，支护结构上的土压力一般经简化后按库仑或朗肯土压力理论计算。

除了土压力以外，作用在挡土墙结构物的荷载，还有地下水位以下的水压力。计算地下水位以下的水、土压力，一般有以下方法：对砂土和粉土等无黏性土按水土分算原则计算，即作用于支护结构上的侧压力等于有效土压力与水压力之和，有效土压力在水位以下按土的有效重度及有效抗剪强度指标计算；对黏性土宜根据工程经验，一般按水土合算原则计算，土压力按土的饱和重度及总应力固结不排水抗剪强度指标 c_{cu}、φ_{cu} 计算，是国内比较流行的方法。在黏性土孔隙比较大或水平向渗透系数较大时，也可采用水土分算原则计算。

第四节　基坑支护结构计算

一、基坑支护工程设计原则

（1）在满足支护结构自身强度、稳定性和变形要求的同时，确保周围环境的安全。

（2）在保证安全可靠的前提下，结构设计方案应具有较好的技术经济和环境效应。

（3）为基坑支护工程施工和基础施工提供最大限度的施工方便，并保证施工安全。

根据《建筑基坑支护技术规程》（JGJ 120—2012），基坑支护结构极限状态可分为承载力极限状态和正常使用状态。承载力极限状态对应于支护结构达到最大承载能力或土体失稳、过大变形导致支护结构或基坑周边环境破坏；正常使用极限状态对应于支护结构的变形已妨碍地下结构施工或影响基坑周边环境的正常使用功能。基坑侧壁的安全等级按破坏后果分为三级，见表 6-1。

表 6-1　基坑侧壁安全等级及重要性系数［据《建筑基坑支护技术规程》(JGJ 120—2012)］

安全等级	破坏后果	γ_0
一级	支护结构破坏、土体失稳或过大变形对基坑周边环境及地下结构施工影响很严重	1.10
二级	支护结构破坏、土体失稳或过大变形对基坑周边环境及地下结构施工影响一般	1.00
三级	支护结构破坏、土体失稳或过大变形对基坑周边环境及地下结构施工影响不严重	0.90

基坑支护工程设计的基本原则是：

(1) 在满足支护结构本身强度、稳定性和变形要求的同时，确保周围环境的安全。

(2) 在保证安全可靠的前提下，设计方案应具有较好的技术经济和环境效应。

(3) 为基坑支护工程施工和基础施工提供最大限度的施工方便，并保证施工安全。

基坑工程从规划、设计到施工监测全过程应包含如下内容：

(1) 基坑内建筑场地勘察和基坑周边环境勘察：基坑内建筑场地勘察可利用构（建）筑物设计提供的勘察报告，必要时进行少量补勘。基坑周边环境勘察须查明：①基坑周边地面建（构）筑物的结构类型、层数、基础类型、埋深、基础荷载大小及上部结构现状；②基坑周边地下建（构）筑物及各种管线等设施的分布和状况；③场地周围和邻近地区地表及地下水分布情况对基坑开挖的影响程度。

(2) 支护体系方案技术经济比较和选型：基坑支护工程应根据工程和环境条件提出几种可行的支护方案，通过比较，选出技术经济指标最佳的方案。

(3) 支护结构的强度、稳定和变形以及基坑内外土体的稳定性验算：基坑支护结构均应进行极限承载力状态的计算，计算内容包括支护结构和构件的受压、受弯、受剪承载力计算和土体稳定性计算。对于重要基坑工程尚应验算支护结构和周围土体的变形。

(4) 基坑降水和止水帷幕设计以及支护墙的抗渗设计：包括基坑开挖与地下水变化引起的基坑内外土体的变形验算（如抗渗稳定性验算，坑底突涌稳定性验算等）及其对基础桩、邻近建筑物和周围环境的影响评价。

(5) 基坑开挖施工方案和施工检测设计。

二、基坑工程设计所需资料及设计内容

1. 设计所需资料

支护体系设计前应具有下列资料：

(1) 岩土工程勘察报告。

(2) 建筑总平面图、地下结构基础平面图和剖面图，地下管线分布图。

(3) 邻近建筑和地下设施的类型及周边环境状况的资料。

(4) 基坑工程场地的工程地质和水文地质资料。

(5) 土建设计和施工对基坑支护结构的要求。

2. 基坑工程体系设计内容

(1) 支护体系的方案比选。

(2) 支护结构的强度、稳定和变形计算（对锚撑结构，包括锚固体系或支撑体系）。

(3) 基坑土体内外的稳定性验算。

(4) 止水帷幕结构的设计及支护结构抗渗计算。

(5) 基坑挖土施工组织设计。

（6）监测设计及应急措施的制定。

三、悬臂式板桩墙计算

悬臂式支挡结构没有支撑和锚杆，完全靠足够的入土深度来平衡上部地面超载、主动土压力及水压力所形成的侧压力而保持稳定。在软弱土层中施工时，仅限于基坑开挖深度较小的临时性工程，基坑两侧没有需要保护的地下管线等构筑物时，考虑采用悬臂式板桩墙挡土结构。因此，对于悬臂式支挡结构，计算嵌入深度至关重要。同时需计算支挡结构所承受的最大弯矩，以便进行支挡结构的断面设计和构造。

悬臂式板桩（地下连续墙）常采用布鲁姆（H. Blum）简化计算法。该法将悬臂式板桩墙的受力情况简化为如图 6 - 13 所示。图 6 - 13 表示了悬臂式板桩受力变形后的位移。假设它绕嵌固点 E 转动，则 E 点以上墙后为主动土压力墙前为被动土压力；E 点以下则相反，墙后为被动土压力，墙前为主动土压力，如图 6 - 13（b）所示。将墙前后土压力叠加，即可得到如图 6 - 13（c）所示的净土压力分布。墙背的净主动土压力合力用 $\overline{E}_a$ 表示，该合力作用点距地面为 h_a；墙前底部出现的净被动土压力合力力用 $\overline{E}_p$ 表示。C 点为净土压力零点，距坑底以下的深度为 x，则 CE 为墙的嵌固深度，用 t 表示。E 点土压力难以计算，通常用作用于 E 点的集中力 P 表示。这样由板桩墙底部 E 点的力矩平衡条件得

$$\sum M_E = 0 \text{ 则} (H - h_a + x + t)\overline{E}_a - \frac{t}{3}\overline{E}_p = 0 \tag{6 - 1}$$

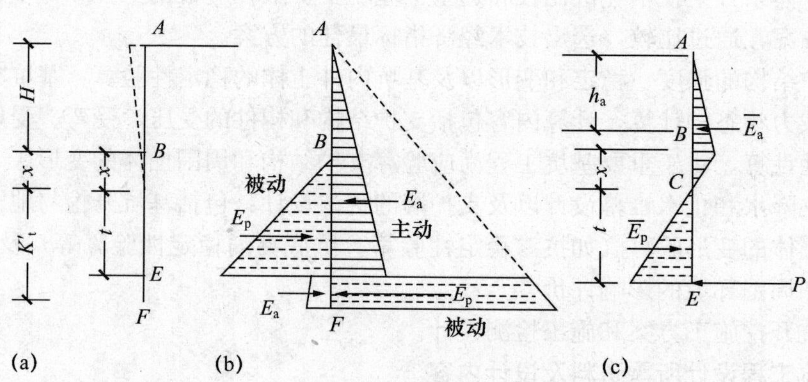

图 6 - 13　悬臂式板桩墙

（a）板桩变形图；（b）土压力分布图；（c）叠加后的简化土压力分布图

因 $\overline{E}_p = \frac{1}{2}\gamma\ (K_p - K_a)\ t^2$ 代入式（6 - 1），可得

$$t^3 - \frac{6\overline{E}_a}{\gamma(K_p - K_a)}t - \frac{6(H + x - h_a)\overline{E}_a}{\gamma(K_p - K_a)} = 0 \tag{6 - 2}$$

式中　t——板桩墙的有效嵌入深度，m；

$\overline{E}_a$——板桩墙后侧 AC 段作用于板桩墙上净土、水压力，kN/m；

K_a、K_p——主动、被动土压力系数；

γ——土体重度，kN/m³；

H——基坑开挖深度，m；

h_a——$\overline{E}_a$ 作用点距地面的距离，m；

x——土压力零点 C 距基坑底面的距离，m。

由式（6-2），经计算可得出板桩墙的有效嵌固深度 t。为保证板桩墙的稳定，基坑底面以下的插入深度 D_{min} 应为

$$D_{min}=x+K'_t\cdot t \tag{6-3}$$

式中 K'_t——插入深度增大系数，通常取 1.1～1.4。

板桩墙最大弯矩应在剪力为零处，设剪力零点距土压力零点距离为 x_m 所以

$$\overline{E}_a-\frac{1}{2}\gamma(K_p-K_a)x_m^2=0 \tag{6-4}$$

由此可求得最大弯矩点距土压力零点 C 的距离 x_m 为

$$x_m=\sqrt{\frac{2\overline{E}_a}{\gamma(K_p-K_a)}} \tag{6-5}$$

而此处的最大弯矩为

$$M_{max}=(H+x+x_m-h_a)\overline{E}_a-\frac{\gamma(K_p-K_a)x_m^3}{6} \tag{6-6}$$

【例 6-1】 某高层建筑基坑开挖深度 $H=5.5$m。土层重度为 19.2kN/m³，内摩擦角 $\varphi=18°$，黏聚力 $c=12$kPa，地面超载 $q_0=15$kPa。采用悬臂式排桩支护，试确定排桩的最小长度和最大弯矩。

解 沿支护墙长度方向上取 1 延米进行计算，则有

主动土压力系数 $K_a=\tan^2\left(45°-\frac{\varphi}{2}\right)=\tan^2\left(45°-\frac{18°}{2}\right)=0.53$

被动土压力系数 $K_p=\tan^2\left(45°+\frac{\varphi}{2}\right)=\tan^2\left(45°+\frac{18°}{2}\right)=1.89$

因土体为黏性土，按朗肯土压力理论，墙顶部压力为零的临界高度为

$$z=\frac{2c\sqrt{K_a}-q_aK_a}{\gamma K_a}=\frac{2\times12\sqrt{0.53}-15\times0.53}{19.2\times0.53}=0.94\text{m}$$

基坑开挖底面处土压力强度

$$\sigma_{aH}=(q_0+\gamma H)K_a-2c\sqrt{K_a}=(15+19.2\times5.5)\times0.53-2\times12\times\sqrt{0.53}=46.46\text{kN/m}^2$$

土压力零点距开挖面的距离

$$x=\frac{(q_a+\gamma H)K_a-2c(\sqrt{K_p}+\sqrt{K_a})}{\gamma(K_p-K_a)}=0.52\text{m}$$

土压力分布示意图如图 6-14 所示。

墙后土压力 $E_{a1}=\frac{1}{2}\times46.46\times(5.5-0.94)=105.9$kN/m

$$E_{a2}=\frac{1}{2}\times46.46\times0.52=12.1\text{kN/m}$$

墙后土压力合力 $\overline{E}_a=E_{a1}+E_{a2}=105.9+12.1=118.0$kN/m

合力作用点距地表的距离为

$$h_a=\frac{E_{a1}h_{a1}+E_{a2}h_{a2}}{\overline{E}_a}$$

$$=\frac{105.9\times[0.94+(5.5-0.94)\times2/3]+12.1\times(5.5+0.52/3)}{118.0}=4.15\text{m}$$

将 $\overline{E}_a$ 和 h_a 代入式

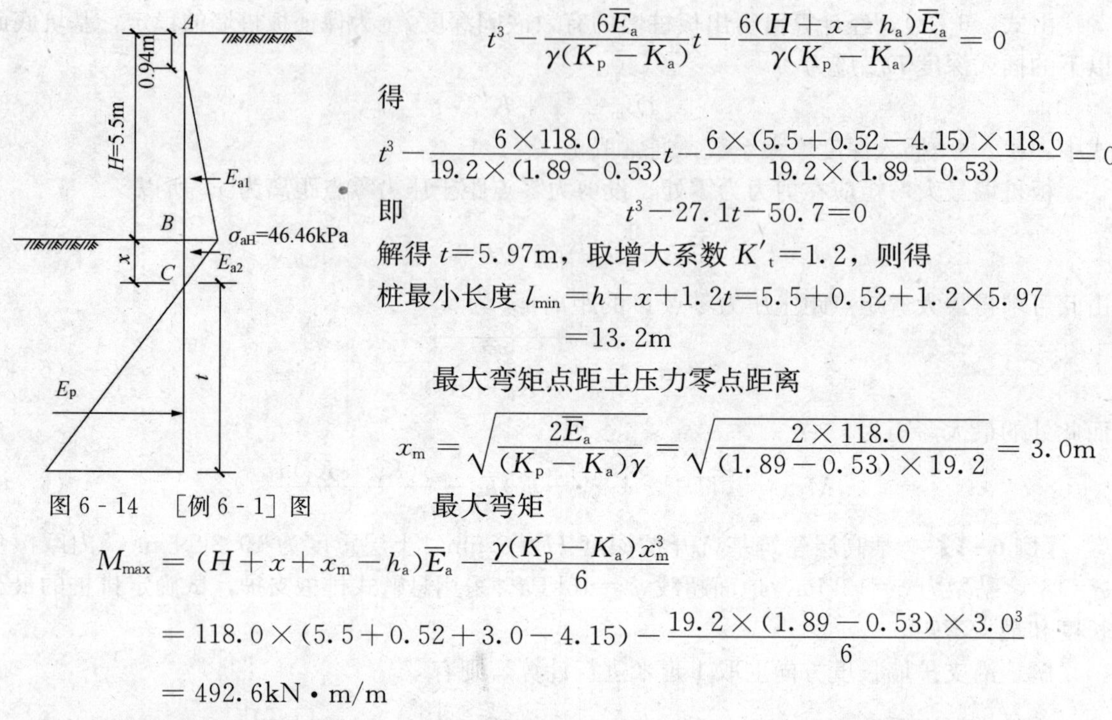

图 6-14 ［例 6-1］图

$$t^3-\frac{6\overline{E}_a}{\gamma(K_p-K_a)}t-\frac{6(H+x-h_a)\overline{E}_a}{\gamma(K_p-K_a)}=0$$

得

$$t^3-\frac{6\times 118.0}{19.2\times(1.89-0.53)}t-\frac{6\times(5.5+0.52-4.15)\times 118.0}{19.2\times(1.89-0.53)}=0$$

即

$$t^3-27.1t-50.7=0$$

解得 $t=5.97\text{m}$，取增大系数 $K'_t=1.2$，则得

桩最小长度 $l_{min}=h+x+1.2t=5.5+0.52+1.2\times 5.97$
$=13.2\text{m}$

最大弯矩点距土压力零点距离

$$x_m=\sqrt{\frac{2\overline{E}_a}{(K_p-K_a)\gamma}}=\sqrt{\frac{2\times 118.0}{(1.89-0.53)\times 19.2}}=3.0\text{m}$$

最大弯矩

$$M_{max}=(H+x+x_m-h_a)\overline{E}_a-\frac{\gamma(K_p-K_a)x_m^3}{6}$$

$$=118.0\times(5.5+0.52+3.0-4.15)-\frac{19.2\times(1.89-0.53)\times 3.0^3}{6}$$

$$=492.6\text{kN}\cdot\text{m/m}$$

四、单层支锚板桩墙计算

单层支锚板桩墙支护结构因在顶端附近设有一支撑或拉锚，可认为在支锚点处无水平移动而简化为简支支撑，但板桩墙下端的支撑情况则与其入土深度有关。因此，单支锚支护结构的计算与板桩墙的入土深度有关。支护结构的计算根据板桩墙入土深度分为如下两类。

1. 入土较浅时单支点板桩墙支护结构计算

当板桩墙入土深度较浅时，板桩墙前侧的被动土压力全部发挥，板桩墙的底端可能有少量向前位移的现象发生。此时板桩墙前后的被动和主动土压力对支锚点的力矩相等，板桩墙体处于极限平衡状态，板桩墙可看做在支锚点铰支而下端自由的结构如图 6-15 所示。

取单位计算宽度板桩墙分析，先假设板桩墙的入土嵌固深度 D，根据对支点 A 的力矩平衡条件 $\sum M_A=0$ 求得

$$M_1+M_2-M_p=0 \tag{6-7}$$

式中 M_1、M_2——基坑底上、下主动土压力合力 E_{a1}、E_{a2} 对支点 A 的力矩；

M_p——被动土压力合力 E_p 对支点 A 的力矩。

由式（6-7）可求出板桩墙的入土深度 D。

支点 A 处的水平力 T 根据水平力平衡条件求出

$$T=E_{a1}+E_{a2}-E_p \tag{6-8}$$

式中 E_{a1}、E_{a2}——基底上、下主动土压力；

E_p——被动土压力合力。

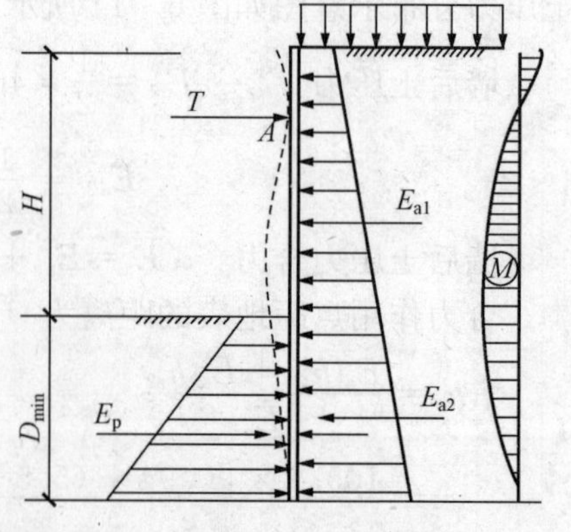

图 6-15 单锚浅埋支护结构计算图

另外，由最大弯矩截面的剪力等于零的条件可求出

最大弯矩。

2. 入土较深时单支点板桩墙支护结构计算

当支护板桩墙入土深度较深时，板桩墙的底端向后倾斜，板桩墙的前、后侧均出现被动土压力，支护板桩墙在土中处于弹性嵌固状态，相当于上端简支而下端嵌固的超静定梁。工程上常采用等值梁法计算。

等值梁法应用于单支点板桩墙计算步骤如下：

(1) 确定正负弯矩反弯点的位置。实测结果表明净土压力为零点的位置与弯矩零点位置很接近，因此可假定反弯点就在净土压力为零点处，即为图 6-16 (d) 中的 C 点。它距基坑底面的距离 x，根据作用于墙前后侧土压力为零的条件求出。

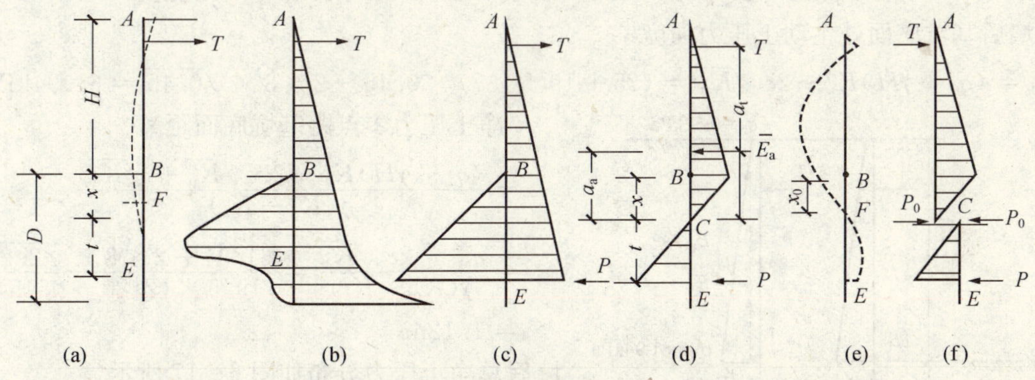

图 6-16 单支点深埋板桩计算简图

(a) 变形图；(b) 实际土压力分布图；(c) 理论土压力分布图；
(d) 叠加后土压力分布图；(e) 弯矩图；(f) 等值梁计算图

(2) 假设在 C 点切开，认为 AC 段为一简支梁，即等值梁 AC。根据平衡方程计算支点反力 T 和 C 点剪力 P_0

$$T=\frac{\overline{E}_a a_a S_h}{a_t} \tag{6-9}$$

$$P_0=\frac{\overline{E}_a(a_t-a_a)}{a_t} \tag{6-10}$$

式中 T——单支点作用力的水平分量，kN；

a_t——反弯点与单支点的距离，m；

a_a——反弯点与 $\overline{E}_a$ 作用点的距离，m；

S_h——支点水平间距，m；

P_0——反弯点处剪力，kN/m。

(3) 取板桩墙下段 CE 为隔离体，取 $\sum M_E=0$，可求出有效嵌固深度 t

$$t=\sqrt{\frac{6P_0}{\gamma(K_p-K_a)}} \tag{6-11}$$

而板桩墙在基坑底以下的入土深度 D 仍按式 (6-3) 确定。

(4) 由等值梁 AC 求算最大弯矩 M_{max}。

【例 6-2】 某基坑工程开挖深度 $h=7.0$m，采用单支点桩墙支护结构，支点离地面距离 $h_T=1.2$m，支点水平间距为 $S_h=1.5$m。地基土层参数加权平均值为：黏聚力 $c=8$kPa，

内摩擦角 $\varphi=22°$，重度 $\gamma=19.5\text{kN/m}^3$，地面超载 $q_0=25\text{kPa}$。试以等值梁法计算该桩墙的入土深度 D、水平支锚力 T 和最大弯矩 $M_{\max}$。

解　取支锚点水平间距 S_h 作为计算宽度。

主动和被动土压力系数分别为

$$K_a=\tan^2\left(45°-\frac{\varphi}{2}\right)=\tan^2\left(45°-\frac{22°}{2}\right)=0.45$$

$$K_p=\tan^2\left(45°+\frac{\varphi}{2}\right)=\tan^2\left(45°+\frac{22°}{2}\right)=2.20$$

墙后地面处主动土压力强度

$$\sigma_{a1}=q_0K_a-2c\sqrt{K_a}=25\times0.45-2\times8\times\sqrt{0.45}=0.52\text{kPa}$$

墙后基坑底面处主动土压力强度

$$\sigma_{aH}=(q_0+\gamma H)K_a-2c\sqrt{K_a}=(25+19.5\times7)\times0.45-2\times8\times\sqrt{0.45}=61.94\text{kPa}$$

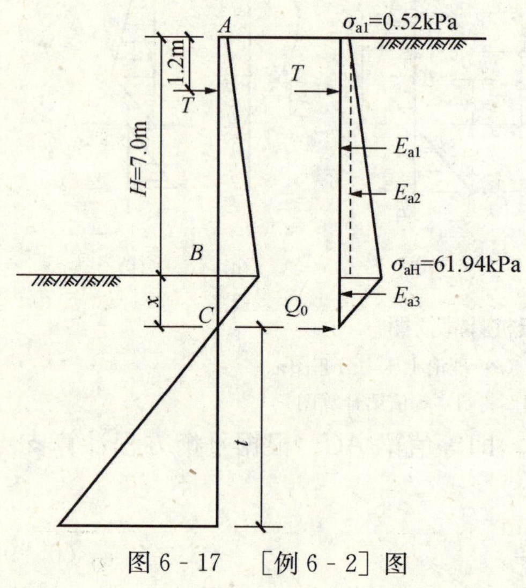

图 6-17　[例 6-2] 图

净土压力零点距基坑底面距离

$$x=\frac{(q_a+\gamma H)K_a-2c(\sqrt{K_p}+\sqrt{K_a})}{\gamma(K_p-K_a)}$$

$$=\frac{\sigma_{aH}-2c\sqrt{K_p}}{\gamma(K_p-K_a)}=\frac{61.94-2\times8\times\sqrt{2.20}}{19.5\times(2.20-0.45)}$$

$$=1.12\text{m}$$

墙后总净土压力分布如图 6-17 所示。

墙后净土压力合力

$$E_{a1}=0.52\times7.0=3.64\text{kN/m}$$

$$E_{a2}=(61.94-0.52)\times\frac{7.0}{2}=214.97\text{kN/m}$$

$$E_{a3}=61.94\times\frac{1.12}{2}=34.69\text{kN/m}$$

支点水平支锚力

$$T=\frac{(E_{a1}h_1+E_{a2}h_2+E_{a3}h_3)S_h}{H+x-h_T}$$

$$=\frac{3.64\times\left(\frac{7}{2}+1.12\right)+214.97\times\left(\frac{7}{3}+1.12\right)+34.69\times1.12\times\frac{2}{3}\times1.5}{7+1.12-1.2}$$

$$=167.37\text{kN}$$

土压力零点剪力

$$Q_0=\sum E_{ai}-T/S_h=1.75+214.97+34.69-167.37/1.5=139.44\text{kN/m}$$

桩的有效嵌固深度　$t=\sqrt{\dfrac{6Q_0}{\gamma\ (K_p-K_s)}}=\sqrt{\dfrac{6\times139.44}{19.5\times\ (2.20-0.45)}}=4.04\text{m}$

桩的入土深度　$D=x+1.2t=1.12+1.2\times4.04=5.97\text{m}$

假设剪力零点位于基坑底面以上，距地面距离为 h_q，由剪力零点以上水平力平衡得

$$T-\left[\sigma_{a1}h_q+\frac{1}{2}\ (\sigma_{hq}-\sigma_{a1})\ h_q\right]S_h=0$$

$$T-\left(\sigma_{a1}h_q+\frac{1}{2}\gamma K_a h_q^2\right)S_h=0$$

$$167.37-\left(0.52h_q-\frac{1}{2}\times 19.5\times 0.45h_q^2\right)\times 1.5=0$$

$$167.37-0.78h_q-6.59h_q^2=0$$

解得 $h_q=5.16\text{m}$

每延米板桩墙上最大弯矩

$$M_{max}=\frac{T(h_q-1.2)}{S_h}-\frac{1}{2}\sigma_{a1}h_q^2-\frac{1}{2}\gamma K_a h_q^2\times\frac{1}{3}h_q$$

$$=\frac{167.37\times(5.16-1.2)}{1.5}-\frac{1}{2}\times 0.52\times 5.16^2-\frac{1}{6}\times 19.5\times 0.45\times 5.16^3$$

$$=261.94\text{kN}\cdot\text{m/m}$$

五、多支点板桩墙计算

当土质较差，基坑又较深时，通常采用多层支锚结构，支锚层数及位置则根据土层分布及性质、基坑深度、支护结构刚度和材料强度以及施工要求等因素确定。

目前，对多支点支护结构的计算方法通常采用等值梁法、连续梁法、支撑荷载 1/2 分担法、弹性支点法以及有限单元法等。以下对其中主要的几种方法予以简单介绍。

1. 连续梁法

多支撑支护结构可作为刚性支座（支座无位移）的连续梁，如图 6 - 18 所示，应按以下各施工阶段的情况分别计算。下面以设置三道支撑基坑为例说明其设计计算步骤：

（1）在设置支撑 A 以前的开挖阶段［图 6 - 18（a）］，可将板桩墙作为一端嵌固在土中的悬臂梁。

（2）在设置支撑 B 以前的开挖阶段［图 6 - 18（b）］，板桩墙是两个支点的静定梁，两个支点分别是 A 及净土压力为零的一点。

（3）在设置支撑 C 以前的开挖阶段［图 6 - 18（c）］，板桩墙是具有三个支点的连续梁，三个支点分别为 A、B 及净土压力零点。

（4）浇筑底板以前的开挖阶段［图 6 - 18（d）］，板桩墙是具有四个支点的三跨连续梁。

2. 支撑荷载 1/2 分担法

对多支点的支护结构，若支护板桩墙后的主动土压力分布采用太沙基—佩克假定的图式，则支撑或拉锚的内力及其支护板桩墙的弯矩，可按以下经验法计算如图 6 - 19（a）所示：

（1）每道支撑或拉锚所受的力是相应于相邻两个半跨的土压力荷载值如图 6 - 19（b）所示。

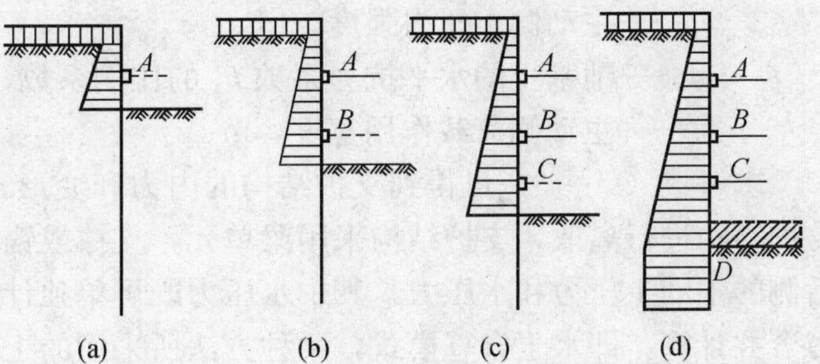

图 6 - 18 各施工阶段的计算简图

（2）假设土压力强度用 q 表示，可按连续梁进行计算。

3. 弹性支点法

弹性支点法，又称为弹性抗力法、地基反力法。其计算方法如下：

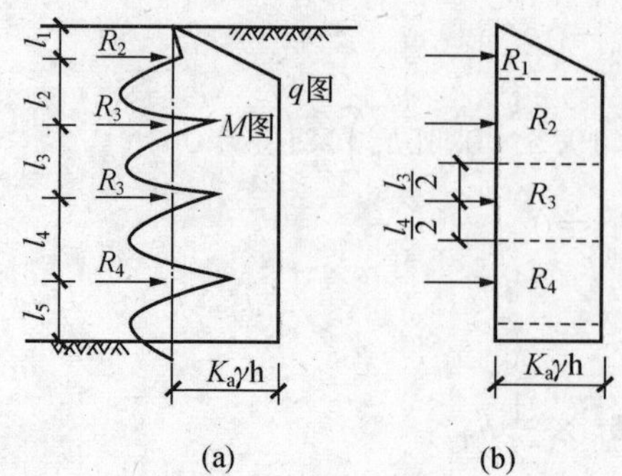

图 6-19 支撑荷载的 1/2 分担法

（a）墙体弯矩图；（b）支锚点荷载分配图

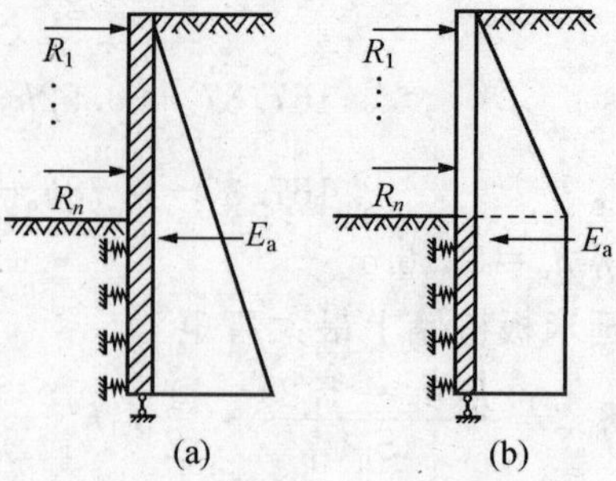

图 6-20 弹性支点的计算简图

(1) 墙后荷载既可直接按朗肯主动土压力理论计算，即三角形分布土压力模式，图 6-20（a）所示；也可按矩形分布经验土压力模式图 6-20（b）计算。后者在我国基坑支护结构设计中被广泛采用。

(2) 基坑开挖面以下的支护结构受到的土体抗力用弹簧模拟，$\sigma_x = k_s y$，式中 k_s 为地基土的水平基床系数；y 为土体的水平变形。

(3) 支锚点按刚度系数为 k_z 的弹簧进行模拟。

以 m 法为例，基坑支护结构的基本挠曲微分方程为

$$EI\frac{d^4y}{dz^4} + k_s by - e_a b_s = 0$$

$$k_s = mz \tag{6-12}$$

$$EI\frac{d^4y}{dz^4} + mzby - e_a b_s = 0 \tag{6-13}$$

式中 EI——支护结构的抗弯刚度，kN·m²；

y——支护结构的水平挠曲变形，m；

z——竖向坐标，m；

b——支护结构的计算宽度，m；

e_a——主动侧土压力强度，kPa；

m——地基土的水平抗力系数 k_s 的比例系数，kN/m⁴；

b_s——主动侧荷载作用宽度，m。

求解式（6-13）可得到支护结构的内力和变形，通常可用杆系有限元法求解。首先将支护结构进行离散，支护结构采用梁单元，支撑或锚杆用弹性支撑单元，外荷载为支护结构后侧的主动土压力和水压力，其中水压力既可单独计算，即采用水土分算模式，也可与土压力合并计算，即水土合算模式，两种方法所采用的土体抗剪强度指标是不同的。

六、水泥土挡墙设计

水泥土挡墙作为重力式支护结构，利用加固后的土体形成的块体结构自重来平衡土压力，使基坑边坡稳定，从而确保地下工程施工的顺利进展。

水泥土挡墙在我国从 20 世纪 80 年代开始探索应用，在 20 世纪 90 年代初随着地下建筑及地下设施的大量兴建而得到迅速发展，尤其在我国沿海地区应用极为广泛。

重力式支护结构具有施工简单、效果好的特点，特别是水泥土挡墙还兼有止水作用，因

此在开挖深度不大的基坑中被广泛采用。一般适用于开挖深度小于7m的基坑，最大可达8m左右，在挖深4～6m的基坑中更经济合理。

因水泥土抗拉强度较低，水泥土墙设计时需采用较大的墙体截面宽度，所以其性能类似重力式挡土墙，设计时一般按重力式挡土墙考虑。但由于水泥土挡墙与一般重力式挡土墙相比，具有较大的埋置深度，而桩体自身刚度较小，所以实际工程中变形也较大，其变形规律介于刚性挡土墙和柔性支挡结构之间。安全起见，可沿用重力式挡土墙的方法验算其抗倾覆、抗滑移稳定性，用圆弧滑动法验算整体稳定性。

水泥土墙适用于素填土、淤泥质土、流塑及软塑的黏性土、粉土及粉砂性土等软弱土地基。当土中含高岭石、多水高岭石、蒙脱石等矿物时，加固效果更好；而含伊利石、氯化物、水铝石英等矿物或有机物含量高、pH值较低的黏性土加固效果较差；对于泥炭土、泥炭质土及有机质或地下水具有侵蚀性时，应通过试验确定其适用性。水泥土墙不适用于厚度较大的可塑及硬塑以上的黏性土、中密以上的砂土。此外，加固区地下如有大量条石、碎砖、混凝土块等障碍时，一般不适用；如遇枯井、洞穴，应先行处理后再加固。

水泥土墙的剖面主要是确定挡土墙的宽度b及挡土墙嵌固深度h_d。当基坑开挖深度不大于5m时，挡土墙宽度可取0.6～0.7倍的基坑开挖深度，嵌固深度可取0.8～1.2倍的基坑开挖深度。当土质较好，基坑较浅时，b、h_d适当取小值；反之应取大值。根据初步确定的b、h_d进行验算，直至满足要求为止。

1. 抗倾覆稳定性验算

对于水泥土挡墙支护结构，作用在其上的土压力通常按朗肯土压力理论计算，但也有按梯形土压力分布形式计算（图6-21中虚线）。

由图6-21水泥土挡墙绕墙趾O的抗倾覆稳定安全系数

$$K_T=\frac{抗倾覆力矩}{倾覆力矩}=\frac{\frac{b}{2}W+z_pE_p}{z_aE_a} \qquad (6-14)$$

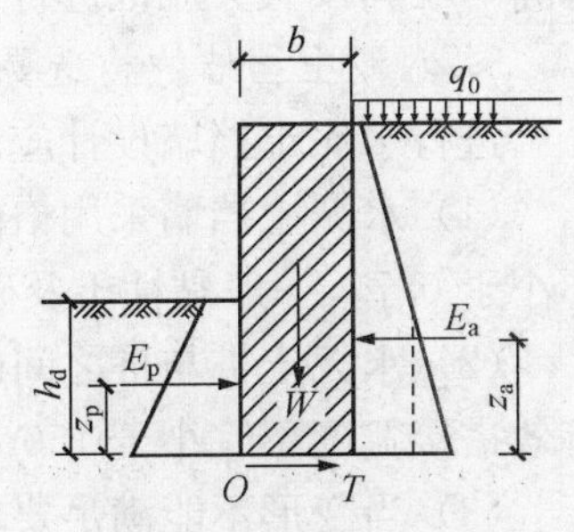

图6-21 水泥土挡墙稳定性验算

式中 W——墙体自重，kN/m；

E_a——墙后主动土压力，kPa；

E_p——墙前被动土压力，kPa；

z_a——主动土压力作用线距墙趾距离，m；

z_p——被动土压力作用线距墙趾距离，m；

b——水泥土挡墙厚度，m；

K_T——抗倾覆安全系数，一般取$K_T \geqslant 1.1 \sim 1.3$。

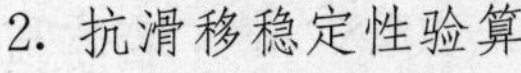

2. 抗滑移稳定性验算

水泥土挡墙沿墙底滑移安全系数

$$K_s=\frac{抗滑移力}{滑移力}=\frac{W\tan\varphi_0+c_0b+E_p}{E_a} \qquad (6-15)$$

式中 c_0——墙底土层的黏聚力，kPa；

φ_0——墙底土层的内摩擦角；

K_s——墙底土层抗滑移安全系数，一般取$K_s \geqslant 1.15 \sim 1.20$。

3. 墙体截面承载力验算

墙体截面承载力验算包括正应力验算和剪应力验算两方面。

(1) 墙体正应力验算。水泥土挡墙横截面正应力应满足下式

$$\left.\begin{aligned}\sigma_{\max}=\bar{\gamma}z+\frac{Mx_1}{I}\leqslant\frac{q_u}{K_j}\\ \sigma_{\min}=\bar{\gamma}z-\frac{Mx_2}{I}\geqslant 0\end{aligned}\right\}\tag{6-16}$$

式中 $\sigma_{\max}$、$\sigma_{\min}$——计算截面上的最大最小应力，kPa；

$\bar{\gamma}$——墙体平均重度，kN/m^3；

z——计算截面以上水泥土挡墙的高度，m；

M——墙体在计算截面的弯矩，kN·m/m；

x_1、x_2——墙体在计算截面处截面形心至最大、最小应力点的距离，m；

I——墙体在截面处水泥土截面的惯性矩，m^4；

q_u——水泥土无侧限抗压强度，MPa；

K_j——考虑水泥土强度的分布均匀系数，取2.0。

(2) 墙体剪应力验算。墙体剪应力验算按下式进行

$$\tau=\frac{E'_a}{mb}\leqslant 0.1\frac{q_u}{K_j}\tag{6-17}$$

式中 E'_a——计算截面以上的主动土压力合力，kN/m；

m——计算截面水泥土的置换率，为墙体内水泥土面积与总截面之比。

4. 基底地基承载力验算

水泥土挡墙是由加固土形成的重力式挡土墙，加固后的墙中比原重增加不大，一般增加3%左右，地基承载力一般满足要求，不必验算。若基底土质较差，则应对地基承载力进行验算，验算按有关规范进行。

5. 水泥土挡墙的构造要求

进行水泥土挡墙设计应满足如下构造要求：

(1) 水泥土挡墙采用格栅式设计布置时，水泥土桩置换率对淤泥不小于0.8，淤泥质土不小于0.7，一般黏性土及砂土不宜小于0.6；格栅长宽比不宜大于2。

(2) 水泥土桩与桩之间的搭接宽度应根据挡土及截水要求确定，考虑截水作用时，桩的有效搭接宽度不宜小于150mm；当不考虑截水作用时，搭接宽度不宜小于100mm。

(3) 当变形不能满足要求时，宜采用基坑内侧土体加固或水泥土墙插筋加混凝土面板及加大嵌固深度等措施。

【例6-3】 某基坑开挖深度$H=6.5$m，采用水泥土搅拌桩墙进行支护，墙体宽度$b=5.5$m，墙体入土深度（基坑开挖面以下）$h_d=5.2$m，墙体重度$\gamma_0=20kN/m^3$，墙体与土体摩擦系数$\mu=0.28$。基坑土层重度$\gamma=18.6kN/m^3$，内摩擦角$\varphi=28°$黏聚力$c=0$，地面超载为$q_0=25$kPa。试验算支护墙的抗倾覆、抗滑移稳定性。

解 沿墙体纵向取1延米进行计算。主动和被动土压力系数为

$$K_a=\tan^2\left(45°-\frac{28°}{2}\right)=0.36$$

$$K_p=\tan^2\left(45°+\frac{28°}{2}\right)=2.77$$

地面超载引起的主动土压力为

$$E_{a1}=q_0K_a(H+h_d)=25\times0.36\times(6.5+5.2)=105.3\text{kN}$$

E_{a1}的作用点距墙趾的距离　$z_{a1}=\frac{1}{2}(H+h_d)=\frac{1}{2}\times(6.5+5.2)=5.85\text{m}$

墙后土体产生的主动土压力

$$E_{a2}=\frac{1}{2}\gamma(H+h_d)^2K_a=\frac{1}{2}\times18.6\times(6.5+5.2)^2\times0.36=458.31\text{kN}$$

E_{a2}的作用点距墙趾的距离　$z_{a2}=\frac{1}{3}(H+h_d)=\frac{1}{3}\times(6.5+5.2)=3.9\text{m}$

墙前的被动土压力为　$E_p=\frac{1}{2}\gamma h_d^2K_p=\frac{1}{2}\times18.6\times5.2^2\times2.77=696.58\text{kN}$

E_p 作用点距墙趾的距离　$z_p=\frac{h_d}{3}=\frac{1}{3}\times5.2=1.73\text{m}$

每延米墙体自重　$W=b(H+h_d)\gamma_0=5.5\times(6.5+5.2)\times20=1287\text{kN}$

抗倾覆安全系数

$$K_q=\frac{\frac{1}{2}bW+E_pz_p}{E_{a1}z_{a1}+E_{a2}z_{a2}}=\frac{\frac{1}{2}\times5.5\times1287+696.58\times1.73}{105.3\times5.85+458.31\times3.9}=1.97>1.6$$，满足要求；

抗滑移安全系数 $K_s=\frac{E_p+\mu W}{E_{a1}+E_{a2}}=\frac{696.58+0.28\times1287}{105.3+458.31}=1.88>1.3$，满足要求。

七、土钉墙支护结构设计

土钉墙支护结构是由被加固的原位土体、布置较密的土钉和喷射于坡面上的混凝土面板组成。土钉一般是通过钻孔、插筋和注浆来设置的，但也可通过直接打入较粗的钢筋或型钢形成。土钉墙支护结构适合地下水位以上的黏性土、砂土和碎石土等地层，不适合于淤泥质土层。一般支护深度不超过18m，以5～12m为宜，土钉墙高度由工程开挖深度确定，条件许可时可适当放坡开挖。

土钉墙采取从上到下分层施工的工序，先开挖有限的深度，在这一深度的作业面上设置一排土钉，并喷射混凝土面层。接着继续向下开挖，重复上述过程，直至所要开挖的基坑深度。土钉通长与土体接触，依靠接触面上的摩阻力与周围土体形成复合体，并通过其受拉工作对土体变形进行约束。土钉墙在受荷过程中不会发生素土边坡那样突发性的塌滑，破坏过程明显呈现出渐进性变形与逐步扩展的现象，易于发现，便于修复。

土钉墙的设计一般包括以下步骤：根据坡体的剖面尺寸，土的物理力学性质及坡顶超载情况，计算潜在滑动面的位置与形状；初步确定土钉的直径、长度、倾角以及布置方式与间距，支护面层的厚度等参数；验算土钉墙的内外部稳定性。

1. 土钉墙的参数设计

土钉墙支护结构参数包括土钉的长度、直径、间距、倾角以及支护面层厚度等。可根据工程类比和工程经验初步确定。

（1）土钉长度。沿支护高度不同土钉的内力相差较大，一般为中部大，上部和底部小。因此，中部土钉起的作用大。但顶部土钉对限制支护结构水平位移非常重要，而底部土钉对抵抗基底滑动、倾覆或失稳有重要作用，另外当支护结构临近极限状态时，底部土钉的作用会明显加强，如此将上下土钉取成等长，或顶部土钉稍长，底部土钉稍短是合适的。

一般对非饱和土，土钉长度 L 与开挖深度 H 之比取0.6～1.2；密实砂土及干硬性黏土取小值。为减小变形，顶部土钉长度宜适当增加。非饱和土底部土钉长度可适当减少，但不宜小于0.5H。对于饱和软黏土，由于土体抗剪能力很低，设计时取L/H值大于1为宜。打入式土钉长度为0.5H～0.7H。

（2）土钉间距。土钉间距的大小影响土体的整体作用效果，目前尚不能给出有足够理论依据的定量指标。土钉的水平间距和垂直间距一般宜为1.0～2.0m。垂直间距依土层及计算确定，且与开挖深度相对应。上下插筋交错排列，遇到局部软弱土层间距可小于1.0m。

（3）土钉直径。可根据成孔方法确定。人工成孔时孔径一般为70～120mm，机械成孔时，孔径一般为100～150mm。土钉筋材尺寸：土钉钢筋宜采用Ⅱ、Ⅲ级钢筋，钢筋直径宜为ϕ16～ϕ32；当采用角钢时，一般为L5×50×50角钢；当采用钢管时，一般为ϕ50钢管。

（4）土钉倾角。土钉与水平线的倾角称为土钉倾角，一般在5°～20°之间，其值取决于注浆钻孔工艺与土体分层特点等多种因素。研究表明，倾角越小，支护的变形越小，但注浆质量较难控制；倾角越大，支护的变形越大，但有利于土钉插入下层较好土层，注浆质量也易于保证。

（5）注浆材料。用水泥砂浆或水泥浆。水泥采用标号不低于425的普通硅酸盐水泥，水泥浆的水灰比宜取0.5。水泥砂浆水灰比宜为0.38～0.45。

（6）护面层。临时性土钉支护的面层通常用80～150mm厚的钢筋网喷射混凝土，混凝土强度等级不低于C20。钢筋网常用到ϕ6～ϕ8的钢筋焊成150～300mm方格网片。永久性土钉墙支护面层厚度为150～250mm，可设两层钢筋网，分两层喷成。

2. 单根土钉承载力验算

假定土钉为受拉工作，不考虑其抗弯刚度。假设最危险滑面为朗肯主动土压力理论确定的滑动面，即与水平面夹角为$\frac{\beta+\varphi_k}{2}$。

单根土钉受拉荷载标准值可按下式计算

$$T_{jk}=\zeta\sigma_{ajk}s_{xj}s_{zj}/\cos\alpha_j \tag{6-18}$$

$$\zeta=\tan\frac{\beta-\varphi_k}{2}\left(\frac{1}{\tan\frac{\beta+\varphi_k}{2}}-\frac{1}{\tan\beta}\right)\Bigg/\tan^2\left(45^\circ-\frac{\varphi}{2}\right) \tag{6-19}$$

式中 σ_{ajk}——第j个土钉位置处的基坑水平荷载标准值，按第二节计算，kPa；

s_{xj}、s_{zj}——第j根土钉与相邻土钉的平均水平、垂直间距，m；

α_j——第j根土钉与水平面的夹角；

ζ——荷载折减系数，根据下式计算：

β——土钉墙坡面与水平面的夹角；

φ_k——土的内摩擦角标准值。

在假设如图6-22的滑动面的情况下，土钉抗拔力由滑面下稳定土体提供。则土钉抗拔承载力设计值为

$$T_{uj}=\frac{1}{\gamma_s}\pi d_{nj}\sum q_{sik}l_i \tag{6-20}$$

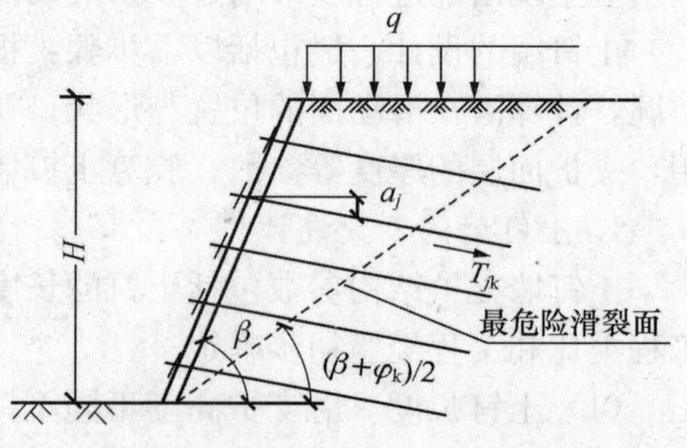

图6-22 土钉抗拔力计算简图

式中 γ_s——土钉抗力分项系数，取1.3；

d_{nj}——第j根土钉锚固体直径，m；

q_{sik}——土钉穿越第i层土土体与锚固体极限摩阻力标准值，kPa，应由现场试验确定，

如无试验资料，可查规范表格确定；

l_i——第 j 根土钉在直线破裂面外穿越第 i 稳定土体内的长度，m，破裂面与水平面的夹角为（$\beta+\varphi_{\mathrm{k}}$）/2。

单根土钉抗拔承载力应符合下式要求

$$1.25\gamma_0 T_{jk} \leqslant T_{uj} \tag{6-21}$$

式中 T_{jk}——第 j 根土钉受拉荷载标准值，kN；

T_{uj}——第 j 根土钉抗拉承载力设计值，kN；

γ_0——建筑基坑侧壁重要性系数。

3. 土钉墙内部整体稳定性验算

土钉墙的内部稳定性分析是指边坡土体中可能出现的破坏面发生在支护内部并穿过全部或部分土钉，假定破坏面上的土钉只承受拉力且达到最大抗力，按圆弧破坏面采用简单条分法对支护结构作整体稳定性分析。

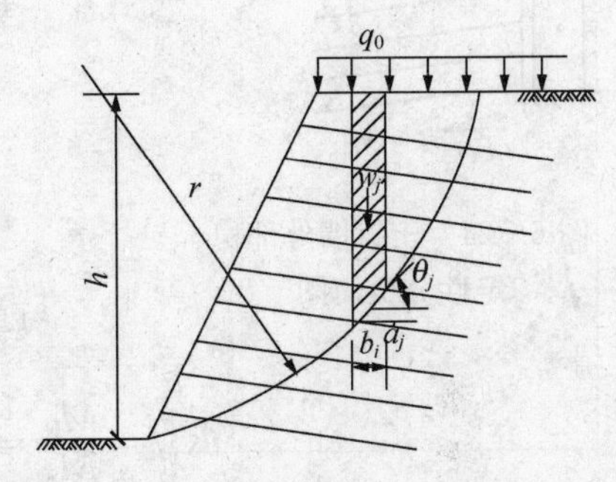

图 6-23 土钉墙内部稳定分析计算简图

土钉墙应根据施工期间不同开挖深度及基坑底面以下可能滑动面采用圆弧滑动简单条分法如图 6-23 所示，按下式进行整体稳定性验算

$$\sum_{i=1}^{n} c_{ik} L_i s + \sum_{i=1}^{n} (\omega_i + q_0 b_i)\cos\theta_i \tan\varphi_{ik} s + \sum_{i=1}^{n}\sum_{j=1}^{m} T_{nj}\Big[\cos(a_j+\theta_i) + \frac{1}{2}\sin(a_j+\theta_i)\tan\varphi_{ik}\Big] - \gamma_k\gamma_0 \sum_{i=1}^{n}(\omega_i + q_0 b_i)\sin\theta_i s \geqslant 0 \tag{6-22}$$

$$T_{nj} = \pi d_{nj} \sum q_{sik} l_{ni} \tag{6-23}$$

式中 n——滑动体分条数；

m——滑动体内土钉数；

γ_{k}——整体滑动分项系数，可取 1.3；

γ_0——基坑侧壁重要性系数；

ω_i——第 i 分条土重，滑裂面位于黏性土或粉土中时，按上覆土层饱和重度计算；滑裂面位于砂土或碎石类土中时，按上覆土层的有效重度计算，kN；

b_i——第 i 分条宽度；

c_{ik}——第 i 分条滑裂面处土体固结不排水（快）剪黏聚力标准值，kPa；

φ_{ik}——第 i 分条滑裂面处土体固结不排水（快）剪内摩擦角标准值，kPa；

θ_i——第 i 分条滑裂面处中点切线与水平面夹角；

α_j——土钉与水平面之间的夹角；

L_i——第 i 分条滑裂面处弧长，m；

s——计算滑动体单元厚度，m；

T_{nj}——第 j 根土钉在圆弧滑裂面外锚固体与土体的极限抗拉力，kN；

l_{ni}——第 j 根土钉在圆弧滑裂面外穿越第 i 层稳定土体内的长度，m。

4. 土钉墙外部稳定性验算

土钉与原位土体组成复合土体形成类似与重力式挡土墙的土钉墙，其外部稳定性主要包括抗滑移稳定性分析、抗倾覆稳定性分析和基坑抗隆起稳定性分析三方面，计算分析简图如图 6 - 24 所示。

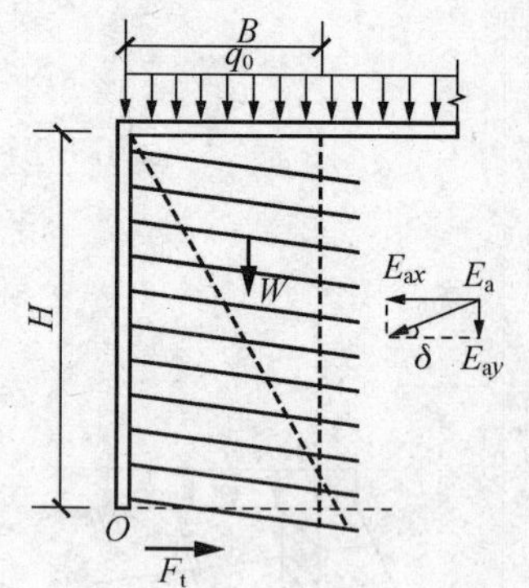

图 6 - 24　土钉墙外部稳定性分析简图

对土钉墙进行抗滑移稳定性验算时，其抗滑移安全系数 K_h 应满足

$$K_h = \frac{F_t}{E_{ax}} \geqslant 1.2 \tag{6-24}$$

$$F_t = (W + q_0 B)\tan\varphi + cB \tag{6-25}$$

$$B = (11/12)L\cos\alpha$$

式中　E_{ax}——作用于土钉墙后的主动土压力水平分量，kN/m；

F_t——土钉墙底面上产生的抗滑力，kN/m；

W——墙体自重，kN/m；

B——墙体计算宽度，m；

α——土钉与水平面间的夹角。

与重力式挡墙类似，抗倾覆稳定性系数 K_q 应满足

$$K_q = \frac{M_R}{M_S} = \frac{\frac{1}{2}B(W + q_0 B) + E_{ay}B}{E_{ax}z} \geqslant 1.3 \tag{6-26}$$

式中　E_{ay}——作用于土钉墙后主动土压力竖直分量，kN/m；

z——墙后主动土压力作用点距墙底的垂直距离，m。

八、土层锚杆支护设计

土层锚杆是一种受拉杆件，其一端与板桩墙等支挡结构物联结，另一端则锚固在稳定的岩土层中，利用地层的锚固力与支挡结构物一起承受作用在结构物上的土压力和水压力，以维持基坑的稳定。

土层锚杆于 1959 年首次在德国应用成功，迄今已广泛应用于临时性或永久性工程中。锚杆具有一系列优点，如简化支撑、改善施工条件加快施工进度、适用性强等，特别适用于深基坑因靠近已有建筑物、交通干线或地下管线而不能放坡的情况。

土层锚杆适用于砂土与黏性土地基，土层锚杆长度最长可达 50m，黏性土中最大锚固力可达 1000kN。对于软黏土土层，锚杆使用较少，它可提供的锚固力要小得多，且多为深基坑支护工程中采用的临时性土层锚杆。

锚杆是受拉杆件的总称，由锚头、拉杆和锚固体三个基本部分组成，如图 6 - 25 所示，其受力机理是：锚头把来自结构物的力传给拉杆，由拉杆再传给锚固体，锚固体通过摩阻力或支撑力传给稳固的地层。

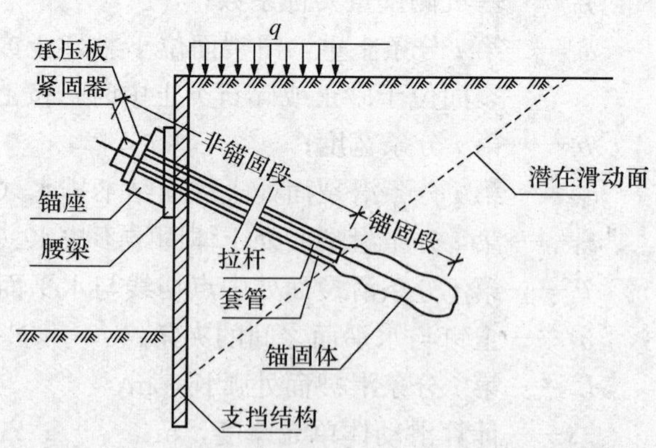

图 6 - 25　锚杆构造示意图

土层锚杆根据土中主动滑动面的位置分为锚固段和非锚固段。如此划分，主要是因为当土体按主动滑动面滑动时，拉杆可以自由伸长，不影响锚固段的锚固能力。锚固段不宜设置在未经处理的软弱土层、不稳定土层和不良地质地段。

土层锚杆的承载能力受拉杆强度、拉杆与锚固体之间的握裹力、锚固体与孔壁之间的摩阻力等因素的影响。要增大单根锚杆的承载能力，可增加锚固体长度，或把锚固段作成扩体。

土层锚杆的设计主要考虑的内容包括：锚杆的布置；锚杆截面、长度设计；腰梁截面设计；整体稳定性验算等。腰梁截面设计必须对腰梁的抗弯强度和抗剪强度进行验算。

锚杆头部底座采用钢筋混凝土或钢板，按有关规范进行设计。拉杆是土层锚杆的中心受拉杆件，一般采用钢管、粗钢筋、钢绞线、钢丝束等，可根据具体施工条件选择。由作用在侧壁的土压力，计算拉杆拉力，再以拉杆钢材强度值，计算单根拉杆截面尺寸及根数，最后由拉杆直径、注浆管尺寸确定钻孔直径。

1. 锚杆布置

包括确定锚杆层数、锚杆的竖向间距和水平间距、锚杆的倾角等。

为了不使锚杆引起地面隆起，最上层锚杆的上面应有必要的上覆土层厚度，即锚杆的竖向分力（向上）应小于上覆土重。一般覆土厚度不小于4m。

锚杆的层数取决于支挡结构的截面和其所受的荷载，要考虑挖土后未设置锚杆时支挡结构所能承受力的大小和位移控制的要求。锚杆层数越多施工工期越长。因此，锚杆层数的多少，必须根据支挡结构承载力的大小、基坑工程的位移控制要求和基坑的稳定性进行合理的计算确定。

在设计锚杆层位时，应尽量避免在流砂层设置锚头，以防流砂从锚孔流出。一般上下两层锚杆之间竖向间距不宜小于2.5m。锚杆间的水平间距不宜小于1.5m。

锚杆倾角一般应向下倾斜至少10°，以利于灌浆。根据地层情况，倾角宜为15°～35°，以便于使锚固段的位置进入有利于锚固的稳固地层。

2. 锚杆的承载能力

单根锚杆的承载能力取决于拉杆的极限抗拉强度、拉杆与锚固体之间的极限握裹力、锚固体与土之间的极限抗拔力。对于土层锚杆，后者一般均小于前两者，因此其承载能力主要决定于锚固体与土之间的极限抗拔力。

锚杆承载力计算应符合下式规定

$$T_{\mathrm{d}} \leqslant N_{\mathrm{u}} \cos\theta \tag{6-27}$$

式中 T_{d}——锚杯水平拉力设计值（等于支点反力），kN；

N_{u}——锚杆轴向受拉承载力设计值，kN；

θ——锚杆与水平面的倾角。

锚杆杆体采用普通钢筋时，其截面面积 A_{s} 应按下式计算

$$A_{\mathrm{s}} \geqslant \frac{T_{\mathrm{d}}}{f_y \cos\theta} \tag{6-28}$$

锚杆杆体采用预应力钢筋时，其截面面积 A_{p} 应按下式计算

$$A_{\mathrm{p}} \geqslant \frac{T_{\mathrm{d}}}{f_{\mathrm{py}} \cos\theta} \tag{6-29}$$

式中 f_y、f_{py}——普通钢筋、预应力钢筋抗拉强度设计值，kPa。

锚杆轴向受拔承载力设计值按下式计算（图6-26）

$$N_{\mathrm{u}} = \frac{\pi}{\gamma_{\mathrm{s}}}\left[d\sum q_{\mathrm{s}ik} l_i + d_1 \sum q_{\mathrm{s}jk} l_j + \frac{1}{4} p(d_1^2 - d^2) \right] \tag{6-30}$$

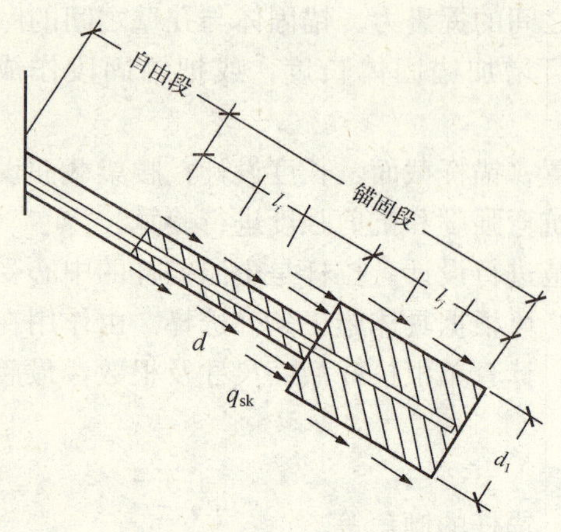

图 6-26　锚杆抗拔力计算简图

式中　N_u——锚杆轴向受拔承载力设计值，kN；

d_1——扩孔锚固体直径，m；

d——非扩孔锚杆或扩孔锚杆的直孔段锚固体直径，m；

l_i——第 i 层土中直孔部分锚固段长度，m；

l_j——第 j 层土中扩孔部分锚固段长度，m；

q_{sik}，q_{sjk}——土体与锚固体的极限摩阻力标准值，应据当地经验取值，当无经验时可按规范表取值，kPa；

p——锚固体扩孔部分土的抗压强度，kPa；

γ_s——锚杆轴向受拉抗力分项系数，可取 1.3。

其计算结果仅可以作为估算用，最后还应通过现场锚杆抗拔试验确定其值。

在非锚固段拉杆上涂抹润滑油或加装塑料套管，以保证锚杆非锚固段不与周围土体粘结，可以自由伸长而不致影响到锚杆承载力。

3. 土层锚杆整体的稳定性验算

锚杆有多种破坏形式，当依靠锚杆保持结构系统的稳定时，设计中必须校核各种可能的破坏形式。因此除了要求每根锚杆必须有足够的抗拔承载力外，还必须考虑包括锚杆和地基在内的整体稳定性。通常认为，锚固段所需的长度由锚杆抗拔承载力验算确定，而锚杆所需的总长度则取决于边坡土体的整体稳定要求。

稳定性包括整体稳定性和深部破坏稳定性。前者失稳，滑动面通过基坑支护桩的下方如图 6-27（a）所示，可按土力学中相关内容进行稳定性计算。后者失稳，则滑动面发生在支护端，如图 6-27（b）所示。也可用 Kranz（1953）和 Locher（1969）法进行验算。

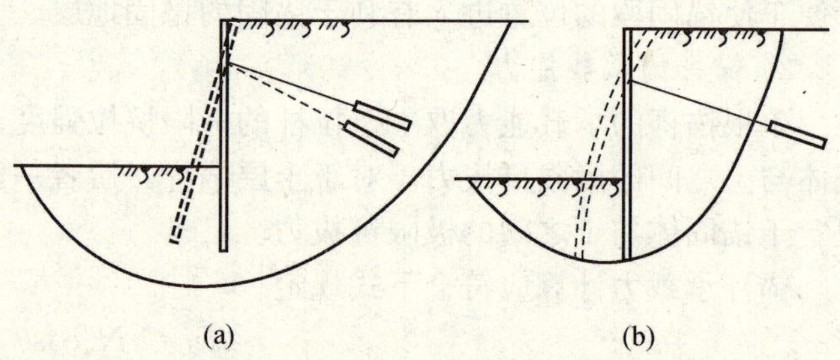

图 6-27　土层锚固的失稳

（1）Kranz 法。图 6-28 所示为 Kranz 法的计算简图。设 A 点为支护桩下端的假想支点（铰点），D 点为锚固体长度的中心点，AD 即为深层滑动面，取 $ABCD$ 隔离体，除受重力 G 作用外，还受作用于 AB 面的主动土压力的反作用力 E_a，作用于 CD 面的主动土压力 E'_a，作用于 AD 面的反力 R，锚杆所受的最大拉力为 T_{max}。由静力平衡条件即可求得 T_{max}，从而求得其水平分量 T_{hmax}。设 T_h 为设计水平力，则锚杆整体稳定性安全系数为

$$K_a = \frac{T_{hmax}}{T_h} \geqslant 1.5 \tag{6-31}$$

（2）Locher 法。如图 6-29 所示，将 AB 墙与墙后滑动土体看作一个整体，作用在隔离体 $ABCD$ 上有 G，E'_a 和 R（R 与 AD 滑动面法线成 φ_n），由静力平衡条件，可求得 $\varphi_n-\theta$ 角（θ 为已知）。锚杆整体稳定性安全系数

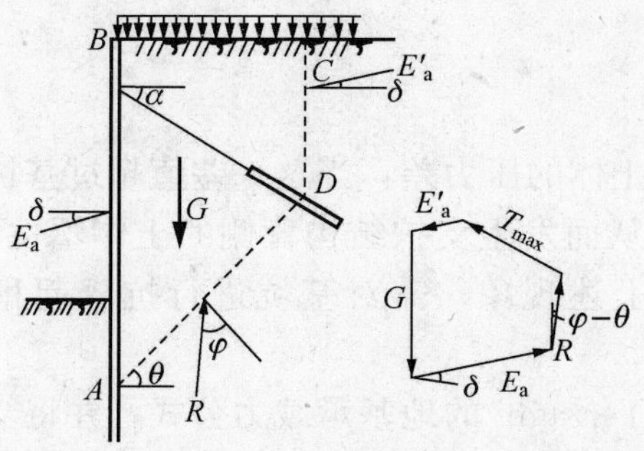

图 6-28　Kranz 法稳定性分析

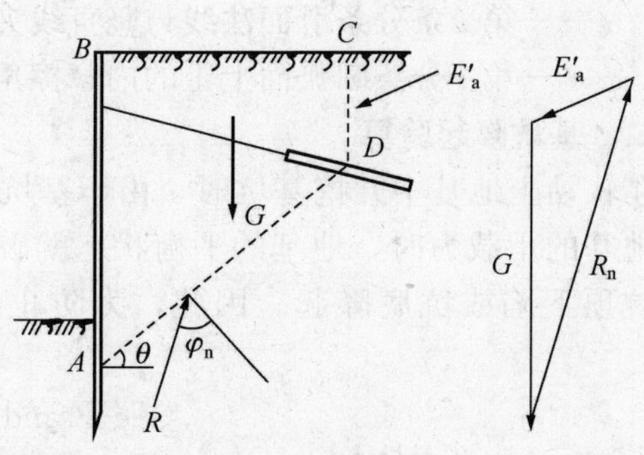

图 6-29　Locher 简化法

$$K_s = \frac{\tan\varphi}{\tan\varphi_n} \tag{6-32}$$

式中　φ——土体的内摩擦角。

第五节　基坑稳定性分析

目前国内发生的基坑工程事故有很多是由于基坑稳定失效所引起的，其中包括边坡整体滑动稳定、抗隆起稳定、管涌和基坑周围土体变形等。因此，为保证基坑的安全，需根据基坑的具体情况而进行基坑稳定性分析。

一、整体滑动失稳验算

基坑的整体稳定性验算按平面问题考虑，一般采用圆弧滑动面计算。对不同支护结构的基坑整体稳定性验算，采用土力学原理中圆弧滑动面条分法（Fellenius 法）进行整体滑动失稳验算，如图 6-30 所示。可按下式计算

$$K = \frac{\sum_{i=1}^{n} c_i l_i + \sum_{i=1}^{n} (q_i b_i + \gamma_i b_i h_i)\cos\alpha_i \tan\varphi_i}{\sum_{i=1}^{n} (q_i b_i + \gamma_i b_i h_i)\sin\alpha_i} \tag{6-33}$$

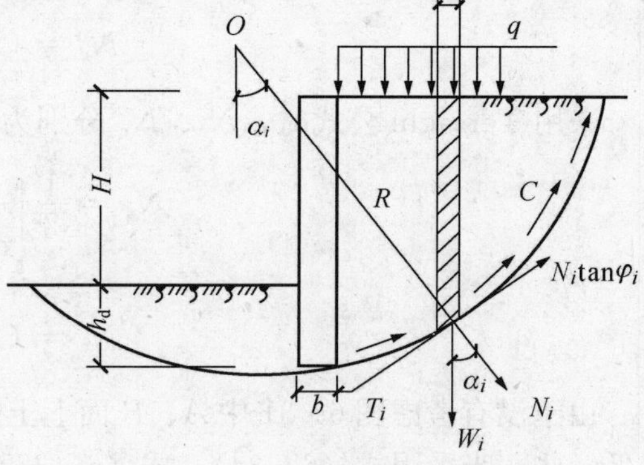

图 6-30　支护结构整体滑动失稳

式中　K——边坡抗滑稳定安全系数，应不小于 1.2；

c_i——分条圆弧面上土的内聚力；

l_i——分条的圆弧长度；

q_i——第 i 分条的地面荷载；

γ_i——第 i 分条土的重度，无渗流作用时，地下水位以上取土的天然重度计算，地下水位以下用土的有效重度计算；

b_i——第 i 条分条的宽度；

h_i——第 i 条分条的高度；

α_i——第 i 条分条滑面法线与竖直线夹角；

φ_i——第 i 分条圆弧面上土的内摩擦角。

二、基坑隆起验算

在软黏土地基中开挖基坑时，由于基坑内外土体的压力差，当这一差值超过基坑底面以下地基的承载力时，地基的平衡状态就破坏，从而发生支护结构背侧的土体塑性流动，产生坑顶下陷或坑底隆起。因此，为防止发生上述现象，需对基坑进行抗隆起稳定性验算。

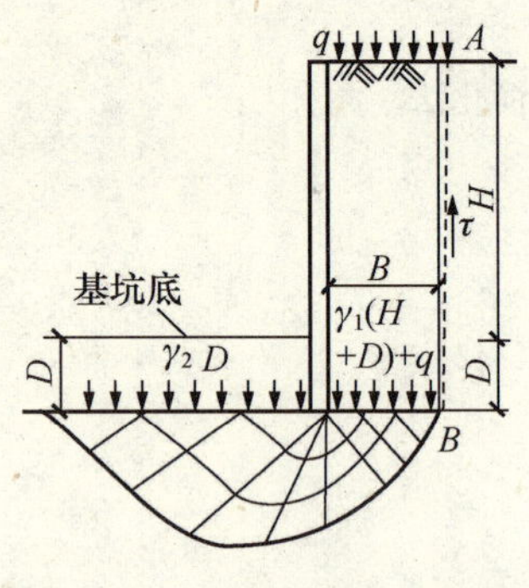

图 6 - 31　抗隆起验算示意图

参照 Prandtl 和 Terzaghi 的地基承载力公式，并将支护桩底面的平面作为求极限承载力的基准面，滑动线形状如图6 - 31所示。采用下式进行抗隆起安全系数的验算。

$$K=\frac{\gamma_2 DN_q+cN_c}{\gamma_1(H+D)+q} \tag{6-34}$$

式中　D——墙体插入深度，m；

H——基坑开挖深度，m；

γ_1、γ_2——分别为墙体外侧及坑底土体的重度，kN/m³；

q——地面超载，kPa；

c——坑底土体的黏聚力，kPa；

N_c、N_q——地基承载力的系数。

采用 Prandtl 公式时，N_c、N_q 分别为

$$N_q=\tan^2\left(45^\circ+\frac{\varphi}{2}\right)e^{\pi\tan\varphi}$$

$$N_c=(N_q-1)\frac{1}{\tan\varphi} \tag{6-35}$$

采用 Terzaghi 公式时，N_c、N_q 分别为

$$N_q=\frac{1}{2}\left[\frac{e^{\left(\frac{3}{4}\pi-\frac{\varphi}{2}\right)\tan\varphi}}{\cos\left(45^\circ+\frac{\varphi}{2}\right)}\right]^2$$

$$N_c=(N_q-1)\frac{1}{\tan\varphi} \tag{6-36}$$

由于没有考虑图 6 - 31 中 A、B 面上土的抗剪强度对抵抗隆起作用，故安全系数 K 可取得低一些，当采用式（6 - 34）、式（6 - 35）时，要求 $K\geqslant1.10\sim1.20$；当采用式（6 - 34）、式（6 - 36）时，要求 $K\geqslant1.15\sim1.25$。

三、渗流破坏验算

基坑开挖后，地下水形成水头差，使地下水由高处向低处渗流，如图 6 - 32、图 6 - 33 所示。当地下水的向上渗流力（动水压力）$G\geqslant\gamma'$时，土颗粒间有效应力为零，土粒处于浮动状态或出现流砂、流土现象而发生渗流破坏。最危险的地方是贴近防渗墙的地方，坑外地下水沿防渗墙向坑内的渗流路径最短，水力梯度最大。潜蚀或管涌现象也是一种渗流破坏，整个土体虽然稳定，但细颗粒被水从粗颗粒之间带走，这种现象如果任其发展下去，则土颗粒间孔隙会因细粒土的流失而逐渐扩大，地下水渗流速度提高，稍粗的颗粒就会被带走，在土中形成通道，从而在坑底产生管涌现象，最终造成破坏。因此，必须设法减小地下水渗流的水力梯度。

当基坑内外存在水头差时，粉土和砂土应进行抗渗稳定性验算。地下水的向上渗流力（动水压力）应小于土的有效重度，即渗透的水力梯度不应超过临界水力梯度（图 6-34）。

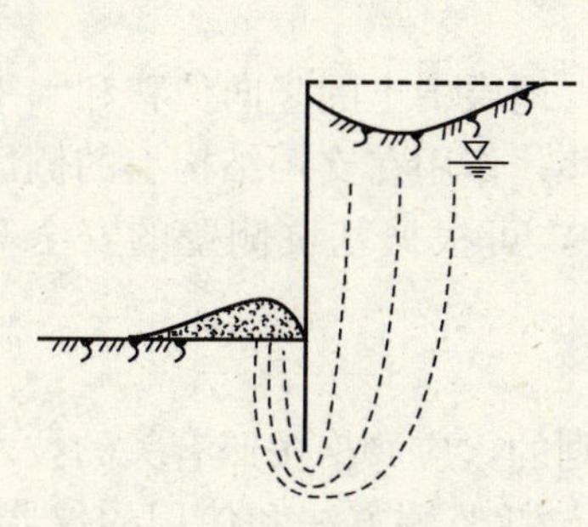
图 6-32 基坑管涌和流砂失稳

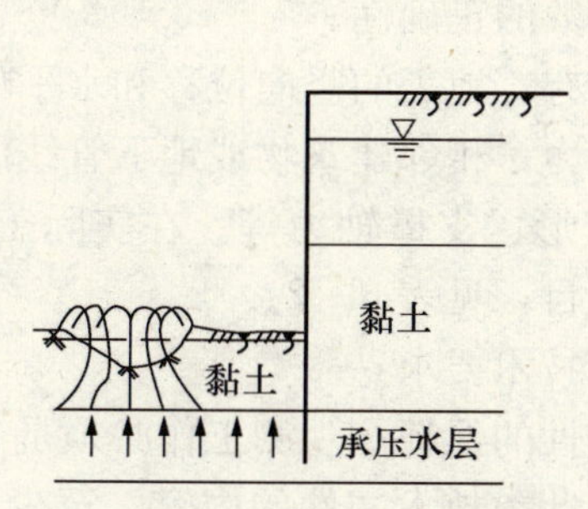

图 6-33 承压水引起基坑失稳

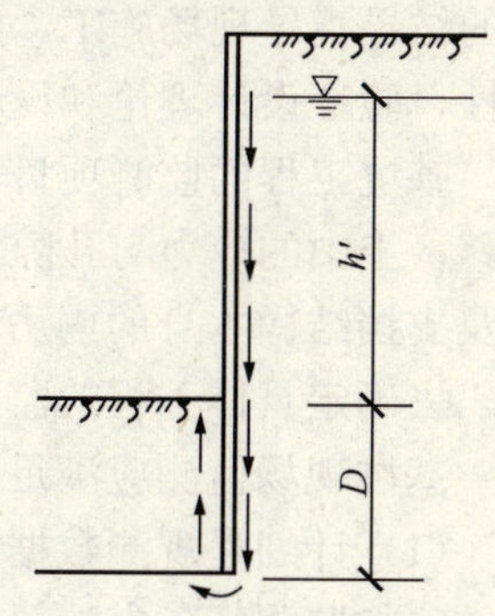

图 6-34 管涌计算简图

$$G_D \leqslant \gamma' \tag{6-37}$$

$$i\gamma_w \leqslant \gamma'$$

$$i \leqslant \frac{\gamma'}{\gamma_w} = i_{cr} \tag{6-38}$$

式中 γ'——土的有效重度，kN/m^3；
G_D——地下水的向上渗流力（动水压力），kN/m^3；
i——渗透的水力梯度；
i_{cr}——临界水力梯度。

当上部为不透水层，坑底下某深度处有承压水层时（图 6-35），应保证承压水顶板有足够的厚度来平衡承压水压力。基坑底抗渗流稳定性可按下式验算

$$\frac{\gamma_m(D+z)}{p_w} \geqslant 1.1 \tag{6-39}$$

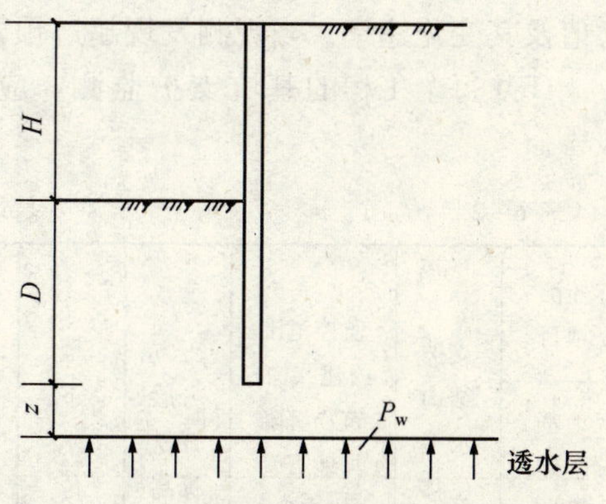

图 6-35 基坑底抗渗流稳定性验算示意图

式中 γ_m——透水层以上土的饱和重度，kN/m^3；
$D+z$——透水层顶面距基坑底面的距离，m；
p_w——含水层承压水压力，kPa。

第六节 基坑现场监测与信息化施工简介

一、基坑现场监测

基坑开挖的施工过程中，基坑内外的土体将由原来的静止土压力状态向被动和主动土压力状态转变，应力状态的改变引起土体的变形，即使采取了支护措施，变形总是难以避免的。因此，在基坑施工过程中，只有对基坑支护结构、基坑周围的土体和相邻的构筑物进行综合、系统的监测，才能对工程情况有全面的了解，确保工程顺利进行。

基坑工程的监测目的主要有：①根据监测结果，判断工程的安全性，尽早发现可能发生危险的先兆，采取必要的防护工程措施，防止工程破坏事故和环境事故的发生；②以工程监测的结果指导现场施工，确定和优化施工参数，进行信息化施工；③检验工程勘察资料的可靠性，验证设计理论和设计参数的正确性。

基坑工程的监测项目大致有：地表的竖向位移和水平位移；地层中土的竖向位移和水平位移；土中的应力与孔隙水压力；相邻建筑物或地下管线的位移；作用在支挡结构上的侧压力及支挡结构本身的内力、变形、支撑轴力等。在实际工程中，可根据基坑侧壁的安全等级，去确定具体工程的监测项目，见表 6 - 2。

基坑现场监测应满足下列技术要求：

(1) 计划是观测数据完整性的保证。观测工作必须是有计划的，应严格按照有关的技术文件（如监测任务书）执行。此类技术文件的内容，至少应该包括监测方法和使用的仪器、监测精度、测点的布置、观测周期等。

(2) 监测数据必须是可靠的。数据的可靠性由监测仪器的精度、可靠性以及观测人员的素质来保证。

(3) 观测必须是及时的。因为基坑开挖是一个动态的施工过程，只有保证及时观测才能有利于发现隐患，及时采取措施，避免事故的发生。

(4) 对于观测的项目，应按照工程具体情况预先设定预警值，预警值应包括变形值、内力值及其变化速率。当观测发现超过预警值的异常情况，要立即考虑采取应急补救措施。

(5) 每个工程的基坑支护监测，应该有完整的观测记录，形象的图表、曲线和观测报告。

表 6 - 2　　基坑监测项目选择表

监测项目 / 地基基础设计等级	支护结构水平位移	监控范围内建（构）筑物沉降与地下管线变形	土方分层开挖标高	地下水位	锚杆拉力	支撑轴力或变形	立柱变形	桩墙内力	基坑底隆起	土体侧向变形	孔隙水压力	土压力
甲级	√	√	√	√	√	√	√	√	√	√	△	△
乙级	√	√	√	√	√	△	△	△	△	△	△	△

注　√为必测项目，△为宜测项目。

二、基坑信息化施工

基坑工程是一个涉及地质、水文、气象等条件及土力学、结构、施工组织和管理等学科各个方面的系统工程。在基坑开挖过程中，土体性状和支护结构的受力状态都在不断变化，恰当地模拟这种变化是工程实践所需要的。但传统的固定不变的计算模型和参数来描述不断变化的土体性状是不合适的。因此，必须根据现场监测信息，不断修改、优化设计，以便达到安全施工的目的。

信息化施工是应用系统工程于施工的一种现代施工管理办法，包括信息采集（监测）、反分析（分析模型和计算参数反演）、正分析（预测）以及根据预测结果进行决策与控制等方面的内容，其原理如图 6 - 36 所示。

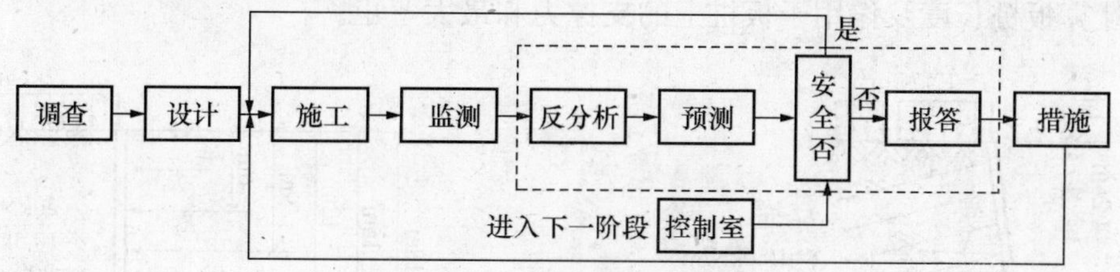

图 6 - 36 信息化施工原理框图

思考题

6 - 1 基坑工程有哪些特点？

6 - 2 基坑支护结构上土压力受哪些因素的影响？

6 - 3 支护结构上的土压力有哪些计算模式？适用条件是什么？

6 - 4 板桩墙支护结构计算分静力平衡法和等值梁法，这两种方法有何区别？

6 - 5 设计水泥土墙的剖面应进行哪些验算？

6 - 6 基坑稳定性分析时，应考虑哪些稳定性验算？

习题

6 - 1 在黏性土地层中开挖深度 $h=5\text{m}$ 的基坑，采用悬臂式灌注桩支护，土层重度为 19.2kN/m^3，黏聚力 $c=10\text{kPa}$，内摩擦角 $\varphi=18°$，地面施工荷载 $q_0=19\text{kPa}$。试确定支护桩的入土深度 t、桩身最大弯矩和最大弯矩点位置。

6 - 2 某一开挖深度为 $h=6.0\text{m}$ 的基坑，采用一道锚杆的板桩支护，锚杆支点距地表 $h_0=1.3\text{m}$，支点水平间距为 $S_h=1.5\text{m}$。基坑周围土层参数：黏聚力 $c=0$，内摩擦角 $\varphi=24°$，重度 $\gamma=20.5\text{kN/m}^3$，地面施工荷载 $q_0=20\text{kPa}$。试按等值梁法计算板桩的入土深度、锚杆拉力和最大弯矩。

6 - 3 有一开挖深度 $h=5.5\text{m}$ 的基坑，采用水泥土搅拌桩墙支护，墙体宽度 $b=4.5\text{m}$，墙体入土深度（基坑开挖面以下）$h_d=5.2\text{m}$，墙体重度 $\gamma_0=20\text{kN/m}^3$，墙体与土体摩擦系数 $\mu=0.32$。基坑周围土层重度 $\gamma=18.0\text{kN/m}^3$，内摩擦角 $\varphi=25°$，黏聚力 $c=0$，地面超载为 $q_0=20\text{kPa}$。试计算水泥土支护墙的抗倾覆、抗滑移稳定性安全系数。

6 - 4 有一开挖深度 $h=9\text{m}$ 的基坑，采用土钉支护结构，其计算参数和结构简图如图 6 - 37所示。基坑边坡土层为粉质黏土，土层容重 $\gamma=18.0\text{kN/m}^3$，内摩擦角 $\varphi=35°$，黏聚力 $c=12\text{kPa}$，边坡坡度为 80°，土钉长度为 5m，钻孔直径为 100mm，土钉钢筋 ϕ25mm，土钉竖向及横向间距都为 1.25m，地面超载为 12kPa。试验算该土钉墙内部、外部稳定性及单个土钉抗拔稳定性。

6 - 5 有一开挖深度为 7.5m 的基坑，采用排桩加一水平支撑支护结构，支护桩入土深度 $t=6\text{m}$，土层容重 $\gamma=18.5\text{kN/m}^3$，内摩擦角 $\varphi=14°$，黏聚力 $c=11\text{kPa}$，地面施工荷载为

20kPa。桩长范围内无地下水，试验算基坑抗隆起稳定性。

6-6 某基坑开挖深度为 18m，采用多支点支护结构，土层参数及地面超载如图 6-38 所示，试计算板桩长度及作用于板桩上的支撑力和最大弯矩。

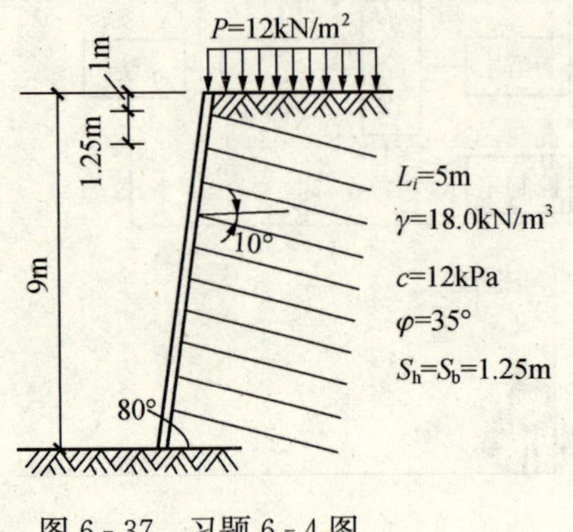

图 6-37 习题 6-4 图

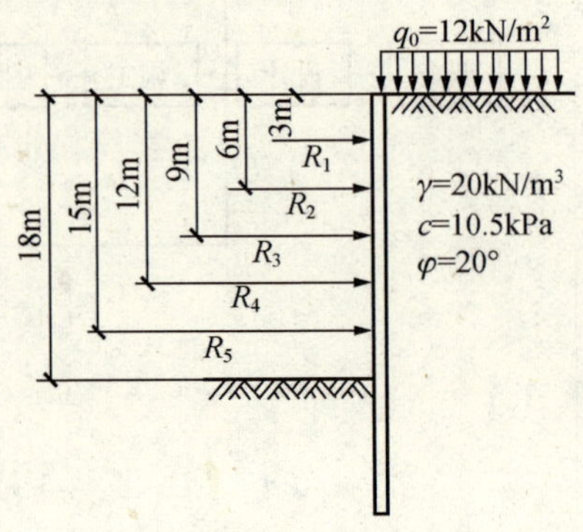

图 6-38 习题 6-6 图

第七章　特殊土地基

由于土的原始沉积条件、地理环境、沉积历史、物质成分及其组成的不同，某些区域所形成的土具有明显的特殊性质。例如：云南、广西的部分区域有膨胀土、红黏土，西北和华北的部分区域有湿陷性黄土，东北和青藏高原的部分区域有多年冻土等。我们把具有特殊工程性质的土称为特殊土。充分认识特殊土地基的特性及其变化规律，能使我们正确地设计和处理好地基基础问题。

第一节　湿陷性黄土

一、黄土及其分布

黄土是一种第四纪地质历史时期干旱气候条件下的沉积物。一般认为黄土应具备以下全部特征：

（1）为风力搬运沉积，无层理。

（2）颜色以黄色、褐黄色为主，有时呈灰黄色。

（3）颗粒组成以粉粒为主，含量一般在60%以上，几乎没有粒径大于0.25mm的颗粒。

（4）富含碳酸钙盐类。

（5）垂直节理发育。

（6）一般有肉眼可见的大孔隙。

当缺少其中的一项或几项特征时，称为黄土状土或次生黄土，满足前述所有特征的称为原生黄土或典型黄土。一般将原生黄土和次生黄土统称为黄土。

黄土在世界范围内的分布面积大约有1300万平方公里，主要分布于中纬度干旱和半干旱的地区。在我国也有63万余平方公里，其中原生黄土的分布面积约有38.1万平方公里，主要分布在我国的黄河流域的甘、陕、晋大部分地区以及豫、冀、鲁、宁夏、内蒙古等省。除黄河流域外，在新疆天山南北的塔里木盆地和准格尔盆地以及东北的松辽平原也有黄土分布，其他地方为零星分布。以甘肃的陇西、陇东地区，陕西的陕北地区、关中地区的黄土性质最为典型。

非饱和黄土在天然含水状态下一般具有较高的强度和较小的压缩性，但遇水浸湿后，有的即使在自身重力作用下也会发生剧烈而大量的变形，强度也随之迅速降低。黄土在一定压力下受水浸湿后结构迅速破坏而发生附加下沉的现象称为湿陷。浸水后发生湿陷的黄土称为湿陷性黄土。湿陷性黄土按其湿陷起始压力的大小又可分为自重湿陷性黄土和非自重湿陷性黄土。

我国现行《湿陷性黄土地区建筑规范》（GB 50025—2004）将中国湿陷性黄土工程地质分为七个区（其中又细分为十二个亚区），这七个区是：Ⅰ—陇西地区，Ⅱ—陇东—陕北—晋西地区，Ⅲ—关中地区，Ⅳ—山西—冀北地区，Ⅴ—河南地区，Ⅵ—冀鲁地区，Ⅶ—边缘地区，规范并同时列出了各区和亚区湿陷性黄土的物理性质指标和特征描述［见《湿陷性黄土地区建筑规范》（GB 50025—2004）所附的中国湿陷性黄土工程地质分区略图及附表］。

在湿陷性黄土地区进行工程建设，必须了解黄土的工程特性，查明黄土的湿陷性质、湿陷性土的厚度及其分布变化，确定湿陷性黄土的湿陷类型和湿陷性黄土地基的湿陷等级。

二、黄土地层的划分

我国黄土的形成经历了地质时代中的整个第四纪时期，按形成的年代可分为老黄土和新黄土，各层黄土形成年代和成因如表 7-1 所示。

表 7-1　黄土地层划分和特性

<table>
<tr><th colspan="2">年　代</th><th colspan="3">黄土名称</th><th colspan="2">成　因</th><th>备　注</th></tr>
<tr><td rowspan="2">全新世
Q_4</td><td>近期</td><td>—</td><td rowspan="2">新黄土</td><td>新近堆积黄土</td><td rowspan="2">次生黄土</td><td rowspan="2">以水成为主</td><td>一般有湿陷性，常具有高压缩性</td></tr>
<tr><td>早期</td><td>—</td><td rowspan="2">一般湿陷性黄土</td><td rowspan="2">一般具有湿陷性</td></tr>
<tr><td colspan="2">晚更新世 Q_3</td><td>马兰黄土</td><td rowspan="3">老黄土</td><td rowspan="3">原生黄土</td><td rowspan="3">风成为主</td></tr>
<tr><td colspan="2">中更新世 Q_2</td><td>离石黄土</td><td rowspan="2">非湿陷性黄土</td><td rowspan="2">一般无湿陷性</td></tr>
<tr><td colspan="2">早更新世 Q_1</td><td>午城黄土</td></tr>
</table>

表中的午城黄土其标准剖面首先在山西隰县午城镇找到，故定名为午城黄土；离石黄土的标准剖面首先在山西离石县找到，故由此而定名；马兰黄土的标准剖面首先在北京西北的马兰山谷阶地上找到，并因此而得名。

属于老黄土的地层有午城黄土（早更新世，Q_1）和离石黄土（中更新世，Q_2）。前者色微红至棕红，而后者为深黄及棕黄。老黄土的土质密实，颗粒均匀，无大孔或略具大孔结构，除离石黄土层上部有轻微湿陷性外，一般不具湿陷性，常出露于山西高原、豫西山前高地、渭北高原、陕甘和陇西高原地区。

新黄土是指覆盖于离石黄土层之上的马兰黄土（晚更新世，Q_3），以及全新世（Q_4）中各成因的次生黄土，沉积历史约在 15 万年以内，色褐黄至黄褐。马兰黄土及全新世早期黄土土质均匀或较为均匀，结构疏松，大孔发育，一般具有湿陷性，主要分布在黄土地区的河岸阶地上。全新世近期新近堆积的黄土其形成历史较短，有的甚至只有几十到几百年的历史，其土质不均，结构松散，大孔排列杂乱，多虫孔，孔壁有白色碳酸盐粉末状结晶。它在外貌和物理性质与马兰黄土可能差别不大，但其力学性质则远逊于马兰黄土，一般有湿陷性，变形很敏感，呈现高压缩性，固结程度差，其承载力特征值一般为 75～130kPa。新近堆积黄土多分布于河漫滩、低级阶地、山间洼地的表层，黄土塬、梁、峁的坡脚，洪积扇或山前坡积地带及河流冲积地段。

三、湿陷性黄土组成及结构构造

1. 颗粒组成及矿物成分

如前所述，湿陷性黄土的颗粒组成以粉土颗粒为主，一般占总质量的 60%以上。而粉土中又以 0.01～0.05mm 的粗粉粒为多，小于 0.005mm 的黏粒含量较少，大于 0.1mm 的细砂颗粒含量在 5%以内，大于 0.25mm 的中砂以上的颗粒则很少见到。此外黄土中还含有大量的碳酸盐、硫酸盐和氯化物等可溶盐类。从区域特点上看，黄土颗粒有从西北向东南逐渐变细的趋势。表 7-2 给出了各地湿陷性黄土的颗粒组成情况。

黄土中粗颗粒的主要矿物成分是石英和长石，黏土颗粒的主要成分是中等亲水性的伊利石，以及一些水溶性盐类物质，这些盐类物质呈固态或半固态分布在各种颗粒的表面。

表 7-2　　湿陷性黄土的颗粒组成　　%

粒径 地区	砂粒 >0.05	粉粒 0.05～0.005	黏粒 <0.005
陇西	20～29	58～72	8～14
陕北	16～27	59～74	12～22
关中	11～25	52～64	19～24
山西	17～25	55～65	18～20
豫西	11～18	53～66	19～26
总体	11～29	52～74	8～26

2. 黄土的结构与构造

黄土是在干旱半干旱的气候条件下形成的，在形成初期，季节性的少量雨水把松散的粉粒黏聚起来，而长期的干旱使水分不断蒸发，于是少量的水分以及溶于水中的盐类都集中到较粗颗粒的表面和接触点处，可溶盐逐渐浓缩沉淀而成为胶结物，形成以粗粉粒为主体骨架的蜂窝状大孔隙结构（图 7-1）。

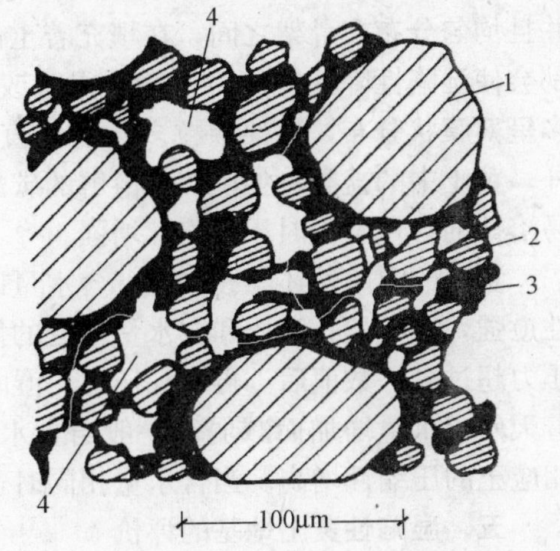

图 7-1　黄土结构示意图

1—砂粒；2—粗粉粒；3—胶结构；4—大孔隙

由于黄土是在干旱半干旱的气候条件下形成的，随着干旱季节的来临，黄土因失去大量水分而体积收缩，在土体中形成许多竖向裂隙，使黄土具有了柱状构造。

干旱地区的雨季集中而短促。每年雨季来临，大气降水将黄土中的水溶性盐类物质溶解并沿着土中的孔隙下渗，干旱季节来临时土中的水分蒸发逃逸，溶解的盐类物质在水分蒸发的同时于下渗线附近重新结晶并残存下来。来年这样的过程重新出现。如此年复一年的淋滤使地表的土体因失去大量碳酸钙类可溶盐物质而逐渐变红（不溶性的铁、铝等元素含量相对增加的结果），并使以碳酸钙为主的可溶性盐类物质在下渗线不断富集并形成钙质结核。淋滤时间更长时就会在黄土中形成钙质结核层。结核构造是黄土的一个重要构造特征，结核层也常是黄土地层划分的重要判别标志。

分布于河漫滩、低级阶地、山间洼地的表层，黄土塬、梁、峁的坡脚，洪积扇或山前坡积地带及河流冲积地段的次生黄土，多是河流或雨水搬运沉积，具有明显的层理构造，这是其区别于原状黄土的最明显标志。

四、黄土的湿陷原因和影响因素

黄土发生湿陷的内在原因是黄土的结构特征和其物质成分，外在的条件为水的浸湿。

黄土的结构是在形成黄土的整个历史过程中形成的，干旱或半干旱的气候是形成黄土的必要条件。在形成初期，季节性的短期雨水把松散的粉粒黏聚起来，而长期的干旱使水分不断蒸发，于是少量的水分以及溶于水中的盐类都集中到较粗颗粒的接触点上，可溶盐也逐渐浓缩沉淀而成为胶结物。随着含水量的减少土粒彼此靠近，颗粒间的分子引力以及结合水和毛细水的联结力也逐渐加大。这些因素都增强了土粒之间抵抗滑移的能力，阻止了土体在自重作用下压密，从而形成以粗颗粒为主体骨架的多孔隙结构。

在天然情况下，由于胶结物的凝聚和结晶作用、结合水的联结作用以及毛细作用、负孔隙水压力作用等，使黄土的颗粒被牢固的黏结着或固定在原有位置上，这使黄土地基表现出较高的强度和抵抗压缩变形的能力。但当黄土受水浸湿或在一定外部压力作用下受水浸湿时，结合水膜增厚并楔入颗粒之间，于是结合水联系减弱，盐类溶于水中，各种胶结物软化，结构强度降低或失效，使黄土的骨架强度降低，土体在上覆土层的自重压力或在自重压力与附加压力共同作用下，其结构迅速破坏，大孔隙塌陷，导致黄土地基产生附加的湿陷变形。这就是黄土产生湿陷现象的内在过程。

黄土中胶结物的多寡和成分，以及颗粒的组成和分布，对于黄土的结构性大小和湿陷性强弱有着重要的影响。胶结物含量大，可把骨架颗粒包围起来，则结构致密。黏粒含量多，并且均匀分布在骨架之间，在填充着土体孔隙的同时还起了一定的胶结物的作用。这些情况都会使湿陷性降低并使力学性质得到改善。反之，粒径大于0.05mm的颗粒增多，胶结物多呈薄膜状分布，骨架颗粒多数彼此直接接触，则结构疏松，强度降低而湿陷性增强。此外，黄土中的盐类，如以较难溶解的碳酸钙为主而具有胶结作用时，湿陷性减弱，但石膏及易溶盐的含量增大时，湿陷性增强。

黄土的湿陷性还与孔隙比、含水量以及所受压力的大小有关。天然孔隙比愈大，则湿陷性愈强，在天然孔隙比和含水量不变的情况下，随着压力的增大，黄土的湿陷量增加，但当压力超过某一数值后，再增加压力，湿陷量反而会减少。试验研究还发现，黄土的湿陷性随着天然含水量增加而减弱，一般当含水量超过23%时，就不再具有湿陷性或湿陷性很弱，相应土的压缩性增高。当含水量相同时，黄土的湿陷变形量随浸湿程度的增加而加大。

五、湿陷性黄土地基的评价

1. 湿陷系数和自重湿陷系数

黄土是否具有湿陷性，以及湿陷性的强弱程度如何，需要用一个数值指标来加以判定。衡量黄土是否具有湿陷性及湿陷性大小的指标是湿陷系数δ_s。湿陷系数是单位厚度的黄土土样在给定的工程压力作用下，受水浸湿后所产生的湿陷量，其值由室内压缩试验测定。在压缩仪中将原状试样逐级加压到规定的压力p，等土样变形不再发展时（压缩稳定后）测得试样高度h_p，然后加水浸湿土样，测得下沉稳定后的高度h'_p，设土样的原始高度为h_0，则按下式计算土的湿陷系数δ_s

$$\delta_s=\frac{h_p-h'_p}{h_0} \tag{7-1}$$

式中 h_p——土样在压力p作用下压缩稳定后的高度，mm；

h'_p——压力p作用下压缩稳定后，浸水稳定后的高度，mm；

h_0——土样的原始高度，mm。

室内试验中用以测定湿陷系数的压力p，采用地基中黄土实际受到的压力是比较合理的，但在初勘阶段，建筑物的平面位置、基础尺寸和基础埋深等尚未决定，以实际压力测定湿陷系数、评定黄土的湿陷性存在不少具体问题和困难。根据黄土地区的建设经验和黄土主要受力层所受压力的统计结果，一般情况下，自基础底面算起（初步勘察时，自地面下

1.5m 算起)，10m 内的土层用 200kPa 作为的工程压力测定黄土的湿陷系数；对于 10m 以下至非湿陷性土层顶面范围内的土层，考虑实际作用压力可能会大于 200kPa 的工程压力，又考虑黄土的湿陷性有随作用压力大小而变化的特点，为了符合或尽量接近实际情况，用其上覆土的饱和自重压力（当上覆土的饱和自重压力大于 300kPa 时，仍应用 300kPa）作为测定湿陷系数的压力 p。同时考虑当基础埋深较大、上部荷载较重的情况，规定基底压力大于 300kPa 时，宜用实际压力测定其湿陷系数，判别黄土的湿陷性。

当土的湿陷系数 $\delta_s<0.015$ 时，应定其为非湿陷性黄土；$\delta_s\geqslant0.015$ 时，应定其为湿陷性黄土。多年来的试验研究资料和工程实践表明，湿陷系数 $\delta_s\leqslant0.03$ 的湿陷性黄土，湿陷起始压力值较大，地基受水浸湿时，湿陷性轻微，对建筑物危害性较小；$0.03<\delta_s\leqslant0.07$ 的湿陷性黄土，湿陷性中等或较强烈，湿陷起始压力值小并具有自重湿陷性，地基受水浸湿时，下沉速度较快，附加下沉量较大，对建筑物有一定危害性；$\delta_s>0.07$ 的湿陷性黄土，湿陷起始压力值小并具有自重湿陷性，地基受水浸湿时，湿陷性强烈，下沉速度快，附加下沉量大，对建筑物危害性大。勘察、设计，尤其地基处理，应根据上述湿陷系数的湿陷特点区别对待。

工程实践和室内试验研究表明，有的黄土在自身重力作用下浸水并未显示出湿陷性，但当作用压力超过自重应力一定值后，黄土又显示出湿陷性。而有的黄土即使仅在自重应力作用下浸水就已经显示了湿陷特性。在自重应力作用下就发生湿陷的黄土被称为自重湿陷性黄土，作用压力超过自重应力才发生湿陷的黄土被称为非自重湿陷性黄土。为了区分、测定黄土是否具有自重湿陷性，需要用一个指标来进行判别和鉴定，该指标就是自重湿陷系数：单位厚度的黄土土样在上覆土的饱和自重压力作用下，受水浸湿后所产生的湿陷量。

在压缩仪中将原状试样加压到上覆土的饱和自重压力 σ_{cz}，等土样变形不再发展时（压缩稳定后）测得试样高度 h_z，然后加水浸湿土样，测得下沉稳定后的高度 h'_z，设土样的原始高度为 h_0，则按下式计算黄土的自重湿陷系数 δ_{zs}

$$\delta_{zs}=\frac{h_z-h'_z}{h_0} \tag{7-2}$$

式中 h_z——加压至土的饱和自重压力时，下沉稳定的高度，mm；

h'_z——浸水下沉稳定后的高度，mm。

《湿陷性黄土地区建筑规范》(GB 50025—2004) 规定，当土的湿陷系数 $\delta_{zs}<0.015$ 时，定其为非自重湿陷性黄土；$\delta_{zs}\geqslant0.015$ 时，定其为自重湿陷性黄土。

2. 湿陷起始压力

如上所述，黄土的湿陷量是压力的函数。非自重湿陷性黄土，存在着一个压力界限值，压力低于这个数值，黄土即使浸水也不会发生湿陷变形（$\delta_s<0.015$），只有当压力超过某个界限值时，黄土才开始产生湿陷变形（$\delta_s\geqslant0.015$），这个界限压力值被称为湿陷起始压力 P_{sh}。在非自重湿陷性黄土地基上进行荷载不大的基础和土垫层设计时，在经济、可能的情况下，可以适当加宽的基础底面尺寸或加厚土垫层厚度，使基底压力或垫层底面总压力（自重应力与附加应力之和）不超过受力层黄土的湿陷起始压力，这样即使地基浸水也可避免湿陷事故的发生。

湿陷起始压力可用室内压缩试验或野外载荷试验确定。不论室内或野外试验，都有双线法和单线法两种。当按压缩试验确定时，其方法如下：

采用双线法试验，应在同一取土点的同一深度处，以环刀切取两个试样。一个试样在天然湿度下分级加荷，另一个在天然湿度下加第一级荷重，下沉稳定后浸水，以后按变形稳定标准（0.01mm/h）分级加荷。分别测定第一个试样在各级压力作用下的稳定高度 h_p 和第二个试样（浸水试样）在各级压力作用下的稳定高度 h'_p，即可绘出不浸水试样的 p-h_p 曲线和浸水试样的 p-h'_p 曲线，如图 7-2 所示。按式（7-1）计算各级荷载下的湿陷系数 δ_s，从而绘制 p-δ_s 曲线。在曲线上与 δ_s 为 0.015 所对应的压力即为湿陷起始压力 p_{sh}。以上测定 p_{sh} 的方法，因需要绘制两条压缩曲线，所以被称为双线法。

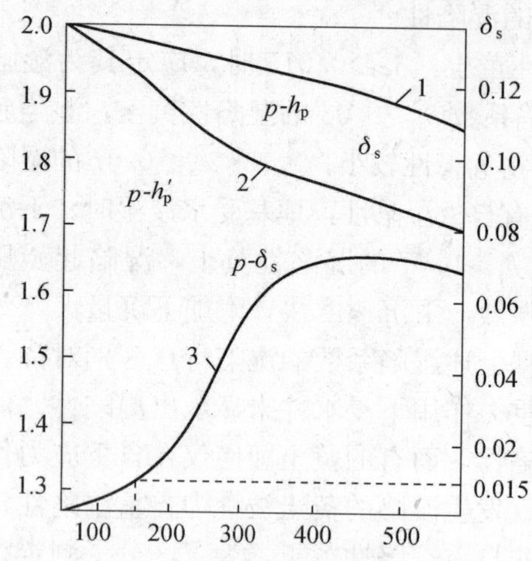

图 7-2 双线法测定湿陷起始压力

采用单线法测定湿陷起始压力时，应在同一取土点的同一深度处，至少以环刀取 5 个试样。各试样均分别在天然湿度下分级加荷至不同的规定压力。待下沉稳定测定土样高度 h_p 后浸水，并测定湿陷变形稳定后的土样高度 h'_p。绘制 p-δ_s 曲线以确定 p_{sh} 值。

当按现场静载荷试验结果确定时，应在 p-s_s（压力与浸水下沉量）曲线上，取其转折点所对应的压力作为湿陷起始压力值。当曲线上的转折点不明显时，可取浸水下沉量（s_s）与承压板直径（d）或宽度（b）之比值等于 0.015 所对应的压力作为湿陷起始压力值。

试验结果表明：黄土的湿陷起始压力随着土的密度、湿度、胶结物含量以及土的埋藏深度等的增加而增加。

3. 建筑场地的湿陷类型和地基的湿陷等级

（1）建筑场地的湿陷类型划分。自重湿陷性黄土在没有外荷载的作用下，浸水后也会迅速发生剧烈的湿陷。这使得即使一些很轻的建筑物也难免遭受破坏，而非自重湿陷性黄土地区这种情况却相对少见。因此，对于湿陷类型的不同的黄土地基，所采取的设计和施工措施也应有所区别。《湿陷性黄土地区建筑规范》（GB 50025—2004）规定，在黄土地区地基勘察中，应用场地的实测自重湿陷量或计算自重湿陷量来判定建筑场地的湿陷类型。建筑场地的实测自重湿陷量应根据现场试坑浸水试验确定，计算自重湿陷量则按下式计算

$$\Delta_{zs}=\beta_0\sum_{i=1}^{n}\delta_{zsi}h_i \tag{7-3}$$

式中 δ_{zsi}——第 i 层土自重湿陷系数；

h_i——第 i 层土的厚度；

β_0——因地区土质而异的修正系数，它从各地区湿陷性黄土地基试坑浸水试验实测结果与这些地区的室内侧限试验结果基础上的计算结果比较得出，对陇西地区可取 1.5，对陇东陕北地区可取 1.2，对关中地区可取 0.9，对其他地区可取 0.5；

n——总计算厚度内自重湿陷性土层的数目。总计算厚度应自天然地面算起（当挖、填方厚度及面积较大时，应自设计地面算起）至其下全部自重湿陷性黄土层的底面为止，其中自重湿陷系数 $\delta_{zs}<0.015$ 的土层不应累计。

当 $\Delta_{zs}\leqslant 7$cm 时，该建筑场地被判定为非自重湿陷性黄土场地；$\Delta_{zs}>7$cm 时，判定为自重湿陷性黄土场地。当自重湿陷量的实测值和计算值出现矛盾时，应按自重湿陷量的实测值判定。

（2）湿陷性黄土地基的湿陷等级。湿陷性黄土地基的湿陷等级应根据基底下各土层累计

的湿陷量（计算所得）和计算自重湿陷量的大小综合判定。湿陷量按下式计算

$$\Delta_s = \beta \sum_{i=1}^{n} \delta_{si} h_i \tag{7-4}$$

式中　δ_{si}、h_i——分别为第 i 层土的湿陷系数和厚度；

β——考虑黄土地基侧向挤出和浸水几率等因素的修正系数，缺乏实测资料时，基础底面下 5.0m（或压缩层）深度范围内可取 1.5，基底下 5～10m 深度内，取 $\beta=1$，基底下 10m 以下至非湿陷性黄土层顶面，在自重湿陷性黄土场地，可取工程所在地区的 β_0 值。

湿陷量的计算值 Δ_s 的计算深度，应自基础底面（如基底标高不确定时，自地面下 1.50m）算起；在非自重湿陷性黄土场地，累计至基底下 10m（或地基压缩层）深度止；在自重湿陷性黄土场地，累计至非湿陷黄土层的顶面止。其中湿陷系数 δ_s（10m 以下为 δ_{zs}）小于 0.015 的土层不累计。

表 7-3　湿陷性黄土地基的湿陷等级

湿陷类型 / 计算自重湿陷量 Δ_{zs}（mm） / 湿陷量 Δ_s（mm）	非自重湿陷性场地	自重湿陷性场地	
	$\Delta_{zs}\leqslant 70$	$70<\Delta_{zs}\leqslant 350$	$\Delta_{zs}>350$
$\Delta_s\leqslant 300$	Ⅰ（轻微）	Ⅱ（中等）	—
$300<\Delta_s\leqslant 700$	Ⅱ（中等）	*Ⅱ（中等）或Ⅲ（严重）	Ⅲ（严重）
$\Delta_s>700$	Ⅱ（中等）	Ⅲ（严重）	Ⅳ（很严重）

*　当湿陷量的计算值 $\Delta_s>600$mm、自重湿陷量的计算值 $\Delta_{zs}>300$mm 时，可判为Ⅲ级；其他情况为可判为Ⅱ级。

【例 7-1】　陕北地区某乙类建筑的场地初勘时某探井的土工试验资料见表 7-4，试确定该场地的湿陷类型和地基的湿陷等级。

表 7-4　某探井土工试验资料

土样编号	取土深度（m）	比重 d_s	孔隙比 e	重度 γ（kN/m³）	δ_s	δ_{zs}	备　注
1	1.5	2.70	0.975	17.8	0.035	0.004*	12.5m 以下全是非湿陷性黄土
2	2.5	2.70	1.100	17.4	0.064	0.012*	
3	3.5	2.70	1.215	16.8	0.075	0.024	
4	4.5	2.70	1.117	17.2	0.028	0.014*	
5	5.5	2.70	1.126	17.2	0.090	0.037	
6	6.5	2.70	1.300	16.5	0.093	0.070	
7	7.5	2.70	1.179	17.0	0.076	0.068	
8	8.5	2.70	1.072	17.4	0.039	0.011*	
9	9.5	2.70	0.787	18.9	0.006*	0.004*	
10	10.5	2.70	0.778	18.9	0.001*	0.002*	
11	12.5	2.71	0.758	19.1	0.002*	0.002*	

*　表示 δ_s 或 δ_{zs} 小于 0.015，计算时不计该层变形。

解　(1) 计算自重湿陷量

$$\Delta_{zs}=\beta_0\sum_{i=1}^{n}\delta_{zsi}h_i$$
$$=1.2\times(0.024\times1000+0.037\times1000+0.070\times1000+0.068\times1000)$$
$$=238.8\text{mm}>70\text{cm}$$

故该建筑场地应判定为自重湿陷性黄土场地。

（2）地基的湿陷量计算：对自重湿陷性黄土地基，初勘时，自地面下 1.5m 算起，至全部湿陷性土层底面处为止，其中非湿陷性土层的湿陷量不予累计。基础底面下 5.0m 范围内，$\beta=1.5$，5.0～10m 范围内，β 取 1.0，10m 以下，$\beta=\beta_0$。陕北地区 $\beta_0=1.2$。

$$\Delta_s=\beta\sum_{i=1}^{n}\delta_{si}h_i$$
$$=1.5\times(0.035\times500+0.064\times1000+0.075\times1000+0.028\times1000+0.09\times1000+0.093\times500)+1.0\times(0.093\times500+0.076\times1000+0.039\times1000)$$
$$=1.5\times321.0+1.0\times161.5=643.0\text{mm}$$

根据表 7－3，该湿陷性黄土地基的湿陷等级可判为Ⅱ级（中等）。

六、湿陷性黄土地基的工程措施

在湿陷性黄土地区的工程建设中，针对湿陷性问题的主要措施有地基处理、防水与结构措施三类。地基处理的目的是消除黄土的湿陷性，它又可分为全部消除和部分消除两种。防水措施是为了防止雨水和其他来源的水渗入地基中。结构措施的作用是使建筑物有一定的适应变形的能力，在建筑物因地基浸水出现附加的不均匀沉降时能减轻对结构的损害。

经验表明，上述三类措施中地基处理措施根本上消除黄土的湿陷性，而另外两类措施则具有辅助性质。

1. 地基处理

当湿陷性黄土地基的压缩变形、湿陷变形或强度指标无法满足建筑物的设计要求时，为防止地基浸水湿陷危害建筑物安全或正常使用，减小地基的沉降量、提高地基的承载力，应首先考虑对建筑场地的主要受力地层或具有湿陷性的所有土层进行地基处理，以部分或全部消除建筑物地基的湿陷性，并达到减小地基沉降和提高地基承载力的目的。

选择地基处理方法，应根据建筑物的类别和湿陷性黄土的特性，并考虑施工设备、施工进度、材料来源和当地环境等因素，经技术经济综合分析比较后确定。湿陷性黄土地基常用的处理方法，可按表 7－5 选择其中一种或多种相结合的最佳处理方法。必须指出，经处理后的地基尚应进行软弱下卧层的承载力验算。

表 7－5 湿陷性黄土地基常用的处理方法

名　称	适　用　范　围	可处理的湿陷性黄土层厚度（m）
垫层法	地下水位以上，局部或整片处理	1～3
强夯法	地下水位以上，$S_r\leqslant60\%$ 的湿陷性黄土，局部或整片处理	3～12
挤密法	地下水位以上，$S_r\leqslant65\%$ 的湿陷性黄土	5～15
预浸水法	自重湿陷性黄土场地，地基湿陷等级为Ⅲ级或Ⅳ级，可消除地面下 6m 以下湿陷性黄土层的全部湿陷性	6m 以上，尚应采用垫层或其他方法处理
其他方法	经试验研究或工程实践证明行之有效	

除了以上地基处理方法外，在黄土地区采用桩基础也相当普遍，包括钢筋混凝土预制桩（打入、静压等）或灌注桩（钻孔、挖孔、挤土成孔等），可根据场地湿陷类型、湿陷性黄土层厚度、桩端持力层的土质情况、施工条件和场地周围环境等因素确定所选用的桩的形式。对自重湿陷性黄土场地上的桩基础，应考虑桩侧负摩阻力的影响。

2. 防水措施

湿陷性黄土产生湿陷必须具备的外部条件是地基土浸水，因此做好建筑物建设期间的防排水工作并考虑其在使用期间的防水措施无疑也可减少或避免地基的浸水湿陷事故。在考虑排水和防水措施时，可根据整个建筑场地、单幢建筑物以及施工阶段不同，采取相应措施。从整个建筑场地考虑出发，主要应研究分析场地排水地形条件，避免人为因素或工程原因造成的地基浸水事故发生，确保贮水构筑物及输水、排水管道工程的质量，避免漏水事故的发生。对于单幢建筑物则应考虑如加宽散水，避免屋面雨水渗入地基土中，室内给水、排水管应尽可能做成明管，防止由于管道埋在土中因漏水造成地基湿陷等。施工时应注意场地临时排水措施，避免施工用水和雨水流入基槽。

3. 结构措施

如果没有采用地基处理方法从根本上解决地基的浸水湿陷问题时，为了防止或减轻黄土地基浸水湿陷所导致的工程事故，在设计中应当采取相应的结构措施，以利于抑制地基不均匀沉降，减轻或避免上部结构的损坏。常见的结构措施有：选择适宜的结构体系；采用有利于抵抗不均匀沉降的基础形式（如片筏基础、交叉梁基础等）；设置圈梁等以增强建筑物的整体刚度；预留适应沉降的净空等。

总之，在湿陷性黄土地基上进行工程建设，应当结合建筑场地具体条件、地基湿陷等级、建筑物对不均匀沉降敏感性及建筑物重要程度，并结合经济分析，综合考虑各种因素影响，选择合适的工程的措施以保证建筑物安全和正常使用。

第二节 膨胀土

膨胀土地基是指黏粒成分主要由强亲水性矿物组成，同时具有显著的吸水膨胀和失水收缩两种变形特征的黏性土。其黏粒成分主要是以蒙脱石或伊利石为主，并在北美、北非、南亚、澳洲、中国黄河流域及西南地区均有不同程度的分布。膨胀土一般强度较高，压缩性低，容易被误认为是良好的天然地基。实际上，由于它具有较强烈的膨胀和收缩变形性质，往往威胁建筑物和构筑物的安全，尤其对低层轻型房屋、路基、边坡的破坏作用更甚。

我国自1973年开始，对这种特殊土进行了大量的试验研究，形成了较系统的理论和较丰富的工程经验。于1987年颁布了《膨胀土地区建筑技术规范》(GBJ 112—1987)，在此基础上，2012年颁布了修订后的《膨胀土地区建筑技术规范》（GB 50112—2013)。使勘察、设计、施工等方面的工作有章可循，对保证建筑物的安全和正常使用具有重要作用。

一、膨胀土的一般特征

1. 膨胀土成因与分布特征

膨胀土的成因类型很多，有河流相、残积、坡积、洪积相，还有湖相及滨海相。主要生成于第四纪晚更新世，在第四纪中更新世也有生成，更早、更晚的时期几乎没有生成。

膨胀土地区的气候条件主要为温和湿润，雨量分配较均匀，年降雨量700～1700mm，昼夜温差小，年平均气温 14～17℃，具备化学风化的良好条件。在这种环境下，硅酸盐为主的矿物不断分解，钙被大量淋失，钾离子被次生矿物吸收形成伊利石和伊利石—蒙脱石混层矿物为主的黏土矿物。游离硅、铁、铝的氧化物增多，介质溶液接近中性，在中性条件下胶体氧化铁不会影响黏土的活性，在上部压力下，土中片状矿物定向叠聚，形成面—面叠聚体。土中石英、长石碎屑不发生直接接触而是埋于黏土基质之中。因此，土的结构强度和体积变形主要决定于黏土基质的成分、含量和排列。

膨胀土多分布于二级或二级以上的河谷阶地、山前和盆地边缘及丘陵地带。一般地形坡度平缓，无明显的天然陡坎。如分布在盆地边缘与丘陵地带的膨胀土地区有云南蒙自、鸡街、广西宁明、河北邯郸、河南平顶山、湖北襄樊等地，而且所含矿物成分以蒙脱石为主，胀缩性较大。分布在河流阶地或平原地带的膨胀土地区有安徽合肥、山东临沂、四川成都、江苏、广东等地，且多含有伊利石矿物。在丘陵、盆地边缘地带，膨胀土常分布于地表，而在平原地带的膨胀土常被第四纪冲积层所覆盖。

膨胀土大多为高塑性的黏性土、裂隙发育，常常易于滑塌不能维持陡坎，故一般呈浑圆岗丘地形，地面坡度平缓，无明显的陡坎。

2. 膨胀土的物理性质特征

膨胀土的黏粒含量很高，粒径小于 0.002mm 的胶体颗粒含量往往超过 20%，塑性指数 $I_P>17$，且多在 22～35 之间；天然含水量与塑限接近，液性指数 I_L 常小于零，呈坚硬或硬塑状态；膨胀土的颜色有灰白、黄、黄褐、红褐等色，并在土中常含有钙质或铁锰质结核。

3. 膨胀土地区的地面变形特征

膨胀土地区的山前或高阶阶地前的坡度较陡地带，常形成浅层滑坡。这些滑坡多为古滑坡，有的已趋于稳定，有的尚在间歇性的向下缓慢滑移。在浅层滑坡形成的初期阶段岩土发生蠕变，斜坡上部的膨胀土向斜坡下方移动，移动的距离随深度渐减，而使土中的垂直节理呈向斜坡下方的弯曲状。

膨胀土地区空旷地面的运动形式可以归纳为膨胀型（上升型）、收缩型（下降型）及波动型三类。膨胀型的岩土中原有含水量较低，随着含水量不断增加土层不断膨胀，表现为地面不断升高，收缩型则正好相反。不论是膨胀型还是收缩型，由于含水量随季节变化，它们的膨胀或收缩也会随季节有微小的变化，因此，这两种类型都在波动中向前发展。膨胀型或收缩型不断发展的结果，达到一定的限度后都成为波动型。此时，土中的湿度与大气中的湿度基本达到平衡状态，地面基本保持稳定，只是由于季节性的气候变化，膨胀和收缩仍有微小的波动。

4. 膨胀土地区的建筑物变形

膨胀土地区浅埋基础的建筑物，其变形特征直接反映了地基的变形。在斜坡上的建筑物，常因斜坡的滑动或蠕动而产生破坏，这种破坏随着斜坡运动而发展，建筑物的破坏日趋严重。斜坡上建筑物破坏机制的复杂性，还在于斜坡运动的同时，地基土也在发生膨胀或收缩，且两者常相伴发生，在调查其破坏原因时，常使问题复杂化而混淆不清。

膨胀土反复的吸水膨胀和失水收缩会造成围墙、室内地面以及轻型建、构筑物的破坏。在膨胀土地区易于破坏的大多为低层建筑物，一般在三层以下，四层以上的房屋及构筑物发生破坏的极为罕见。这是由于低层建筑物一般基础埋置较浅、基底压力较小以及建筑物刚度较差的缘故。

膨胀土地区建筑物的裂缝具有其特殊性。建筑物的角端常产生斜向裂缝，表现为山墙上的对称或不对称的倒八字型裂缝，伴随有一定的水平位移或转动；建筑物纵墙上常出现水平裂缝，一般在窗台下或地坪以上两三皮砖处出现的较多，同时伴有墙体外倾、外鼓、基础外转和内墙脱开，以及内横墙倒八字裂缝；常造成独立柱的水平断裂，并伴随有水平位移和转动；底层室内地坪隆起开裂，越近室内中心点隆起越多，沿四周隔墙一定距离出现裂缝，长而窄的地坪则出现纵长裂缝，有时出现网格状裂缝；地裂通过房屋处，墙上出现竖向或斜向裂缝。

二、影响膨胀岩土膨胀性的主要因素

1. 膨胀土的矿物成分

众所周知，结晶类黏土矿物中亲水性最强的是的蒙脱石，其次为伊利石。弱亲水性的高岭石晶胞有一个硅氧晶片和一个铝氢氧晶片构成，矿物晶片间具有牢固的联结，不产生膨胀。蒙脱石和伊利石的晶胞有一个铝氢氧晶片和两个硅氧晶片构成，硅氧晶片之间靠水分子或氧化钾联结，矿物晶片间的联结不牢固，都属于亲水性矿物。其中蒙脱石矿物的比表面积为 700～840m^2/g，较伊利石的比表面积（65～100m^2/g）大十倍左右，具有更强的亲水性。因此，岩土中含有上述黏土矿物的种类和数量直接决定土的膨胀性大小。

2. 离子交换量

黏土矿物中，水分不仅与晶胞离子相结合，而且还与颗粒表面上的交换阳离子相结合。这些离子随与其结合的水分子进入土中，使土发生膨胀。因此，岩土的离子交换容量大，土的膨胀性就高。高岭石的交换容量一般为 3～15mg 当量/100g 干土，伊利石一般为 20～40mg 当量/100g 干土，而蒙脱石的交换容量则大得多，可达 80～150mg 当量/100g 干土。此外，含不同交换离子的土具有不同的膨胀性，例如含钠离子的黏性土的膨胀性、收缩性都比含钙离子的黏性土大。

3. 密度、孔隙比和初始含水量

土的密度大，孔隙比就小，反之孔隙比大。前者浸水膨胀强烈，失水收缩小，后者浸水膨胀小，失水收缩大。初始含水量愈接近胀后含水量，土吸水的膨胀就越小，失水收缩的可能性和收缩值就越大；初始含水量与胀后含水量的差值越大，土失水的收缩就越小，吸水膨胀可能性及膨胀值就越大。

4. 微观结构

膨胀土的微观结构与其膨胀性有很大的关系。一般膨胀土的微观结构属于面—面叠聚体，而土中所积聚的铁、铝多半以胶体氧化物形态留在中性孔隙溶液中，没有产生足够阻止粒间斥力作用，这些叠聚体仍处于可活动状态，具有产生胀缩的潜力。

三、膨胀土的判别与等级划分

1. 膨胀土的胀缩指标

（1）自由膨胀率。自由膨胀率是反映土的膨胀性的指标之一，它与土的黏土矿物成分、胶粒含量、化学成分和水溶液性质等有着密切的关系。自由膨胀率是指用人工制备的烘干土，在纯水中膨胀后增加的体积与原体积之比值，用百分比表示，即

$$\delta_{ef}=\frac{V_w-V_0}{V_0}\times 100\% \tag{7-5}$$

式中　δ_{ef}——自由膨胀率，精确至 1.0%；

V_w——土样在水中膨胀稳定后的体积，mL；

V_0——土样原始体积，mL。

自由膨胀率 δ_{ef} 表示膨胀土在无结构力的影响下和无压力作用下的膨胀特性，可反映土的矿物成分及含量。一般用作膨胀土及其膨胀潜势的判别（见表 7-6）。自由膨胀率 δ_{ef} 大于 40%时，可判定为膨胀土。

表 7-6 膨胀土的膨胀潜势

自由膨胀率 δ_{ef}	$40\% \leqslant \delta_{ef} < 65\%$	$65\% \leqslant \delta_{ef} < 90\%$	$\delta_{ef} \geqslant 90\%$
膨胀潜势	弱	中等	强

（2）膨胀率。膨胀率是指试样侧限条件下，一定压力下浸水膨胀稳定后增加的高度与试样原始高度之百分比

$$\delta_{ep} = \frac{h_w - h_0}{h_0} \times 100 \tag{7-6}$$

式中 δ_{ep}——某荷载下的膨胀率，%；

h_w——试样在该压力作用下浸水膨胀稳定后的高度，mm；

h_0——试样原始高度，mm。

膨胀率可分不同压力下的膨胀率，以及在 50kPa 压力下的膨胀率，前者用于计算地基的实际膨胀变形量或胀缩变形量，后者用于计算地基的分级变形量，划分地基的胀缩等级。

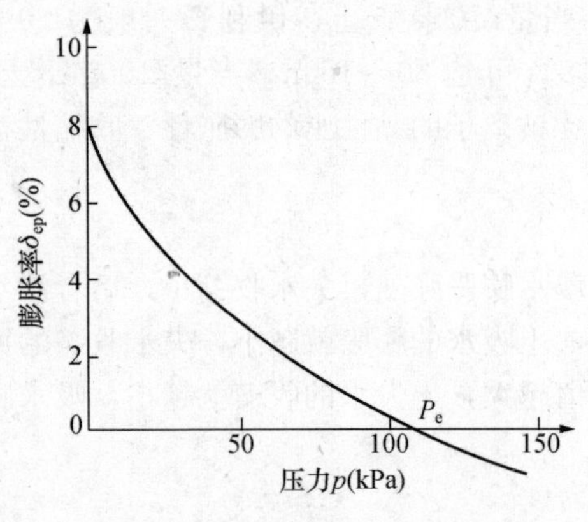

图 7-3 膨胀率—压力曲线图

以各级压力下的膨胀率 δ_{ep} 为纵坐标，压力 p 为横坐标，将试验结果绘制 p-δ_{ep} 膨胀率与压力的关系曲线，该曲线与横坐标的交点 p_e 称为试样的膨胀力（图 7-3）。膨胀力表示原状试样在体积不变时，由于浸水膨胀产生的最大内应力。在地基基础设计时，如果希望减少膨胀变形，应使基底压力接近膨胀力。

（3）收缩系数。膨胀土的失水收缩特性可用线缩率与收缩系数表示。

随着土中含水量的减少，土的收缩大体分为三个阶段，第一阶段为直线收缩阶段，（较高含水状态下），第二阶段为曲线过渡阶段（含水量接近缩限时），第三阶段为近水平直线阶段（土的体积不再收缩）。线缩率是指在失水过程中土样的高度变化率，可表示如下

$$\delta_{si} = \frac{h_0 - h_t}{h_0} \times 100\% \tag{7-7}$$

式中 h_t——试样在失水过程中，t 时刻的高度。

原状土样在直线收缩阶段，含水量减少 1%时的竖向线缩率称为收缩系数

$$\lambda_s = \frac{\Delta \delta_{si}}{\Delta w} \tag{7-8}$$

2. 膨胀土综合判别法

由于决定黏性土膨胀性的因素十分复杂，尚无统一的单一指标可以判别是否属于膨胀土。目前国内趋向于采用综合法来判别，即从地质、地貌以及建筑经验出发，总结膨胀岩土地区的特点，初步判定场地是否属于膨胀土，我国《膨胀土地区建筑技术规范》(GB 50112—2013) 规定，具有下列工程地质特征的场地，且自由膨胀率大于或等于 40%的土，应判定为膨胀土：

(1) 裂隙发育，常有光滑面和擦痕，有的裂隙中充填着灰白、灰绿色黏土。在自然条件下成坚硬或硬塑状态。

(2) 多出露于二级或二级以上阶地、山前和盆地边缘丘陵地带，地形平缓，无明显自然陡坎。

(3) 常见浅层塑性滑坡、地裂、新开挖坑（槽）壁易发生坍塌等。

(4) 建筑物裂缝随气候变化而张开和闭合。

3. 膨胀地基土的等级划分

膨胀土地基的评价应根据地基的膨胀、收缩变形对低层砖混结构的影响程度进行。

膨胀土的地基变形量可按下列三种情况进行：①当离地表 1.0m 处地基土的天然含水量等于或接近于最小值时，或地面有覆盖且无蒸发可能时，以及建筑物在使用期间经常有水浸湿的地基，可按膨胀变形量计算；②当离地表 1.0m 处地基土的天然含水量大于 1.2 倍塑限含水量时，或直接受高温作用的地基，可按收缩变形量计算；③其他情况下可按胀缩变形量计算。

地基的膨胀变形量 s_e 按式 (7-9) 计算

$$s_e = \psi_e \sum_{i=1}^{n} \delta_{epi} h_i \tag{7-9}$$

式中　ψ_e——计算膨胀变形量的经验系数，宜根据当地经验确定，若无可依据经验时，三层及三层以下建筑物，可采用 0.6；

δ_{epi}——基础底面下第 i 层土在该层土的平均自重压力与平均附加压力之和作用下的膨胀率，由室内试验计算确定；

h_i——第 i 层土的计算厚度，mm；

n——自基础底面至计算深度内所划分的土层数，计算深度应根据大气影响深度确定；有浸水可能时，可按浸水影响深度确定。

地基的收缩变形量 s_s 按式 (7-10) 计算

$$s_s = \psi_s \sum_{i=1}^{n} \lambda_{si} \Delta w_i h_i \tag{7-10}$$

式中　ψ_s——计算收缩变形量的经验系数，宜根据当地经验确定，若无可依据经验时，三层及三层以下建筑物，可采用 0.8；

λ_{si}——基础底面下第 i 层土的收缩系数，由室内试验计算确定；

Δw_i——地基土收缩过程中第 i 层土可能发生的含水量变化的平均值，在计算深度内 Δw_i 按式 (7-11) 计算；

h_i——第 i 层土的计算厚度，mm；

n——自基础底面至计算深度内所划分的土层数，计算深度可取大气影响深度；有热源影响时，可按热源影响深度确定。

在计算深度内，假设各土层可能发生的含水量变化的平均值沿深度呈直线变化，如图7-4所示。

$$\Delta w_i = \Delta w_1 - (\Delta w_1 - 0.01)\frac{z_{i-1}}{z_{n-1}} \tag{7-11}$$

$$\Delta w_1 = w_1 - \psi_w w_p \tag{7-12}$$

式中 w_1、w_p——地表下1m处的土的天然含水量和塑限含水量（以小数表示）；

ψ_w——土的湿度系数，指在自然气候影响下，地表下1m深度处土层含水量的最小值与其塑限之比，应根据当地气象资料统计求出，无此资料时，可按《膨胀土地区建筑技术规范》（GB 50112—2013）推荐的公式计算；

z_i——第 i 层土的深度，m；

z_n——计算深度，可取大气影响深度，m。

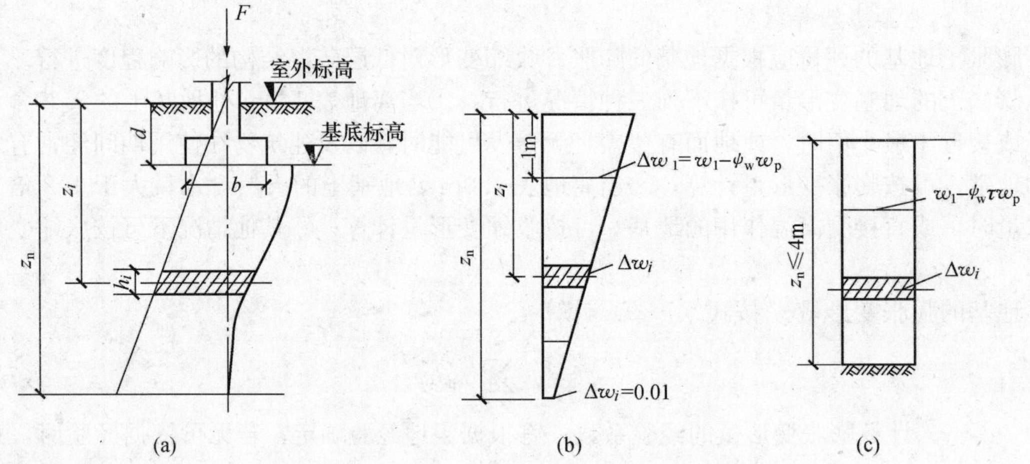

图7-4 膨胀土地基变形计算示意图

膨胀土的大气影响深度，应有各气候区的深层变形观测或含水量观测及地温观测资料确定，无此资料时，可按表7-7采用。

表7-7 大气影响深度

土的湿度系数 ψ_w	大气影响深度 d_z
0.6	5.0
0.7	4.0
0.8	3.5
0.9	3.0

注 大气影响深度是自然气候作用下，由降水、蒸发、地温等因素引起的升降变形的有效深度。

地基的胀缩变形量 s 按式（7-13）计算

$$s = \psi \sum_{i=1}^{n} (\delta_{epi} + \lambda_{si}\Delta w_i) h_i \tag{7-13}$$

式中 ψ——计算胀缩变形量的经验系数，宜根据当地经验确定，若无可依据经验时，三层及三层以下建筑物，可采用0.7。

地基的胀缩等级划分结果见表7-8。

表7-8 膨胀土地基的胀缩等级

地基分级变形量 s_c（mm）	地基膨胀等级
$15 \leqslant s_c < 35$	Ⅰ
$35 \leqslant s_c < 70$	Ⅱ
$s_c \geqslant 70$	Ⅲ

四、膨胀土地基的工程措施

（1）场址选择。应尽量选择地形条件比较简单，土质比较均匀、胀缩性较弱的地段，且排水畅通或易于进行排水处理；避开地裂、冲沟发育和可能发生浅层滑坡等地段；尽量避开地下溶沟、溶槽发育、地下水变化剧烈的地段。

（2）总平面布置。同一建筑物竖向设计宜保持自然地形，避免大开大挖，造成含水量变化大的情况出现。应考虑场地内排水系统的管道渗水或排水不畅对建筑物升降变形的影响。做好排水、防水工作，对排水沟、截水沟应确保沟壁的稳定，并对沟进行必要的防水处理。根据气候条件、膨胀土等级和当地经验，合理进行绿化设计，宜种植吸水量和蒸发量小的树木、花草。

（3）建筑设计。建筑物体型应力求简单，并控制房屋长高比，必要时可采用沉降缝分隔措施隔开，屋面排水宜采用外排水，雨水管不应布置在沉降缝处，在雨水量较大地区，应采用雨水明沟或管道进行排水。做好室外散水和室内地面的设计，根据胀缩等级和对室内地面的使用要求，必要时可增设石灰焦碴隔热层、碎石缓冲层，对Ⅲ级膨胀土地基和使用要求特别严格的地面，可采取混凝土配筋地面或架空地面。此外，对现浇混凝土散水或室内地面，分格缝不宜超过3m，散水或地面与墙体之间设变形缝，并以柔性防水材料嵌缝。

（4）结构设计措施。

1）上部结构方面。应选用整体性好，对地基不均匀胀缩变形适应性较强的结构，而不宜采用砖拱结构、无砂大孔混凝土砌块或无筋中型砌块等对变形敏感的结构。对砖混结构房屋，可适当设置圈梁和构造柱，并注意加强较宽的门窗洞口部位和底层窗台砌体的刚度，提高其抗变形能力。对外廊式房屋宜采用悬挑外廊的结构形式。

2）基础设计方面。同一工程房屋应采用同类型的基础形式。对排架结构可采用独立柱基，将围护墙、山墙及内隔墙砌在基础梁上，基础梁下应预留100mm的空隙并进行防水处理。选择合适的基础埋深，往往是减小或消除地基胀缩变形的很有效的途径。一般情况埋深不小于1m。可根据地基胀缩等级和大气影响强烈程度等因素按变形确定，对坡地场地，还需考虑基础的稳定性。

膨胀土场地上的桩基设计应考虑地基土的膨胀变形、收缩变形和胀缩变形对桩的承载力影响，当桩身受胀切力作用时，应验算桩身抗拉强度并采用通长配筋，最小配筋率按受拉构件配置，桩的承台梁（板）下应留有空隙，其值应大于土层浸水后的最大膨胀量，且不应小于100mm。承台梁两侧应采取措施，防止所留空隙堵塞。

3）地基处理。应根据土的胀缩等级、材料供给和施工工艺等情况确定处理方法。一般可采用灰土、砂石等非膨胀土进行换土处理。对平坦场地上Ⅰ、Ⅱ级膨胀土地基，常采用砂石垫层处理。垫层厚度不小于 300mm，宽度应大于基底宽度，并宜采用与垫层材料相同的土进行回填，同时做好防水处理。

第三节 红 黏 土

红黏土是指石灰岩、白云岩等碳酸盐类岩石，在温湿气候条件下经长期的风化作用所形成的高塑性黏土。在我国云南、贵州、广西分布极为广泛，湖南、湖北、安徽、四川等部分地区也有分布。红黏土通常呈红色，有时呈棕红、黄褐色，液限一般大于 50%，常堆积于洼地和山麓坡地，上硬下软，具有明显胀缩性。经再搬运后沉积的红黏土称为次生红黏土，次生红黏土保留了红黏土的基本特征，且液限大于 45%。

一、红黏土的工程性质

（1）主要物理力学性质。含有较多黏粒（$I_p=20\sim50$），孔隙比较大（$e=1.1\sim1.7$）。常处于饱和状态（$S_r>85\%$），天然含水量（30%～60%）与塑限接近，液性指数小（$-0.1\sim0.4$），说明红黏土以含结合水为主。因此，尽管红黏土的含水量高，却常处于坚硬或硬塑状态，具有较高的强度和较低的压缩性。

（2）红黏土的胀缩性。有些地区的红黏土受水浸湿后体积膨胀，干燥失水后体积收缩。

（3）红黏土的分布特征。红黏土的厚度与下卧基岩面关系密切，常因岩石表面石芽、溶沟的存在，导致红黏土的厚度变化很大。因此，对红黏土地基的不均匀性应给予足够重视。

（4）含水量变化特征。含水量有沿土层深度增大的规律，上部土层常呈坚硬或硬塑状态，接近基岩面附近常呈可塑状态，而基岩凹部溶槽内红黏土呈现软塑或流塑状态。

（5）岩溶、土洞较发育。这是由于地表水和地下水运动引起的冲蚀和潜蚀作用造成的结果。在工程勘察中，需认真探测隐藏的岩溶、土洞，以便对场地的稳定性做出评价。

二、地基处理和工程措施

确定合适的持力层，尽量利用浅层坚硬、硬塑状态的红黏土作为地基的持力层。

控制地基的不均匀沉降。当土层厚度变化大，或土层中存在软弱下卧层、石芽、土洞时，应采取必要的措施，如换土、填洞、加强基础和上部结构刚度或采用桩基等，使不均匀沉降控制在允许值范围内。

红黏土裂隙很发育，作为建筑物地基，施工时或建筑物建成以后均应做好防水排水措施，以避免水分渗入地基中。由于红黏土的不均匀性，对于重要建筑物，开挖基槽时，应注意做好施工验槽工作。

对于天然土坡和人工开挖的边坡和基槽，必须注意土体中裂隙发育情况，避免水分渗入引起滑坡或崩塌事故。防止破坏植被和自然排水系统，土面上的裂隙应填塞，做好建筑场地的地表水、地下水及生产和生活用水的排水和防水措施，以保证土体的稳定性。

控制红黏土地基的胀缩变形。当红黏土具有明显的胀缩特性时，可参照膨胀土地基，采取相应的设计、施工措施，以便保证建筑物的正常使用。

第四节 盐 渍 土

地表深度 1.0m 范围内易溶盐含量大于 0.5%的土称为盐渍土。盐渍土中常见的易溶盐有氯盐（NaCl、KCl、$CaCl_2$、$MgCl_2$）、硫酸盐（Na_2SO_4、$MgSO_4$）和碳酸盐（Na_2CO_3、$NaHCO_3$、$CaCO_3$）。

形成盐渍土的区域地质条件有充分的盐类来源，能形成矿化度高的地下水，或者区域内地下水位距离地面较近，土体中的上升毛细水发育并不断被蒸发，又或者区域气候条件干燥，蒸发量大于降雨量。具备上述条件的地区就容易形成盐渍土。

我国的盐渍土按其地理分布可划分为滨海盐渍土、内陆盐渍土和冲积平原盐渍土三种类型。其中滨海型盐渍土为滨海的洼地或衰亡的泻湖、溺谷等由于水分的蒸发使盐分浓集而形成，由于滨海地区湿润多雨，所以湿度和降雨对盐渍土的性质影响很大；冲积平原性盐渍土多分布于低阶阶地、河漫滩及旧河道地带，由毛细水上升和水分蒸发形成，含盐量一般较低；内陆型盐渍土多为洪积扇和盆地型，从洪积扇到盆地可分为松胀盐土带、结皮盐土带和结壳盐土带，含盐量依次增高，松胀盐土带土质松软，沉落性很大，结皮盐土带地层多为粉砂、砂黏土或黏土等细粒含盐软土，力学性质差、强度低，结壳盐土带为潜水溢出带或衰亡干涸的古湖盆，土层表面常结成很厚的灰白色硬壳，硬壳下常有一层褐黄色或灰白色的盐类结晶，遇水后工程性质会有极大改变。

按盐渍土中易溶盐的化学成分可将盐渍土划分为氯盐型、硫酸盐型和碳酸盐型盐渍土，其中氯盐型吸水性极强，含水量高时松软易翻浆；硫酸盐型易吸水膨胀、失水收缩，性质类似膨胀土；碳酸盐型碱性大、土颗粒结合力小、强度低。盐渍土的液限、塑限随土中含盐量的增大而降低，当土的含水量等于其液限时，土的抗剪强度近乎等于零，因此高含盐量的盐渍土在含水量增大时极易丧失其强度，应引起工程的高度重视。

思考题

7-1 何谓湿陷性黄土？

7-2 简述湿陷性黄土的基本性质。

7-3 简述黄土产生湿陷的原因。

7-4 影响黄土湿陷性的因素有哪些？

7-5 简述黄土场地的类别划分和黄土地基的工程评价。

7-6 何谓湿陷性黄土的湿陷起始压力？研究其有何工程意义？

7-7 在湿陷性黄土地基上进行工程建设，应采取哪些措施防止湿陷性黄土地基湿陷对建筑物的危害？

7-8 简述膨胀土的概念。何谓自由膨胀率？膨胀土对建筑物有哪些危害？

7-9 简述膨胀土的判定方法。针对膨胀土地基的工程措施有哪些？

7-10 何谓红黏土？对红黏土可采取哪些地基处理方法和工程措施？

习题

7-1 对某黄土样进行压缩试验，试验时切取原状土样用的环刀高 2.0cm，土样浸水前后的压缩变形见表 7-9。已知黄土的比重 $d_s=2.72$，干重度 $\gamma_d=14.5\text{kN/m}^3$。要求绘出浸水前后压力与孔隙比的关系；求出 $p=200\text{kPa}$ 时土的湿陷系数。

表 7-9 习题 7-1 表

土样浸水情况	天然含水量					浸水饱和			
垂直压力（kPa）	0	50	100	150	200	200	250	300	400
土样变形量（mm）	0	0.22	0.44	0.43	0.45	2.53	2.60	2.69	2.82

7-2 在甘肃陇东地区某建筑场地进行工程地质勘察，其中一个探井的土工试验资料见表 7-10，试确定该场地的湿陷类型和黄土地基的湿陷等级。

表 7-10 习题 7-2 表

取土深度（m）	1.5	2.5	3.5	4.5	5.5	6.5	7.5	8.5	9.5	10.5
δ_s	0.075	0.057	0.073	0.028	0.086	0.085	0.072	0.037	0.002	0.039
δ_{zs}	0.0018	0.014	0.020	0.013	0.027	0.055	0.050	0.013	0.001	0.025

7-3 某膨胀土样进行自由膨胀率试验，已知土样原始体积为 10mL，膨胀稳定后测得土样体积为 16mL，试求此土的自由膨胀率。

附表　桩基等效沉降系数 ψ_e

表 H-1　　($s_a/d=2$)

l/d \ L_c/B_c		1	2	3	4	5	6	7	8	9	10
	C_0	0.203	0.282	0.329	0.363	0.389	0.410	0.428	0.443	0.456	0.468
5	C_1	1.543	1.687	1.797	1.845	1.915	1.949	1.981	2.047	2.073	2.098
	C_2	5.563	5.356	5.086	5.020	4.878	4.843	4.817	4.704	4.690	4.681
	C_0	0.125	0.188	0.228	0.258	0.282	0.301	0.318	0.333	0.346	0.357
10	C_1	1.487	1.573	1.653	1.676	1.731	1.750	1.768	1.828	1.844	1.860
	C_2	7.000	6.260	5.737	5.535	5.292	5.191	5.114	4.949	4.903	4.865
	C_0	0.093	0.146	0.180	0.207	0.228	0.246	0.262	0.275	0.287	0.298
15	C_1	1.508	1.568	1.637	1.647	1.696	1.707	1.718	1.776	1.787	1.798
	C_2	8.413	7.252	6.520	6.208	5.878	5.722	5.604	5.393	5.820	5.259
	C_0	0.075	0.120	0.151	0.175	0.194	0.211	0.225	0.238	0.249	0.260
20	C_1	1.548	1.592	1.654	1.656	1.701	1.706	1.712	1.770	1.777	1.783
	C_2	9.783	8.236	7.310	6.897	6.486	6.280	6.123	5.870	5.771	5.689
	C_0	0.063	0.103	0.131	0.152	0.170	0.186	0.199	0.211	0.221	0.231
25	C_1	1.596	1.628	1.686	1.679	1.722	1.722	1.724	1.783	1.786	1.789
	C_2	11.118	9.205	8.094	7.583	7.095	6.841	6.647	6.353	6.230	6.128
	C_0	0.055	0.090	0.116	0.135	0.152	0.166	0.179	0.190	0.200	0.209
30	C_1	1.646	1.669	1.724	1.711	1.753	1.748	1.745	1.806	1.806	1.806
	C_2	12.426	10.159	8.868	8.264	7.700	7.400	7.170	6.836	6.689	6.568
	C_0	0.044	0.073	0.095	0.112	0.126	0.139	0.150	0.160	0.169	0.177
40	C_1	1.754	1.761	1.812	1.787	1.827	1.814	1.803	1.867	1.861	1.855
	C_2	14.984	12.036	10.396	9.610	8.900	8.509	8.211	7.797	7.605	7.446
	C_0	0.036	0.062	0.081	0.096	0.108	0.120	0.129	0.138	0.147	0.154
50	C_1	1.865	1.860	1.909	1.873	1.911	1.889	1.872	1.939	1.927	1.916
	C_2	17.492	13.885	11.905	10.945	10.090	9.613	9.247	8.755	8.519	8.323
	C_0	0.031	0.054	0.070	0.084	0.095	0.105	0.114	0.122	0.130	0.137
60	C_1	1.979	1.962	2.010	1.962	1.999	1.970	1.945	2.016	1.998	1.981
	C_2	19.967	15.719	13.406	12.274	11.278	10.715	10.284	9.713	9.433	9.200
	C_0	0.028	0.048	0.063	0.075	0.085	0.094	0.102	0.110	0.117	0.123
70	C_1	2.095	2.067	2.114	2.055	2.091	2.054	2.021	2.097	2.072	2.049
	C_2	22.423	17.546	14.901	13.602	12.465	11.818	11.322	10.672	10.349	10.080
	C_0	0.025	0.043	0.056	0.067	0.077	0.085	0.093	0.100	0.106	0.112
80	C_1	2.213	2.174	2.220	2.150	2.185	2.139	2.099	2.178	2.147	2.119
	C_2	24.868	19.370	16.398	14.933	13.655	12.925	12.364	11.635	11.270	10.964
	C_0	0.022	0.039	0.051	0.061	0.070	0.078	0.085	0.091	0.097	0.103
90	C_1	2.333	2.283	2.328	2.245	2.280	2.225	2.177	2.261	2.223	2.189
	C_2	27.307	21.195	17.897	16.267	44.849	14.036	13.411	12.603	12.194	11.853

续表

l/d \ L_c/B_c		1	2	3	4	5	6	7	8	9	10
100	C_0	0.021	0.036	0.047	0.057	0.065	0.072	0.078	0.084	0.090	0.095
	C_1	2.453	2.392	2.436	2.341	2.375	2.311	2.256	2.344	2.299	2.259
	C_2	29.744	23.024	19.400	17.608	16.049	15.153	14.464	13.575	13.123	12.745

表 H-2 （$s_a/d=3$）

l/d \ L_c/B_c		1	2	3	4	5	6	7	8	9	10
5	C_0	0.203	0.318	0.377	0.416	0.445	0.468	0.486	0.502	0.516	0.528
	C_1	1.483	1.723	1.875	1.955	2.045	2.098	2.144	2.218	2.256	2.290
	C_2	3.679	4.036	4.006	4.053	3.995	4.007	4.014	3.938	3.944	3.948
10	C_0	0.125	0.213	0.263	0.298	0.324	0.346	0.364	0.380	0.394	0.406
	C_1	1.419	1.559	1.662	1.705	1.770	1.801	1.828	1.891	1.913	1.935
	C_2	4.861	4.723	4.460	4.384	4.237	4.193	4.158	4.038	4.017	4.000
15	C_0	0.093	0.166	0.209	0.240	0.265	0.285	0.302	0.317	0.330	0.342
	C_1	1.430	1.533	1.619	1.646	1.703	1.723	1.741	1.801	1.817	1.832
	C_2	5.900	5.435	5.010	4.855	4.641	4.559	4.496	4.340	4.300	4.267
20	C_0	0.075	0.138	0.176	0.205	0.227	0.246	0.262	0.276	0.288	0.299
	C_1	1.461	1.542	1.619	1.635	1.687	1.700	1.712	1.772	1.783	1.793
	C_2	6.879	6.137	5.570	5.346	5.073	4.958	4.869	4.679	4.623	4.577
25	C_0	0.063	0.118	0.153	0.179	0.200	0.218	0.233	0.246	0.258	0.268
	C_1	1.500	1.565	1.637	1.644	1.693	1.699	1.706	1.767	1.774	1.780
	C_2	7.822	6.826	6.127	5.839	5.511	5.364	5.252	5.030	4.958	4.899
30	C_0	0.055	0.104	0.136	0.160	0.180	0.196	0.210	0.223	0.234	0.244
	C_1	1.542	1.595	1.663	1.662	1.709	1.711	1.712	1.775	1.777	1.780
	C_2	8.741	7.506	6.680	6.331	5.949	5.772	5.638	5.383	5.297	5.226
40	C_0	0.044	0.085	0.112	0.133	0.150	0.165	0.178	0.189	0.199	0.208
	C_1	1.632	1.667	1.729	1.715	1.759	1.750	1.743	1.808	1.804	1.799
	C_2	10.535	8.845	7.774	7.309	6.822	6.588	6.410	6.093	5.978	5.883
50	C_0	0.036	0.072	0.096	0.114	0.130	0.143	0.155	0.165	0.174	0.182
	C_1	1.726	1.746	1.805	1.778	1.819	1.801	1.786	1.855	1.843	1.832
	C_2	12.292	10.168	8.860	8.284	7.694	7.405	7.185	6.805	6.662	6.543
60	C_0	0.031	0.063	0.084	0.101	0.115	0.127	0.137	0.146	0.155	0.163
	C_1	1.822	1.828	1.885	1.845	1.885	1.858	1.834	1.907	1.888	1.870
	C_2	14.029	11.486	9.944	9.259	8.568	8.224	7.962	7.520	7.348	7.206
70	C_0	0.028	0.056	0.075	0.090	0.103	0.114	0.123	0.132	0.140	0.147
	C_1	1.920	1.913	1.968	1.916	1.954	1.918	1.885	1.962	1.936	1.911
	C_2	15.756	12.801	11.029	10.237	9.444	9.047	8.742	8.238	8.038	7.871
80	C_0	0.025	0.050	0.068	0.081	0.093	0.103	0.112	0.120	0.127	0.134
	C_1	2.019	2.000	2.053	1.988	2.025	1.979	1.938	2.019	1.985	1.954
	C_2	17.478	14.120	12.117	11.220	10.325	9.874	9.527	8.959	8.731	8.540

续表

l/d \ L_c/B_c		1	2	3	4	5	6	7	8	9	10
90	C_0	0.022	0.045	0.062	0.074	0.085	0.095	0.103	0.110	0.117	0.123
	C_1	2.118	2.087	2.139	2.060	2.096	2.041	1.991	2.076	2.036	1.998
	C_2	19.200	15.442	13.210	12.208	11.211	10.705	10.316	9.684	9.427	9.211
100	C_0	0.021	0.042	0.057	0.069	0.079	0.087	0.095	0.102	0.108	0.114
	C_1	2.218	2.174	2.225	2.133	2.168	2.103	2.044	2.133	2.086	2.042
	C_2	20.925	16.770	14.307	13.201	12.101	11.541	11.110	10.413	10.127	9.886

表 H-3　　($s_a/d=4$)

l/d \ L_c/B_c		1	2	3	4	5	6	7	8	9	10
5	C_0	0.203	0.354	0.422	0.464	0.495	0.519	0.538	0.555	0.568	0.580
	C_1	1.445	1.786	1.986	2.101	2.213	2.286	2.349	2.434	2.484	2.530
	C_2	2.633	3.243	3.340	3.444	3.431	3.466	3.488	3.433	3.447	3.457
10	C_0	0.125	0.237	0.294	0.332	0.361	0.384	0.403	0.419	0.433	0.445
	C_1	1.378	1.570	1.695	1.756	1.830	1.870	1.906	1.972	2.000	2.027
	C_2	3.707	3.873	3.743	3.729	3.630	3.612	3.597	3.500	3.490	3.482
15	C_0	0.093	0.185	0.234	0.269	0.296	0.317	0.335	0.351	0.364	0.376
	C_1	1.384	1.524	1.626	1.666	1.729	1.757	1.781	1.843	1.863	1.881
	C_2	4.571	4.458	4.188	4.107	3.951	3.904	3.866	3.736	3.712	3.693
20	C_0	0.075	0.153	0.198	0.230	0.254	0.275	0.291	0.306	0.319	0.331
	C_1	1.408	1.521	1.611	1.638	1.695	1.713	1.730	1.791	1.805	1.818
	C_2	5.361	5.024	4.636	4.502	4.297	4.225	4.169	4.009	3.973	3.944
25	C_0	0.063	0.132	0.173	0.202	0.225	0.244	0.260	0.274	0.286	0.297
	C_1	1.441	1.534	1.616	1.633	1.686	1.698	1.708	1.770	1.779	1.786
	C_2	6.114	5.578	5.081	4.900	4.650	4.555	4.482	4.293	4.246	4.208
30	C_0	0.055	0.117	0.154	0.181	0.203	0.221	0.236	0.249	0.261	0.271
	C_1	1.477	1.555	1.633	1.640	1.691	1.696	1.701	1.764	1.768	1.771
	C_2	6.843	6.122	5.524	5.298	5.004	4.887	4.799	4.581	4.524	4.477
40	C_0	0.044	0.095	0.127	0.151	0.170	0.186	0.200	0.212	0.223	0.233
	C_1	1.555	1.611	1.681	1.673	1.720	1.714	1.708	1.774	1.770	1.765
	C_2	8.261	7.195	6.402	6.093	5.713	5.556	5.436	5.163	5.085	5.021
50	C_0	0.036	0.081	0.109	0.130	0.148	0.162	0.175	0.186	0.196	0.205
	C_1	1.636	1.674	1.740	1.718	1.762	1.745	1.730	1.800	1.787	1.775
	C_2	9.648	8.258	7.277	6.887	6.424	6.227	6.077	5.749	5.650	5.569
60	C_0	0.031	0.071	0.096	0.115	0.131	0.144	0.156	0.166	0.175	0.183
	C_1	1.719	1.742	1.805	1.768	1.810	1.783	1.758	1.832	1.811	1.791
	C_2	11.021	9.319	8.152	7.684	7.138	6.902	6.721	6.338	6.219	6.120

续表

l/d \ L_c/B_c		1	2	3	4	5	6	7	8	9	10
	C_0	0.028	0.063	0.086	0.103	0.117	0.130	0.140	0.150	0.158	0.166
70	C_1	1.803	1.811	1.872	1.821	1.861	1.824	1.789	1.867	1.839	1.812
	C_2	12.387	10.381	9.029	8.485	7.856	7.580	7.369	6.929	6.789	6.672
	C_0	0.025	0.057	0.077	0.093	0.107	0.118	0.128	0.137	0.145	0.152
80	C_1	1.887	1.882	1.940	1.876	1.914	1.866	1.822	1.904	1.868	1.834
	C_2	13.753	11.447	9.911	9.291	8.578	8.262	8.020	7.524	7.362	7.226
	C_0	0.022	0.051	0.071	0.085	0.098	0.108	0.117	0.126	0.133	0.140
90	C_1	1.972	1.953	2.009	1.931	1.967	1.909	1.857	1.943	1.899	1.858
	C_2	15.119	12.518	10.799	10.102	9.305	8.949	8.674	8.122	7.938	7.782
	C_0	0.021	0.047	0.065	0.079	0.090	0.100	0.109	0.117	0.123	0.130
100	C_1	2.057	2.025	2.079	1.986	2.021	1.953	1.891	1.981	1.931	1.883
	C_2	16.490	13.595	11.691	10.918	10.036	9.639	9.331	8.722	8.515	8.339

表 H-4　　**(s_a/d=5)**

l/d \ L_c/B_c		1	2	3	4	5	6	7	8	9	10
	C_0	0.203	0.389	0.464	0.510	0.543	0.567	0.587	0.603	0.617	0.628
5	C_1	1.416	1.864	2.120	2.277	2.416	2.514	2.599	2.695	2.761	2.821
	C_2	1.941	2.652	2.824	2.957	2.973	3.018	3.045	3.008	3.023	3.033
	C_0	0.125	0.260	0.323	0.364	0.394	0.417	0.437	0.453	0.467	0.480
10	C_1	1.349	1.593	1.740	1.818	1.902	1.952	1.996	2.065	2.099	2.131
	C_2	2.959	3.301	3.255	3.278	3.208	3.206	3.201	3.120	3.116	3.112
	C_0	0.093	0.202	0.257	0.295	0.323	0.345	0.364	0.379	0.393	0.405
15	C_1	1.351	1.528	1.645	1.697	1.766	1.800	1.829	1.893	1.916	1.938
	C_2	3.724	3.825	3.649	3.614	3.492	3.465	3.442	3.329	3.314	3.301
	C_0	0.075	0.168	0.218	0.252	0.278	0.299	0.317	0.332	0.345	0.357
20	C_1	1.372	1.513	1.615	1.651	1.712	1.735	1.755	1.818	1.834	1.849
	C_2	4.407	4.316	4.036	3.957	3.792	3.745	3.708	3.566	3.542	3.522
	C_0	0.063	0.145	0.190	0.222	0.246	0.267	0.283	0.298	0.310	0.322
25	C_1	1.399	1.517	1.609	1.633	1.690	1.705	1.717	1.781	1.791	1.800
	C_2	5.049	4.792	4.418	4.301	4.096	4.031	3.982	3.812	3.780	3.754
	C_0	0.055	0.128	0.170	0.199	0.222	0.241	0.257	0.271	0.283	0.294
30	C_1	1.431	1.531	1.617	1.630	1.684	1.692	1.697	1.762	1.767	1.770
	C_2	5.668	5.258	4.796	4.644	4.401	4.320	4.259	4.063	4.022	3.990
	C_0	0.044	0.105	0.141	0.167	0.188	0.205	0.219	0.232	0.243	0.253
40	C_1	1.498	1.573	1.650	1.646	1.695	1.689	1.683	1.751	1.746	1.741
	C_2	6.865	6.176	5.547	5.331	5.013	4.902	4.817	4.568	4.512	4.467

续表

l/d \ L_c/B_c		1	2	3	4	5	6	7	8	9	10
50	C_0	0.036	0.089	0.121	0.144	0.163	0.179	0.192	0.204	0.214	0.224
	C_1	1.569	1.623	1.695	1.675	1.720	1.703	1.868	1.758	1.743	1.730
	C_2	8.034	7.085	6.296	6.018	5.628	5.486	5.379	5.078	5.006	4.948
60	C_0	0.031	0.078	0.106	0.128	0.145	0.159	0.171	0.182	0.192	0.201
	C_1	1.642	1.678	1.745	1.710	1.753	1.724	1.697	1.772	1.749	1.727
	C_2	9.192	7.994	7.046	6.709	6.246	6.074	5.943	5.590	5.502	5.429
70	C_0	0.028	0.069	0.095	0.114	0.130	0.143	0.155	0.165	0.174	0.182
	C_1	1.715	1.735	1.799	1.748	1.789	1.749	1.712	1.791	1.760	1.730
	C_2	10.345	8.905	7.800	7.403	6.868	6.664	6.509	6.104	5.999	5.911
80	C_0	0.025	0.063	0.086	0.104	0.118	0.131	0.141	0.151	0.159	0.167
	C_1	1.788	1.793	1.854	1.788	1.827	1.776	1.730	1.812	1.773	1.737
	C_2	11.498	9.820	8.558	8.102	7.493	7.258	7.077	6.620	6.497	6.393
90	C_0	0.022	0.057	0.079	0.095	0.109	0.120	0.130	0.139	0.147	0.154
	C_1	1.861	1.851	1.909	1.830	1.866	1.805	1.749	1.835	1.789	1.745
	C_2	12.653	10.741	9.321	8.805	8.123	7.854	7.647	7.138	6.996	6.876
100	C_0	0.021	0.052	0.072	0.088	0.100	0.111	0.120	0.129	0.136	0.143
	C_1	1.934	1.909	1.966	1.871	1.905	1.834	1.769	1.859	1.805	1.755
	C_2	13.812	11.667	10.089	9.512	8.755	8.453	8.218	7.657	7.495	7.358

表 H-5 **($s_a/d=6$)**

l/d \ L_c/B_c		1	2	3	4	5	6	7	8	9	10
5	C_0	0.203	0.423	0.506	0.555	0.588	0.613	0.633	0.649	0.663	0.674
	C_1	1.393	1.956	2.277	2.485	2.658	2.789	2.902	3.021	3.099	3.179
	C_2	1.438	2.152	2.365	2.503	2.538	2.581	2.603	2.586	2.596	2.599
10	C_0	0.125	0.281	0.350	0.393	0.424	0.449	0.468	0.485	0.499	0.511
	C_1	1.328	1.623	1.793	1.889	1.983	2.044	2.096	2.169	2.210	2.247
	C_2	2.421	2.870	2.881	2.927	2.879	2.886	2.887	2.818	2.817	2.815
15	C_0	0.093	0.219	0.279	0.318	0.348	0.371	0.390	0.406	0.419	0.432
	C_1	1.327	1.540	1.671	1.733	1.809	1.848	1.882	1.949	1.975	1.999
	C_2	3.126	3.366	3.256	3.250	3.153	3.139	3.126	3.024	3.015	3.007
20	C_0	0.075	0.182	0.236	0.272	0.300	0.322	0.340	0.355	0.369	0.380
	C_1	1.344	1.513	1.625	1.669	1.735	1.762	1.785	1.850	1.868	1.884
	C_2	3.740	3.815	3.607	3.565	3.428	3.398	3.374	3.243	3.227	3.214
25	C_0	0.063	0.157	0.207	0.240	0.266	0.287	0.304	0.319	0.332	0.343
	C_1	1.368	1.509	1.610	1.640	1.700	1.717	1.731	1.796	1.807	1.816
	C_2	4.311	4.242	3.950	3.877	3.703	3.659	3.625	3.468	3.445	3.427

续表

l/d \ L_c/B_c		1	2	3	4	5	6	7	8	9	10
30	C_0	0.055	0.139	0.184	0.216	0.240	0.260	0.276	0.291	0.303	0.314
	C_1	1.395	1.516	1.608	1.627	1.683	1.692	1.699	1.765	1.769	1.773
	C_2	4.858	4.659	4.288	4.187	3.977	3.921	3.879	3.694	3.666	3.643
40	C_0	0.044	0.114	0.153	0.181	0.203	0.221	0.236	0.249	0.261	0.271
	C_1	1.455	1.545	1.627	1.626	1.676	1.671	1.664	1.733	1.727	1.721
	C_2	5.912	5.477	4.957	4.804	4.528	4.447	4.386	4.151	4.111	4.078
50	C_0	0.036	0.097	0.132	0.157	0.177	0.193	0.207	0.219	0.230	0.240
	C_1	1.517	1.584	1.659	1.640	1.687	1.669	1.650	1.723	1.707	1.691
	C_2	6.939	6.287	5.624	5.423	5.080	4.974	4.896	4.610	4.557	4.514
60	C_0	0.031	0.085	0.116	0.139	0.157	0.172	0.185	0.196	0.207	0.216
	C_1	1.581	1.627	1.698	1.662	1.706	1.675	1.645	1.722	1.697	1.672
	C_2	7.956	7.097	6.292	6.043	5.634	5.504	5.406	5.071	5.004	4.948
70	C_0	0.028	0.076	0.104	0.125	0.141	0.156	0.168	0.178	0.188	0.196
	C_1	1.645	1.673	1.740	1.688	1.728	1.686	1.646	1.726	1.692	1.660
	C_2	8.968	7.908	6.964	6.667	6.191	6.035	5.917	5.532	5.450	5.382
80	C_0	0.025	0.068	0.094	0.113	0.129	0.142	0.153	0.163	0.172	0.180
	C_1	1.708	1.720	1.783	1.716	1.754	1.700	1.650	1.734	1.692	1.652
	C_2	9.981	8.724	7.640	7.293	6.751	6.569	6.428	5.994	5.896	5.814
90	C_0	0.022	0.062	0.086	0.104	0.118	0.131	0.141	0.150	0.159	0.167
	C_1	1.772	1.768	1.827	1.745	1.780	1.716	1.657	1.744	1.694	1.648
	C_2	10.997	9.544	8.319	7.924	7.314	7.103	6.939	6.457	6.342	6.244
100	C_0	0.021	0.057	0.079	0.096	0.110	0.121	0.131	0.140	0.148	0.155
	C_1	1.835	1.815	1.872	1.775	1.808	1.733	1.665	1.755	1.698	1.646
	C_2	12.016	10.370	9.004	8.557	7.879	7.639	7.450	6.919	6.787	6.673

注　L_c—群桩基础承台长度；B_c—群桩基础承台宽度；l—桩长；d—桩径。

参 考 文 献

[1] 韩晓雷．土力学地基基础．北京：冶金工业出版社，2004.
[2] 韩晓雷．地基与基础．北京：中国建筑工业出版社，2003.
[3] 高永贵，韩晓雷．2005 全国注册土木工程师（岩土）执业资格考试应试指导及复习题解．北京：中国建材工业出版社，2003.
[4] 王铁行．岩土力学与地基基础题库及题解．北京：中国水利水电出版社，2004.
[5] 金喜平，邓庆阳．基础工程．北京：机械工业出版社，2006.
[6] 莫海鸿，杨小平．基础工程．北京：中国建筑工业出版社，2003.
[7] 赵明华．基础工程．北京：高等教育出版社，2003.
[8] 董建国，沈锡英，钟才根．土力学与地基基础．上海：同济大学出版社，2005.
[9] 李亮，魏丽敏．基础工程．长沙：中南大学出版社，2005.
[10] 王广月，王胜桂，付志前．地基基础工程．北京：中国水利水电出版社，2001.
[11] 王旭鹏．土力学与地基基础．北京：中国建材工业出版社，2004.
[12] 钱玉林，洪家宝，杨鼎久．土力学与基础工程．北京：中国水利水电出版社，2002.
[13] 张利，王晓鹏．建筑地基基础．长沙：中南工业大学出版社，1998.
[14] 杨永新，冯玉芹，张春梅，李奉阁．简明基础工程．北京：地震出版社，2002.
[15] 林天健，熊后金．桩基础设计指南．北京：中国建筑工业出版社，1999.
[16] 王秀丽．基础工程．重庆：重庆大学出版社，2002.
[17] 顾晓鲁等．地基与基础．北京：中国建筑工业出版社，1995.
[18] 赵明华．土力学与地基基础．武汉：武汉理工大学出版社，2003.
[19] 王成华．基础工程学．天津：天津大学出版社，2002.
[20] 尉希成等．支挡结构设计手册．北京：中国建筑工业出版社，2004.
[21] 张力霆．土力学与地基基础．北京：高等教育出版社，2004.
[22] 陈国兴，樊良本．基础工程学．北京：中国水利水电出版社，2002.
[23] 张明义，时伟，章伟．基础工程．北京：中国建材工业出版社，2002.
[24] 王晓谋．基础工程．北京：人民交通出版社，2003.
[25] 杨小平．土力学及地基基础．武汉：武汉大学出版社，2000.
[26] 周景星等．基础工程．北京：清华大学出版社，2001.
[27] 李克钏．基础工程．北京：中国铁道出版社，2000.
[28] 陈仲颐，叶书麟．基础工程学．北京：中国建筑工业出版社，1990.
[29] 刘建航，侯学渊．基坑工程手册．北京：中国建筑工业出版社，1997.
[30] 王钊．基础工程原理．武汉：武汉大学出版社，2000.
[31] 孔宪立，石振明．工程地质学．北京：中国建筑工业出版社，2001.
[32] 周申一．沉井沉箱施工技术．北京：人民交通出版社，2006.
[33] 孙震．土木工程施工．北京：人民交通出版社，2004.
[34] 应惠清．土木工程施工．上海：同济大学出版社，2005.
[35] 华南理工大学等．地基及基础．北京：中国建筑工业出版社，1998.
[36] 建设综合勘察研究设计院．岩土工程勘察规范［GB 50021—2001（2009 年版）］．北京：中国建筑工业出版社，2009.

[37] 中国建筑科学研究院．建筑结构荷载规范（GB 50009—2012）．北京：中国建筑工业出版社，2012.
[38] 中国建筑科学研究院．建筑地基基础设计规范（GB 50007—2011）．北京：中国建筑工业出版社，2002.
[39] 中国建筑科学研究院．高层建筑筏形与箱形基础技术规范（JGJ 6—2011）．北京：中国建筑工业出版社，2011.
[40] 中华人民共和国住房和城乡建设部．建筑桩基技术规范（JGJ 94—2008）．北京：中国建筑工业出版社，2008.
[41] 中华人民共和国住房和城乡建设部．建筑地基处理技术规范（JGJ 79—2012）．北京：中国建筑工业出版社，2013.
[42] 中华人民共和国建设部．湿陷性黄土地区建筑规范（GB 50025—2004）．北京：中国计划出版社，2004.
[43] 中华人民共和国住房和城乡建设部．膨胀土地区建筑技术规范（GB 50112—2013）．北京：中国计划出版社，2013.
[44] 中国建筑科学研究院．建筑基坑支护技术规程（JGJ 120—2012）．北京：中国建筑工业出版社，2012.
[45] 中华人民共和国住房和城乡建设部．建筑桩基检测技术规范（JGJ 106—2014）．北京：中国建筑工业出版社，2014.